普通高等教育“十三五”规划教材

普通高等教育机电类规划教材

微机原理及应用

第3版

主　编　胡　钢
副主编　王　萍　张慰兮
参　编　田鸿发　厉荣卫　郭　琳
主　审　江正战

机械工业出版社

本书在第 2 版的基础上进行修订，并根据多年来的教学使用情况及微机发展现状对部分章节进行了补充和调整。全书以 16 位机为主讲机型，主要内容有计算机基础知识、8086/8088 微处理器的结构、8086/8088 的指令系统、汇编语言程序设计、存储器、输入/输出接口及中断、计数器/定时器、A-D 转换和 D-A 转换接口、总线技术、计算机发展简介。

本书叙述由浅入深，体系结构合理，理论联系实际，可作为高等院校非计算机类专业的教材，也可作为各类成人教育学校、培训班的教材或参考资料。

图书在版编目（CIP）数据

微机原理及应用/胡钢主编. —3 版. —北京：机械工业出版社，2015. 12（2025. 8 重印）

普通高等教育“十三五”规划教材 普通高等教育机电类规划教材

ISBN 978-7-111-52272-0

Ⅰ. ①微… Ⅱ. ①胡… Ⅲ. ①单片微型计算机-高等学校-教材 Ⅳ. ①TP368. 1

中国版本图书馆 CIP 数据核字（2015）第 283327 号

机械工业出版社（北京市百万庄大街 22 号 邮政编码 100037）

策划编辑：余 皞 责任编辑：余 皞 吴晋瑜 刘丽敏

版式设计：霍永明 责任校对：刘志文

封面设计：张 静 责任印制：常天培

河北虎彩印刷有限公司印刷

2025 年 8 月第 3 版第 8 次印刷

184mm×260mm · 18. 75 印张 · 440 千字

标准书号：ISBN 978-7-111-52272-0

定价：49. 80 元

电话服务 网络服务

客服电话：010-88361066 机 工 官 网：www. cmpbook. com

010-88379833 机 工 官 博：weibo. com/cmp1952

010-68326294 金 书 网：www. golden-book. com

封底无防伪标均为盗版 机工教育服务网：www. cmpedu. com

序

20世纪末、21世纪初，在社会主义经济建设、社会进步和科技飞速发展的推动下，在经济全球化、科技创新国际化、人才争夺白炽化的挑战下，我国高等教育迅猛发展，胜利跨入了高等教育大众化阶段，使高等教育理念、定位、目标和思路等发生了革命性变化，正在逐步形成以科学发展观和终身教育思想为指导的新的高等教育体系和人才培养工作体系。在这个过程中，一大批应用型本科院校和高等职业技术院校异军突起，超常发展，1999年已见端倪。当时我们敏锐地感到，这批应用型本科院校的崛起，必须有相应的应用型本科教材来满足她的教学需求，否则就有可能使她回到老本科院校所走过的学术型办学路子。2000年下半年，我们就和机械工业出版社、扬州大学工学院、南京工程学院、河海大学常州校区、淮海工学院、南通工学院、盐城工学院、淮阴工学院、常州工学院、江南大学等12所高校在南京工程学院开会，讨论策划编写出版机电类应用型本科系列教材问题，规划出版38种，并进行了分工，提出了明确的规范要求，得到江苏省各方面的支持和配合。2001年5月开始出书，到2004年7月已出齐38种，还增加了3种急需的教材，总册数已达45万册。每种至少有2次以上印刷，最多的印刷了5次、发行量达2.5万册。据调查，用户反映良好，并反映这个系列教材基本上体现了我在序言中提出的四个特点，符合地方应用型工科本科院校的教学实际，较好地满足了一般应用型工科本科院校的教学需要。用户的评价使我们很高兴，但更是对我们的鞭策和鼓励，实际上这一轮机电类教材存在的问题还不少，需要改进的地方还很多。我们应当为过去取得的进步和成绩而高兴，同时，我们更应当为今后这些进步和成绩的进一步发展而正视自己，我们并不需要刻意去忧患，但确实存在值得忧患的现实而不去忧患，就很难有更美好的明天。今后怎么办？这是大家最关注的问题，也是我们亟待研讨和解决的问题。我们应该以对国家对人民对社会对受教育者高度负责的精神重新审视这一问题，以寻求更好的解决方案。我们认为，必须在总结前一阶段经验教训的新起点上，坚持以国家新时期教育方针和科学发展观为指导，坚持高标准、严要求，坚持“质量第一、多样发展、打造精品、服务教学”的方针，坚持高标准、严要求，把下一轮机电类教材修订、编写、出版工作做大、做优、做精、做强，为建设有中国特色的高水平的地方工科应用型本科院校做出新的更大贡献。

一、坚持用科学发展观指导教材修订、编写和出版工作

应用型本科院校是我国高等教育在推进大众化过程中崛起的一种新的办学类型，它除应恪守大学教育的一般办学基准外，还应有自己的个性和特色，就是要在培养具有创新精神、创业意识和创造能力的工程、生产、管理、服务一线需要的高级技术应用型人才方面办出自己的特色和水平。应用型本科人才的培养既不能简单“克隆”现有的本科院校，也不能是原有专科培养体系的相似放大。应用型人才的培养，重点仍要思考如何与社会需求的对接。既要从学生的角度考虑，以人为本，以素质教育的思想贯穿教育教学的每一个环节，实现人的全面发展；又要从经济建设的实际需求考虑，多类型、多样化地培养人才，但最根本的一条还是坚持面向工程实际，面向岗位实务，按照“本科学历+岗位技术”的双重标准，有针对性地进行人才培养。根据这样的要求，“强化理论基础，提升实践能力，突出创新精神，优化综合素质”应当是工作在一线的本科应用人才的基本特征，也是本科应用型人才的总体质量要求。

培养应用型人才的关键在于建立应用型人才的培养模式。而培养模式的核心是课程体系与教学内容。应用型的人才培养必须依靠应用型的课程和内容，用学科型的教材难以保证培养目标的实现。课程体系与教学内容要与应用型的人才的知识、能力、素质结构相适应。在知识结构上，科学文化基础知识、专业基础知识、专业知识、相关学科知识等四类知识在纵向上应向应用前沿拓展，在横向上应注重知识的交叉、联系和衔接。在能力结构上，要强化学生运用专业理论解决实际问题的实践能力、组织管理能力和社会活动能力，还要注重思维能力和创造能力的培养，使学生思路清晰、条理分明，有条不紊地处理头绪纷繁的各项工作，创造性地工作。能力培养要贯彻到教学的整个过程之中。如何引导学生去发现问题、分析问题和解决问题应成为我们应用型本科教学的根本。

探讨课程体系、教学内容和培养方法，还必须服从和服务于大学生全面素质的培养。要通过形成新的知识体系和能力延伸以促进学生思想道德素质、文化素质、专业素质和身体心理素质的全面提高。因此，要在素质教育的思想指导下，对原有的教学计划和课程设置进行新的调整和组合，使学生能够适应社会主义现代化建设的需要。我们强调培养“三创”人才，就应当用“三创教育”、人文教育与科学教育的融合等适应时代的教育理念，选择一些新的课程内容和新的教学形式来实现。

研究课程体系，必须看到经济全球化与我国加入世界贸易组织以及高等教育的国际化对人才培养的影响。如果我们的课程内容缺乏国际性，那么我们所培养的人才就不可能具备参与国际事务、国际交流和国际竞争的能力。应当研究课程的国际性问题，增设具有国际意义的课程，加快与国外同类院校的课程接轨。要努力借鉴国外同类应用型本科院校的办学理念和培养模式、做法来优化我们的教学。

在教材编、修、审全过程中，必须始终坚持以人的全面发展为本，紧紧围绕培养目标和基本规格进行活生生的“人”的教育。一所大学使得师生获得自由的范围和程度，往往是这所大学成功和水平的标志。同样，我们修订和编写教材，提供教学用书，最终是为了把知识转化为能力和智慧，使学生获得谋生的手段和发展的能力。因此，在修订、编写教材过程中，必须始终把师生的需要和追求放在首位，努力提供教的方便和学的便捷，努力为教师和学生留下充分展示自己教和学的风格和特色的发展空间，使他们游刃有余，得心应手，还能激发他们的科学精神和创造热情，为教和学的持续发展服务。教师是课堂教学的组织者、合作者、引导者、参与者，而不应是教学的权威。教学过程是教师引导学生，和学生共同学习、共同发展的双向互促过程。因此，修订、编写教材对于主编和参加编写的教师来说，也是一个重新学习和思想水平、学术水平不断提高的过程，决不能丢失自我，决不能将“枷锁”移嫁别人，这里“关键在自己战胜自己”，关键在自己的理念、学识、经验和水平。

二、坚持质量第一，努力打造精品教材

教材是教学之本。大学教材不同于学术专著，它既是学术专著，又是教学经验之理性总结，必须经得起实践和时间的考验。学术专著的错误充其量只会贻笑大方，而教材之错误则会贻害一代青年学子。有人说：“时间是真理之母”。时间是对我们所编写教材的最严厉的考官。目前，我们的教材才使用了几年，还很难说就是好教材，因为前一阶段主要是解决有无问题，用户还没有来得及去总结和反思，所以有的问题可能还没有来得及暴露。我们必须清醒地看到这一点。今后，更要坚持高标准、严要求，用“一丝不苟”“一秒不差”的精神严格要求自己，确保教材质量和特色。为此，必须采取以下措施：第一、高等教育的核心资源是一支优秀的教师队伍，必须重新明确主编和参加编写教师的标准和要求，实行主编招标和负责制，把好质量第一关；第二，教材要从一般工科本科应用型院校实际出发，强调实际、实用、实践，加强技能培养，突出工程实践，内容适度简练，跟踪科技前沿，合理反映时代要求，这就要求我们必须严格把好教材编写或修订计划的评审关，择优而用；第三、加强教材编写或修订的规范管理，确保参编、主编、主审以及交付出版社等各个环节的质量和要求，实行环节负责制和责任追究制；第四、确保出版质量；第五、建立教材评价制度，奖优罚劣。对经过实践使用，用户反映好的教材要进行修订再版，切实培育一批名师编写的精品教材。出版的精品教材必须和多媒体课件配套，并逐步建立在线学习网站。

三、坚持“立足江苏、面向全国、服务教学”的原则，努力扩大教材使用范围，不断提高社会效益

下一轮教材编写和修订工作，必须加快吸收有条件有积极性的外省市同类院校、民办本科院校、独立学院和有关企业参加，以集中更多的力量，建设好应用型本科教材。同时，要相应调整编审委员会的人员组成，特别要注意充实省内外的优秀的“双师型”教师和有关企业专家。

四、建立健全用户评价制度

要在使用这套教材的省市有关高校建立教材使用质量跟踪调查，并建立网站，以便快速、便捷、实时地听取各方面的意见，不断修改、充实和完善我们的教材编写和出版工作，实实在在地为教师和学生提供精品服务，实实在在地为培养高质量的应用型本科人才服务。同时也努力为造就一批工科应用型本科院校高素质高水平的教师提供优良服务。

本套教材的编审和出版一直得到机械工业出版社、江苏省教育厅和各主编、主审和参加编写高校的大力支持和配合，在此，一并表示衷心感谢。今后，我们应一如既往地更加紧密地合作，共同为工科应用型本科院校教材建设作出新的贡献，为培养高质量的应用型本科人才作出新的贡献，为建设有中国特色社会主义的应用型本科教育作出新的努力。

普通高等教育机械工程及自动化专业
机电类规划教材编审委员会
主任　教授　邱坤荣

前　　言

随着计算机技术的迅猛发展和广泛应用，计算机已渗透到各行各业，成为人们学习、工作、生活中不可缺少的工具。尤其是进入到21世纪，一场以信息技术和信息产业为中心的信息革命正在世界范围内蓬勃发展。如何尽快普及计算机应用知识、提高全民计算机应用水平，则是我们需要解决的问题之一。

由于微型计算机具有高可靠性、高运算速度、大存储容量、价格低、配置灵活、方便等特点，因此，其发展速度最快、应用范围最广。尤其对于工业测控用户而言，控制对象与微型计算机（简称微机）有较多的硬件联系，控制功能上也有实时要求。这就要求用户不但能根据对象的特点设计适用的软件，而且必须对微型计算机系统的硬件有深刻的认识，才能正确地组成测控系统。即使对于单纯用微型计算机进行数据处理和信息管理的用户而言，也需要对微型计算机的原理有一定程度的了解。

本书编写本着以下原则：①重视基础。掌握基础理论，熟悉接口芯片的原理与应用，掌握汇编语言程序设计的方法。②更新知识。了解微机现状及发展方向，加强系统概念，强调新器件的应用。③加强实践。通过实验巩固理论学习，提升学生技能，培养学生的创造能力。

第3版是在第2版的基础上，根据教学实践和读者的建议进行的修订。主要删减了一些陈旧的落后技术，增加了部分发展较快的新技术和新产品。以适应目前教学和应用的需要。

本书共分12章，4个模块：第一~三章为第一模块，主要介绍计算机基础知识、16位机硬件系统组成及存储器组织管理。第四章和第五章为第二模块，主要介绍16位机指令系统及程序设计。第六~十章为第三模块，主要介绍主机与外设的接口芯片原理及应用，并通过介绍几个典型应用实例，使读者具有组成应用系统的初步能力。第十一章和第十二章为第四模块，主要介绍系统总线技术及32位机的基本情况以及多媒体计算机、计算机网络等知识，使读者了解微机的发展状况。

作为江苏省地方高校首批启动的7个系列课程教材建设的教材，全书从硬件的角度阐述了16位机的基本原理、系统组成及接口芯片等内容。此外，本书紧密结合计算机等级考试的要求，可作为高等院校机电类专业及各类成人教育的教材，也可以作为参加计算机等级考虑（偏硬件）考生的参考资料。本书还有一本配套教材《微机原理应用实践》，其中提供了大量的思考题、习题以及参考答案，非常适合读者自学。另外，为提高学生的动手能力，配套教材还提供了很多实验供学生进行技能训练。

本书第一、十一、十二章以及第三章的第四节由河海大学胡钢编写，第二、七章由杨州大学张慰兮编写，第六、八章由河南大学王萍编写，第四、九章由常州工学院田鸿发编写，第五、十章由常州技术师范学院厉荣卫编写，第三章的第一、二、三节由沙洲工学院郭琳编写。全书由胡钢统稿。东南大学江正战教授主审。在全书审定中，江正战教授提出了许多宝贵意见，在此对他表示深深的感谢。

由于作者水平有限，时间仓促，书中可能会有不足之处，恳请读者批评指正。

联系方式：hug_5810@ sohu. com。

作　者

目　　录

第一章　计算机基础知识

计算机作为20世纪最伟大的发明之一，其应用日渐广泛，现在已经渗透到工业、农业、国防、文化教育、家庭以及日常生活的各个领域。可以这样说，计算机已经无处不在。

随着半导体技术的迅速发展，运算器、控制器可以集成于一个芯片中。1971年，第一片微处理器芯片诞生，使得以微处理器为核心的微型计算机成为现实。

微处理器经过40多年的发展，已历经4位机、8位机、16位机、32位机四个时代，现在正朝着64位机、128位机迈进。可以预见，功能更为强大、速度更快、性价比更为优越的微型计算机将不断涌现。

本章主要介绍计算机的基础知识。

第一节　概　述

一、微型计算机的产生与发展

计算机是20世纪发展最为迅速、普及程度最高、应用最为广泛的一种科学技术。自20世纪40年代问世至今，计算机的发展已历经了四代。

第一代：电子管计算机——20世纪40年代中期开始。

第二代：晶体管计算机——20世纪50年代后期开始。

第三代：中小规模集成电路计算机——20世纪60年代中期开始。

第四代：大规模、超大规模集成电路计算机——20世纪70年代开始。

在此期间，虽然计算机的功能有了极大的发展，其速度和性能也有了极大的提高，但其基本工作原理没有改变，其核心部件仍然是由运算器和控制器构成的中央处理器（CPU）。半导体技术的发展使得计算机的运算器、控制器可以集成于一个芯片中。1971年，美国Intel公司成功研制出了微处理器（Microprocessor）——Intel4004CPU芯片。以微处理器为核心构成的计算机统称为微型计算机（Microcomputer）。

微型计算机亦经历了4个发展时期（又称为四代）。

第一代是从1971年到1972年。典型产品有Intel4004/8008，字长为4位或8位，集成度约为每片2000/3500个晶体管，时钟频率为1MHz，指令周期约为10~20μs。

第二代是从1973年到1977年。典型产品有Intel公司的8080、Motorola公司的MC6800以及Zilog公司的Z80，此外还有Intel8085、MC6802，字长为8位，集成度约为每片9000个晶体管电路，时钟频率为2MHz，指令周期约为2μs。16根地址线，可寻址64K个存储单元。

第三代是从1978年到1984年，典型产品有Intel8086、Motorola的MC 6809和Zilog的

Z8000 等，字长为 16 位，采用 HMOS 高密度工艺，集成度为每片几万至几十万个晶体管，时钟频率为几十至几百 MHz，指令周期小于 0.5μs，赶上并超过了 20 世纪 70 年代小型机的水平，使传统的小型机受到严峻的挑战。

第四代是从 1985 年至今，典型产品有 Intel80386 和 Motorola 的 MC68030 等，字长为 32 位，集成度约为每片 27.5 万个晶体管。Intel 公司还陆续推出了 80486、80586（通常称为 Pentium，中文名为奔腾）、80686（称为 Pentium pro，中文名为高能奔腾）、PⅢ及 PⅣ等。这些产品可满足多用户/多任务系统要求，支持虚拟存储体系。

近年来，Intel 公司又推出了 64 位外部数据总线 Pentium 微处理器 PS，集成度约为每片数百万个晶体管电路，在这些微处理器的基础上相继产生了各种各样的个人微型计算机、专用微型计算机。

目前，微型计算机仍向着微型化的方向发展，同时也在向着网络化和智能化方向发展。随着微电子技术的发展，微处理器的集成度越来越高，芯片的功能越来越强，从而使微型计算机的体积进一步减小，质量进一步减轻，而功能则在不断地增强。如今的高档微型机，其功能已经远远超过了小型机。

网络化是整个计算机发展的一个重要方向，也是微型计算机发展的一个重要方向。所谓网络化，是用通信线路并依据共同遵守的通信协议，把不同地域的多台独立的计算机连接起来，以实现信息交流和资源共享。随着信息高速公路的实施，遍及全球的各种局域网、广域网相互联接，使微型计算机作为工作站成为网络中的重要成员。如今的个人计算机可通过电话线方便地进入国际互联网，从而获得网上的各种资源。

智能化是微型计算机发展的又一重要方向。所谓智能化，是指计算机能够模拟人脑进行逻辑思维、逻辑推理、自主学习、知识积累、知识重构和自我完善。自从 L. A. Zadeh 创立模糊集合论以来，人们对智能化计算机的研究从未停止，专家系统、人工智能和神经网络技术也随即出现。在计算机组成方面，模糊信息存储器和模糊控制器也出现了。这些虽然还称不上智能化计算机，但是正在向智能化的方向迈进。

二、微型计算机的组成特点

电子计算机按其组成规模和性能可分为巨型机、大型机、中型机、小型机和微型机五种类型。

微型计算机的基本组成与其他任何一种计算机相同，也是由中央处理器、存储器、输入设备和输出设备组成。其特点可概括如下：

1. 结构紧凑，体积小，重量轻，使用方便灵活

随着大规模集成电路（LSI）和超大规模集成电路（VLSI）的发展，组成计算机的中央处理器 CPU、输入/输出接口电路、存储器以及一些专用电路可制作在一块集成电路芯片之中。这种集成电路芯片被称为微处理器（MPU）。

2. 功耗低，价格低廉

采用大规模和超大规模集成电路使得功耗大幅下降。例如，一台配置齐全的微型机，功率仅几十瓦，笔记本式计算机的功耗则更低，仅需电池供电。由于其功耗低、价格低廉，普

通家庭均可购置，因此如今的微型计算机已发展成为家庭计算机。

3. 可靠性高，应用范围广

一台微机仅需十几至几十块集成电路芯片即可组成，减少了电路之间的外部连线，减少了焊点，从而使可靠性大幅提高。加之体积小、价格低廉，因而使用相当广泛。

本书主要介绍16位机8086/8088，这是因为8086、80286、80386、80486、奔腾同属一个系列。它们是向上兼容的。80386以后的芯片是以8086为基础的，其指令系统也是以8086的指令为基础。只有深入掌握了8086，才能进一步掌握80386以后的芯片。现在的存储器芯片规模已经很大，但是它们的工作原理以及与CPU的接口方法仍是一样的。所以，其工作原理、应用技术与应用方法对于现在的PC仍然适用。

第二节　计算机中的数和编码

一、数制

数制是人们利用符号来计数的科学方法，数制可以有很多种，但在计算机的设计和应用中，常用的则为十进制、二进制、八进制和十六进制。

数制中所使用数码的个数称为基；数制每一位所具有的值称为权。

(一) 数制简介

1. 十进制

十进制有10个不同的数字符号，即0~9，因此其基为“10”。十进制各位的权是以10为底的幂，如下面这个数：

2	3	8.	5	1
10^2	10^1	10^0	10^{-1}	10^{-2}

该数即为 $238.51 = 2 \times 10^2 + 3 \times 10^1 + 8 \times 10^0 + 5 \times 10^{-1} + 1 \times 10^{-2}$。

由上可见，每一位的值等于该位数字与该位权的乘积，各位值的累加和表示整个数的大小。

2. 二进制

一个二进制数具有以下基本特点：有两个不同的数字符号，即0和1，且逢二进一。

可见，二进制的基为2，其各位的权是以2为底的幂，如下面这个数：

1	0	1.	0	1
2^2	2^1	2^0	2^{-1}	2^{-2}

该数即为 $101.01 = 1 \times 2^2 + 0 \times 2^1 + 1 \times 2^0 + 0 \times 2^{-1} + 1 \times 2^{-2}$

$= 5.25$（十进制数）。

二进制各位的值也是该位数字与该位权的乘积，各位值的累加和表示整个数的大小。

3. 八进制

八进制的特点是：有8个不同的数字符号，即0~7，且逢8进1。八进制的基为8，其各位的权是以 8 为底的幂，如下面这个数：

2	3	7.	5	1
8^2	8^1	8^0	8^{-1}	8^{-2}

该数即为 $237.51 = 2\times8^2 + 3\times8^1 + 7\times8^0 + 5\times8^{-1} + 1\times8^{-2}$

$= 159.640625$（十进制数）。

4. 十六进制

十六进制的特点是：有 16 个不同的数字符号，即 0 ~ 9 和 A ~ F，且逢 16 进 1。十六进制的基为 16，其各位的权是以 16 为底的幂，如下面这个数：

B	1	3.	9	A
16^2	16^1	16^0	16^{-1}	16^{-2}

该数即为 $B13.9A = 11\times16^2 + 1\times16^1 + 3\times16^0 + 9\times16^{-1} + 10\times16^{-2}$

$= 2835.6015625$（十进制数）。

二进制、八进制、十进制、十六进制数，可分别在数字后面加后缀 B、Q（或 O）、D、H 表示。例如，1101B、25Q、19D、2AH 分别表示二进制数 1101、八进制数 25、十进制数 19、十六进制数 2A。十进制数经常可省略后缀不写。

（二）不同进位制间的转换

1. 二进制数转换为十进制数

由上述内容可知，只需将二进制数每一位的数字与该位的权相乘，便可得到该位的数值，再将各位的数值加在一起就得到了相应的十进制数。例如：

$111010.011B = 1\times2^5 + 1\times2^4 + 1\times2^3 + 0\times2^2 + 1\times2^1 + 0\times2^0 + 0\times2^{-1} + 1\times2^{-2} + 1\times2^{-3}$

$= 58.375D$

2. 十进制数转换为二进制数

（1）十进制整数转换为二进制整数　用 2 不断地去除要转换的十进制数，直至商为 0。每次的余数即为二进制数位，最初得到的余数是二进制结果的最低位，最后得到的余数是二进制结果的最高位，这就是所谓的“除 2 取余”法。例如：

2	78	
2	39	……余0
2	19	……余1
2	9	……余1
2	4	……余1
	2	……余0
	1	……余0
	0	……余1

则78D=1001110B

（2）十进制小数转换为二进制小数　用 2 不断地去乘要转换的十进制小数，直至乘积的小数部分为 0。每次所得的整数部分即为二进制数位，最初得到的整数即是二进制小数的最高位，这就是所谓的“乘 2 取整”法。

需要注意的是：十进制小数不能都用有限二进制小数精确表示，这时可根据精度要求取有限位二进制小数近似表示。例如：

$$\begin{array}{r} 0.6 \\ \times\quad 2 \\ \hline 1.2 \end{array}\quad \cdots\text{取整数部分 1}$$

$$\begin{array}{r} 0.2 \\ \times\quad 2 \\ \hline 0.4 \end{array}\quad \cdots\text{取整数部分 0}$$

$$\begin{array}{r} 0.4 \\ \times\quad 2 \\ \hline 0.8 \end{array}\quad \cdots\text{取整数部分 0}$$

$$\begin{array}{r} 0.8 \\ \times\quad 2 \\ \hline 1.6 \end{array}\quad \cdots\text{取整数部分 1}$$

$$\begin{array}{r} 0.6 \\ \times\quad 2 \\ \hline 1.2 \end{array}\quad \cdots\text{取整数部分 1}$$

可见，0.6D 不能用有限二进制小数精确表示，若取近似值 0.6D≈0.10011B，则说明精确到小数点后第 5 位。

3. 二进制数与八进制数之间的转换

二进制数转换为八进制数时，每 3 位二进制数对应 1 位八进制数。以小数点为界，整数部分从低位向高位，每 3 位一组，不足 3 位高位补 0；小数部分从高位向低位，每 3 位一组，不足 3 位低位补 0，便可写出相应的八进制数。例如，

$$1110101.1011B=\underset{1}{\underline{001}}\ \underset{6}{\underline{110}}\ \underset{5.}{\underline{101.}}\ \underset{5}{\underline{101}}\ \underset{4}{\underline{100}}=165.54Q$$

八进制数转换为二进制数时，只需将每位八进制数用 3 位二进制数表示即可。例如，

$$753.25Q=111101011.010101B$$

4. 二进制数与十六进制数之间的转换

二进制数转换为十六进制数时，每 4 位二进制数对应 1 位十六进制数。以小数点为界，整数部分从低位向高位，每 4 位一组，不足 4 位时高位补 0；小数部分从高位向低位，每 4 位一组，不足 4 位时低位补 0，便可写出相应的十六进制数。例如，

$$1011110111.110111011B=\underset{2}{\underline{0010}}\ \underset{F}{\underline{1111}}\ \underset{7}{\underline{0111.}}\ \underset{D}{\underline{1101}}\ \underset{D}{\underline{1101}}\ \underset{8}{\underline{1000}}$$

$$=2F7.DD8H$$

十六进制数转换为二进制数时，只需将每位十六进制数用 4 位二进制数表示即可。例如，

$$27.FCH=\underset{0010}{\underline{2}}\ \underset{0111}{\underline{7}}\ \underset{1111}{\underline{.F}}\ \underset{1100}{\underline{C}}=100111.111111B$$

（三）二进制与十六进制

二进制数的位数多，比十进制数难认难记。但从技术实现的难易或从经济性、可靠性等方面考虑，二进制具有以下优点：

1. 数的状态简单，容易实现

二进制只有0与1两个状态。脉冲的有与无、电位的高与低、晶体管的导通与截止等都可表示为0与1两种状态。所以二进制状态简单，容易实现，工作状态可靠。

2. 运算规则简单，节约设备

由于二进制的运算规则简单，可使运算器的结构简化，使控制机构简化，同时二进制要比十进制节省存储空间，因此采用二进制将大大节约设备。

3. 逻辑判断

由于二进制可以进行逻辑运算，而逻辑变量的取值只有0与1两种可能。（这里的0与1代表了所研究问题的两种可能性：是与非、真与假、正确与错误等），因此可使计算机具有判断功能。

二进制虽然具有上述优点，但也有书写不便的缺点，尤其对于程序员而言更是如此。于是引入了十六进制，这样既可简化书写，又便于记忆，也为程序员提供了极大的方便。

二、编码

如上所述，计算机可以处理二进制数，但对于广大用户而言，仅仅处理二进制数显然是不够的。例如，英文字母、标点符号、运算符号等在计算机中如何表示？对于汉字用户而言，如何在计算机中表示汉字？这些都是计算机应用必须解决的问题。

众所周知，计算机中的数可以用0与1两种状态表示，那么是否可用多位二进制的组合来表示上述的英文字母、标点符号、汉字呢？这就产生了所谓“二进制编码”。

（一）二进制编码的十进制数（BCD码）

尽管二进制数具有运算简单、容易实现、工作可靠等优点，但是对于用户而言，输入、输出比较麻烦，而且不直观，容易出错。所以，计算机在输入、输出时通常还是采用十进制数。只是这样的十进制数，要用二进制编码来实现。

1位十进制数可采用4位二进制编码来表示，常采用的是按权值8421编码，通常称为BCD码。表1-1列出了它们之间的关系。

表1-1 8421BCD编码表

十进制数	BCD码	十进制数	BCD码
0	0000	6	0110
1	0001	7	0111
2	0010	8	1000
3	0011	9	1001
4	0100	10	0001 0000
5	0101	11	0001 0001

由表1-1可以看出，BCD码逢十进位，所以说它是十进制数。但每1位十进制数又是由4位二进制数表示的，因此，称之为二进制编码的十进制数（BCD）。若十进制数有2位，则各用4位二进制数表示，其他以此类推。

BCD码和十进制数的转换非常直观。如：

$$(0100\ 1001\ 1000\ 0101.0111)_{BCD}=(4985.7)_{10}$$

（二）字符的编码（ASCII 码）

如上所述，字母和各种符号也必须按特定的规则用二进制编码才能在计算机中表示。编码可以有各种方式。目前，微机中普遍采用美国标准信息交换码，即 ASCII 码，编码表见附录。

ASCII 码是用 7 位二进制编码，故可表示 128 个字符，其中包括数字 0 ~ 9、英文大小写字母以及各种符号等。从编码表（见附录）中可看到，数字 0 ~ 9 对应于 0110000 ~ 0111001。微机在数字通信时以位 7 作奇偶校验位，但在一般情况下可将位 7 看作零，故用一个字节来表示一个 ASCII 字符。于是 0 ~ 9 的 ASCII 码为 30H ~ 39H；大写字母 A ~ Z 的 ASCII 码为 41H ~ 5AH。

（三）汉字的编码

对于使用汉语的用户来说，他们要求计算机能够输入、处理和输出汉字。显然，汉字在计算机中也只能用若干位的二进制编码来表示。但是用 8 位二进制编码来表示汉字是远远不够的，那么要用多少位来表示汉字呢？我国根据汉字的常用情况定出了一级和二级汉字字符集，并规定了编码，这就是《信息交换用汉字编码字符集　基本集》（GB　2312—1980）。该标准编码字符集共收录汉字和图形符号 7445 个，其中包括：

1）一般符号 202 个，包括间隔符、标点、运算符、单位符号、制表符等。

2）序号 60 个，它们是 1 ~ 20（20 个），(1) ~ (20)　(20 个)，① ~ ⑩（10 个）和(一) ~ (十)（10 个）。

3）数字 22 个，它们是 0 ~ 9 和 Ⅰ ~ Ⅻ。

4）英文字母 52 个，大、小写各 26 个。

5）日文假名 169 个，其中平假名 83 个，片假名 86 个。

6）希腊字母 48 个，其中大、小写各 24 个。

7）俄文字母 66 个，其中大、小写各 33 个。

8）汉语拼音符号 26 个。

9）汉语拼音字母 37 个。

10）汉字 6763 个。这些汉字分为两级，第一级汉字 3755 个，第二级汉字 3008 个。

上述字符在计算机中编码时采用两个字节编码（为和 ASCII 码保持统一，两个字节的最高位用 0 表示）。具有 $2^{14}=16\,384$ 个编码。如“啊”字国标码为 00110000、00100001，即 30H、21H。在国标码中，汉字的排列顺序为：一级汉字按汉语拼音字母顺序排列，同音字母以笔画顺序为序；二级汉字按部首顺序排列。

为了使汉字的编码与常用的 ASCII 码区别开来，在机器中，汉字是以内码形式存储和传输的。一种机器常用若干种汉字输入方式（输入码），但其内码是统一的。通常都是用汉字国标码的两字节的最高位置“1”形成。如汉字“啊”的国标码为 00110000、00100001，则其内码为 10110000、10100001 即 B0H、A1H。

（四）Unicode 字符编码

正式公布于 1994 年的 Unicode（统一码、万国码、单一码）是一种在计算机上使用的字符编码，是为了解决传统的字符编码方案的局限而产生的。它为每种语言中的每个字符设定了统一并且唯一的二进制编码，以满足跨语言、跨平台进行文本转换、处理的要求。

传统的编码方式无法同时支持多语言环境（指可同时处理多种语言混合的情况）。Unicode是以一种抽象的方式（即数字）来处理字符，并将视觉上的演绎工作（例如字体大小、外观形状、字体形态、文体等）留给其他软件（如网页浏览器或文字处理器）来处理。它是能够使计算机实现跨语言、跨平台的文本转换及处理的一种编码方式。

Unicode是国际组织制定的可以容纳世界上所有文字和符号的字符编码方案。Unicode用数字0～0×10FFFF来映射这些字符，最多可以容纳1 114 112个字符，或者说有1 114 112个码位。

通用字符集（Universal Character Set，UCS）是由国际标准化组织（ISO）制定的ISO 10646（或称ISO/IEC 10646）标准所定义的标准字符集。UCS-2用两个字节编码，UCS-4用4个字节编码。

Unicode目前普遍采用的是UCS-2，即用两个字节（即16位）来编码一个字符，2^{16} = 65536，所以UCS-2最多能编码65 536个字符。如汉字“经”的编码是0x7ECF（注意：字符编码一般用十六进制来表示，为了与十进制相区分，十六进制以0x开头），转换成十进制就是32463。而编码0～127的字符与ASCII编码的字符一样，比如字母“a”的Unicode编码是0x0061，十进制是97，而“a”的ASCII编码是0x61，十进制也是97。

由于UCS-2最多能表示65 536个汉字，而全部汉字总数远超这个数，因此Unicode只能排除一些几乎不用的汉字，好在常用的简体汉字也不过七千多个，所以UCS-2可以满足需要。如果要表示所有汉字，Unicode也有UCS-4规范，即用4个字节来编码字符，可以满足所有需要。

三、二进制数的运算

（一）算术运算

一个数字系统只要能进行加法和减法运算，就可以利用加法和减法进行乘法、除法及其他数值运算。

1. *加法*

运算规则为：0+0=0，0+1=1+0=1，1+1=10（逢2进1）。例如，1100+1010，从最低位开始一个加数与另一个加数逐位相加，则有

```
    1100……一个加数
+   1010……另一个加数
   10110……和数
```

2. *减法*

运算法则为：0-0=1-1=0，1-0=1，0-1=1（0减1不够减，从高位借1当2）。例如，1110-1001，从最低位开始被减数与减数逐位相减，则有

```
   1110……被减数
-  1001……减数
   0101……差数
```

3. 乘法

运算规则为：0×0=0，0×1=1×0=0，1×1=1

例如，1011×1101，用另一个乘数的各位分别乘一个乘数后求和，则有

```
         1011……一个乘数
   ×     1101……另一个乘数
   ----------------------
         1011
        0000
       1011
   +  1011
   ----------------------
     10001111……乘积
```

4. 除法

运算法则为：0÷0=0，0÷1=0，1÷1=1。例如：11100111÷1011，用被除数除以除数，被除数由高位到低位，若被除数大于除数，则商上1，否则，商上0，直到被除数除完。若除尽，则余数为0，若除不尽，则有余数。本例中余数为0。

```
                    10101   ……… 商数
除数………1011 ) 11100111   ……… 被除数
                −  1011
               ----------
                  001101
                    1011
               ----------
                  001011
                    1011
               ----------
                       0
```

(二) 逻辑运算

二进制数的逻辑运算包括“与”运算、“或”运算、“非”运算和“异或”运算。

1. “与”运算

“与”运算通常用符号“∧”（或“×”）表示。运算规则为：0∧0=0，1∧0=0，0∧1=0，1∧1=1。

例如，10110101∧10001001，按位相与，则有

```
     10110101
∧    10001001
-------------
     10000001
```

可见，能用“与”运算保留一些位，而屏蔽掉一些位。例如，若要将10101010的低4位保留，而高4位屏蔽掉，则只需将10101010和00001111相“与”即可。

2. “或”运算

“或”运算通常用符号“∨”（或“+”）表示。运算规则为：0∨0=0，0∨1=1，1∨0=1，1∨1=1。

例如，11110011∨10011111，按位相或，则有

```
     11110011
∨    10011111
-------------
     11111111
```

可见，能用“或”运算使一些位不变，而将另一些位置1。例如，若要将01010101的

高3位不变，而低5位置1，则只需将01010101和00011111相“或”即可。

3. “非”运算

“非”运算通常用符号“-”表示。运算规则为：$\overline{0}=1$，$\overline{1}=0$。

例如，10110111，按位取反，结果是01001000。

4. “异或”运算

“异或”运算通常用符号“⊕”表示。运算规则为：$0\oplus0=0$，$1\oplus0=1$，$0\oplus1=1$，$1\oplus1=0$。

例如，10100101⊕11001100，按位异或，则有

$$\begin{array}{r} 10100101 \\ \oplus\ \ 11001100 \\ \hline 01101001 \end{array}$$

可见，能用“异或”运算将某些数清0。例如，将10100110清0，只需将10100110和其本身“异或”即可。

“异或”运算还可以用于比较两个数是否相等。

例如，$11101110\oplus10111011\neq0$，所以11101110和10111011不相等。

四、数的表示法

（一）真值与机器数

上述二进制数都未提到数的符号问题，因此这是一种无符号数。无符号数可表示身高、体重、成绩等，但在很多情况下，数还有正、负的问题，那么数的正、负在计算机中如何表示呢？通常，若一个数以8位字长表示，则其最高位（D_7）用于表示符号位，0表示正（+），1表示负（-），低7位（$D_6\sim D_0$）表示数值。例如，

$$N_1 = +1100110 = +102$$

$$N_2 = -1100110 = -102$$

N_1、N_2在机器中则可表示为

$$N_1 = 01100110$$

$$N_2 = 11100110$$

将连同符号位一起表示的一个数称为机器数，而将用“+”“-”号表示的数称为真值。若一个数以16位字长表示，则其最高位（D_{15}）用于表示符号位，其他类推。

上面所说的机器数的表示方法，即用0表示正数的符号，用1表示负数的符号。这种数的表示方法称为带符号数的表示方法。无符号数与带符号数的区别仅在于无符号数没有符号位，全部有效位均用来表示数的大小，如01000110表示70，11000110表示198。

（二）原码、反码和补码

带符号数在机器中的表示形式通常有三种：原码、反码和补码。下面以整数为例说明这三种代码。

1. 原码

前面介绍的带符号数的表示法，就是原码的表示方法。

$X=+98\quad [X]_{原}=0\quad 1100010$

$X=-98\quad [X]_{原}=1\quad 1100010$

符号位　数值位

由上可见，最高位是符号位（0 表示正号，1 表示负号），后面 7 位是数值位（字长为 8 位，以下皆同）。

0 的原码有两种情况：

$[+0]_{原}=0\quad 0000000$

$[-0]_{原}=1\quad 0000000$

原码表示的数值范围为　$-127\leqslant[X]_{原}\leqslant+127$

原码表示简单易懂，但在二进制数运算中，遇到两个异号数相加（或同号数相减），就要做减法。为将减法运算转换为简单的加法运算，就需要引进反码和补码。

2. 反码

正数的反码与原码相同，而负数的反码则是由原码的数值位按位取反得到。

$[+98]_{反}=0\quad 1100010$

$[-98]_{反}=1\quad 0011101$

0 的反码有两种情况：

$[+0]_{反}=0\quad 0000000$

$[-0]_{反}=1\quad 1111111$

反码表示的数值范围为　$-127\leqslant[X]_{反}\leqslant+127$

3. 补码

正数的补码与原码相同，负数的补码则是原码的数值位按位取反再在最低位加 1 形成。

$[+98]_{补}=0\quad 1100010$

$[-98]_{补}=1\quad 0011110$

0 的补码只有一种情况，$[+0]_{补}=[-0]_{补}=0\quad 0000000$

补码表示的数值范围为　$-128\leqslant[X]_{补}\leqslant+127$

（三）补码加、减法与溢出判断

由于补码加、减法运算速度快，硬件逻辑关系简单，因此得到了广泛的应用。

1. 补码加法运算

由于　$[X]_{补}+[Y]_{补}=[X+Y]_{补}$

这表明在进行补码加法运算时，补码的和等于和的补码。

例 1-1　$X=-11\quad Y=-4$

则 $[X]_{补}=11110101\quad [Y]_{补}=11111100$

$$\begin{array}{r} 11110101 \\ +\ 11111100 \\ \hline \underline{1}11110001 \end{array}$$

丢失

即 $[X]_{补}+[Y]_{补}=11110001$，而 $[X+Y]_{补}=[-11+(-4)]_{补}=[-15]_{补}=11110001$

所以$[X]_{补}+[Y]_{补}=[X+Y]_{补}=11110001$

而 $[X+Y]_{原}=1\ 0001111$，其真值为 -15，与 $X+Y=-11+(-4)=-15$ 相等，可见结果是正确的。

2. 补码减法运算

由于$[X]_{补}-[Y]_{补}=[X-Y]_{补}=[X]_{补}+[-Y]_{补}$

而$[-Y]_{补}=\overline{[Y]_{补}}+1$

这表明补码的减法运算是补码的差等于差的补码，并可转换为加法运算。

例1-2 $X=-11 \quad Y=-4$

$[X]_{补}=11110101 \qquad [Y]_{补}=11111100 \qquad [-Y]=00000100$

$[X-Y]_{补}=[-11-(-4)]=[-7]_{补}=11111001$

而$[X]_{补}-[Y]_{补}=[X]_{补}+[-Y]_{补}=11110101+00000100=11111001$

可见$[X]_{补}-[Y]_{补}=[X-Y]_{补}=11111001$

其原码为 $[X-Y]_{原}=10000111$，显然真值为 -7。

综上所述，补码加减法的运算规则如下：

1）参加运算的操作数用补码表示，运算结果也用补码表示。若要求真值，则必须将补码表示的结果还原成原码。补码还原成原码，也是除符号位外，数值位各位取反，再在最低位加1。

2）符号位作为数的一部分参与运算。

3）若作加法，则两数直接相加；若作减法，则可转换为加法运算。

3. 溢出的概念

在选定了运算字长和数的表示方法之后，计算机所能表示的数的范围是一定的。超过这个范围就会产生溢出，造成运算错误。

例如，设字长为8位（n=8），其最高位为符号位，低7位用来表示数值。这时，用补码表示的数的范围是 -128 ~ +127，运算结果超出这个范围即称为溢出。例如，

$$\begin{array}{rl} 01111000 & \cdots +120 \\ +\ 00011110 & \cdots +30 \\ \hline 10010110 & \cdots -106 \end{array}$$

参加运算的两个数为正数（均为补码），但和（亦为补码）的符号位上出现了1，机器把此结果理解为负数，这显然是错误的。原因就在于：+120 与 +30 的和数应为 +150，超出了机器所能表示的范围 +127，从而出现了 -106 的错误结果。

任何运算都不允许发生溢出，因为有溢出时结果是错误的。在实际运算中，一旦发生溢出，就应转入溢出处理程序，检查溢出产生的原因，做出相应的处理。

4. 溢出判断

根据以上溢出原因判断运算结果是否有溢出，显然是太麻烦了。判断溢出的方法有多种，下面介绍一种简单的符号法则。

设参加运算的两个数A、B的符号分别为a和b，A+B=C，C的符号位为c，则A、B同号，可能有两种情况：

1）A>0，B>0 时，a=0，b=0，c 也应为 0。若发生溢出，使 c=1，则和数成了负数，运算结果出错。

2）A<0，B<0 时，a=1，b=1，c 也应为 1。若发生溢出，使 c=0，则和数成了正数，运算结果出错。

综上所述，两数相加时，只有当参加运算的两个数符号相同时，才有可能发生溢出现象（异号相加无溢出），溢出时运算结果的符号与参加运算的符号相反。可以利用这个特点判断加法有无溢出，称为判断溢出的符号法则。

例 1-3　（+120）+（+105）=？

```
    01111000    … +120
+   01101001    … +105
---------------------
    11100001    … -31
```

两个正数相加的结果成为负数，显然是错误的，表明发生溢出。

例 1-4　-5-16=？

```
    1  1111011    … -5
+   1  1110000    … -16
-----------------------
 1  1  1101011    … -21
 ↑
丢失
```

两个同号数相加的结果依然为负数，无溢出。但对 2^8 位有进位，自动丢失。

由上面的例子可见，有溢出时不一定有进位，而有进位时不一定有溢出。溢出和进位是两个不同的概念。

（四）定点数与浮点数

在计算机中，根据数中小数点的位置是固定不变的、还是浮动变化的，分为定点数和浮点数。

1. *定点数的表示方法*

定点数有两种特殊的形式：一种是定点整数，小数点在数的最右方，即为纯整数；另一种是定点小数，小数点在符号位之后，即为纯小数。小数点都是隐含的，不作为单独的信息存放在某一位中。

```
定点整数：      ×    ×××…×××.
               符号    数值部分
定点小数：      ×.   ×××…×××
               符号    数值部分
```

若计算机采用定点整数表示，则参与运算的数必须是整数。若参与运算的数是小数，则需要在运算前乘以一个比例因子，将小数放大为纯整数。若计算机采用定点小数表示，则参与运算的数必须是小数，若参与运算的数是整数，也需要在运算前乘以一个比例因子，将整数缩小为纯小数。

定点数的这两种表示方法在计算机中均有采用。至于究竟采用哪种表示法，则是事先约定的。

2. 浮点数的表示方法

计算机中 浮点数用阶码和尾数表示，尾数包括尾符和尾码，表示形式为

$$\underset{\text{阶符}}{\times}\quad\underset{\text{阶码}}{\times\times\cdots\times\times}\quad\underset{\text{尾符（数据符）}}{\times}\quad\underset{\text{尾码}}{\times\times\cdots\times\times}$$

浮点数的精度由尾码决定，浮点数的表示范围由阶码的位数决定。

其中，阶码和尾码均用二进制表示（可以在原码、反码及补码中选择）。阶符表示阶的正负，尾符表示数的正负，故又称为数据符。用0表示“正”，用1表示“负”。

为了最大限度提高精度，尾数可采用规格化形式表示。采用二进制表示时，若尾数大于零，则规格化数应该是“01××××”的形式；若尾数小于零，则规格化数应该是“10××××”的形式。

规格化方法：若尾码小于1/2，把尾码左移1位（不包括符号位），观察结果是否满足规格化，如满足，则再把阶码减1即可；否则，继续左移和调整阶码。若尾码大于1，则把尾码右移1位（不包括符号位），观察结果是否满足规格化，如满足则再把阶码加1即可；否则，继续右移和调整阶码。

例1-5 设 $X=0.0110\times2^3$，用补码、浮点数形式表示阶码为011，尾数为00110，这时由于X的尾数不符合“01××××”的形式，因此，不是规格化数，必须先进行规格化处理。

规格化时，将00110左移1位为01100，符合规格化标准，此时阶码减1，为010，即得到浮点表现形式。

第三节 微型计算机系统组成

一、硬件系统

计算机起初是作为一个计算工具出现的，那么它是如何脱离人的干预，自动完成计算功能的呢？

作为一个计算工具，首先要有能进行运算的器件，这称为运算器；其次要有能起到纸和笔作用的器件，用以记录原始题目、原始数据和中间结果，以及为了使机器能自动进行运算而编制的各种命令，这称为存储器；再次，要有能代替人的控制作用的控制器，以根据事先给定的命令发出各种控制信息，使整个计算过程能一步一步地进行。当然，仅有这三个器件还不够，原始的数据和命令要输入，计算的结果需要输出，所以要有输入设备和输出设备。这样就构成了一个基本的计算机系统，如图1-1所示。

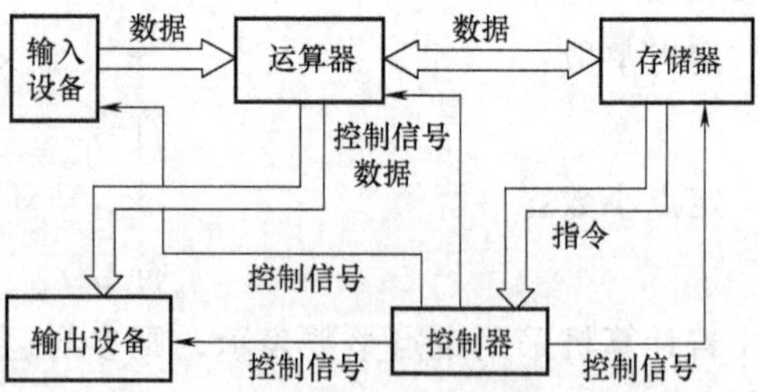

图1-1 计算机系统

存储器通常可以分为内存和外存两部分。内存也称为主存，是构成微型计算机（简称

微型机或微机）的主要部件，用于存放正在运行的程序或正在处理的数据。换句话说，所有程序只有调入内存才能执行。内存容量一般为 8MB、16MB、32MB、64MB 和 128MB，并多采用半导体存储器构成。其特点是：存储容量小，存取速度较快。

外存储器也称辅助存储器，其存取速度较慢，但容量大，现在一般可达数十 GB。它常被用于存放暂不执行的程序和数据，在关机或停电时信息不丢失，因此可以长期保存程序和数据，是微型计算机系统中必不可少的辅助设备。常用的外存储器有硬盘、光盘、U 盘等。

常用的输入设备有键盘、鼠标等；常用的输出设备有 CRT 显示器、打印机等。

图 1-1 的运算器、存储器和控制器通常被合称为计算机的主机，而把各种输入/输出设备统称为计算机的外围设备。而主机部分的运算器和控制器通常被合称为中央处理单元（Central Processing Unit，CPU）。

二、软件系统

软件泛指计算机中的程序和文档（文件）等数据，是计算机系统的重要组成部分。从使用的角度看，软件系统可分为两大类：一类是用于管理计算机资源、协调其内部工作的程序，称为系统软件；另一类是为解决某些实际问题或用户根据自己的需要而设计的程序，称为应用软件。

（一）系统软件

所谓系统软件是指用来实现对计算机资源的管理，便于人们使用计算机而配置的软件，它一般是由厂家随计算机一起提供的。系统软件通常包括操作系统（或监控管理程序）；各种语言的处理程序（如汇编、解释或编译程序）；数据库管理程序；编辑、调试、装配、故障检查和诊断等工具软件。

在系统软件中称为操作系统的软件具有特殊的地位。只要计算机处在工作状态，就有操作系统的有关部分在内存储器中负责接收、分析并调度执行用户的程序和各种命令。DOS、Windows 及 UNIX 等是目前最流行的微机操作系统。

（二）应用软件

应用软件是用户根据自己的需要，为解决某些实际问题而设计的程序。比如目前社会上流行的各种软件包：文字处理系统、计算机辅助设计（CAD）软件、计算机辅助教学（CAI）软件、图形动画软件、病毒防护软件等；在工业自动控制方面有许多数据采集与控制程序；在信息管理方面有许多管理程序，如人事管理、财务管理、图书资料管理等。这些程序都是针对某一具体问题设计的，统属应用软件。

（三）软、硬件的关系

硬件系统是构成微机系统各功能部件的集合，而软件系统是微机系统的各种程序的集合。软件与硬件的关系可以用图 1-2 描述。

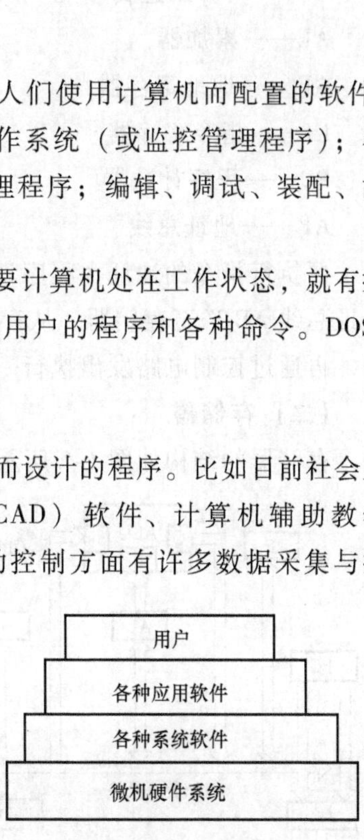

图 1-2　软、硬件的关系

通常情况下，用户使用程序设计语言或其他编程工具编制的应用程序或是直接使用软件商提供的应用软件，在系统软件的干预下，由微机硬件系统执行。所以，硬件系统是人们操作微机的物理基础，而软件系统则是人们与微机系统进行信息交换、通信对话、按人们的思维对微机系统进行控制和管理的工具。

三、微机的工作过程

微机的工作过程就是执行程序的过程。程序由指令序列组成，由用户预先输入到存储器中。所以，执行程序的过程就是执行指令序列的过程，也就是周而复始地取指令、执行指令的过程。

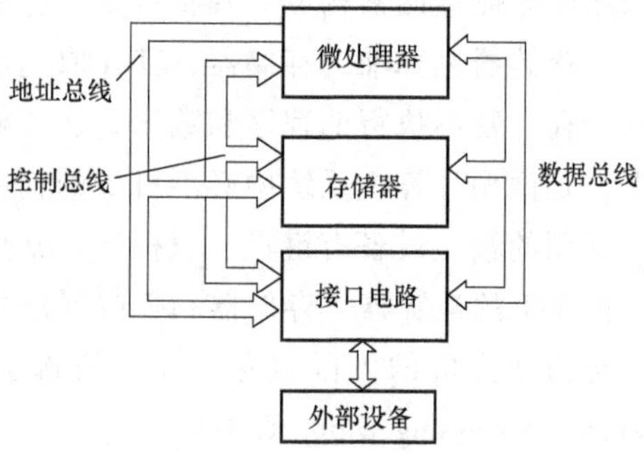

图 1-3　微机的结构图

图 1-3 所示是微机的结构图，它是由微处理器（CPU）、存储器、接口电路及外部设备组成，并通过 3 条总线（Bus）——地址总线、数据总线及控制总线来连接。为简化问题，认为要执行的程序以及数据已被存入存储器内。

（一）CPU 的结构

如图 1-4 所示，图中各单元的定义如下：

ALU——算术逻辑单元　　　　F——标志寄存器

AL——累加器　　　　BL——寄存器

AR——地址寄存器　　　　DR——数据寄存器

IR——指令寄存器　　　　ID——指令译码器

PC——程序计数器　　　　PLA——可编程逻辑阵列

AB——地址总线　　　　DB——数据总线

要执行指令的地址由程序计数器 PC 提供，地址寄存器 AR 将要寻址的单元的地址通过地址总线 AB 送至存储器，从存储器中取出指令后，由数据寄存器 DR 送至指令译码器 ID 译码，再通过控制电路发出执行一条指令所需要的各种控制信息。

（二）存储器

存储器的结构如图 1-5 所示。

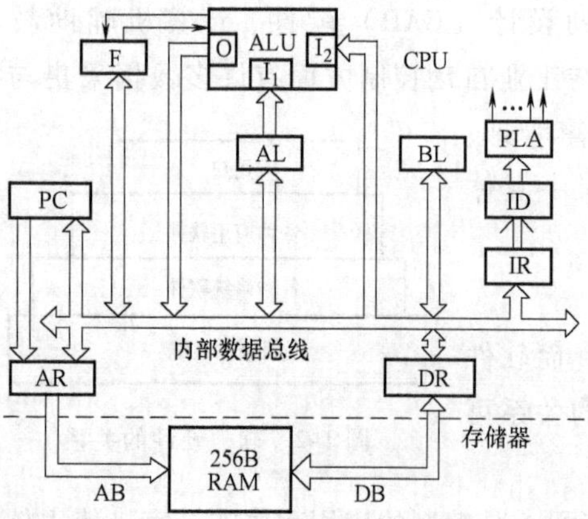

图 1-4　一个模型机的 CPU 结构

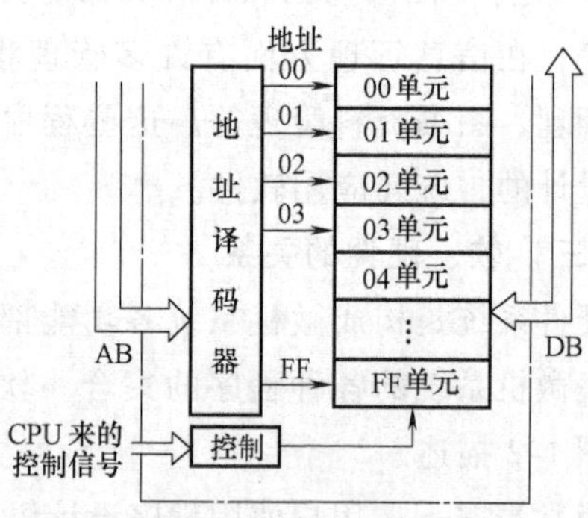

图 1-5　存储器的结构

存储器以二进制代码形式存储数据和程序，具有非破坏性读出的特点，即从存储器读出信息后，存储器原来所保存的信息依然不变。

内存储器由许多存储单元组成，每个存储单元可以是 1、4、8 位等二进制数，其中 8 位为一个字节，4 位为半个字节。内存储器中的每个存储单元都对应一个编号，称为该单元的存储地址，简称地址。内存容量是指地址单元数乘以每个单元的二进制位数，也可用上述乘积即总位数来表示。微处理器就是按照存储单元的地址来访问内存的。每次向内存中写入数据或从内存中读出数据时，都先由微处理器给出地址，然后再发出读或写控制信号，从而把数据写入指定地址的单元或从指定地址的单元读出数据。

（三）执行过程

若程序已放在内存中，其执行过程就是从内存中取指令、取数据和将运算结果写入存储单元的过程。

以两个数相加这一最简单的运算为例，需要以下几步（假定要运算的数已在存储器中）：

1）把第一个数从它所在的存储单元或 CPU 寄存器中取出来，送至运算器。

2）把第二个数从它所在的存储单元或 CPU 寄存器中取出来，送至运算器。

3）在运算器中相加。

4）把完成的结果，送至存储器中指定的单元或 CPU 中指定的寄存器。

从上述工作步骤并结合图 1-1 可知，在计算机中，基本上是两种信息在流动：一种是数据信息，即各种原始数据、中间结果等。这些信息要由输入设备输入至运算器或直接存于存储器中，在运算处理过程中，数据从存储器读入运算器进行运算，运算的中间结果要存入存储器或最后由运算器经输出设备输出。人给计算机的各种命令（即程序），也以数据的形式由存储器送入控制器，由控制器经过译码后变为各种控制信号。另一种即为控制命令信息。由控制器控制输入设备的启动或停止，控制运算器按规定一步步地进行各种运算和处理，控制存储器的读和写，控制输出设备输出结果等。

显然，计算机在工作时是因为执行了人给计算机的各种指令（程序）才能有序工作。通常，一条指令对应着一种操作，计算机所能执行的全部指令，就是计算机的指令系统，这是计算机所固有的。

第二章　8086/8088 微处理器

8086 是 Intel 系列的 16 位微处理器，它采用高速运算性能的 HMOS 工艺制造，芯片上集成有 2.9 万个晶体管，用单一的 +5V 电源和 40 条引脚的双列直插式封装；时钟频率为 5 ~ 10MHz，最快的指令执行时间为 0.4μs。

8086 有 16 根数据线和 20 根地址线，可以处理 8 位或 16 位数据，可寻址 1MB 的存储单元和 64KB 的 I/O 端口。它的主机设计较 8 位机的性能大约提高了 10 倍。

在推出 8086 之后不久，Intel 公司还推出了准 16 位微处理器 8088。8088 的内部寄存器、运算器以及内部数据总线都是按 16 位设计的，但外部数据总线只有 8 条。这样设计的目的主要是为了与 Intel 原有的 8 位外部接口芯片直接兼容。

本章着重介绍 8086/8088 微处理器结构、时序以及系统组成。

第一节　8086/8088 微处理器的结构

一、8086/8088 CPU 的内部结构

8086/8088 CPU 的内部结构框图如图 2-1 所示。从功能上讲，8086/8088 可分为两个部分，即总线接口单元（BUS Interface Unit，BIU）和执行单元（Execution Unit，EU）。

（一）总线接口单元

总线接口单元（BIU）的功能是负责完成 CPU 与存储器或 I/O 设备之间的数据传送。其具体任务是：BIU 要从内存取指令送到指令队列缓冲器；CPU 执行指令时，总线接口单元要配合执行单元从指定的内存单元或者外设端口中取数据，并将数据传送给执行单元，或者把执行单元的操作结果传送到指定的内存单元或外设端口中。

BIU 内有 4 个 16 位的段地址寄存器（代码段寄存器（CS）、数据段寄存器（DS）、堆栈段寄存器（SS）和附加段寄存器（ES）），16 位指令指针寄存器 IP，6B 指令队列缓冲器，20 位地址加法器和总线控制电路。

1. 指令队列缓冲器

8086 的指令队列为 6B，而 8088 的指令队列为 4B。不管是 8086 还是 8088，都会在执行指令的同时，从内存中取下面一条或几条指令，取来的指令就依次放在指令队列中。它们采用“先进先出”的原则，按顺序存放，并按顺序取到 EU 中去执行。其操作将遵循下列原则：

1）取指令时，每当指令队列缓冲器中存满一条指令后，EU 就立即开始执行。

2）指令队列缓冲器中只要空出 2 个（对 8086）或空出 1 个（8088）指令字节时，BIU 便自动执行取指令操作，直到填满为止。

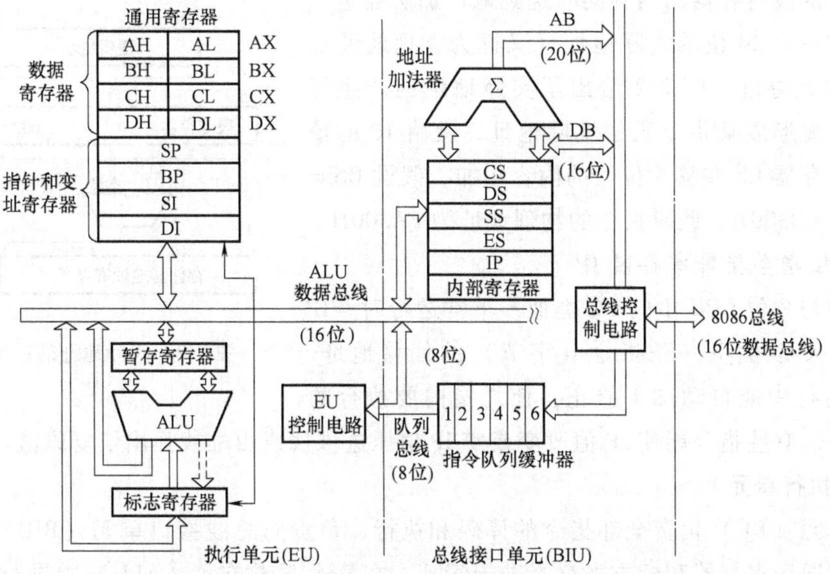

图 2-1　8086/8088 CPU 的内部结构框图

3）在 EU 执行指令的过程中，指令需要对存储器或 I/O 设备存取数据时，BIU 将在执行完现行取指的存储器周期后的下一个存储器周期中，对指定的内存单元或 I/O 设备进行存取操作，交换的数据经 BIU 由 EU 进行处理。

4）当 EU 执行完转移、调用和返回指令时，由于预先存放在指令队列缓冲器中的指令已经没有用处，因此要清除指令队列缓冲器，并要求 BIU 从新的地址重新开始取指令，新取的第 1 条指令将直接经指令队列缓冲器送到 EU 去执行，随后取来的指令将填入指令队列缓冲器。由于 BIU 与 EU 是分开并独立工作的，取指令和执行指令的操作在时间上是并行的，在 EU 内部执行一条指令的同时可以用 BIU 取下条指令。因此，在一般情况下，CPU 执行完一条指令后就可以立即执行下一条指令，而不需要像以往 8 位 CPU 那样先取指令后执行指令，然后再取下一条指令的重复操作。16 位 CPU 这种并行重叠操作的特点，提高了总线的信息传输效率和整个系统的执行速度。

2. 地址加法器和段寄存器

8086/8088 有 20 根地址线，但内部寄存器只有 16 位，如何用 16 位寄存器实现 20 位地址的寻址呢？8086/8088 将 1MB 的存储空间分段，每段最长为 64KB，在段内寻址仍然可以采用 16 位的寻址方法。每个段可以从 1MB 空间的任一个能够被 16 除尽的边界开始，即每个段的首地址的低 4 位必须为 0，这个段首地址的高 16 位保存在前面提到的 4 个段寄存器中。

存储器的分段方式不是唯一的，各段之间可以连续，可以分开，也可以部分重叠或者完全重叠。这完全取决于对各段寄存器的预置的内容。段内存储单元的地址，用相对于段首地址的位移量表示。这个位移量称为偏移地址，它最大为 16 位字长。前面提到的 IP、SI、DI 等寄存器就是用来保存偏移量地址的，即各个段寄存器分别用来存放各段的起始地址。当由 IP 提供或由 EU 按寻址方式计算出寻址单元的 16 位偏移地址（又称为逻辑地址）后，将与左移4位后的段寄存器的内容同时送到地址加法器进行相加，形成一个20位的实际地址（又称为物理地址），以对存储单元寻址。图2-2给出了实际地址的产生过程。比如，要形成某指令码的实际地址，就将IP的值与代码段寄存器CS左移4位后的内容相加。假设CS=FA00H，IP=0300H，此时指令的物理地址为FA300H。

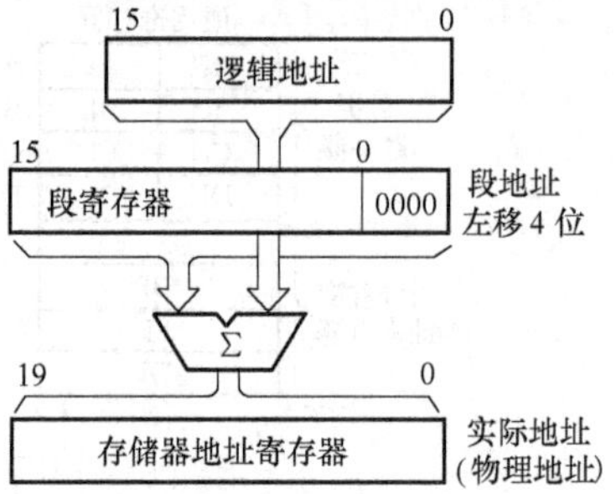

图2-2 实际地址的产生过程

3. 16位指令指针寄存器IP

其功能与8位CPU中的PC类似，正常运行时，IP中含有BIU要取的下一条指令（字节）的偏移地址，IP在程序运行中能自动加1修正，使之指向要执行的下一条指令。有些指令能使IP值改变或使IP值压进堆栈或由堆栈弹出恢复原值。

（二）执行单元

执行单元（EU）负责全部指令的译码和执行，负责向总线接口单元（BIU）提供偏移地址，并对通用寄存器和标志寄存器进行管理。在算术逻辑单元（ALU）中进行16位的运算，数据的传送和处理均在EU的控制下进行。EU执行的指令从BIU的指令队列缓冲器中取得，执行指令的结果或执行指令所需要的数据，都由EU向BIU发出请求，再由BIU向存储器或外设存取。EU由下列部分组成：

（1）16位算术逻辑单元（ALU） 它可以用于进行8位和16位的算术和逻辑运算，也可以按照指令的寻址方式计算出寻址单元的16位偏移量。

（2）16位标志寄存器F 它用来反映CPU运算的状态特征或存放控制标志。

（3）数据暂存寄存器 它协助ALU完成运算，暂存参加运算的数据。

（4）通用寄存器组 它包括4个16位数据寄存器（AX、BX、CX、DX）和4个16位指针与变址寄存器（SP、BP与SI、DI）。

（5）EU控制电路 它是控制、定时与状态逻辑电路，接收从BIU中指令队列取来的指令，经过指令译码形成各种定时控制信号，对EU的各个部件实现特定的定时操作。

EU中所有的寄存器和数据通道（除指令队列总线为8位外）都是16位的宽度，可实现数据的快速传送。

二、8086/8088的寄存器结构

8086/8088的内部寄存器编程结构如图2-3所示。它共有13个16位寄存器和1个只用了9位的标志寄存器。寄存器按功能分可分为如下3种。

（一）通用寄存器

8086/8088的通用寄存器分为两组。

1. 数据寄存器

EU中有4个16位数据寄存器，即AX、BX、CX和DX。每个数据寄存器分为高字节H和低字节L，它们均可作为8位数据寄存器独立寻址、独立使用。

在多数情况下，这些数据寄存器是用在算术运算或逻辑运算指令中进行算术逻辑运算。

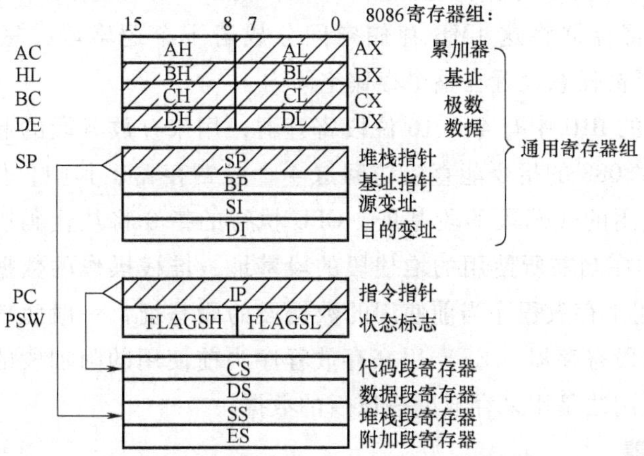

图 2-3 8086/8088 的内部寄存器编程结构

在有些指令中，它们则有特定的用途。如 AX 作累加器；BX 作基址寄存器，在查表指令 XLAT 中存放表的起始地址；CX 作计数寄存器，在数据串操作指令 REP 中存放数据串元素的个数；DX 作数据寄存器，在字的除法运算指令 DIV 中存放余数。这些寄存器在指令中的隐含使用见表 2-1。

表 2-1 数据寄存器的隐含使用

寄存器	操作	寄存器	操作
AX	字乘，字除，字 I/O	CL	多位移位和循环
AL	字节乘，字节除，字节 I/O，十进制运算	DX	字乘，字除，间接 I/O
AH	字节乘，字节除	SP	堆栈操作
BX	转换	SI	数据串操作
CX	数据串操作，循环	DI	数据串操作

2. 指针寄存器和变址寄存器

指针寄存器 SP 和 BP，变址寄存器 SI 和 DI，它们都是 16 位寄存器，一般用来存放地址的偏移量（即相对于段起始地址的距离）。这些偏移量在 BIU 的地址加法器中和左移 4 位的段寄存器内容相加产生 20 位的实际（物理）地址。

指针寄存器 SP 和 BP 用来指示存取位于当前堆栈段中的数据所在的地址，但 SP 和 BP 在使用上有区别。入栈（PUSH）和出栈（POP）指令是由 SP 给出栈顶的偏移地址，故称为堆栈指针。BP 则是存放位于堆栈段中的一个数据区基地址的偏移地址，故称为基址指针寄存器。

变址寄存器 SI 和 DI 是存放当前数据段的偏移地址的。源操作数地址的偏移量放于 SI 中，所以 SI 称为源变址寄存器；目的操作数地址的偏移量放于 DI 中，故 DI 称为目的变址寄存器。例如在数据串操作指令中，被处理的数据串的地址偏移量由 SI 给出，处理后的结果数据串的地址偏移量由 DI 给出。

（二）段寄存器

8086/8088 CPU 具有寻址存储空间 1MB 的能力，但是 8086/8088 指令中给出的地址码仅有16位，指针寄存器和变址寄存器也只有16位，使CPU不能直接寻址1MB空间。为此，8086/8088用一组段寄存器将这1MB存储空间分成若干个逻辑段，每个逻辑段的长度为64KB。这些逻辑段可被任意设置在整个存储空间内。

8086/8088 CPU的BIU中有4个16位段寄存器，用来存放各段的起始地址，它们被称为“段基址”，8086/8088的指令能直接访问这4个段寄存器。其中，代码段寄存器（CS）用来存放程序当前使用的代码段的段基址，CPU执行的指令将从代码段取得；堆栈段寄存器（SS）用来存放程序当前所使用的堆栈段的段基址，堆栈操作的数据就在这个段中；数据段寄存器（DS）用来存放程序当前使用的数据段的段基址，一般而言，程序所用的数据放在数据段中；附加段寄存器（ES）用来存放程序当前使用的附加段的段基址，它通常也用来存放数据，典型用法是用来存放处理以后的数据。

（三）标志寄存器

16位标志寄存器F只用了其中的9位作标志位，即6个状态标志位和3个控制标志位，如图2-4所示。

FH					FL							
15				8	7							0
	OF	DF	IF	TF	SF	ZF		AF		PF		CF

图2-4 8086/8088的标志寄存器

状态标志位用来反映算术或逻辑运算后结果的状态，以记录CPU的状态特征。

CF 进位标志：若执行一个加法或减法运算使最高位（即D_{15}位或D_7位）产生进位或借位，则CF为1；否则为0。CF多用于多字节的加、减运算，作为低字节和高字节的连接。此外，循环指令也会影响它。

PF 奇偶标志：若指令执行结果的低8位中含有偶数个1，则PF为1；否则为0。PF一般用来检测数据传输中是否发生错误。

AF 辅助进位标志：若执行一个加法或减法运算，使结果的低字节的低4位向高4位有进位或借位，则AF为1；否则为0。AF用于在BCD编码的十进制算术运算中进行调整。

ZF 零标志：若当前的运算结果为零，则ZF为1；否则为0。

SF 符号标志：它和运算结果的最高位D_{15}位或D_7位相同。当数据用补码表示时，负数的最高位为1，正数的最高位为0。SF指出了前面的运算执行后的结果是正还是负。

OF 溢出标志：若补码运算有溢出，则OF为1；否则为0。所谓溢出就是当字节运算的结果超出了$-128\sim+127$，或者是字运算的结果超出了$-32768\sim+32767$。

控制标志位有3个，用来控制CPU的操作，由程序设置或清除。

DF 方向标志：它用来控制数据串操作指令的步进方向。若用STD指令将DF置1，则串操作过程中地址会自动递减；若用CLD指令将DF清0，则串操作过程中地址会自动递增。

IF 中断允许标志：它是控制可屏蔽中断的标志。若用STI指令将IF置1，则允许CPU接收外部从INTR引线上发来的可屏蔽中断请求信号；若用CLI指令将IF清0，则禁止CPU

接收可屏蔽中断请求信号。IF 的状态不影响非屏蔽中断（NMI）请求，也不影响 CPU 响应内部的中断请求。

TF 跟踪（陷阱）标志：它是为调试程序的方便而设置的。若将 TF 置 1，8086/8088 CPU 处于单步工作方式；否则，将正常执行程序。

三、8086/8088 的引脚信号和功能

图 2-5 是 8086 和 8088 的引脚信号图。它们的 40 条引线按功能可分为 5 类。

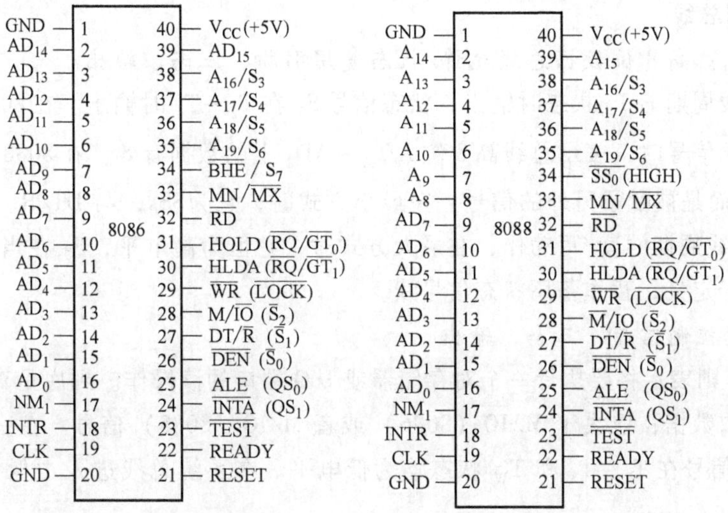

图 2-5 8086/8088 的引脚信号（括号中为最大模式时引脚名）

（一）地址/数据总线 $AD_{15} \sim AD_0$

这是分时复用的存储器或端口地址线和数据总线，传送地址时为三态输出，传送数据时可双向三态输入/输出。正是利用分时复用的方法才能使 8086/8088 用 40 条引脚实现 20 位地址、16 位数据及众多的控制信号和状态信号的传输。不过在 8088 中，由于只能传输 8 位数据，因此只有 $AD_7 \sim AD_0$ 这 8 条地址/数据线，$A_{15} \sim A_8$ 只用来输出地址。

复用引脚在总线周期的 T_1 状态用来输出要寻址的存储器或 I/O 端口地址；在 T_2 状态浮置成高阻状态，为传输数据作准备；在 T_3 状态，用于传输数据；在 T_4 状态结束总线周期。当 CPU 响应中断以及系统总线"保持响应"时，复用线都被浮置为高阻状态。

（二）地址/状态总线 $A_{19}/S_6 \sim A_{16}/S_3$

地址/状态总线为输出、三态总线，采用分时输出，即 T_1 状态输出地址的最高 4 位，$T_2 \sim T_4$ 状态输出状态信息。当访问存储器时，T_1 状态时输出的 $A_{19} \sim A_{16}$ 送到锁存器（8282）锁存，与 $AD_{15} \sim AD_0$ 组成 20 位的地址信号；而访问 I/O 端口时，不使用这 4 条引线。状态信息中的 S_6 为 0 用来指示 8086/8088 当前与总线相连，所以，在 $T_2 \sim T_4$ 状态，S_6 总等于 0，以表示 8086/8088 当前连在总线上。S_5 表明中断允许标志位 IF 的当前设置。如为 1，表示当前允许可屏蔽中断请求；如为 0，则禁止一切可屏蔽中断请求。S_4 和 S_3 用来指示当前正在使用哪个段寄存器，具体规定见表 2-2。

表 2-2 S_4、S_3 的代码组合和对应的状态

S_4	S_3	状态
0	0	当前正在使用 ES
0	1	当前正在使用 SS
1	0	当前正在使用 CS，或未用任何段寄存器
1	1	当前正在使用 DS

当系统总线处于“保持响应”状态时，这些引线被浮置为高阻状态。

（三）控制总线

1. $\overline{BHE}/S_7$：高 8 位数据总线允许/状态复用引脚，三态、输出

$\overline{BHE}$在总线周期的 T_1 状态时输出，状态信号 S_7 在 $T_2 \sim T_4$ 时输出。在 8086 中，$\overline{BHE}/S_7$ 引脚上输出$\overline{BHE}$信号时，表示总线高 8 位 $AD_{15} \sim AD_8$ 上的数据有效。在 8088 中，第 34 引脚不是$\overline{BHE}/S_7$，而是被赋予另外的信号：在最小方式时，它为$\overline{SS_0}$，与 $DT/\overline{R}$、$M/\overline{IO}$一起决定了 8088 当前总线周期的读/写动作；在最大方式时，它恒为高电平，S_7 在当前的 8086 芯片设计中未被赋于定义，暂作备用状态信号线。

2. $\overline{RD}$：读控制信号，三态、输出

若$\overline{RD}=0$，则表示将要执行一个对存储器或 I/O 端口的读操作。到底是对内存单元还是对 I/O 端口读取数据，取决于 $M/\overline{IO}$（8086）或者 $\overline{M}/IO$（8088）信号。在一个读操作的总线周期中，$\overline{RD}$信号在 T_2、T_3 和 T_W 状态均为低电平。在系统总线进入“保持响应”期间，$\overline{RD}$被浮空。

3. READY：“准备好”信号线，输入

它实际上是由所寻址的存储器或 I/O 端口发来的响应信号，高电平有效。若 READY = 1，则表示所寻址的内存或 I/O 设备已准备就绪，马上就可进行一次数据传输。CPU 在每个总线周期的 T_3 状态开始对 READY 信号采样。如果检测到 READY 为低电平，表示存储器或 I/O 设备尚未准备就绪，则 CPU 在 T_3 状态之后自动插入一个或几个等待状态 T_W，直到 READY 变为高电平，才进入 T_4 状态，完成数据传送过程，从而结束当前总线周期。

4. $\overline{TEST}$：等待测试信号，输入

它用于多处理器系统中，且只有在执行 WAIT 指令时才使用。若 CPU 执行 WAIT 指令，则每隔 5 个时钟周期对该线的输入进行一次测试；若$\overline{TEST}=1$，则 CPU 将停止取下条指令而进入等待状态，重复执行 WAIT 指令，直至$\overline{TEST}=0$ 时，等待状态结束，CPU 才继续往下执行被暂停的指令。等待期间允许外部中断。

5. INTR：可屏蔽中断请求信号，输入，高电平有效

若 INTR = 1，则表示外设提出了中断请求，8086/8088 在每个指令周期的最后一个 T 状态去采样此信号，若 IF = 1，则 CPU 响应中断，停止执行指令序列，并转去执行中断服务程序。

6. NMI：非屏蔽中断请求信号，输入，上升沿触发

此请求不受 IF 状态的影响，也不能用软件屏蔽，只要此信号一出现，就会在现行指令

结束后引起中断。

7. RESET：复位信号，输入，高电平有效

通常与 8284A 复位输出端相连，8086/8088 要求复位脉冲宽度不得小于 4 个时钟周期，接通电源时不能小于 50μs；复位后内部寄存器的状态见表 2-3。程序执行时，RESET 线保持低电平。

8. CLK：系统时钟，输入

8086/8088 的 CLK 端通常与 8284A 时钟发生器的时钟输出端 CLK 相连，该时钟信号的低/高之比常采用 2:1。

表 2-3　复位后内部寄存器的状态

内部寄存器	状　态	内部寄存器	状　态
标志寄存器	清除	SS	0000H
IP	0000H	ES	0000H
CS	FFFFH	指令队列缓冲器	清除
DS	0000H		

（四）电源线 V_{CC} 和地线 GND

电源线 V_{CC} 接入的电压为 +5V ±10% V，有两条地线 GND，均应接地。

（五）其他控制线（24 ~ 31 引脚）

这些控制线的性能将根据方式控制线 MN/$\overline{MX}$ 所处的状态而确定。

四、最小/最大模式

由 8086/8088 CPU 构成的微机系统有最小模式和最大模式两种系统配置。

（一）最小模式

8086 和 8088 构成的最小模式系统区别甚小，现以 8086 最小模式系统为例加以说明。

当 MN/$\overline{MX}$ 接电源电压时，系统工作于最小模式，即单处理器系统方式，它适合于较小规模的应用。8086 最小模式典型的系统结构如图 2-6 所示。它和 8 位微处理器系统类似，系统芯片可根据用户需要接入。图中 8284A 为时钟发生/驱动器，外接晶体的基本振荡频率为 15MHz，经 8284A 三分频后，送给 CPU 作系统时钟。8282 为 8 位地址锁存器，当 8086 访问存储器时，在总线周期的 T_1 状态下发出地址信号，经 8282 锁存后的地址信号可以在访问存储器操作期间保持不变，为外部提供稳定的地址信号。8282 是典型的锁存器芯片，不过它是 8 位的，而 8086/8088 系统采用 20 位地址，加上 BHE 信号，所以需要 3 片 8282 作为地址锁存器。8286 为具有三态输出的 8 位数据总线收发器，用于需要增加驱动能力的系统。在 8086 系统中，使用 2 片 8286，而在 8088 系统中，只用 1 片 8286 就够了。

最小模式系统中各主要芯片的作用如下。

1. 时钟发生/驱动器 8284A

在 8086/8088 CPU 内部没有时钟信号发生器，所需的时钟信号由外部的时钟发生器提供。8284A 是专门为 8086/8088 设计的时钟信号发生/驱动器。8284A 和 8086 的连接如图2-7

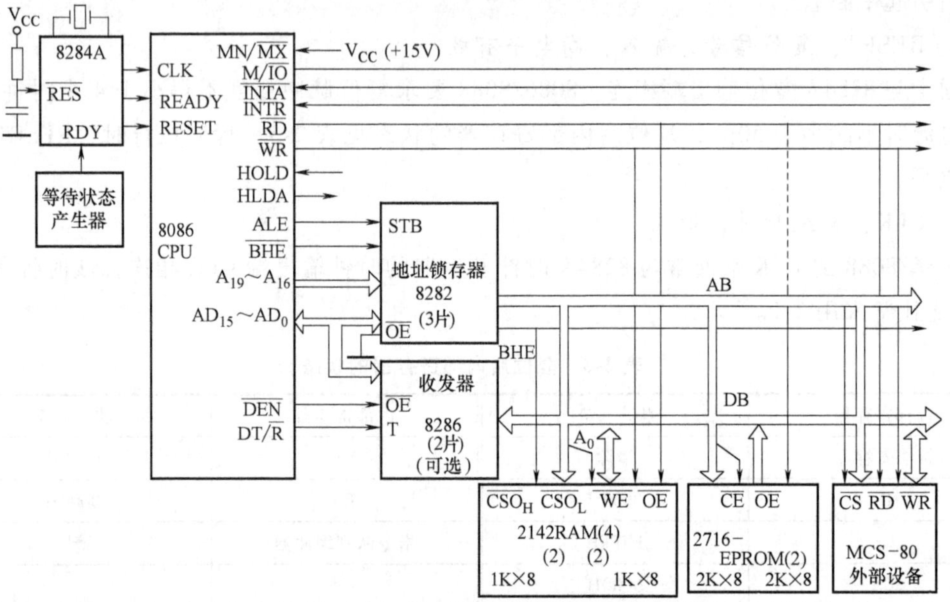

图 2-6 8086 最小模式典型的系统结构

所示。

8284A 除了提供频率恒定的时钟信号外，还对准备好信号 READY 和复位信号 RESET 进行同步。外界的准备好信号 RDY 输入到 8284A，被同步的准备好信号 READY 从 8284A 输出；外界的复位信号 $\overline{\text{RES}}$ 输入到 8284A，被同步的复位信号 RESET 从 8284A 输出。这样，从外部来说，这两个信号可在任何时候发出，但是经过 8284A 后，在时钟的下降沿处，使 READY 和 RESET 有效。

8284A 作为时钟发生器，外接晶体经过 8284A 三分频后，送给 CPU 作为系统时钟。根据不同的振荡源，8284A 和振荡源之间有两种不同的接法：一种是用晶体振荡器作为振荡源，将晶体振荡器连在 8284A 的 X_1 和 X_2 端上；另一种是采用脉冲发生器作为振荡源，只要将脉冲发生器的输出端和 8284A 的 EFI 端相连即可。若采用前一种方法，需将 F/$\overline{\text{C}}$ 接地；若采用后一种方法，需将 F/$\overline{\text{C}}$ 接高电平。

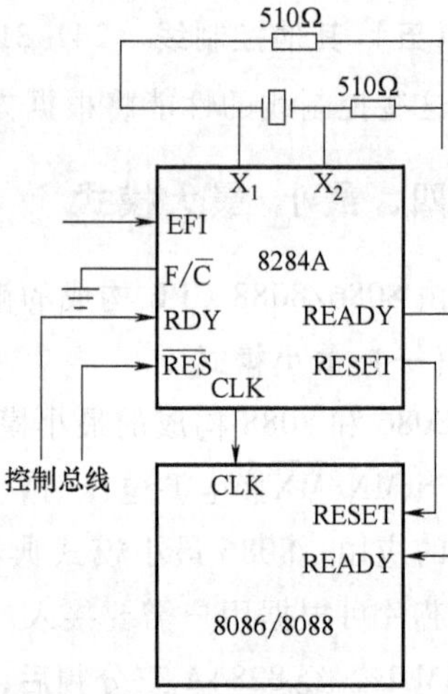

图 2-7 8284A 和 8086/8088 的连接

2. 地址锁存器 8282

由于 8086/8088 的部分地址线和数据线采用分时复用的技术，在一个总线周期内总线首先传送地址，然后传送数据，这是为了保证存储器和外围芯片在整个总线周期内保持稳定的地址信息，因此，在每个总线周期的 T_1 状态利用地址锁存允许信号 ALE 的后沿，将地址信息锁存到地址锁存器内，经过地址锁存器将地址信息传输到存储器和外围芯片中，确保了地址信息在整个总线周期内的稳定。8282 是具有三态缓冲的 8 位锁存器，使用时，将 8282 的选通信号输入端 STB 接 ALE，三态缓冲器的允许输出控制信号$\overline{OE}$应接地。具体连接如图2-8所示。

也可以使用 74LS373 作为地址锁存器。使用方法和 8282 几乎一样，只是在 74LS373 中，芯片的选通信号不用$\overline{STB}$表示，而是用 LE 表示，这实际上更符合锁存功能的含义。

3. 数据总线收发器 8286

当系统中所连接的存储器及 I/O 外设较多时，为了使系统能稳定地工作，应提高数据总线电流驱动的能力和承受电容负载的能力，可以采用发送器和接收器来增加驱动能力。发送器和接收器简称收发器，也常常称为总线驱动器。

8286 的数据总线有两组，即 $A_7 \sim A_0$ 和 $B_7 \sim B_0$。引脚 T 用来控制数据传输的方向，当 T = 1 时，方向为 A→B；当 T = 0 时，方向为 B→A。在系统中，引脚 T 和 8086 的 DT/$\overline{R}$端相连即可。

$\overline{OE}$是输出允许信号，当$\overline{OE}$ = 1 时，不允许数据通过 8286；当$\overline{OE}$ = 0 时，允许数据传送，在系统中和 8086 的$\overline{DEN}$相连。8286 收发器和 8086 的连接如图 2-9 所示。

此外，在最小模式下，8086/8088 第 24 ~ 31 脚的信号含义如下：

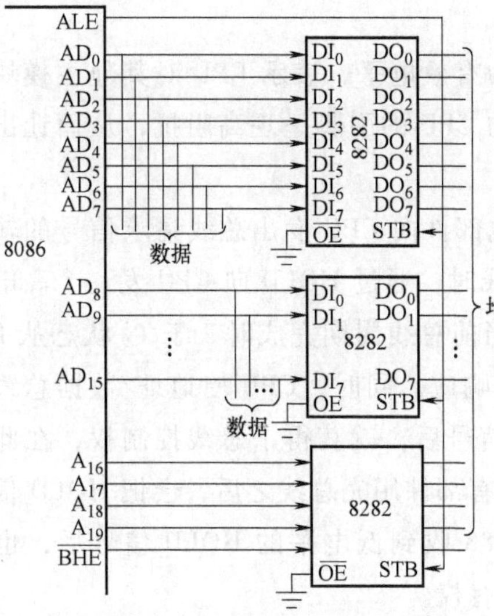

图 2-8　8282 锁存器和 8086 的连接

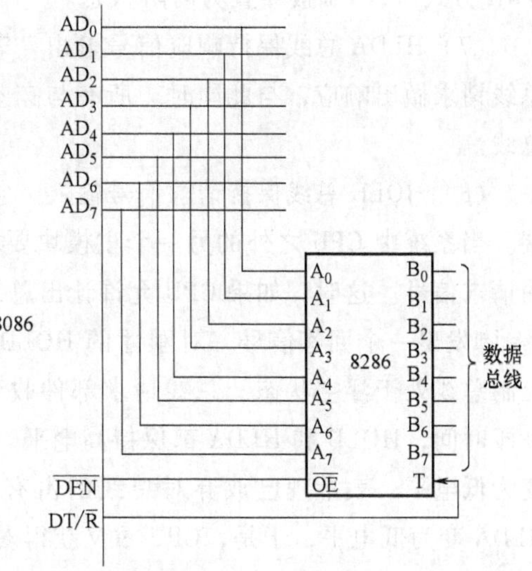

图 2-9　8286 收发器和 8086 的连接

（1）$\overline{INTA}$中断响应信号输出　它用于对外设的中断请求做出响应。8086/8088 的$\overline{INTA}$信号实际上是两个连续的负脉冲，其第 1 个负脉冲是通知外设接口，它发出的中断请求已获允许；外设接口收到第 2 个负脉冲后，往数据总线上放中断类型码，从而使 CPU 得到有关此中断请求的详尽信息。

（2）ALE 地址锁存信号输出　它是 8086/8088 提供给地址锁存器 8282 的控制信号，高电平有效。在任何一个总线周期的 T_1 状态，ALE 输出有效电平，以表示当前在地址/数据复用总线上输出的是地址信息。地址锁存器将 ALE 作为锁存信号，对地址进行锁存。要注意的是 ALE 端不能被浮空。

（3）$\overline{\mathrm{DEN}}$数据允许信号输出　当用 8286 作为数据总线收发器时，$\overline{\mathrm{DEN}}$为收发器提供一个控制信号，表示 CPU 当前准备发送或接收一个数据。总线收发器将$\overline{\mathrm{DEN}}$作为输出允许信号，即在每个存储器或 I/O 访问周期以及中断响应周期均为低电平；在 DMA 方式时，它被浮置为高阻状态。

（4）DT/$\overline{\mathrm{R}}$数据收发输出　在使用 8286 作为数据总线收发器时，DT/$\overline{\mathrm{R}}$信号用来控制 8286 的数据传送方向。若 DT/$\overline{\mathrm{R}}$ 为高电平，则进行数据发送；若 DT/$\overline{\mathrm{R}}$ 为低电平，则进行数据接收。在 DMA 方式时，它被浮置为高阻状态。

（5）M/$\overline{\mathrm{IO}}$存储器/输入输出控制信号输出　它是作为区分 CPU 进行存储器访问还是输入/输出访问的控制信号。如为高电平，表示 CPU 和存储器之间进行数据传输；如为低电平，表示 CPU 和输入/输出设备之间进行数据传输。一般在前一总线周期的 T_4 状态，M/$\overline{\mathrm{IO}}$ 就成为有效电平，然后开始一个新的总线周期，且一直保持有效电平，直到本周期的 T_4 状态为止。在 DMA 方式时，M/$\overline{\mathrm{IO}}$被浮置为高阻状态。

（6）$\overline{\mathrm{WR}}$写信号输出　若$\overline{\mathrm{WR}}$信号有效，表示 CPU 当前正在进行存储器或 I/O 写操作，到底为哪种写操作，则由 M/$\overline{\mathrm{IO}}$信号决定。对任何写周期，WR 在 T_2、T_3、T_W 期间有效。在 DMA 方式时，$\overline{\mathrm{WR}}$被浮置为高阻状态。

（7）HLDA 总线保持响应信号输出　若 HLDA 为有效电平，表示 CPU 对其他主模块的总线请求做出响应，与此同时，所有与三态门相接的 CPU 的引脚呈现高阻抗，从而让出了总线。

（8）HOLD 总线保持请求信号输入　它作为其他部件向 CPU 发出总线请求信号的输入端。当系统中 CPU 之外的另一个主模块要求占用总线时，通过 HOLD 向 CPU 发一个高电平的请求信号。这时，如果 CPU 允许让出总线，就在当前总线周期完成时，于 T_4 状态从 HLDA 脚发出一个回答信号，对刚才的 HOLD 请求做出响应。同时，CPU 使地址/数据总线和控制总线处于浮空状态。总线请求部件收到 HLDA 信号后，就获得了总线控制权，在此后一段时间，HOLD 和 HLDA 都保持高电平。在总线占有部件用完总线之后，会把 HOLD 信号变为低电平，表示现已放弃对总线的占有。8086/8088 收到低电平的 HOLD 信号后，也将 HLDA 变为低电平，于是，CPU 重又获得对总线的占有权。

（二）最大模式

8086 与 8088 也都可以按最大模式来配置系统。若 MN/$\overline{\mathrm{MX}}$线接地，则系统就工作于最大模式了。图 2-10 是 8086 最大模式典型的系统结构。从图中可以看到，最大模式系统与最小模式系统的主要区别是外加有 8288 总线控制器，通过它对 CPU 发出的控制信号进行变换和组合，以得到对存储器和 I/O 端口的读/写信号以及对锁存器 8282、总线收发器 8286 的控制信号，使总线控制功能更加完善。通常，最大模式系统中，一般包含 2 个或多个处理器，这样就要解决主处理器和协处理器之间的协调工作问题以及对总线的共享控制问题，为此，要从软件和硬件两个方面去解决。8288 总线控制器就是因此需要而加在最大模式系统中的。

比较两种工作模式可以知道，在最小模式系统中，控制信号 M/$\overline{\mathrm{IO}}$（或 $\overline{\mathrm{M}}$/IO）、$\overline{\mathrm{WR}}$、

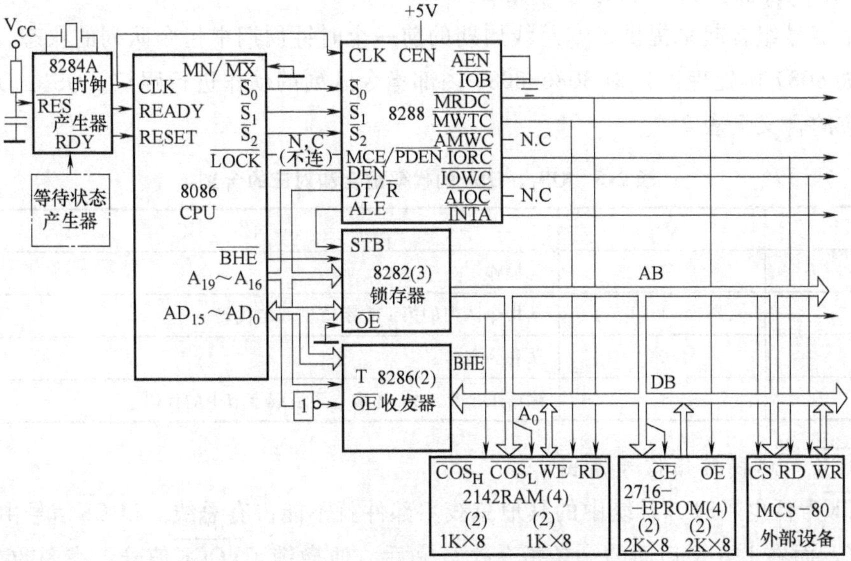

图 2-10　8086 最大模式典型的系统结构

$\overline{INTA}$、ALE、DT/$\overline{R}$和$\overline{DEN}$是直接从 CPU 的引脚送出的；而在最大模式系统中，状态信号 $\overline{S}_2$、$\overline{S}_1$、$\overline{S}_0$ 隐含了上面这些信息，使用 8288 后，就可以从 $\overline{S}_2$、$\overline{S}_1$、$\overline{S}_0$ 状态信息的组合中得到与这些控制信号功能相同的信息。$\overline{S}_2$、$\overline{S}_1$、$\overline{S}_0$ 的代码组合和对应的操作见表 2-4。

表 2-4　$\overline{S}_2$，$\overline{S}_1$，$\overline{S}_0$ 的代码组合和对应的操作

$\overline{S}_2$	$\overline{S}_1$	$\overline{S}_0$	操 作 过 程
0	0	0	发中断响应信号
0	0	1	读 I/O 端口
0	1	0	写 I/O 端口
0	1	1	暂停
1	0	0	取指令
1	0	1	读内存
1	1	0	写内存
1	1	1	无源状态（CPU 无作用）

表 2-4 中，前 7 种代码组合都对应了某一个总线操作过程，通常称为有源状态，它们处于前一个总线周期的 T_4 状态，或是本总线周期的 T_1、T_2 状态中。此时，$\overline{S}_2$、$\overline{S}_1$、$\overline{S}_0$ 信号中至少有一个为低电平。而在总线周期的 T_3、T_W 状态，且 READY 信号为高电平时，$\overline{S}_2$、$\overline{S}_1$、$\overline{S}_0$ 都为高电平。此时，一个总线操作过程就要结束，而另一个新的总线周期还未开始，通常称为无源状态。而在总线周期的最后一个状态即 T_4 状态，$\overline{S}_2$、$\overline{S}_1$、$\overline{S}_0$ 中任何一个或几个信号的改变都意味着下一个新的总线周期的开始。

此外，还有几个在最大模式下使用的专用引脚，其含义如下。

1. QS_1、QS_0 指令队列状态信号输出

这两个信号组合起来提供了本总线周期的前一个时钟周期中指令队列的状态，以便于外部器件（如 8087 协处理器）对 8086/8088 内部指令队列的动作进行跟踪。QS_1、QS_0 的代码组合和对应的含义见表 2-5。

表 2-5 QS_1、QS_0 的代码组合和对应的含义

QS_1	QS_0	含 义
0	0	无操作
0	1	从指令队列的第 1 个字节中取走代码
1	0	队列为空
1	1	除第 1 个字节外，还取走了后续字节中的代码

2. $\overline{LOCK}$ 总线封锁信号输出

当$\overline{LOCK}$为低电平时，系统中的其他总线主部件就不能占有总线。$\overline{LOCK}$信号由指令前缀 LOCK 产生，而在 LOCK 后面的一条指令执行完后，便撤销了$\overline{LOCK}$信号。在 8086 的两个中断响应脉冲之间，$\overline{LOCK}$信号也自动变为有效电平，以防其他总线主部件在中断响应过程中占有总线使一个中断响应过程被间断。在 DMA 方式时，$\overline{LOCK}$端被浮空而处于高阻状态。

3. $\overline{RQ}/GT_1$、$\overline{RQ}/GT_0$ 总线请求信号输入/总线请求允许信号输出

这两个信号端可供主 CPU 以外的处理器用来发出使用总线的请求信号和接收 CPU 对总线请求信号的回答信号。$\overline{RQ}/GT_1$ 和$\overline{RQ}/GT_0$ 都是双向的，总线请求信号和允许信号在同一引线上传输，但方向相反。其中，$\overline{RQ}/GT_0$ 比$\overline{RQ}/GT_1$ 的优先级要高。

（三）8288 总线控制器的主要引脚信号（见图 2-10）

1）地址锁存信号 ALE 和最小模式的 ALE 含义相同。

2）送给数据总线收发器的信号 DEN 和 $DT/\overline{R}$ 含义和最小模式下的 DEN、$UT/\overline{R}$相同，只是数据允许信号的相位在两种模式下相反。

3）IOB：I/O 总线方式控制输入信号。若 IOB 接低电平，则 8288 工作于系统总线方式。在这种模式下，8288 可以同时控制存储器和 I/O 端口，而 $MCE/\overline{PDEN}$输出 MCE 信号。

若 IOB 接高电平，则 8288 工作于局部总线方式（或 I/O 总线方式）。只有访问 I/O 端口时，才会使$\overline{IORC}$、$\overline{IOWC}$、$\overline{INTA}$信号有效，而在访问存储器时，不进行任何操作。在这种模式下，$MCE/\overline{PDEN}$输出$\overline{PDEN}$信号。

4）CEN：控制信号允许输入端。若 CEN 为高电平，则允许 8288 输出有效的总线控制信号。若为低电平，则 8288 的控制信号无效。

5）$MCE/\overline{PDEN}$：为双功能引脚。当 IOB 接高电平时，引脚输出$\overline{PDEN}$信号，可作为 I/O 总线数据收发器的允许信号（同$\overline{DEN}$，但相位相反）。当 IOB 接低电平时，引脚输出 MCE 信号。当系统中采用多片相连的 8259A 中断控制器时，MCE 信号在中断响应周期的 T_1 状态时，将使主 8259A 送出的级联地址 CAS_2 ~ CAS_0 进行锁存，以便用于选中一个从 8259A。

6）$\overline{AEN}$：总线命令允许控制信号。若为低电平，则允许 8288 输出有效的控制信号；若为高电平，则令输出端为高阻态。

7）两组读/写控制信号。$\overline{MRDC}$和$\overline{MWTC}$分别控制存储器读/写；$\overline{IORC}$和$\overline{IOWC}$分别控制I/O 端口的读/写。这 4 个信号都是低电平有效，而且都是在总线周期的中间部分输出。显然，在任何一个总线周期内，上述 4 个信号中，只有 1 个可以发出。

另外还有两个写信号$\overline{AMWC}$和$\overline{AIOWC}$比$\overline{MWTC}$和$\overline{IOWC}$信号提前一个时钟周期发出，这样一些较慢的存储器芯片或 I/O 设备就可以得到一个额外的时钟周期去执行写入操作。

五、8086/8088 的存储空间

（一）存储器组织

8086/8088 有 20 条地址线，可寻址 1MB 的存储空间。存储器仍按字节组织，每个字节只有唯一的一个地址。若存放的信息是 8 位字节，将按顺序存放；若存放的信息为 1 个字，则将该字的低位字节放在低地址中，高位字节放在高地址中；若存放的信息是双字（一般作为指针），则其低位字是被寻址地址的偏移量，其高位字是被寻址地址所在的段基址。指令和数据在存储器中的存放如图 2-11 所示。对存放的字，其低位字节可以在偶数地址中开始存放，也可以在奇数地址中开始存放。

从偶数地址开始存放字称为规则存放，这样存放的字称为规则字。对规则字的存取可在一个总线周期完成。说明读或写一个以偶数地址为起始地址的字的指令，只需访问一次存储器，如图 2-12a 所示。

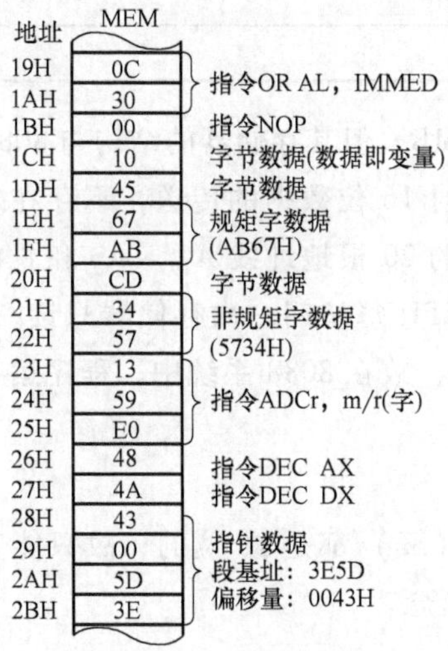

图 2-11　指令、数据在存储器中的存放

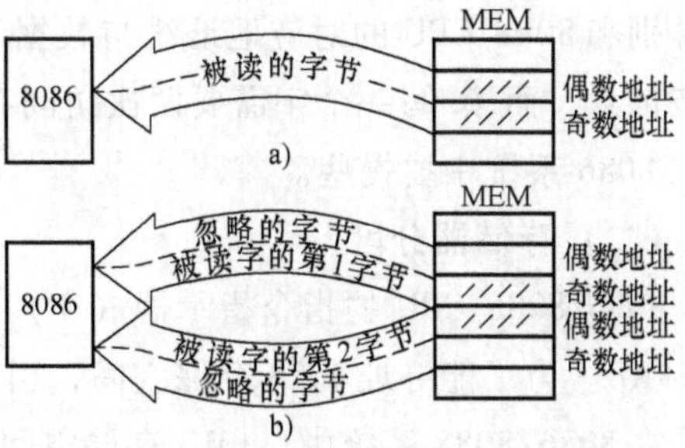

图 2-12　从 8086 存储器的偶数和奇数地址开始读字

a）从偶数地址开始读字

b）从奇数地址开始读字，要求两次存储器访问

从奇数地址开始存放字称为非规则存放，这样存放的字称为非规则字。对非规则字的存取需要两个总线周期完成。两次访问存储器中的两个偶数地址的字，忽略每个字中所不需要的那半个字（一个字节），并对所需要的两个半字进行字节调整，如图 2-12b 所示。

在 8086/8088 程序中，指令仅要求指出对某个字节或字进行访问，而对存储器访问的方

式不必说明，无论执行哪种访问，都是由处理器自动识别的。

8086 的 1MB 存储空间实际上分为两个 512KB 的存储体（又称存储库），分别叫高位库和低位库，低位库与数据总线 $D_7 \sim D_0$ 相连，该库中的每个地址均为偶数地址，高位库与数据总线 $D_{15} \sim D_8$ 相连，该库中的每个地址均为奇数地址。地址总线 $A_{19} \sim A_1$ 可同时对高、低位库的存储单元寻址。A_0 或 $\overline{BHE}$ 则用于库的选择，分别接到库选择端 $\overline{SEL}$ 上，如图 2-13 所示。当 $A_0=0$ 时，选择偶数地址的低位库；当 $\overline{BHE}=0$ 时，选择奇数地址的高位库。利用 A_0 和 $\overline{BHE}$ 这两个控制信号可以实现对两个库进行读/写（即 16 位数据），也可单独对其中的一个库进行读/写。8086 存储器高、低位库的选择见表 2-6。

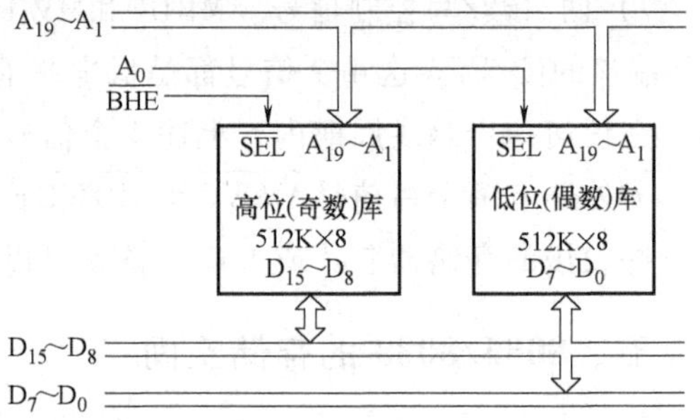

图 2-13 8086 存储器高、低位库的连接

表 2-6 8086 存储器高、低位库的选择

$\overline{BHE}$	A_0	读/写的字节
0	0	同时读/写高低两个字节
0	1	只读/写奇数地址的高位字节
1	0	只读/写偶数地址的低位字节
1	1	不传送

在 8088 系统中，可直接寻址的存储空间同样也为 1MB，但其存储器的结构与 8086 有所不同，由于它每次传送的是 8 位数据，因此不存在一次对 16 位数据的传送，不存在对准存放的概念。所以它与总线之间的连接方式也很简单，它的 20 根地址线 $A_{19} \sim A_0$ 和 8 根数据线分别和 8088 CPU 的对应地址线与数据线相连。8088 CPU 每访问一次存储器只读/写一个字节信息，而读/写一个字需要两次访问存储器才能完成，故在 8088 系统中，程序运行速度比在 8086 系统中要慢些。

（二）存储器分段

8086/8088 CPU 的指令指示器（IP）和堆栈指示器（SP）都是 16 位的，故只能直接寻址 64KB。为了能寻址 1MB 存储空间，引入了分段的新概念。

在 8086/8088 系统中，1MB 存储空间被分为若干逻辑段，其实际存储器中段的位置如图 2-14 所示。每段最多可包含 64KB 长的连续存储单元。每个段的起始地址又叫基址，它是一个能被 16 整除的数，即最后 4 位为 0。基址是用软件设置的。

段和段之间可以是连续的、分开的、部分重叠或完全重叠的。一个程序所用的具体存储空间可以为一个逻辑段，也可以为多个逻辑段。

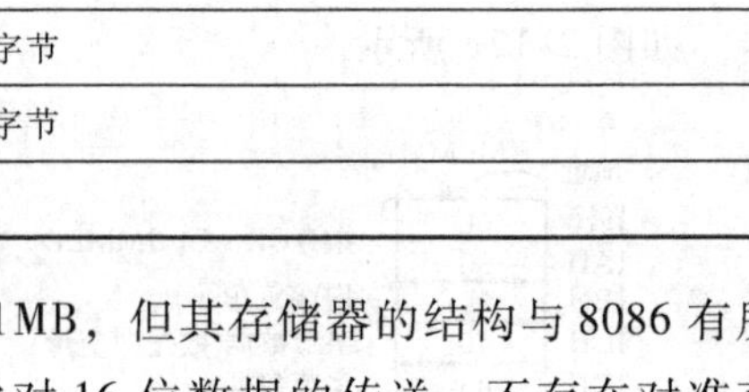

图 2-14 实际存储器中段的位置

段的基址存放于段寄存器 CS、DS、SS 和 ES 中，所以程序可以从 4 个段寄存器给出的逻辑段中存取代码和数据。若要对别的段而不是当前可寻址的段中存取信息，程序必须先改变对应的段寄存器的内容，将其设置成所要存取的段的基址。

(三) 实际地址和逻辑地址

实际地址（也称物理地址）是指 CPU 和存储器进行数据交换时实际寻址所使用的地址，对 8086/8088 来说是用 20 位二进制数或 5 位十六进制数表示的地址。

逻辑地址由两部分组成：段基址和偏移量。前者是由段寄存器给出的段起始地址；后者是指存储单元所在的位置离段起始地址（即基址）的偏移距离，又称偏移地址。基址和偏移地址都用无符号的 16 位二进制数或 4 位十六进制数表示。

程序中不能使用 20 位的实际地址，而使用 16 位的逻辑地址。由逻辑地址计算实际地址的方法已示于图 2-2。应当注意：一个实际地址可对应多个逻辑地址，如图 2-15 所示。图中的实际地址 11245H 可以从两个部分重叠的段中得到：一个段的基址为 1123H，另一个段的基址为 1124H。基址来源于 4 个段寄存器，偏移地址来源于 SP、BP、SI、DI 和 IP。寻址时到底使用哪个寄存器，BIU 根据执行操作的种类和要取得的数据类型确定。逻辑地址源见表 2-7。

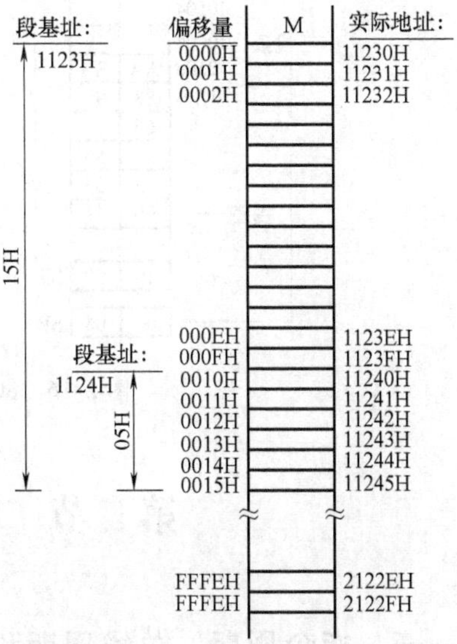

图 2-15 一个实际地址可对应多个逻辑地址

表 2-7 逻辑地址源

存储器操作涉及的类型	正常使用的段地址	可被使用的段基址	偏移地址
取指令	CS	无	IP
堆栈操作	SS	无	SP
变量(下面情况除外)	DS	CS,ES,SS	有效地址
源数据串	DS	CS,ES,SS	SI
目标数据串	ES	无	DI
作为基址寄存器使用的 BP	SS	CS,DS,ES	有效地址

(四) 堆栈

8086/8088 系统中的堆栈是用段定义语句在存储器中定义的一个堆栈段，和其他逻辑段一样，它可在 IMB 的存储空间内浮动。一个系统具有的堆栈数目不受限制，一个栈的深度最大为 64KB。

堆栈由 SS 和 SP 来寻址。SS 给定堆栈段的段基址，而 SP 给定当前栈顶，即指出从段基址到栈顶的偏移量。堆栈中的数据是按照“先进后出”或者“后进先出”的原则进行的。

若已知当前 SS = 1050H，SP = 0008H，AX = 1234H，则 8086 系统中堆栈的入栈和出栈操作如图 2-16 所示。为了加快堆栈操作的速度，堆栈操作均以字为单位进行操作。每当一个16位的字入栈时，堆栈指针SP减2；而当一个16位的字出栈时，指令指针SP加2。

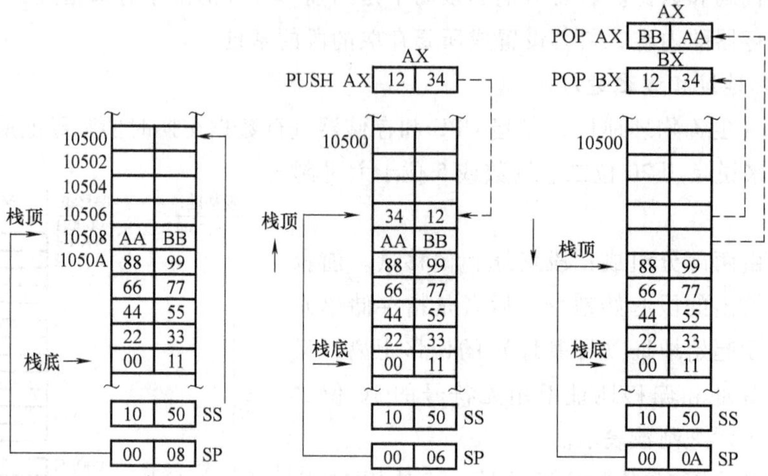

图2-16 8086系统的堆栈及其入栈、出栈操作

第二节 8086/8088典型时序分析

一、指令周期，总线周期和时钟周期

指令周期：每条指令的执行由取指令、分析指令和执行指令等操作组成。执行一条指令所需要的时间称为指令周期。不同指令的指令周期在时间上是不相等的。

总线周期：CPU访问（读或写）一次存储器或I/O接口所花的时间，称为一个总线周期。8086/8088 CPU和外部交换信息是通过BIU总线接口单元来完成的，每当CPU要从存储器或I/O接口存取一个字节或字时，就需要一个总线周期。一个指令周期由一个或几个总线周期组成。

时钟周期：又称为T周期。执行指令的所有操作都是在时钟脉冲CLK的控制下一步一步进行的。时钟周期是CPU的基本时间计量单位，由计算机的主频决定。例如，当8086的主频为5MHz时，一个时钟周期为200ns；8086 CPU的基本总线周期由4个时钟周期组成，分别以T_1、T_2、T_3和T_4表示，如图2-17所示。

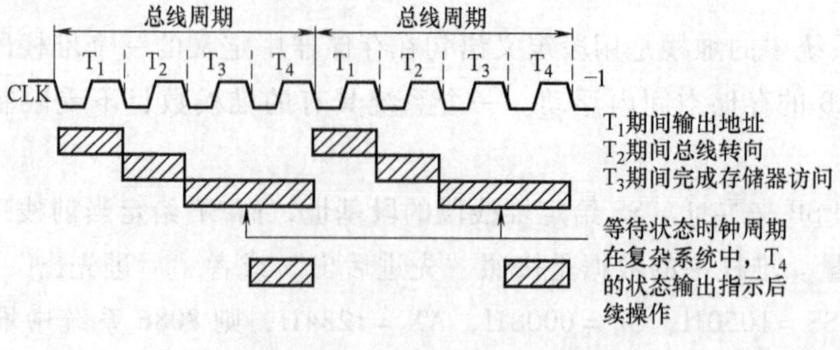

图2-17 8086 CPU的基本总线周期

CPU 在一个总线周期完成一次数据传输，至少需要传送地址和传送数据两个过程。在 T_1 期间，CPU 先将应访问的存储单元或 I/O 端口的地址送到总线上，随后的 3 个 T 周期（T_2、T_3 和 T_4）用以传送数据。在 T_2 期间，若为“读”总线周期，地址/数据总线处于高阻状态，以便 CPU 有足够的缓冲时间，从输出地址的写方式转换为输入数据的读方式，接着在 T_3 ~ T_4 期间，CPU 从总线上接收数据。这就是总线 AD_{15} ~ AD_0 和 A_{19}/S_6 ~ A_{16}/S_3 在总线周期的不同状态下传送不同信号时所采用的分时复用总线的方法。若为总线“写”周期，由于输出地址和输出数据都是写总线的过程，CPU 不必改输出方式为输入方式，因此不需要缓冲时间，CPU 就会在 T_2 ~ T_4 期间把输出的数据放到总线上。

在实际应用中，当一些慢速设备在 3 个 T 的时间内无法完成数据的读/写时，存储器或外部设备就可以通过 READY 引脚，在 T_3 状态开始之前向 CPU 发出一个无效的低电平信号，表示传送的数据没有准备好，CPU 在收到该信号后就在 T_3 和 T_4 之间插入一个或多个等待周期 T_W，插入的 T_W 的个数和 READY 线上的无效信号的长短有关。在 T_W 期间，总线上的信息情况维持 T_3 状态时的信息不变。当存储器或外设准备好时，就通过 READY 向 CPU 发出高电平的有效信号，CPU 接到该信号后，自动脱离 T_W 而进入 T_4 状态。

总线周期只是在 CPU 和存储器或 I/O 接口之间传送数据以及填充指令队列寄存器时使用，如果在一个总线周期之后，不立即执行下一个总线周期，即总线上无数据传输操作，系统总线处于空闲状态，即执行空闲周期 T_I。T_I 也以时钟周期 T 为单位，两个总线周期之间可以插入 1 个或几个 T_I，它和 CPU 执行的指令有关。例如，执行一条乘法指令时，需 124 个时钟周期，而其中使用总线的时间极少，而且填充指令队列寄存器所需时间也很少，这样加入的 T1 可能达到 100 多个。在空闲周期中，总线的高 4 位 A_{19}/S_6 ~ A_{16}/S_3 上，CPU 仍驱动前一个总线周期的状态信息。而在低 16 位的总线 AD_{15} ~ AD_0 上，则视前一个总线周期是写周期还是读周期来确定。若是写周期，CPU 会在低 16 位的 AD_{15} ~ AD_0 上继续驱动数据信息；若是读周期，则 CPU 将使低 16 位的总线处于高阻状态。

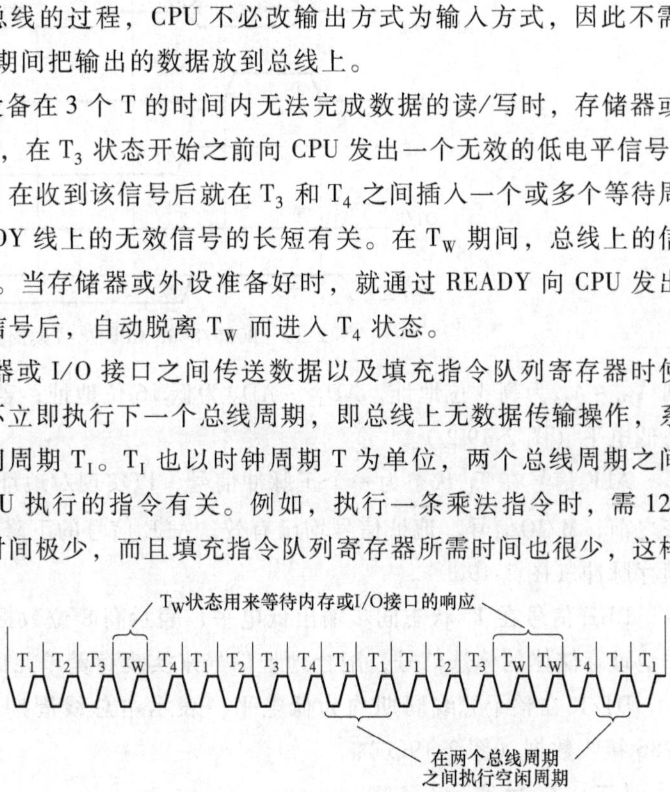

图 2-18 典型的 8086 总线周期序列

图 2-18 表示了一个典型的 8086 总线周期序列。

二、总线读周期

图 2-19 表示 8086/8088 CPU 从存储器或 I/O 端口读取数据的时序。

（一）T_1 状态

$M/\overline{IO}$在总线周期开始就有效，并一直保持到 T_4 末尾才无效。当 CPU 读存储器时，它是高电平有效；当 CPU 读 I/O 端口时，它是低电平有效。因此，它是用来表示总线周期是访问存储器还是访问 I/O 端口的信号（图 2-19①）。

CPU 通过地址总线送出要访问的是存储单元地址或是 I/O 端口的地址，若访问存储器，

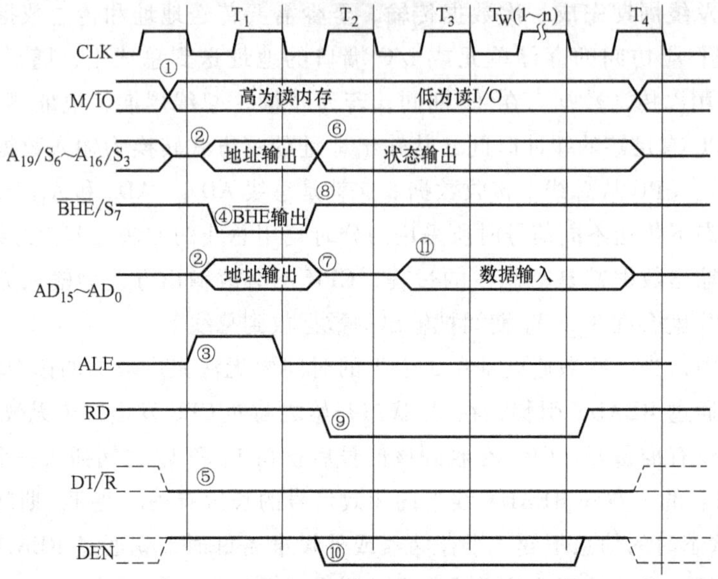

图 2-19 8086/8088 CPU 总线读周期时序

则 A_{19} ~ A_{16} 为高 4 位地址，AD_{15} ~ AD_0 为低 16 位地址；若访问的是 I/O 端口，则 A_{19} ~ A_{16} 为低电平（图 2-19②）。

ALE 信号在 T_1 状态为一个正脉冲信号，以实现对地址信号的锁存。在 ALE 的下降沿到来之前，M/$\overline{IO}$信号、地址信号均已有效。ALE 信号的下降沿可用来作为地址锁存器 8282 的锁存脉冲（图 2-19③）。

BHE 信号在 T_1 状态同步输出低电平，表示高 8 位数据总线上的信息可以使用，一般用作地址存储体的体选信号，配合地址信号来实现存储单元的寻址（图 2-19④）。

DT/$\overline{R}$ 在整个总线周期均为低电平，表示本总线周期为读周期，即让数据总线收发器 8286 接收数据（图 2-19⑤）。

（二） T_2 状态

A_{19}/S_6 ~ A_{16} ~ S_3（图 2-19⑥）和$\overline{BHE}$（图 2-19⑧）引脚上输出状态信息 S_3 ~ S_6 和 S_7，目前，S_7 还未被赋予任何实际意义。

AD_{15} ~ AD_0（图 2-19⑦）进入高阻状态，同时内部引脚逻辑发生转向，由输出变为输入，以便在 T_3 和 T_4 期间输入数据。

$\overline{RD}$信号变为低电平有效，并保持到 T_3 结束。它发向存储器或 I/O 端口，用来作为对存储器或 I/O 端口读操作的开启信号。被访问的存储器或 I/O 端口必须将数据送到 AD_{15} ~ AD_0（图 2-19⑨）。

$\overline{DEN}$信号变为低电平有效，表示允许数据传送，可作为数据总线收发器 8286 的数据允许信号（图 2-19⑩）。

（三） T_3 状态

内存单元或 I/O 端口将数据送到数据总线上，CPU 在 T_3 的下降沿对数据总线进行采样，从而获得数据（图 2-19⑪）。

（四）T_W 状态

当系统中所使用的存储器或 I/O 设备的工作速度较慢时，在规定的基本总线周期内不可能完成读操作，这时可以在 T_3 和 T_4 之间插入 1 个或几个 T_W 等待状态。

是否插入 T_W 取决于 READY 信号是否有效，若 READY 为高电平，不需要插入 T_W；否则，就要插入 T_W。当存储器或 I/O 设备传送数据的速度慢于 CPU 的存取速度时，系统中需要通过一个电路来产生 READY 信号，该信号在 T_2 结束之前变为低电平，CPU 在 T_3 的下降沿采样到 READY 线为低电平信号后，则在 T_3 之后自动插入一个 T_W 状态。在每个 T_W 状态的下降沿继续采样 READY 信号，若为低电平继续插入 T_W 状态，直至采样到高电平的 READY 信号时，才结束等待状态，进入 T_4 状态。

（五）T_4 状态

CPU 在 T_3 或 T_W 的结束和 T_4 开始的交界处开始采样数据总线，从而获得数据。

需要指出，由于 8088 的数据总线是 8 位的，因此只有 $AD_7 \sim AD_0$ 是地址/数据复用总线，而 $A_{15} \sim A_8$ 为地址线。当 T_1 开始时，在整个总线周期内，$A_{15} \sim A_8$ 始终保存着地址信息；另外，8088 没有 $\overline{BHE}$ 信号。

三、总线写周期

图 2-20 表示 CPU 往存储器或 I/O 端口写入数据的时序，和读操作一样，最基本的总线写周期也包含 4 个 T 状态，当存储器或外设速度较慢时，在 T_3 和 T_4 之间也可以插入 1 个或几个 T_W 等待状态。

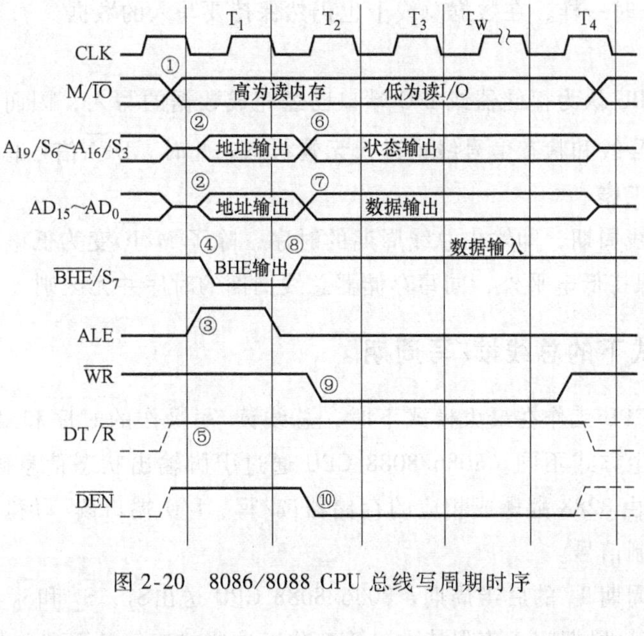

图 2-20 8086/8088 CPU 总线写周期时序

1. T_1 状态

$M/\overline{IO}$ 指出当前执行的是写存储器还是写 I/O 端口（图 2-20①）。若是写存储器，则 $M/\overline{IO}$ 为高电平；若是写 I/O 端口，则为低电平。该电平一直保持到 T_4 状态才结束，它和读周期时相同。

此时 $AD_{15} \sim AD_0$、$A_{19} \sim A_{16}$输出 20 位地址（图 2-20②）。

ALE 信号（图 2-20③）、$\overline{BHE}$信号（图 2-20④）和读周期时一样。

DT/$\overline{R}$信号（图 2-20⑤），在 T_1 期间为高电平，并一直保持到总线周期结束，用以表示本总线周期 CPU 执行写操作。

2. T_2 状态

$A_{19}/S_6 \sim A_{16}/S_3$ 输出状态信号（图 2-20⑥）。

地址信号（图 2-20⑦）发出之后，CPU 立即从地址/数据复用引脚 $AD_{15} \sim AD_0$ 发出要写到存储单元或 I/O 端口的数据，该数据信息一直保持到 T_4 状态的中间。

$\overline{BHE}$此时转换为高电平，和读周期时一样（图 2-20⑧）。

CPU 在 T_2 状态，从$\overline{WR}$引脚上发出低电平有效信号$\overline{WR}$，并一直维持到 T_4 状态，该信号送到所有的存储器和 I/O 端口（图 2-20⑨）。

$\overline{DEN}$此时变为低电平，与读周期时一样（图 2-20⑩）。

3. T_3 状态

在 T_3 状态，CPU 继续提供状态信息和数据，并且继续维持$\overline{WR}$、M/$\overline{IO}$以及$\overline{DEN}$信号为有效电平。

4. T_W 状态

和读周期一样，若存储器或 I/O 端口的速度较慢，可以通过系统电路产生未准备好的 READY 信号，则在 T_3 和 T_4 之间可以插入 1 个或几个 T_W 等待状态。在 T_W 状态，总线上的所有控制信号和 T_3 时一样，在数据总线上也仍然保持要写入的数据。

5. T_4 状态

在 T_4 状态，CPU 认为存储器或 I/O 端口已经完成数据的写入，因而，数据从数据总线上撤除，各控制信号线和状态信号线也进入无效状态。此时，$\overline{DEN}$信号总是进入高电平，从而使总线收发器不工作。

写 I/O 端口总线周期，即输出总线周期的时序，除了 M/$\overline{IO}$变为低电平和 $A_{19}/S_6 \sim A_{16}/S_3$ 在 T_1 时钟周期保持低电平外，同写存储器总线周期的时序并无区别。

四、最大模式下的总线读/写周期

当 8086/8088 CPU 工作在最大模式下时，总线读/写操作的时序和最小模式是一样的，只是控制信号的产生方式不同。8086/8088 CPU 通过引脚输出状态信息码$\overline{S}_2$、$\overline{S}_1$ 和$\overline{S}_0$ 给总线控制器 8288，再由 8288 翻译成相应的存储器读/写、I/O 端口读/写和对地址锁存器及双向总线收发器的控制信号。

在上一个总线周期 T_4 的后半周期，8086/8088 CPU 送出$\overline{S}_2$、$\overline{S}_1$ 和$\overline{S}_0$ 的状态信息，此状态信息直至 T_2 结束这段期间一直保持电平不变化。这些状态信息送到总线控制器 8288 的输入端，经 8288 对$\overline{S}_2$、$\overline{S}_1$ 和$\overline{S}_0$ 译码，产生相应的控制信号。ALE、DT/$\overline{R}$、$\overline{DEN}$、$\overline{INTA}$以及存储器和 I/O 端口的读/写控制信号$\overline{MRDC}$、$\overline{MWTC}$、$\overline{IORC}$、$\overline{IOWC}$和$\overline{AMWC}$、$\overline{AIOWC}$。

地址/数据总线的时序和最小模式完全一样。

8086/8088 CPU 工作在最大模式下的总线读周期和总线写周期的时序如图 2-21 和图 2-22所示。

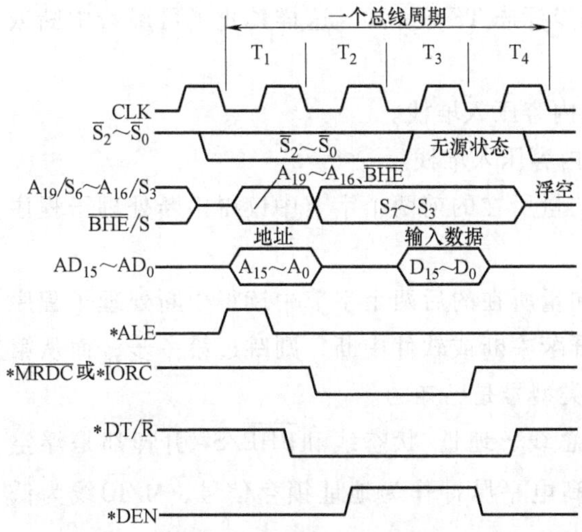

图 2-21　8086/8088 CPU 工作在最大模式下总线读周期的时序

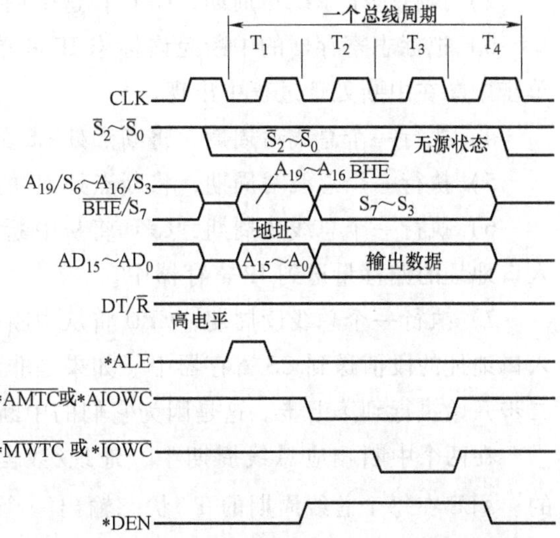

图 2-22　8086/8088 CPU 工作在最大模式下总线写周期的时序

五、中断响应周期

若 8086/8088 CPU 响应外部中断，则进入中断响应总线周期。图 2-23 是 8086/8088 的中断响应总线周期的时序图。

如果在前一个总线周期中，CPU 收到外界从 INTR 引脚上送来的中断请求信号，并且中断允许标志 IF 为 1，则 CPU 在执行完当前的一条指令后，便执行一个中断响应时序。8086 的中断响应时序由两个$\overline{INTA}$负脉冲组成。这两个负脉冲都从 T_2 一直维持到 T_4 状态的开始。对于 8086 CPU，在两个$\overline{INTA}$负脉冲之间由 2 个或 3 个空闲时钟周期 T_1 隔开；而对于 8088 CPU，则没有空闲时钟周期 T_1。

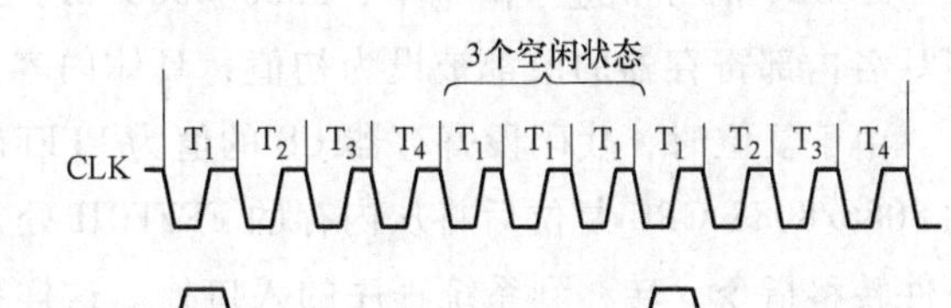

图 2-23　8086/8088 的中断响应总线周期的时序图

第一个$\overline{INTA}$总线周期表示中断响应正在进行，这样可以使申请中断的设备有时间去准备在第二个$\overline{INTA}$总线周期内发出中断类型号。中断类型号在第二个$\overline{INTA}$总线周期中，必须通过地址/数据线的 $AD_7\sim AD_0$ 送给 CPU。在 $DT/\overline{R}$和$\overline{DEN}$的配合作用下，使得 8086/8088 CPU 可以从申请中断的接口电路中取得一个单字节的中断类型号。

综上所述，当一个可屏蔽中断被响应时，CPU 实际执行的总线时序如下：

1）执行两个中断响应总线周期$\overline{INTA}$之间用2或3个空闲周期T_1隔开。中断接口电路在第二个中断响应总线周期内送出一个单字节的中断类型码。CPU接收中断类型码并乘以4，成为中断向量的起始地址，存入暂存器。

2）执行一个总线写周期，CPU在这个周期内把标志寄存器F的值压入堆栈。

3）把标志寄存器的中断允许标志IF和单步标志TF置为0，这样禁止了可屏蔽中断或单步中断在中断处理过程中出现。

4）执行一个总线写周期，将断点处CS的内容压入堆栈。

5）执行一个总线写周期，将断点处IP的内容压入堆栈。

6）执行一个总线读周期，CPU将从中断向量所在的前两个字节中读得中断处理子程序入口地址的偏移量送到IP寄存器中。

7）执行一个总线读周期，CPU将从中断向量所在的后两个字节中读得中断处理子程序入口地址的段值送到CS寄存器中。如果是非屏蔽中断或软件中断，则跳过第一步，而从第二步开始执行到第七步。这是因为它们的中断类型号是已知的。

在两个中断响应总线周期中，地址/数据总线、地址/状态线和$\overline{BHE}/S_7$引脚都是浮空的。ALE在每个总线周期的T_1状态输出一个高电平脉冲作为地址锁存信号，$M/\overline{IO}$线为低电平。

六、系统复位

8086/8088 CPU的复位是通过RESET引脚上的输入信号来实现的。当RESET引脚上出现起码维持4个时钟周期的高电平信号时，8086/8088 CPU即复位。若是初次加电引起的复位，则要求维持不小于50μs的高电平。

RESET信号一进入高电平，8086/8088 CPU即结束现行的操作，进入复位状态。此时，CPU各内部寄存器的值都被设为初值，具体内容见表2-3。

由于复位时，代码段寄存器CS的值为FFFFH，而指令指针寄存器IP的值为0000H，因此8086/8088 CPU复位后将从内存的FFFF0H处开始执行指令。因此，一般在该处放一条无条件转移指令，转移到系统程序的入口处。这样系统一旦被启动，便自动进入系统程序。

系统复位时，包括中断允许标志位IF在内的所有标志位都被清除，因此，可屏蔽中断请求得不到允许。因而，系统程序在适当时候，要通过开中断指令STI来使中断允许标志IF置位。

图2-24是8086的复位时序。表2-8是复位时8086的总线信号。

RESET信号变为高电平后，再经过1个时钟周期，所有的输出线就被设置成高阻状态，并且一直维持高阻状态，直到RESET信号回到低电平。

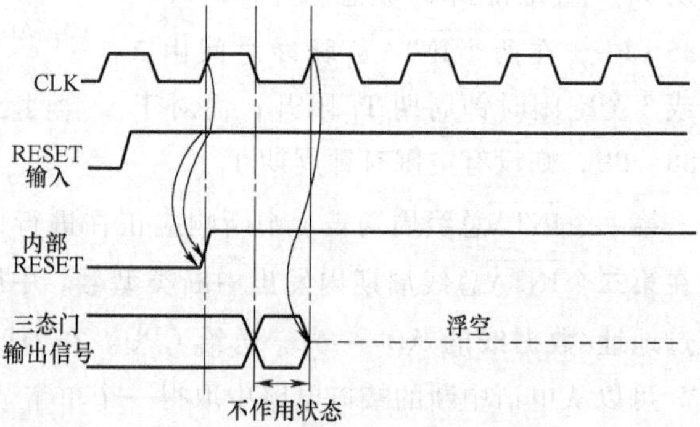

图2-24 8086的复位时序

三态输出线包括$AD_{15}\sim AD_0$、$A_{19}/S_6\sim A_{16}/S_3$、$\overline{BHE}/S_7$，$M/\overline{IO}$、$DT/\overline{R}$、

$\overline{\text{DEN}}$、$\overline{\text{WR}}$、$\overline{\text{RD}}$和$\overline{\text{INTA}}$，还有几条非三态输出线，在复位之后会处于无效状态，但不浮空，它们是 ALE、HLDA、$\overline{\text{RQ}}/\overline{\text{GT}}_0$、$\overline{\text{RQ}}/\overline{\text{GT}}_1$、$\text{QS}_0$ 及 QS_1。

表 2-8　复位时 8086 的总线信号

信号	状　态
$\text{AD}_{15} \sim \text{AD}_0$	先置成不作用状态，再进入三态。不作用状态占进入三态前的半个时钟周期（即时钟为低电平期间）
$\text{A}_{19}/\text{S}_6 \sim \text{A}_{16}/\text{S}_3$	
$\overline{\text{BHE}}/\text{S}_7$	
$\text{S}_2(\text{M}/\overline{\text{IO}})$	
$\text{S}_1(\text{DT}/\overline{\text{R}})$	
$\text{S}_0(\overline{\text{DEN}})$	
$\overline{\text{LOCK}}(\overline{\text{WR}})$	
$\overline{\text{RD}}$	高
$\overline{\text{INTA}}$	高
ALE	低
HLDA	低
$\overline{\text{RQ}}/\overline{\text{GT}}_0$	高
$\overline{\text{RQ}}/\overline{\text{GT}}_1$	高
QS_0	低
QS_1	低

七、超标量指令流水线

在标准状态下，一个处理器包含一条指令流水线。超标量指令流水线就是指一个处理器中含有多条指令流水线。

（一）超标量

超标量（Superscalar）是指在 CPU 内核中有一条以上的流水线，并且每个时钟周期内可以完成一条以上的指令，即实行指令级并行运算，这种 CPU 架构设计就称为超标量技术。这种技术能够在 CPU 主频相同的情况下实现更高的 CPU 吞吐率，其实质是以空间换取时间。

（二）超流水线

流水线技术是一种将每条指令分解为多步，并让各步操作重叠，从而实现几条指令并行处理的技术。程序中的指令仍是一条条地顺序执行，但可以预先取若干条指令，并在当前指令尚未执行完时，提前启动后续指令的另一些操作步骤。这样就能在一个 CPU 时钟周期内完成一条指令，因此提高了 CPU 的运算速度。

市场上推出的各种不同的 16 位/32 位微处理器基本上都采用了流水线技术。

超级流水线技术是以增加流水线级数的方法来细化流水线、提高主频、缩短机器周期，使得在一个机器周期内能够完成一个甚至多个机器指令，其实质是以时间换取空间。超级流水线配置了多个功能部件和指令译码电路，采用多条流水线并行处理，还有多个寄存器端口和总线，可以同时执行多个操作，因此比普通流水线执行得更快，在一个机器周期内可以流出多条指令。

如 Pentium pro 的流水线就长达 14 步（级）。将流水线设计的步（级）数越多，其完成一条指令的速度越快，才能适应工作主频更高的 CPU。

第三章　存　储　器

存储器是计算机的记忆部件，用来存放程序和数据。它是计算机极为重要的组成部分，是其能够自动进行信息处理的必要物质基础之一。

从与 CPU 的关系来看，存储器可分为内存储器（简称内存或主存）和外存储器（简称外存或二级存储器）两大类。计算机的内存直接与 CPU 的外部总线相连，是计算机主机的组成部分，用来存放当前要用的程序和数据。存储器由半导体存储器芯片组成，是本章要讨论的主要内容。

外存储器位于主机外部，它通过接口逻辑电路与主机相连接，是作为计算机的外部设备来配置的。外存用来存放暂时不用的那些程序和数据，使用时必须先调入内存，才能执行。常用的外存有软磁盘、硬磁盘、光盘、U 盘等。

第一节　存储器的分类

存储器按功能不同分两大类：读写存储器，即随机存取存储器（Random Access Memory，RAM）和只读存储器（Read Only Memory，ROM），如图 3-1 所示。

一、RAM 分类

随机存取存储器在计算机运行期间可以随时写入信息和读出信息。但是一旦断电，它所存入的信息会立即丢失，是一种易失性存储器。

根据制造工艺的不同，RAM 可分为双极型 RAM 和 MOS 型 RAM 两类，而 MOS 型 RAM 又可分为静态 RAM（SRAM）和动态 RAM（DRAM）两种。

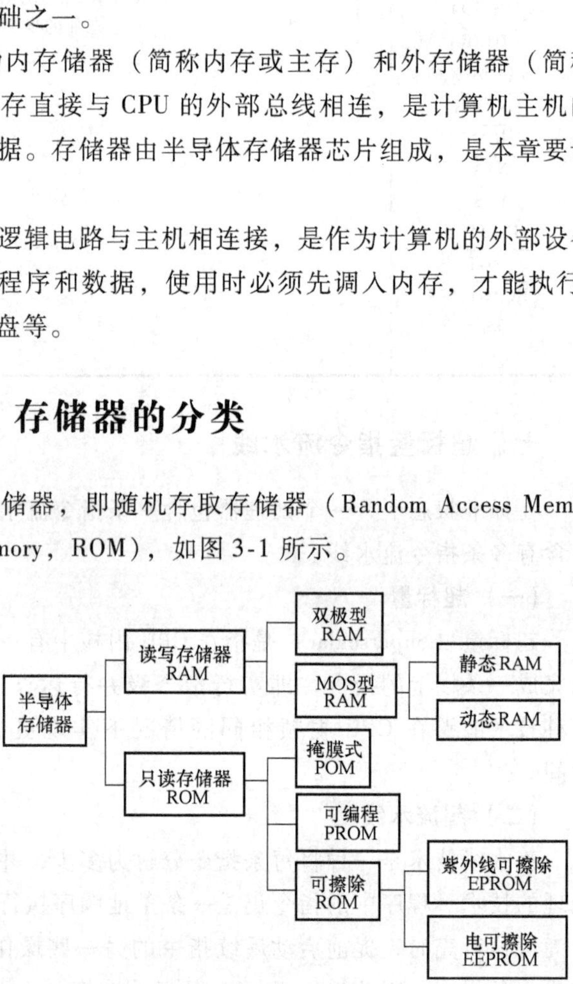

图 3-1　存储器的分类

双极型 RAM 的特点是：存取速度快，但其集成度低、功耗大、成本高，主要用于速度要求高的位片式微型机中。

静态 RAM 由 MOS 双稳态触发器组成，一个触发器可以存放 1 位二进制信息，只要不断电，信息就不会丢失。SRAM 不需要时钟信号，但其芯片集成度低，且功耗较大，所以常用于容量较小的单板机、工业控制机等小系统中。

动态 RAM 利用 MOS 管的栅极电容来保存信息。这类存储器芯片的集成度较高，且功耗低。例如，静态 RAM 每位功耗约 0.1mW，而动态 RAM 则仅需 0.01mW，相差一个数量级。但由于电容存在漏电现象，因此，它需要定时刷新。DRAM 广泛应用于内存容量较大的微机系统，如 IBM PC/XT 的内存。

非易失性 RAM 也是近年来使用非常广泛的一种新型存储器件。与易失性 RAM 相比，具有高速、高密度、可微缩、低功耗、抗辐射、断电后仍然能够保持数据等诸多优点。随着技术发展，非易失性存储器分为相变存储器、磁性存储器、电阻式存储器、铁电存储器等诸多类型。非易失性存储器作为新一代国际公认存储技术，正越来越受到国际上高度重视。典型产品如 AGIGARAM 是一款无需采用对环境不友好的电池的高速、高密度 RAM，这种技术属于全球首创。

二、ROM 分类

在计算机运行期间，CPU 只能从 ROM 存储器中读出事先已写入的信息，而不能将信息写入其中，而事先写入的信息断电后也不会丢失。ROM 用来存放固定的应用程序、系统软件、监控程序、常数表格等。存放固定程序的只读存储器也称固件（Firmware），意思是具有软件功能的硬件。

ROM 按写入信息方式的不同可分为以下几种：

（一）不可编程掩膜式 ROM

掩膜式 ROM 在制造过程中由生产厂家使用掩膜工艺将信息写入芯片。芯片制成以后，其内部信息不能再更改，所以也称固定存储器。它适用于大批量（十万片以上）生产。

（二）可编程只读存储器

可编程只读存储器（PROM）在制造过程中并不写入数据。用户购得芯片后，根据自身需要，由厂家使用专门设备将程序写入其中。写入后，信息将不能再次更改。

（三）可擦除只读存储器

常用的可擦除只读存储器有两种：紫外线可擦除只读存储器（EPROM）及电可擦除只读存储器（EEPROM）。

EPROM 在制造过程中也不写入程序，它是根据用户需要用编程器将信息写入芯片。信息写入后，若要擦除，只需将芯片的石英窗口置于紫外线灯下照射 20min，即可重新写入信息。写好信息的 EPROM 为防止光线照射，需用遮光胶纸贴于窗口上。该方法只能将芯片中信息全部擦除后再重新写入，而不能擦除个别单元或某些位的信息，且擦除时间较长。

EEPROM 采用金属-氮-氧化物-硅（MNOS）生产的 MNOS 型 PROM。当需要改写该芯片某存储单元信息时，用户只需将电流通过该存储单元，即可将其中的信息擦除并重新写入信息。而其余未通过电流的存储单元的信息仍然保留。这类芯片为经常需要修改程序和参数的应用领域提供了极大的方便，但也存在存取速度较慢、完成改写程序需要较复杂的设备等问题。

第二节 随机存取存储器

一、静态 RAM

（一）基本存储电路

静态 RAM 的基本存储电路是由 6 个 MOS 管组成的 RS 触发器，如图 3-2 所示。

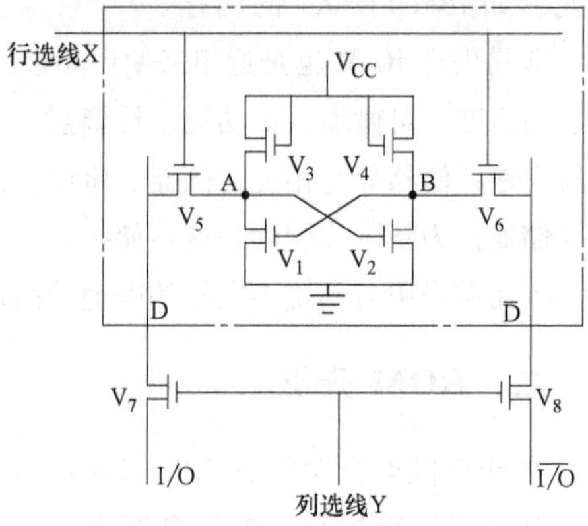

图 3-2 静态 RAM 的基本存储电路

图中，V_3、V_4 为负载管，V_1、V_2 交叉耦合组成一基本 RS 触发器。若地址经译码后选中行选择线 X 和列选择线 Y，则 V_5、V_6、V_7、V_8 均导通，可对该单元位线上的信息进行读/写操作。

写入时，被写入的信息从 I/O 和$\overline{I/O}$线输入。如写“1”时，I/O 线为高电位，$\overline{I/O}$为低电位。I/O 线上的信息经 V_7、V_5 加至触发器 A 端，$\overline{I/O}$线上的信息经 V_8、V_6 加至触发器 B 端，使 V_1 截止，V_2 导通，RS 触发器输出高电平；反之，如写入“0”时，则 V_1 导通，V_2 截止，触发器输出低电平。

读出时，A 端信号经 V_5、V_7 送至 I/O 线上，B 端信息经 V_6、V_8 送$\overline{I/O}$线上，若原存信息为“1”，则 I/O 线上为“1”，$\overline{I/O}$线上为“0”；同理，若原存信息为“0”，则 I/O 线上为“0”，$\overline{I/O}$线上为“1”。

（二）静态 RAM 的组成

静态 RAM 一般由地址译码器、存储矩阵 m×n、控制逻辑和三态数据缓冲器组成。其组成框图如图 3-3 所示。

图示存储矩阵包含 m×n 个基本存储单元。不同容量的芯片，其地址线及数据线的根数不同。若地址线 K 根，数据线 L 根，则芯片存储容量为 $2^K \times L = m \times n$。$R/\overline{W}$为读写控制线，$\overline{CE}$为片选信号。当$\overline{CE}$为低电平时，若 $R/\overline{W}$为高电平，则对该存储器进行读操作；若 $R/\overline{W}$为低电平，则对该存储器进行写操作。当$\overline{CE}$为高电平时，禁止对该存储器芯片进行任何操作。

（三）静态 RAM 典型芯片

典型的静态 RAM 芯片有 2114（1K×4）、6116（2K×8）、6264（8K×8）、62128（16K×8）、62256（32K×8）、62512（64K×8）及更大容量的 HM628128（128K×8）和 HM628512（512K×8）等。通过芯片的容量可知道其地址线及数据线的根数，如 62256 芯片的容量为 32K×8，则其数据线有 8 根，地址线有 15 根（$2^{15}=32K$）。图 3-4 为 6264 芯片的引脚图。

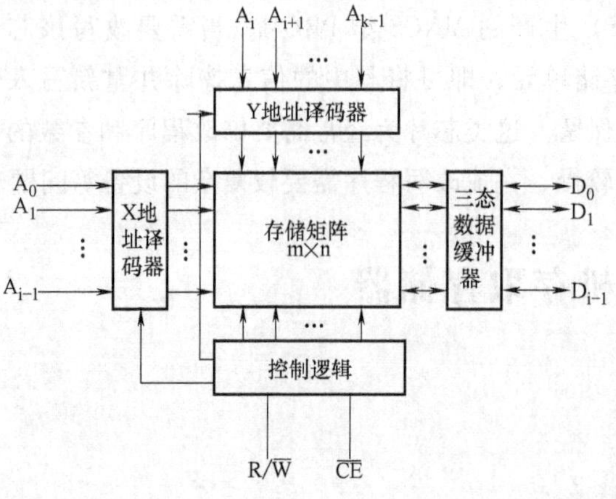

图 3-3 静态 RAM 芯片的组成框图

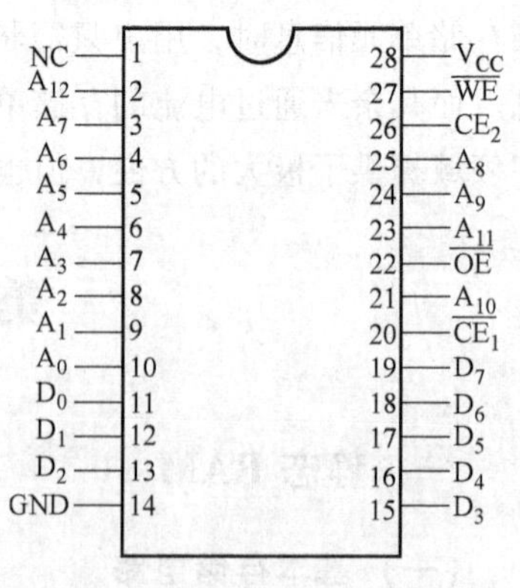

图 3-4 6264 芯片的引脚图

图中，$A_0 \sim A_{12}$为地址线，$D_0 \sim D_7$为数据线，V_{CC}接电源 +5V，GND 接地，$\overline{WE}$为写控制信号输入端，$\overline{OE}$为数据输出使能信号（通常接 CPU 的读信号），CE_2 和$\overline{CE_1}$ 为片选信号，各控制信号与存储器的读写关系见表 3-1。

表 3-1 各控制信号与存储器的读写关系

CE_2	$\overline{CE_1}$	$\overline{OE}$	$\overline{WE}$	读写操作	数据端口
1	0	0	0	写存储器	数据输入
1	0	0	1	读存储器	数据输出
1	0	1	0	写存储器	数据输入
0	×	×	×	禁止读写	高阻状态
1	1	×	×	禁止读写	高阻状态

6264 芯片的 CE_2 引脚正常情况下应接高电平，可以利用它进行掉电保护。当 CE_2 电压降至 0.2V 时，只需向该引脚提供 2μA 电流，则在 V_{CC} =2V 时，芯片进入掉电保护状态。

二、动态 RAM

（一）基本存储电路

动态 RAM 是以 MOS 管栅极电容是否充有电荷来存储信息的，其基本单元电路一般由四管、三管或单管组成，在这里，我们以常用的单管基本存储电路为例，介绍动态 RAM 的基本存储电路。

单管动态 RAM 的基本存储电路如图 3-5 所示，它由 MOS 管 V_1 及寄生电容 C 组成，V_2 为一列基本存储单元电路上共用的控制管。电容 C 有电荷表示 “1”，无电荷表示 “0”。若地址经译码后选中行选线 X 及列选线 Y，则 V_1、V_2 同时导通，可对该单元进行读/写操作。

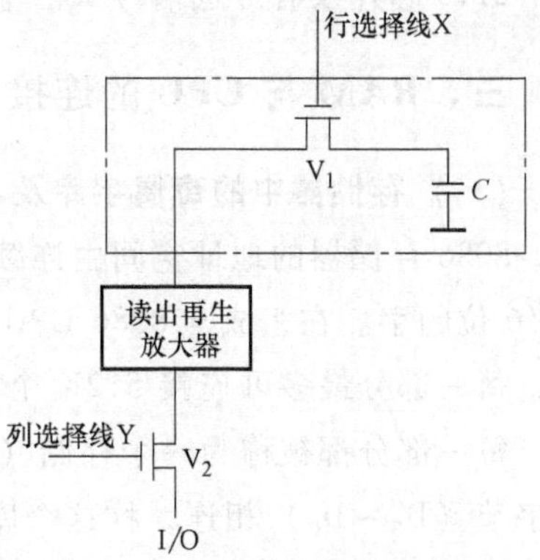

图 3-5 单管动态 RAM 的基本存储电路

写入时，被写入信息从 I/O 线输入。若写 “1”，则 I/O 线上为高电平，经 V_2、V_1 对电容 C 充电，电容 C 上便有了电荷；若写 “0”，则 I/O 线上为低电平，电容 C 向数据线放电，C 上无电荷。

读出时，若原有信息为 “1”，则电容 C 上的电荷经 V_1 向读出再生放大器放电，产生 “1” 的输出信号经 V_2 送至 I/O 线上；若原有信息为 “0”，C 上无电荷，不产生电流，即输出 0 信号。

由于电容 C 存在漏电现象，C 上的高电位只能保持几毫秒，因此必须定期给已充电的电容补充电荷，这就是刷新。为提高刷新速度，刷新操作是一行一行地进行的，行选择线依次为高电平，对应行上的存储单元即进行一次读出再生操作。而由于此时列选线为低电平，因此读出的信息不会送到数据线上。

动态 RAM 使用管子少、集成度高、功耗低，但为了保持信息，必须增加刷新电路，适用于构成大容量存储器系统。

（二）动态 RAM 典型芯片

常用的动态 RAM 典型芯片有 2116（16K×1）、2164（64K×1）、21256（256K×1）、21010（1M×1）、21014（256K×4）、44100（1M×4）等。图 3-6 为 2116 芯片的引脚图。

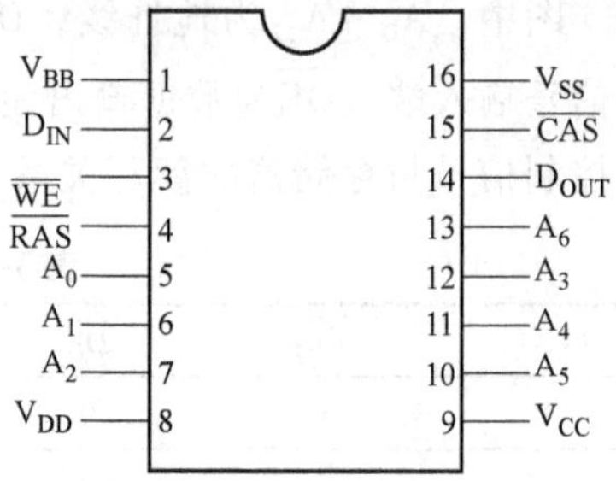

图 3-6　2116 芯片的引脚图

Intel 2116 芯片的容量为 16K×1，需 14 根地址线，但 2116 只有 16 个引脚，由于受封装引线的限制，只用了 $A_0 \sim A_6$ 7 根地址输入线，数据线只有 1 根，且数据输入 D_{IN} 和输出 D_{OUT} 端是分开的，它们有各自的锁存器。写控制信号输入端 $\overline{WE}$ 为低电平时进行写存储器操作，$\overline{WE}$ 为高电平时读出。表 3-2 给出了芯片各引脚的名称。

表 3-2　2116 芯片各引脚的名称

$A_0 \sim A_6$	地址输入信号	$\overline{WE}$	写(或读)允许
$\overline{CAS}$	列地址选通信号	V_{BB}	电源(-5V)
$\overline{RAS}$	行地址选通信号	V_{CC}	电源(+5V)
D_{IN}	数据输入	V_{DD}	电源(+12V)
D_{IN}	数据输出	V_{SS}	接地

2116 芯片没有片选信号 $\overline{CS}$，它的行地址选通信号 $\overline{RAS}$ 兼作片选信号。

三、RAM 与 CPU 的连接

（一）存储器中的奇偶字库及与 8086 CPU 的连接

8086 存储器的地址空间由连续的 1MB 单元组成，任何两个存储单元都可以用来存放一个 16 位的字。在组成与 8086 CPU 连接的存储器时，1MB 的存储器空间实际上被分为两部分，每一部分最多可连接 512K 个存储单元，也就是说，每一部分最多可存放 512KB 的数据，每一部分都被称为一个存储（或数据）库。其中一个库与 8086 CPU 16 位数据总线的低位字节（$D_7 \sim D_0$）相连，称这个库为低位字节存储库，简称偶地址库或低位库；另一个库与 16 位数据总线的高位字节（$D_{15} \sim D_8$）相连，称这个库为高位字节存储库，简称奇地址库或高位库。图 3-7 为存储器奇偶字库与 8086 CPU 的连接。

图 3-7 中，地址信号线 $A_{19} \sim A_1$ 同时连接低位库和高位库。A_0 不用在对存储器的寻址上，而被用作对存储器奇偶字库的选择。A_0 接低位库的片选信号 $\overline{CS}$，$A_0 = 0$ 时选中低位库。8086 CPU 的 $\overline{BHE}$ 信号与高位库的 $\overline{CS}$ 端相连。当 $A_0 = 0$、$\overline{BHE} = 1$ 时，选中偶地址库，利用数据总线 $D_7 \sim D_0$ 进行数据传送；当 $A_0 = 1$、$\overline{BHE} = 0$ 时，选中奇地址库，利用数据总线 $D_{15} \sim D_8$ 进行数据传送；当 $A_0 = 0$、$\overline{BHE} = 0$ 时，偶地址库、奇地址库均被选中，利用数据总线 $D_{15} \sim D_0$ 进行数据传送。在进行 16 位数据传送时，如果这 16 位数据起始于偶地址（称字对准），则用一个总线周期就可完成数据传送；如果这 16 位数据起始于奇地址（称字未对准），则需用两个总线周期才能完成数据传送，第一次利用数据总线 $D_{15} \sim D_8$ 传送低 8 位数

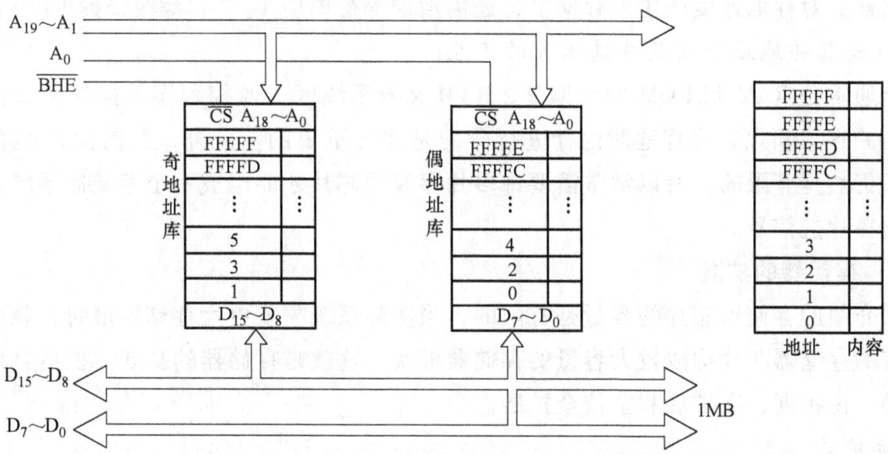

图 3-7　存储器奇偶字库与 8086 CPU 的连接

据，第二次利用数据总线 $D_7 \sim D_0$ 传送高 8 位数据。

（二）存储器芯片与 CPU 连接时应考虑的问题

存储器芯片与 CPU 连接时，原则上可以将存储器芯片的地址线、数据线、控制线与 CPU 的地址总线、数据总线、控制总线直接相连，但在实际操作时，必须对以下一些问题加以考虑。

1. CPU 的负载能力

在微机系统中，由于 CPU 通过总线与多片存储器芯片及 I/O 接口相连，这些芯片有的是 TTL 器件，有的是 MOS 器件，因此在构成系统时，CPU 能否支持其负载是必须考虑的问题。通常 CPU 的负载能力为 1 个标准，TTL 器件或 20 个 MOS 器件。当总线上连接的器件超出 CPU 的负载能力时，应设法提高总线的驱动能力。采取的措施通常有增加缓冲器或总线驱动器等。

2. 各种信号线的连接

由于 CPU 的各种信号要求与存储器的各种信号要求有所不同，往往需要增加一些必要的辅助电路。

数据线：CPU 的数据总线是双向的，而存储器的数据线有输入、输出共用和输入、输出分开两种结构。对于输入、输出共用的数据线，因其芯片内部有三态驱动器，故可直接与 CPU 的数据总线相连。而对于输入、输出分开的数据线，则要外加三态门，才能与 CPU 的数据总线相连。

地址线：存储器的地址线一般可直接与 CPU 的地址总线相连，而对于大容量的动态 RAM，为了减少封装引线的数目，往往采用分时输入的方式。这时，需在 CPU 与存储器芯片之间增加多路转换开关，用$\overline{CAS}$和$\overline{RAS}$分别将高位地址及低位地址送入存储器。

控制线：存储器的控制信号主要有读写信号$\overline{OE}$、$\overline{WE}$及片选信号$\overline{CS}$，对于动态存储器芯片，还需要地址分时控制信号$\overline{RAS}$及$\overline{CAS}$等。

3. CPU 的时序与存储器存取速度的配合

CPU 在取指及存储器读写操作时，其时序是固定的。因此，用户可根据 CPU 的时序来选择存储器。对存取速度较慢的存储器，还需增加等待周期 T_W，以满足快速 CPU 的要求。

4. 存储器的地址分配及片选信号的产生

内存通常分 RAM 和 ROM 两大部分，RAM 又分系统区（监控程序及操作系统占用的区域）和用户区。所以，合理地对内存进行分配是非常重要的。此外，目前生产的存储器芯片的容量仍然是有限的，所以常常需要许多片存储器芯片才能组成一个存储器系统，这就要求正确选择片选信号。

（三）存储器的扩展

前面介绍的存储器芯片的容量是有限的，当实际系统需要更大存储容量时，就必须采用多片现有的存储器芯片构成较大容量的存储器模块，这就是存储器的扩展。扩展存储器的方法有 3 种：位扩展、字扩展和字位全扩展。

1. 位扩展

用 1 位或 4 位的存储器芯片构成 8 位的存储器时，一般将地址线、控制线并联，数据线按高低位接至 8086/8088 CPU 相应的数据总线位线上。

例如，用 8 片 1M ×1 位的芯片组成容量为 1M ×8 位的存储器模块，如图 3-8 所示。

位扩展时，各信号线的连接方法如下：

1）各组成芯片的地址线全部并联，并且与 CPU 地址总线相应的地址线相连。

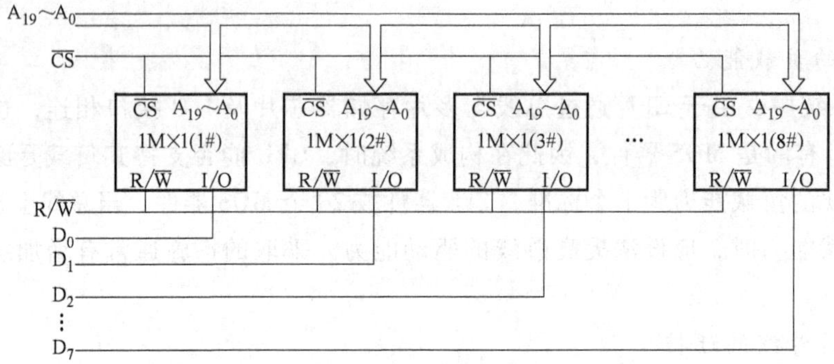

图 3-8　1M ×1 位芯片组成 1M ×8 位芯片

2）各组成芯片的地址线分高低位分别与 CPU 数据总线的相应位连接。

3）各组成芯片的读/写控制信号线并联后接 CPU 控制总线中的读/写控制线；片选信号并联后可接 CPU 控制总线中的存储器选择信号，也可接地址线高位或地址译码器输出端。

位扩展后，存储器单元个数不变，数据位数增加。

2. 字扩展

字扩展也称地址扩展，根据片选信号产生的方法不同，字扩展又分线选法、局部译码法和全译码法。

(1) 线选法　线选法将低位地址与存储器片内地址相连，余下的高位地址线分别作为各个存储器芯片的片选信号。使用这种方法扩展时要注意每次寻址时只能有一位片选地址线有效（为低电平），否则不能保证每次只选中 1 片存储器芯片。

例如，用 4 片静态 RAM 6116 芯片（2K ×8）组成 8K ×8 位的存储器，组成的存储器模块如图 3-9 所示。

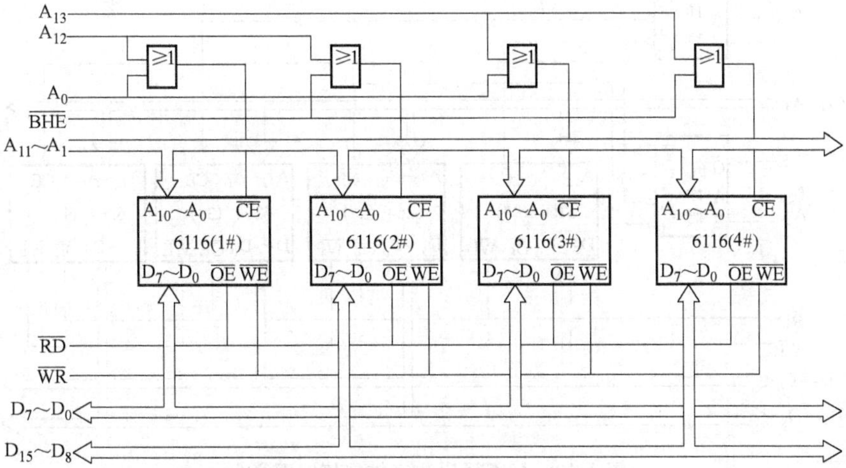

图 3-9 线选法字扩展接线图举例

图中，A_0、$\overline{BHE}$用于对奇、偶字库进行选择，A_{12}、A_{13}用于组与组之间的片选。数据的读出或写入在保持片选信号$\overline{CE}$为低电平的同时，将取决于读、写信号$\overline{RD}$或$\overline{WE}$。例如，在执行偶地址边界上的字操作时，8086 将使 A_0 与$\overline{BHE}$同时为低电平，这样两个存储器芯片都被允许执行读写操作，读写数据的高位字节和低位字节同时在 16 位数据总线上传送。

由于6116 芯片只存在唯一的片选信号$\overline{CE}$，因此必须通过逻辑电路对这些信号进行连接以实现上述控制要求。

各存储器芯片的地址分配情况见表 3-3。

表 3-3 各存储器芯片的地址分配情况

组别	偶地址	奇地址	A_{19} ~ A_{14}	$A_{13}A_{12}$	A_{11} ~ A_1范围	地址范围
第 1 组	6116(1#)	6116(2#)	0 0 0 0 0 0	1 0	00000000000 ~ 11111111111	02000H ~ 02FFFH
第 2 组	6116(3#)	6116(4#)	0 0 0 0 0 0	0 1	00000000000 ~ 11111111111	01000H ~ 1FFFH

（2）局部译码法 局部译码法是通过对高位地址线中的一部分（而不是全部）进行译码，产生各存储器芯片的片选控制信号。

例如，用 4 片静态 RAM 6264 芯片（8K×8）组成 32K×8 位的存储器（即 16K 字）。组成的存储器模块如图 3-10 所示。

图 3-10 中，A_0、$\overline{BHE}$用于奇、偶字库的选择，A_0 接 2-4 译码器（1）的控制端 $\overline{G}$，A_0 为低电平时选中偶地址库；$\overline{BHE}$接 2-4 译码器（2）的控制端$\overline{G}$，当$\overline{BHE}$为低电平时，选中奇地址库。A_{14}、A_{15}经译码后作为各芯片的片选信号，CPU 对奇、偶字库的操作与线选法类似。各存储器芯片的地址分配情况见表 3-4。

（3）全译码法 全译码法将低位地址总线与存储器芯片的内部地址线相连，余下的高

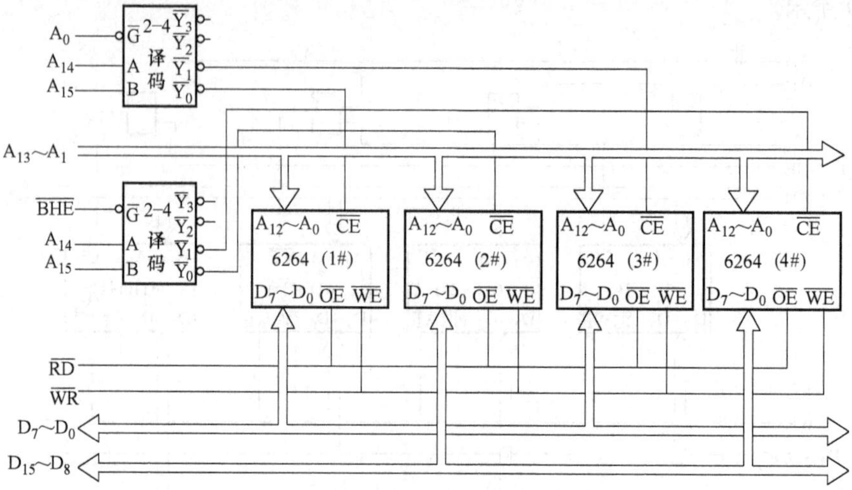

图 3-10 局部译码法字扩展接线图举例

位地址总线全部译码，译码输出作为各存储器芯片的片选信号。

表 3-4 各存储器芯片的地址分配情况

组别	偶地址	奇地址	A_{19} ~ A_{16}	A_{15} A_{14}	A_{13} ~ A_1 范围	地址范围
第1组	6116(1#)	6116(2#)	0 0 0 0	0 0	0000000000000 ~ 1111111111111	00000H ~ 03FFFH
第2组	6116(3#)	6116(4#)	0 0 0 0	0 1	0000000000000 ~ 1111111111111	04000H ~ 07FFFH

例如，用4片静态 RAM 62512 芯片（64K×8）存储器构成256K×8存储器模块，要求采用全部译码法生成各芯片片选信号。组成的存储器模块如图 3-11 所示。

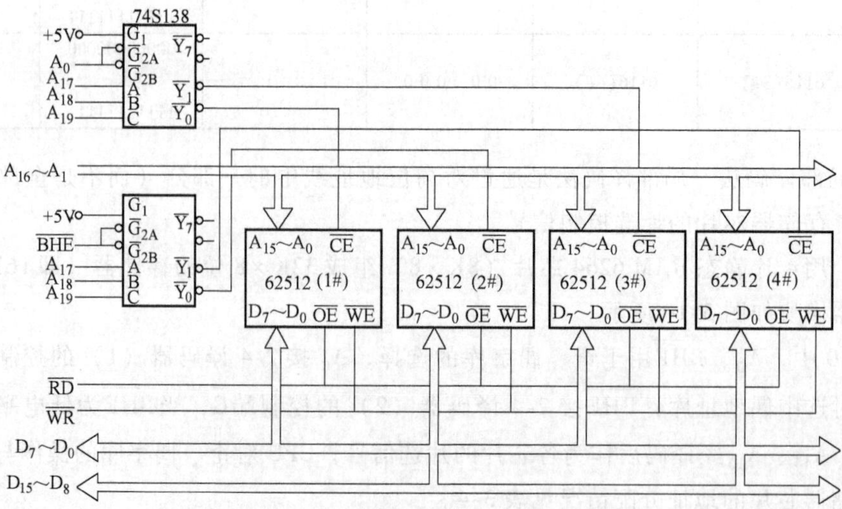

图 3-11 全译码法字扩展接线图举例

图中，奇偶字库的选择及 CPU 对存储器模块的操作与局部译码法类似，各存储器芯片的地址分配情况见表 3-5。

表 3-5　各存储器芯片的地址分配情况

组　别	偶　地　址	奇　地　址	$A_{19}A_{18}A_{17}$	$A_{16} \sim A_1$	地址范围
第 1 组	62512(1#)	62512(2#)	0　0　0	0000000000000000 ~ 1111111111111111	00000H ~ 1FFFFH
第 2 组	62512(3#)	62512(4#)	0　0　1	0000000000000000 ~ 1111111111111111	20000H ~ 3FFFFFH

3. 字位全扩展

若存储器的单元数和位数都不满足系统要求，则字和位都必须进行扩展。

例 3-1　一微机系统，要求使用 2114 芯片（1K ×4）若干，扩展为 4K ×8 位存储器模块，且扩展后的存储空间为从 F000H 开始的连续存储区。扩展后的存储器模块如图 3-12 所示。

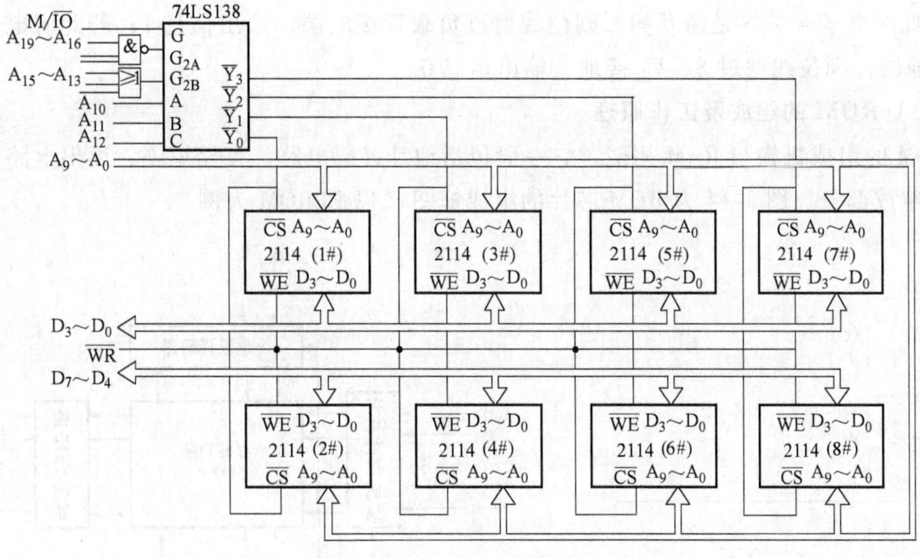

图 3-12　字位全扩展接线图

图 3-12 中 8 片 2114 芯片，每两片一组组成 4 组按字节存取的 1KB 容量的存储器，由于它们是将 4 位数据线分别与 CPU 数据总线的 $D_3 \sim D_0$ 及 $D_7 \sim D_4$ 分别相连，地址线、控制线并联，因此是位扩展。而组合后的存储器组低位地址线、数据线并联，高位地址线译码后为各存储器组提供片选信号，为字扩展。各存储器芯片的地址分配情况见表 3-6。

表 3-6　各存储器芯片的地址分配情况

组　别	芯　片	$A_{19} \sim A_{13}$	$A_{12} \sim A_{10}$	$A_9 \sim A_0$	地　址　范　围
第 1 组	2114(1#) 2114(2#)	1111000	0　0　0	0000000000 ~ 1111111111	F0000H ~ F03FFH
第 2 组	2114(3#) 2114(4#)	1111000	0　0　1	0000000000 ~ 1111111111	F0400H ~ F07FFH

（续）

组　别	芯　片	$A_{19} \sim A_{13}$	$A_{12} \sim A_{10}$	$A_9 \sim A_0$	地　址　范　围
第3组	2114(5#) 2114(6#)	1111000	0　1　0	0000000000 ~ 1111111111	F0800H ~ F0BFFH
第4组	2114(7#) 2114(8#)	1111000	0　1　1	0000000000 ~ 1111111111	F0C00H ~ F0FFFH

第三节　只读存储器

一、只读存储器的组成及工作原理

（一）基本存储电路

只读存储器（ROM）的基本存储电路如图3-13所示。

图中，V_1为负载管，V_2为控制管，S为一电子开关。当字线上加选通信号时，V_2导通。若此时电子开关S是断开的，则位线通过负载管接电源，输出信息1；若此时电子开关S是接通的，则位线通过S、V_2接地，输出信息0。

（二）ROM的组成及工作原理

ROM的组成机构与RAM相似，它一般包括地址译码电路、存储矩阵、读出电路及控制电路等组成部分。图3-14为ROM芯片的组成框图（以EPROM为例）。

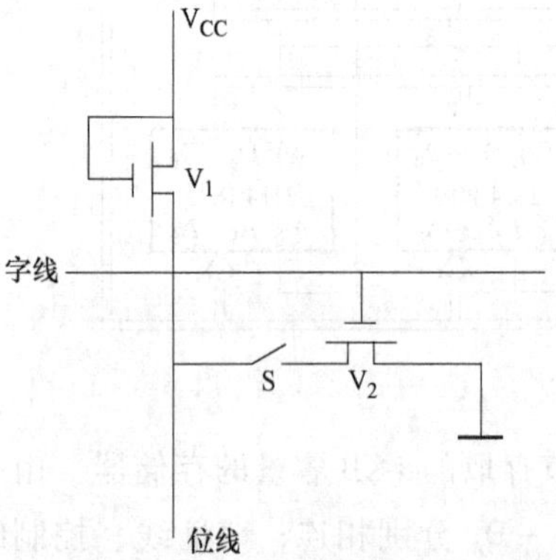

图3-13　只读存储器的基本存储电路

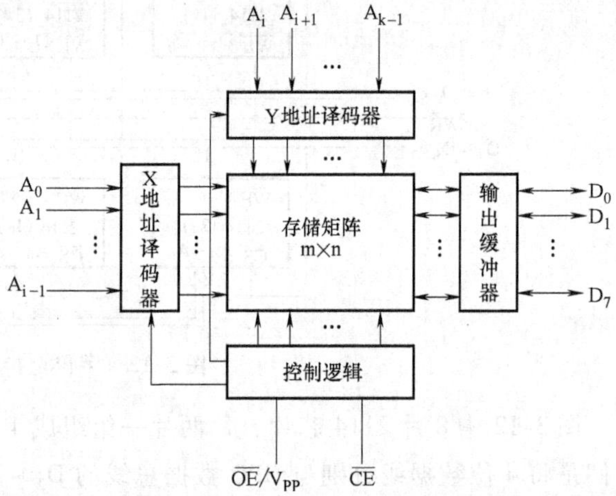

图3-14　ROM芯片的组成框图

图3-14中，地址线K根，数据线8根，存储容量为$2^K \times 8 = m \times n$。$\overline{OE}/V_{PP}$为读选通信号及编程电源输入线，$\overline{CE}$为片选信号。当$\overline{CE}$为低电平时，若$\overline{OE}/V_{PP}$为低电平，则对译码选中单元进行读操作；若$\overline{OE}/V_{PP}$端输入编程电源，则可对该存储器重新编程。当$\overline{CE}$为高电平时，禁止对该存储器进行任何操作。

（三）常用EPROM芯片

常用的EPROM芯片有2716、2732、2764、27128、27256、27512等，常用的EEP-ROM

芯片有 2816、2816A、2817、2817A、2864A 等。图 3-15 为 2764 芯片的外部引脚图。

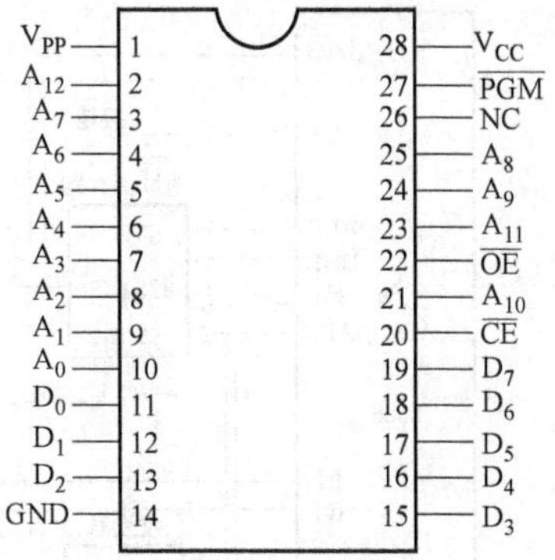

图 3-15 2764 芯片的外部引脚图

二、只读存储器的扩展

以线选法字扩展为例介绍只读存储器的扩展。

例 3-2 用 4 片 2732（4K×8）芯片组成 16K×8 位（8K 字）存储器，组成的存储器模块如图 3-16 所示。

图中，A_0、$\overline{BHE}$用于奇偶字库的选择，A_0 接芯片（1#）、（3#）的读信号$\overline{OE}$端，$\overline{BHE}$接芯片（2#）、（4#）的读信号$\overline{OE}$端，A_{13}、A_{14} 接片选信号$\overline{CE}$。CPU 对奇偶字库的操作与 RAM 扩展类似。各存储器芯片的地址分配情况见表 3-7。

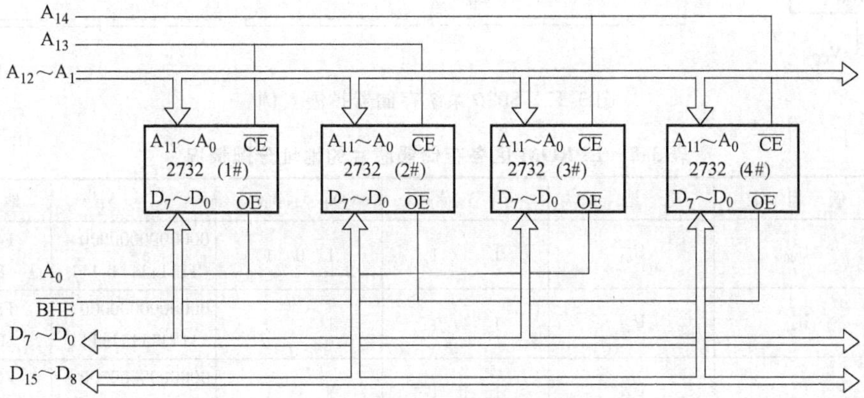

图 3-16 只读存储器的扩展

表 3-7 各存储器芯片的地址分配情况

组 别	偶 地 址	奇 地 址	A_{19}～A_{15}	A_{14} A_{13}	A_{12}～A_1范围	地 址 范 围
第 1 组	2732(1#)	2732(2#)	0 0 0 0 0	1 0	000000000000 ～ 111111111111	04000H ～ 05FFFH
第 2 组	2732(3#)	2732(4#)	0 0 0 0 0	0 1	000000000000 ～ 111111111111	02000H ～ 03FFFH

三、存储器扩展实例

8086 CPU 组成的单微处理器系统结构如图 3-17 所示。图中，8086 接成最小工作方式（MN/$\overline{MX}$引脚接高电平）。当机器复位后，8086 从 FFFF0H 单元开始执行程序。

图 3-17 所示系统为具有 48KB 的 EPROM 区，使用了 6 片 2764（8K×8 位）EPROM 芯片，分别用 U_{40}～U_{45}表示。这 6 个芯片按每两片一组组成 3 组 8K 字的 EPROM 区，各存储器组的读信号$\overline{OE}$由 U_{22}（74LS138 译码器）产生，奇、偶字库的选择由 A_0、$\overline{BHE}$信号通过对片选信号的控制来实现。接线后，EPROM 区各存储器芯片的地址分配情况见表 3-8。

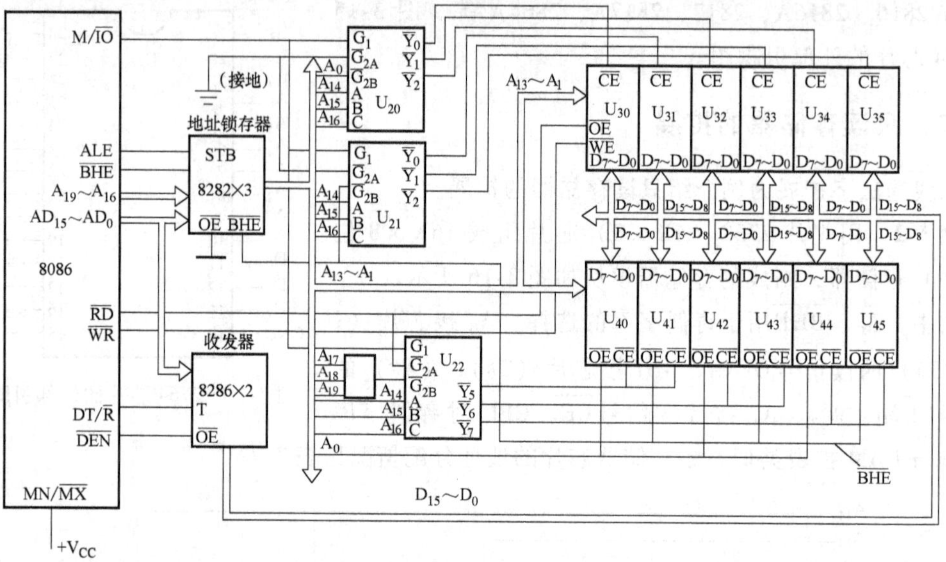

图 3-17　8086 系统存储器扩展实例

表 3-8　EPROM 区各存储器芯片的地址分配情况

组　别	偶地址	奇地址	$A_{19}A_{18}A_{17}$	$A_{16}A_{15}A_{14}$	A_{13} ~ A_1	地址范围
第1组	U_{40}	U_{41}	1 1 1	1 0 1	0000000000000 ~ 1111111111111	F4000H ~ F7FFFH
第2组	U_{42}	U_{43}	1 1 1	1 1 0	0000000000000 ~ 1111111111111	F8000H ~ FBFFFH
第3组	U_{44}	U_{45}	1 1 1	1 1 1	0000000000000 ~ 1111111111111	FC000H ~ FFFFFH

此外，该系统还具有48KB的SRAM区，它使用了6片6264（8K×8位）芯片，分别以U_{30} ~ U_{35}表示，这6个芯片也是每两片一组组成3组8K字的RAM区，各存储器的片选信号$\overline{CE}$由U_{20}、U_{21}（74LS138译码器）产生。其中，U_{20}受A_0控制，产生偶地址库片选信号$\overline{CE}$；U_{21}受$\overline{BHE}$控制，产生奇地址库片选信号$\overline{CE}$。读/写信号与CPU读/写允许信号$\overline{RD}$、$\overline{WR}$直接相连。接线后，RAM区各存储器芯片的地址分配情况见表3-9。

表 3-9　RAM 区各存储器芯片的地址分配情况

组　别	偶地址	奇地址	$A_{19}A_{18}A_{17}$	$A_{16}A_{15}A_{14}$	A_{13} ~ A_1	地址范围
第1组	U_{30}	U_{31}	0 0 0	0 0 0	0000000000000 ~ 1111111111111	00000H ~ 03FFFH
第2组	U_{32}	U_{33}	0 0 0	0 0 1	0000000000000 ~ 1111111111111	04000H ~ 07FFFH
第3组	U_{34}	U_{35}	0 0 0	0 1 0	0000000000000 ~ 1111111111111	08000H ~ 0BFFFH

第四节 外存储器

外存储器分为软磁盘、硬磁盘、光盘和U盘四种。

一、软磁盘存储器

软磁盘作为外部存储设备之一，是各类应用软件的基本载体。它在软件的开发、加密、流通、数据存档等各个环节都起着重要的作用，并且具有使用方便、可以无限期地更换、造价低、易保存等优点。但它也有易磨损、怕灰尘、容量小等缺点。

软磁盘是存储器的主要载体，由以下几部分构成：

软磁盘驱动器 + 软磁盘片 + 软磁盘控制器 = 软磁盘存储器

软磁盘存储器 + 接口软件 = 软磁盘子系统

软磁盘控制器由软磁盘控制器芯片（以下简称FDC）、软磁盘控制器与系统的接口、软磁盘控制器与软磁盘驱动器接口、写入预补偿电路、数据分离电路、时钟电路等几部分组成。

软磁盘驱动器由磁头、盘片驱动机构、磁头驱动机构、监测机构及包含有读写电路的电路板组成。

软磁盘片是由圆形盘片和方形保护套两部分组成。圆形盘片由76μm厚的聚酯薄膜作基底，再涂一层厚2~3μm的不定向的金属氧化物构成，它靠磁性材料被不同方向的磁化来存储信息。在制作时，对盘片的磁层平整度、光洁度、电磁性能、膨胀系数以及磁头和盘片间的耐磨性能均有一定要求。盘片始终放在保护套内。

软磁盘是分为道和扇区，它在使用前进行格式化，就是为划分磁道和扇区的。也就是确定软磁盘的记录格式，软磁盘的记录格式采用的是IBM公司规定的标准（目前，新盘已无需用户格式化）。

（一）磁道格式（均在格式化时写入）

每一磁道，从磁盘索引开始，依顺序由以下5个部分组成。

1. 前索引间隙

前索引间隙由110个间隙字节“4EH”和12个同步字节“00H”构成。

2. 索引地址标记

索引地址标记用来标识一个磁道的开始。

3. 索引间隙

索引间隙由62个字节组成，前50个字节为“4EH”，即间隙字节，后12个为同步字节“00H”。

4. 扇区（记录）字段

这是记录数据的主要字段，每一个磁道包含9个或15个扇区。

5. 最后间隙

最后间隙开始于最后扇区的数据字段的后面，结束于本磁道索引孔的前面。

（二）扇区格式

扇区是磁盘读写的最小单位。即使是读写一个字节，也要读写一个扇区的内容。每个扇区有自己的标识字段、数据字段以及为了避免因盘速的微小变化而引起记录中的信息重叠，所以在连续的记录之间要插入若干间隙。

每个扇区由4个字段组成。

1. 标识字段（格式化时写入）

标识字段由7个字节组成，其中第1个字节是ID地址标记，用于与其他字段相区别；第2、3、4个字节分别是该扇区的磁道地址、磁道地址（0或1）和扇区地址；第5个字节为扇区长度；最后两个字节是该扇区ID字段的循环冗余校验码字节。ID字段为扇区提供标记，它是正确地进行读和写的依据。

2. 标识字段间隙（格式化时写入）

标识字段间隙用来区分扇区的标识字段和数据字段，由34个字节组成，前22个字节为间隙字节“4EH”，后12个为同步字节“00H”。

3. 数据字段

这是软磁盘中的主要部分，是存放数据信息的场所。数据字段的第1个字节为数据地址标记，用以与其他字段相区分。此外，数据地址标记还被用来标记一个被删去的扇区。根据IBM标准，E5H为被删除的标记。数据字段的最后两个字节是整个数据的CRC（校验）字节。CRC字节是FDC根据每扇区写入时的数据计算出来的。

4. 数据字段间隙

数据字段间隙被用于分隔前一扇区的数据字段和后一扇区的标识字段。但磁道的最后一个扇区没有数据字段间隙，它也是由间隙字节“4EH”和同步字节“00H”组成。“4EH”字节数在格式化和读/写操作时由软件确定，同步字节则为12个。

二、硬磁盘存储器

硬磁盘和软磁盘的工作原理大致相同。二者的主要区别在于所使用的材料和工作方式不同。硬磁盘由刚性的涂有金属氧化物的金属盘制成，所以叫作硬盘。硬磁盘在工作时，靠磁盘高速旋转，在磁头和磁盘之间形成一个气垫，使磁头悬浮起0.2～1.0μm。因此，硬盘的旋转速度要比软磁盘高得多，通常为3000r/min，而软磁盘的旋转速度为300r/min。这样硬盘的访问速度就比软磁盘高得多。

硬磁盘存储器主要是由硬盘控制器和硬盘驱动器构成的。

（一）硬盘控制器

硬盘控制器是计算机主机和硬盘驱动器之间的接口电路，它接收并解释主机CPU的命令，按照主机CPU的命令向硬盘驱动器发出各种控制信号；检测硬盘驱动器的状态，按照规定的硬磁盘的格式，把数据写入硬磁盘或从硬磁盘读取数据。

（二）硬盘驱动器

硬盘驱动器是由机械结构和电子线路两部分组成。由于硬磁盘的位密度和道密度都比软磁盘高，且盘片不可更换，因此盘片可以做成盘组的形式，即盘内有多个盘片和多个磁头，因而硬盘存储容量比软磁盘大得多。目前，一个硬盘容量可高达 10TB。此外，由于磁头采用接触起停和密封式技术，从而使磁盘转速大大提高，即硬磁盘的存取速度大大提高，但体积大大减小。

三、光驱

光驱是驱动与读写光盘的装置，以容量大、价格低而受人们的重视。光驱分为三类：只读型（CD-ROM）、一写多读型和可抹型。只读型光驱的光盘可以根据用户需要在空白的数据区写入信息，但只能写 1 次，以后就像 CD-ROM 一样只读不写，实质上还是只读型；可抹型光驱可读可写。

CD-ROM 特别适用于需要大容量固定数据存储的场合。用作计算机外存储的 CD-ROM，存储的是数字式数据，常称数据光盘。记录格式和硬盘机大体相似，按扇区存储。扇区分成 ID 段和数据段，故其控制也和硬磁盘机有很多相似之处。

关于外存储器的详细情况，读者可查阅有关资料。

四、U 盘

U 盘，全称 USB 闪存盘，英文名为 USB flash disk。它是一种使用 USB 接口的无需物理驱动器的微型高容量移动存储产品，通过 USB 接口与电脑连接，实现即插即用。其特点是小巧便携、存储容量大、价格便宜。

U 盘称呼最早来源于朗科科技生产的一种新型存储设备，名曰优盘，使用 USB 接口进行连接。而之后生产的类似技术的设备由于朗科已进行专利注册，而不能再称之为优盘，而改称谐音的 U 盘。这个称呼因其简单易记而广为人知，是移动存储设备之一。

当 U 盘代替软盘成为人们常备的移动存储工具时，很少有人知道，U 盘其实不是一个产品的名称，而只是一个公司注册的闪存盘商标。而这个发明世界第一款闪存盘，并因此荣获闪存盘全球基础性发明专利的公司，是中国的朗科公司。

朗科公司推出的以优盘为商标的闪存盘（OnlyDisk）是世界上首创基于 USB 接口，采用闪存（Flash Memory）介质的新一代存储产品。闪存盘，是计算机存储领域二十年来唯一属于中国人的原创性发明专利成果，并领导着全球移动存储行业的发展潮流。

在 USB 规范中，将其分为 5 个部分，分别是控制器、控制器驱动程序、USB 芯片驱动程序、USB 设备以及针对不同设备的客户端设备驱动程序。

控制器（Host Controller）：是一个物理存在的芯片，它主要负责执行由控制器驱动程序发出的命令。目前控制器几乎全部被集成到了主板南桥芯片之中，无需用户单独购买。

控制器驱动程序（Host Controiler Driver）：在 USB 与控制器之间建立通信链路。

USB 芯片驱动程序（USB Chip Driver）：提供对 USB 的支持。

USB 设备（USB Device）：与 PC 相连接的 USB 外设，包括 USB 集线器和设备。前者可以连接其他的 USB 设备，而后者是用来完成特定功能的具体设备。

客户端设备驱动程序（Client Driver）：用来驱动 USB 设备的驱动程序，通常由 USB 设备制造商或操作系统提供。

第四章　8086/8088 的指令系统

将要求微机执行的各种操作用命令的形式写下来，这些命令即称为指令。微机能够识别和执行的全部指令称为该微机的指令系统或指令集。一般来说，不同的微处理器对应的指令系统也不相同，但 8086 和 8088 两个 CPU 的指令系统则完全相同——都是从 8 位机指令系统基础上发展而来，并且有较强的向上兼容性。其特点是：指令格式灵活、寻址能力强、能处理多种数据类型，还能支持多处理器系统结构。

按功能分，该指令系统的指令分为数据传送类指令、算术运算类指令、逻辑运算与移位类指令、字符串处理类指令、控制转移类指令、处理器控制类指令和中断指令。下面分别介绍 8086/8088 指令系统的指令格式、寻址方式和各类指令。

第一节　指令格式

一、指令编码格式

指令编码格式即指令的机器码表示格式。现以 8086/8088 机器指令为例，说明它的编码格式规则和缩写符号的含义，如图 4-1 所示。

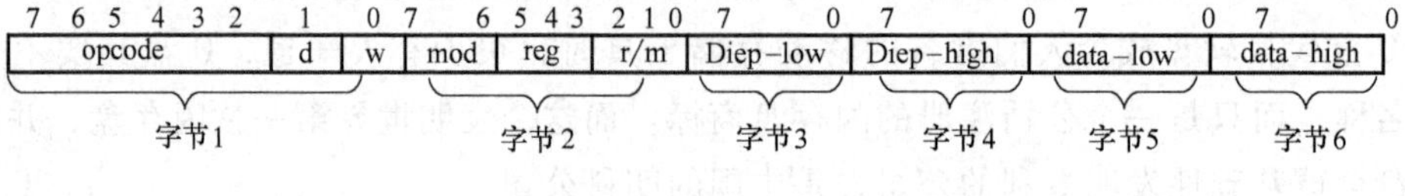

图 4-1　8086/8088 机器指令的一般编码格式

opcode——操作码，规定微处理器执行的操作，常占用第一字节的 7 ~ 2 位。有些指令的操作码占用 7 ~ 1 位，甚至还增加第二字节的 5 ~ 3 位作为扩展操作码；

d——操作方向，规定数据流的方向，由第二字节指定 r/m 域和 reg 域之间数据流动方向。若 d = 1，则 reg 为目的操作数；若 d = 0，则 r/m 为目的操作数；

w——操作数宽度，规定操作数的长度是字节还是字。若 w = 1，则操作数是 16 位；若 w = 0，则操作数是 8 位；

mod——选择寻址类型，指定 r/m 域为寄存器还是存储器，如为存储器，还要指定是否有偏移量；

mod = 00，存储器寻址方式，无偏移量；

mod = 01，存储器寻址方式，8 位偏移量；

mod = 10，存储器寻址方式，16 位偏移量；

mod = 11，寄存器寻址方式；

reg——选择参加操作的寄存器，采用 3 位编码表示 8 个寄存器；

r/m——表示寄存器或存储器，还指示计算有效地址 EA 的方法；

Diep——偏移量，Diep-high 偏移量高 8 位；Diep-low 偏移量低 8 位；

data——立即数，data-high 立即数高 8 位；data-low 立即数低 8 位；

表 4-1 列出了存储器寻址方式下计算有效地址的方法以及寄存器寻址方式下寄存器的编码，其中 w 用以确定是 8 位寄存器还是 16 位寄存器。

表 4-1　mod 和 r/m 编码及有效地址计算方法

r/m(req)	存储器的寻址方式			寄存器寻址方式	
	mod≠11 时有效地址(FA)计算方法			mod = 11	
	mod = 00	mod = 01	mod = 10	w = 0	w = 1
000	(BX) + (SI)	(BX) + (SI) + D8	(BX) + (SI) + D16	AL	AX
001	(BX) + (DI)	(BX) + (DI) + D8	(BX) + (DI) + D16	CL	CX
010	(BP) + (SI)	(BP) + (SI) + D8	(BP) + (SI) + D16	DL	DX
011	(BP) + (DI)	(BP) + (DI) + D8	(BP) + (DI) + D16	BL	BX
100	(SI)	(SI) + D8	(SI) + D16	AH	SP
101	(DI)	(DI) + D8	(DI) + D16	CH	BP
110	16 位直接寻址	(BP) + D8	(BP) + D16	DH	SI
111	(BX)	(BX) + D8	(BX) + D16	BH	DI

二、8086/8088 指令格式

指令格式即指令在原程序中的书写格式，其基本格式为

[标号]：操作码助记符　操作数；注释

标号——该条指令所在单元的符号地址，后面要跟冒号。标号一般由字母开头，后跟字母或数字或特殊字符。注意：不允许使用保留字，例如 MOV、OR、END 等。

操作码助记符——指令助记符，它指示 CPU 执行什么样的操作或汇编程序伪指令语句的伪操作功能。

操作数——指令中可以无操作数，也可以有 1 ~ 3 个操作数及表达式组成，它们之间用逗号分开。操作数可以是常数、存储器操作数、寄存器操作数、变量、标号或表达式。

注释——用来说明一条指令或一段程序的功能，使程序容易阅读。由分号（;）开始。汇编程序对它不进行处理。

对于指令的分析，应注重以下几点：

- 指令的功能。
- 适用于指令的寻址方式。
- 指令对标志位的影响。
- 指令长度和执行时间。

第二节　寻址方式

8086/8088 的寻址方式分为操作数的寻址方式与指令地址的寻址方式。

指令通常是顺序存放的，指令地址在正常情况下是通过指令指示器 IP 内容自动递增来形成下条指令地址，但当遇到转移指令或调用指令时，要按照转移目标去修改 IP 内容或 CS 内容。因此，指令地址的寻址主要是指在执行转移指令和调用指令时目的地址的形成方式，具体方法将在转移指令和调用指令介绍中详解。

操作数的寻址方式是指寻找操作数或操作数地址的方式。根据操作数的来源不同可分为：

1）操作数包括在指令中，称为立即操作数。

2）操作数在 CPU 的某个寄存器中。

3）操作数在存储器的某单元或某 I/O 端口中。若在存储器中，这时指令中给出的或是操作数所在单元的地址，或是产生该地址的计算方法。

8086/8088 提供的寻址方式有立即寻址、寄存器寻址、存储器寻址、I/O 端口寻址等。

一、立即寻址

操作数包含在指令中，紧跟在操作码之后，作为指令的一部分存放在代码段中，这种操作数称为立即数。它可以是 8 位或 16 位数，若为 16 位数，则数据高 8 位存放在地址高位的单元中，数据低 8 位存放在地址低位的单元中。这种寻址方式指令执行速度较快，但只能用于对源操作数的寻址，不能用于目的操作数（见图 4-2）。

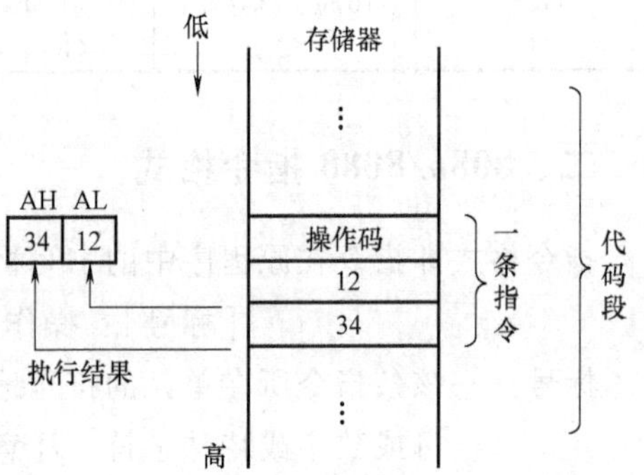

图 4-2　MOV AX, 3412H 指令执行过程

例 4-1　MOV AL,12H　　;将 8 位立即数送入 AL

MOV AX,3412H　;将 16 位立即数送入 AX,其中 AH 中为 34H,AL 中为 12H。立即寻址方式适用于对寄存器或存储器赋值

二、寄存器寻址

操作数存放在 CPU 内的某个寄存器中，指令中直接给出该寄存器名。16 位操作数可以放在 AX、BX、CX、DX、SI、DI、SP、BP 寄存器中；8 位操作数可以放在 AL、BL、CL、DL 及 AH、BH、CH、DH 寄存器中。

例 4-2　MOV AX,BX ；将寄存器 BX 的内容复制到 AX 中

INC CX　　；将 CX 的内容加 1

源操作数和目的操作数都可以用寄存器寻址方式。由于寄存器寻址方式的指令在执行时，操作就在 CPU 内部进行，不需执行总线周期，因此其执行速度快。

三、存储器寻址

操作数在存储器中，一般位于数据段、堆栈段或附加段中，指令中给出的是操作数所在单元的地址（EA）或产生 EA 的计算方式。但要注意，8086/8088 规定，在一条指令中，源操作数或目的操作数只能有一个使用存储器寻址方式，不能同时使用存储器寻址方式。

（一）直接寻址

操作数在存储器中，指令中直接给出该存储器单元的有效地址。一般默认该操作数在数据段。

例 4-3　MOV AX,[1000H]　;若(DS)=3000H,则将数据段中物理地址为 31000H 和 31001H 两单元的内容送到 AX 中

注意：

1）指令中的 16 位数有效地址应用方括号［］括起来；但如果有效地址用符号地址表示，则不用加方括号，例 MOV AX，DATA。

2）如果操作数不在数据段而在其他段（堆栈段或附加段等），则必须在有效地址前加跨段前缀符（SS:　ES:）。

例 4-4　MOV AX,ES:[1000H];若(ES)=6000H,将附加段中物理地址为 61000H 和 61001H 两单元的内容送到 AX 中

（二）寄存器间接寻址

操作数在存储器中，该存储器单元的有效地址存放在某个寄存器中（BX、BP、SI 或 DI 之一），这个寄存器称为间址寄存器，该寄存器中的内容不是操作数本身，而是操作数的有效地址。

书写时，该寄存器必须加方括号［］。

注意：

1）若指令中用 BX、SI 或 DI 为间址寄存器，则默认操作数在数据段中，DS 为段基址。

例 4-5　MOV AX,[BX];若 DS=3000H,(BX)=1000H,则将数据段 31000H 和 31001H 两单元的内容送到 AX 中

2）若指令中用 BP 为间址寄存器，则默认操作数在堆栈段中，SS 寄存器中的内容为段基址。

3）可以用跨段前缀来确定新段基址，从该段中取得操作数。

例 4-6　MOV AX,ES:[SI];将附加段中(ES)×16+(SI)字单元的内容送到 AX 中。寄存器间接寻址方式适用于表格的处理

（三）基址寻址和变址寻址

操作数在存储器中，该存储单元的有效地址由寄存器的内容加上给定的 8/16 位位移量确定。BX、BP 为基址寄存器，加上 8/16 位位移量，称为基址寻址。SI、DI 为变址寄存器，加上 8/16 位位移量，称为变址寻址。同样，当寄存器用 BX、SI 或 DI 时，数据默认在数据段；当寄存器用 BP 时，数据默认在堆栈段中，也可使用跨段前缀来改变默认段地址。

例 4-7 MOV AX,0FH[SI];若(DS)=3000H,(SI)=0FFIH,则将数

或 MOV AX,[SI+0FH];将段 31000H 和 31001H 两单元的内容送到 AX 中

例 4-8 MOV AX,ES:[SI+0FH];若(ES)=6000H,(SI)=0FF1H,则将附加段 61000H 和 61001H 两单元的内容送到 AX 中

(四) 基址变址寻址

操作数在存储器中，该存储单元的有效地址由基址寄存器（BX 或 BP）和变址寄存器（SI 或 DI）内容之和表示。

注意，若基址寄存器用 BX，则默认操作数在数据段；若基址寄存器用 BP，则默认操作数在堆栈段；这两种情况下，都可以用 DI 或 SI 作为变址寄存器，也可以用跨段前缀来确定新段基址。

例 4-9 MOV AX,[BX+SI]　　或写成 MOV AX,[BX][SI]

MOV AX,[BP+DI]　　或写成 MOV AX,[BP][DI]

MOV AX,ES:[BX+DI]　　或写成 MOV AX,ES:[BX][DI]

基址变址寻址方式适用于数组或表格存取，将数组或表格首地址放在基址寄存器中，而将数组或表格中数据的相对位移放在变址寄存器中，灵活实现数组或表格中数据的存放。

基址变址寻址方式还可包含 8/16 位位偏移量，例如，

MOV AX,[BX+DI+1000H]

或　MOV AX,1000H[BX+DI]

或　MOV AX,1000H[BX][DI]

这为访问堆栈中的数组提供了方便，使用时可以在基址寄存器 BP 中存放栈顶地址，用偏移量表示栈顶到数组第一元素的距离，变址寄存器（SI 或 DI）用来访问数组中的每一个元素。

注意：以上寻址方式中如有 8/16 位位移量，必须采用补码表示。

(五) 固定寻址

固定寻址又叫隐含寻址，指令码中不包含指明操作数地址的部分，而其操作码本身隐含地指明了操作数地址。例如，十进制数调整指令 DAA，该指令的功能是 AL 寄存器中的内容进行十进制调整，调整后内容仍放 AL 中。DAA 指令中并没有书面直接指明 AL，而是将 AL 隐含在操作码中，也就是说，只要是 DAA 指令，就一定是 AL 中的内容进行调整。采用隐含寻址的指令较多，如乘法类指令、进栈、出栈指令、字符串处理类指令等。

隐含寻址的指令，不需要计算有效 EA，执行速度快，而且大多为单字节指令，故使用率较高。

四、I/O 端口寻址

8086/8088 的 I/O 端口采用独立编址，可寻址 64K 个 I/O 端口。只能用 IN（输入指令）和 OUT（输出指令）来访问这些端口。其寻址方式分为以下两种：

（一）直接端口寻址

指令中直接给出8位立即数表示某I/O端口的地址。共能访问256个I/O端口。

例4-10 IN AL,20H ;将20H端口的字节数据输入AL中

IN AL,PORT ;将PORT端口的字节数据输入AL中

OUT 71H,AL ;将AL中的内容输出到71H端口

注意：指令中的端口地址用十六进制数表示，但不能理解为立即数。

（二）间接端口寻址

若被寻址的I/O端口地址大于256，则应采用间接端口寻址方式，但只能由DX寄存器提供端口地址。共能访问64K个I/O端口，即端口地址为0000H～FFFFH。

例4-11 MOV DX,30EH ;先将I/O端口号30EH放入DX

OUT DX,AL ;将AL中的内容输出到DX中

MOV DX,390H ;将输入端口号390H放入DX中

IN AX,DX ;将390H和391H两端口中的数输入到AX中，即AL←(390H)，AH←(391H)

第三节 8086/8088指令系统

8086/8088指令系统于包含133条基本指令，如果考虑到其中寻址方式的组合以及数据类型（字节或字），则可构成上千条指令。

8086/8088的指令分为以下几类：①数据传送类指令；②算术运算类指令；③逻辑运算与移位类指令；④字符串操作类指令；⑤控制转移类指令；⑥处理器控制类指令；⑦中断类指令。

在学习中，读者要正确理解每条指令的助记符、寻址方式及数据类型，切勿杜撰；要理解每条指令执行后对标志位的影响；掌握每条指令的功能、用途以及使用注意事项，达到正确应用的目的。在学习中，如果注重分析和小结指令间的相互关系和配合、应用，则对下一章汇编语言程序设计的学习会有很大帮助。

为方便叙述和学习，本章符号约定如下：

DEST 表示目的操作数（8/16位）

SRC 表示源操作数（8/16位）

REG 表示（8/16位）通用、（16位）专用寄存器操作数

SREG 表示段寄存器操作数（16位）

MEM 表示存储器操作数（8/16位）

IDATA 表示立即数（8/16位）

一、数据传送类指令

数据传送指令包括通用数据传送指令、标志寄存器传送指令、目标地址传送指令、输入/输出指令等。它们的功能是用于控制数据信息在计算机各部分之间的传送操作。具体可

实现寄存器与存储器之间、寄存器与I/O端口之间、寄存器与寄存器之间的数据传送等。

它们的共同特点是不影响标志寄存器的内容。

(一) 通用数据传送指令

通用数据传送指令包括MOV指令、XCHG交换指令、换码指令和堆栈操作指令。

1. MOV指令

存放数据信息的单元种类常有3种，如图4-3所示。用户常需要把某单元中的数送到另一单元中去，使用MOV指令即能方便地把源单元中的数传送到目的单元中去，每次可以传送一个字节，也可以传送一个字。寄存器单元个数少，在指令中直接用其名可表示。存储器单元可用各种寻址方式表示，以使整条指令能快速、方便地找到该单元，实现数据传送。

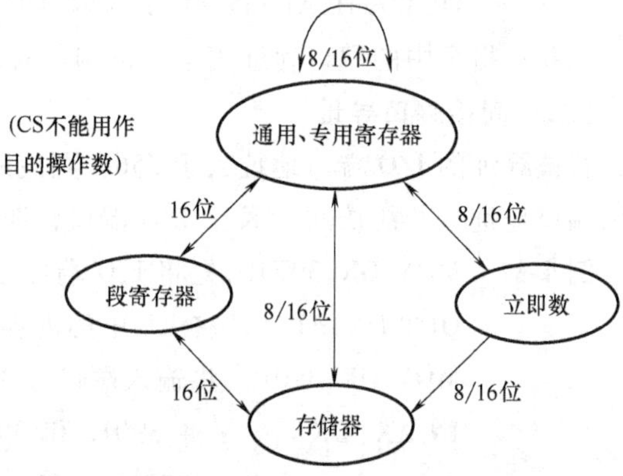

图4-3 传送指令允许的数据流方向图

指令格式：MOV DEST，SRC

指令功能：把一个字节或字从源操作数SRC传送到目的操作数DEST，即DEST←(SRC)。当该条指令执行后，源操作数和目的操作数的内容都相同，而目的操作数的原有内容消失。源操作数可以是存储器（各种寻址方式）、通用寄存器、专用寄存器、段寄存器或立即数；目的操作数可以是存储器（各种寻址方式）、通用寄存器、专用寄存器或段寄存器（CS除外），但不能为立即数。

由图4-3可见，常用传送指令的合法格式有：

```
┌MOV  mem, idata
└MOV  reg, idata

┌MOV  reg, mem
│MOV  mem, reg
└MOV  reg, reg

┌MOV  sreg, reg
└MOV  reg, sreg
```

- 立即数送通用寄存器、存储器。

```
例4-12  MOV BL,88                ;将立即数88送到BL中,BL←88                (8位)
        MOV SI,2233H             ;SI←2233H立即数                           (16位)
        MOV WORDPTR[DI],2233H    ;将立即数2233H送到DI和DI+1所指的两单
                                  元之中,WORDPTR为伪指令                   (16位)
        MOV BYTEPTR[BX],-5       ;将-5补码(0FBH)送DS段内BX所指的字节
                                  单元                                     (8位)
        MOV WORDPTR[BX],-5       ;将-5补码(0FFFBH)送DS段内BX所指的字
                                  单元                                     (16位)
```

MOV AL,'G'　　　　　　;将立即数 47H(字母 G 的 ASCII 值)送 AL

MOV AX,OFFSET MMM　　;将符号地址 MMM 送到 AX 中。注意:不是把 MMM 的内容送 AX,见伪指令符 OFFSET

• 通用寄存器之间的数据传送。

例 4-13　MOV AL,DH;AL←(DH)　(8 位)

MOV SP,BX;SP←(BX)　(16 位)

• 通用寄存器和段寄存器之间的数据传送。

例 4-14　MOV AX,CS. ;AX←(CS)　(16 位)

MOV SS,CX;SS←(CX)　(16 位)

• 通用寄存器和存储器之间的数据传送。

例 4-15　MOV AL,[0200H]　　;将 DS 段内有效地址为 0200H 单元的内容送到 AL 中　(8 位)

MOV AL,MMM　　;将 DS 段内有效地址为 MMM 单元的内容送到 AL 中

或写成　MOV AL,[MMM]　　;MMM 为符号地址,两种表示法完全等同 (8 位)

MOV CX,[BX]　　;将 DS 段内有效地址为(BX)和(BX) +1 两单元的内容送到 CX 中

MOV BX,512[SI]　　;将 DS 段内有效地址为(SI) +512,(S1) +512 +1 两单元的内容送到 BX 中　(16 位)

或写成　MOV BX,[SI +512]

MOV ES:[BX][SI],DL　　;将(DL)送到 ES 段内有效地址为(BX) + (SI)单元中　(8 位)

或写成　MOV ES:[BX + SI],DL

MOV AX,0200H[BP][DI]　　;将 SS 段内有效地址为(BP) + (DI) +0200H 开始的两单元的内容送到 AX 中　(16 位)

或写成　MOV AX,[BP + DI +0200H]

在使用 MOV 指令时，应注意以下几点：

1）不允许用 CS 和 IP 作目的操作数，即 CS 和 IP 两寄存器的内容不得随意改变，如需要变动时可用转移指令改变。

2）不允许用立即数作目的操作数。

3）不允许在段寄存器间直接传送数据。

4）不允许把立即数直接向段寄存器传送，如需要，可通过下面程序实现；

例 4-16　MOV AX,2233H

MOV DS,AX　　;将立即数 2233H 送入 DS 中

5）不允许在两个存储器单元之间直接传送数据，如需要，可借通用寄存器转送。

例 4-17　MOV AL,[0200H];先将其一单元中内容送到 AL

MOV [BX],AL ;再由AL送到另一内存单元中,由此实现两个存储器单元之间的8位数传送

6）MOV指令是双操作数指令，源操作数和目的操作数的类型必须严格一致，即同为字节或同为字，不能一个是字节，另一个是字。下面的指令是错误的：

MOV SS，AL

MOV AL，2233H

7）8086系统规定，系统在执行到给SS寄存器赋值的传送指令时，CPU会自动禁止外部中断，直到该条指令和下条指令执行完后，又自动恢复到该条指令前的中断开放情况。系统如此设置是为了允许用户连续用两条指令分别对SS和SP寄存器赋值（SS应在前），同时又防止堆栈空间变动过程中出现中断。所以，在修改SS和SP内容的指令之间不要插入其他指令。当然，仅修改SS也行。

2. XCHG交换指令

指令格式：XCHG DEST，SRC

指令功能：交换操作数DEST和SRC的值，即（DEST)←→(SRC)。操作数的数据类型为字节或字。交换只能在通用、专用寄存器之间以及通用、专用寄存器与存储器之间进行，如图4-4所示。

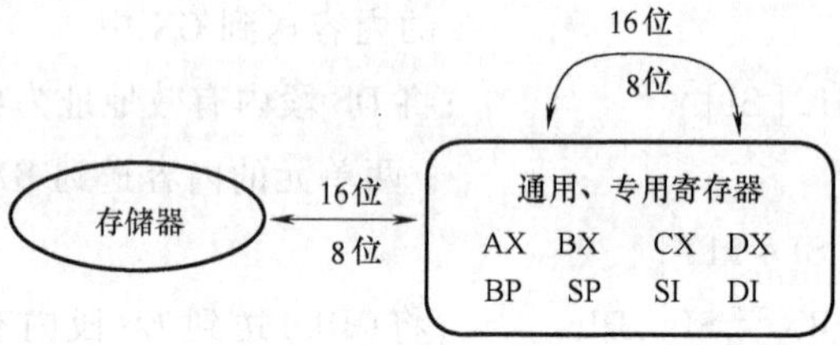

图4-4 交换指令允许的数据流范围和方向

由图4-4可见，交换指令的合法格式有：

XCHG reg，reg

XCHG mem，reg

XCHG reg，mem

例4-18 XCHG AL,BL;(AL)←→(BL)

XCHG [0200H],DX

XCHG [DI],CL

XCHG AX,[BP][SI] ;将SS段内有效地址为(BP)+(SI)、(BP)+(SI)+1两单元的内容与AX内容交换

在使用交换指令时，应注意以下几点：

1）操作数的数据类型必须一致，即同为字节，或同为字。

2）不允许两个存储器单元直接交换数据；如需要，可用以下程序来实现：

例4-19 MOV AL,MM1

XCHG MM2,AL

```
MOV   MM1,AL
```

3. 换码指令

指令格式：XLAT

　　或　TLAT　表首址

指令功能：使 AL 中的值（码）变换为内存表格中的相应某值。它是一条隐含寻址方式的指令。它将 DS 段内有效地址为（BX）+（AL）的内存单元中数码送入 AL，从而实现 AL 中一个字节的代码转换。该指令常用于查表，即先把表头指针地址号赋予 BX，再把需求的表内位移地址值赋予 AL，最后使用指令 XLAT 即可将该地址内的表值送到 AL。

例 4-20　已知 0～9 的 7 段 LED 共阳极显示段码表，试编程找出 4 的显示段码。

先用伪指令 DB 在存储器数据段内建立一个显示段码表，如图 4-5 所示；然后把表首址 MMO 赋给 BX；再把要显示值相对表首址的偏移量赋给 AL；最后执行 XLAT 指令，即可在 AL 中得到 4 的段码 19H。程序如下：

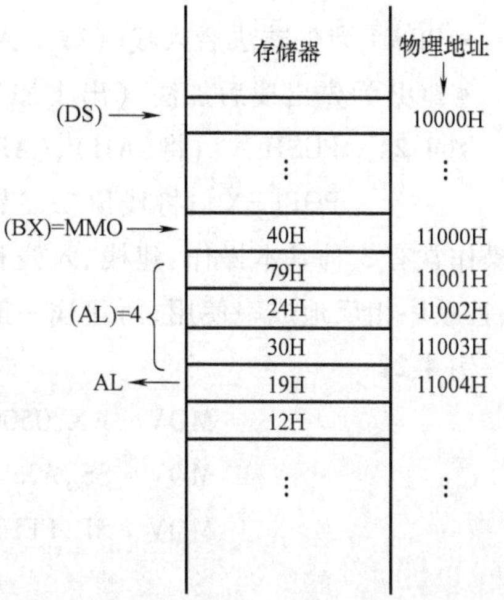

图 4-5　在内存中建 7 段 LED 显示段码表

```
    ⋮
    MOV   AL,4
    MOV   BX,OFFSET   MMO
    XLAT
    ⋮
MMO   DB   40H   79H   24H   30H   19H
      DB   12H   02H   78H   00H   18H
```

注意：由于 AL 寄存器只有 8 位，因此表格的最大容量为 256B。

4. 堆栈操作指令

堆栈是用户在 RAM 存储器中开辟的一个特定的存储区域（栈区），在这个栈区中，严格按照“后进先出”原则进行压入和弹出数据信息。在子程序调用和中断处理时，CPU 会自动保存和恢复返回地址和断点地址。但用户在子程序段和中断服务子程序段的开始和结尾部分处，要保存和恢复某些重要单元内容（16 位），则要用到 PUSH 和 POP 指令，且常常成对、反序使用。

入栈指令格式：PUSH　SRC

出栈指令格式：POP　DEST

指令功能：PUSH 指令将 SRC 的 16 位值压入堆栈，即目标地址为当前 SP 指示的栈顶两个单元，SRC 可以是通用寄存器、段寄存器或存储器。POP 指令将当前 SP 指示的栈顶的两个字节内数据送到 DEST 中，DEST 可以是通用寄存器、段寄存器（CS 除外）或存储器，如

图4-6所示。

PUSH 和 POP 指令的操作过程都可细分为4步：

1） Sp←(SP)-1	1）DESTL←[SP]
2）(SRCH)→[SP]	2）SP←(SP)+1
3） SP←(SP)-1	3）DESTH←[SP]
4）(SRCL)→[SP]	4）SP←(SP)+1

- PUSH 为先减法后入栈（减1入1，两次，先高后低）。
- POP 为先出栈后加法（出1加1，两次，先低后高）。

例4-21 PUSH AX;将(AH)、(AL)先后入栈保存

POP[BX];将栈顶二字节先后出栈送到[BX]、[BX+1]所指内存两个单元堆栈的操作常有3种基本操作:建栈、入栈和出栈。入栈和出栈指令一般在用户需要的程序段中成对、且顺序相反地成串使用,而建栈一般仅出现在用户主程序初始化段中,具体建栈编程如下：

例4-22

```
        ⋮
MOV   AX,0500H
MOV   SS,AX              ;初始化SS段寄存器
MOV   SP,FFH             ;初始化SP指针
        ⋮
```

注意：不允许仅单字节入栈或出栈。

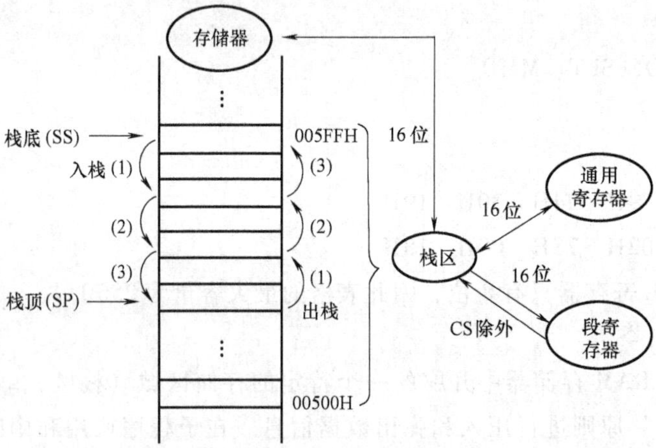

图4-6 8086/8088堆栈构造及数据流方向

(二) 标志寄存器传送指令

1. 取标志寄存器指令

指令格式：LAHF

指令功能：把标志寄存器FR的低8位送AH中，AH←(FRL) (8位)

2. 设置标志寄存器指令

指令格式：SAHF

指令功能：将 AH 内容送标志寄存器的低字节中，FRL←(AH)　(8 位)

3. 标志进栈指令

指令格式：PUSHF

指令功能：将 16 位标志字寄存器的内容入栈保存　(16 位)

4. 标志出栈指令

指令格式：POPF

指令功能：将当前栈顶二字节内容弹出送到标志寄存器中　(16 位)

(三) 目标地址传送指令

1. 装有效地址指令

指令格式：LEA　reg，mem

指令功能：将源操作数的有效地址（偏移量）赋给通用、专用寄存器。

例 4-23　LEA BX[1000H]　;在指令执行后,BX = 1000H

MOV BX,OFFSET[1000H]　;在指令执行后,BX = 1000H

MOV BX,[1000H]　;在指令执行后,BX = (16 × (DS) + 1000H)

2. 装数据段寄存器指令

指令格式：LDS　reg，mem

指令功能：将存储器中指定地址开始的连续 4 个字节内容中的低两字节内容装入目的通用、专用寄存器（常用 SI)，高两字节内容装入 DS 中。

3. 装附加段寄存器指令

指令格式：LES　reg，mem

指令功能：将存储器中指定地址开始的连续 4 个字节，低两字节内容装入目的通用、专用寄存器（常用 DI)，高两字节内容装入 ES 中。

例 4-24　LDS　SI,[1000H];把原 DS 段内[1000H]、[1001H]所指单元中的内容送 SI,原 DS 段内[1002H]、[1003H]所指单元中的内容送 DS,由此定义形成新数据段首址

注意：源操作数必须是存储器单元，且必须使用除立即数方式和寄存器方式以外的其他寻址方式。

(四) 输入/输出指令（I/O 指令）

输入/输出指令通常用来完成 CPU 与系统的扩展芯片及外围设备 I/O 端口间的信息传送。

1. 输入指令

指令格式：	指令功能：
IN　AL,8 位 PORT	;PORT 为 8 位端口地址,从 PORT 端口输入一字节内容到 AL 中
IN　AX,8 位 PORT	;从 PORT 和 PORT + 1 两端口输入一个 16 位数据到 AX 中
IN　AL,DX	;(DX) = 16 位端口地址,从(DX)所指的端口输入一字节

到 AL

IN　AX,DX　　　　　　　;从(DX)和(DX)+1所指的两端口输入一个字到AX中

2. 输出指令

指令格式：　　　　　　　　　　指令功能：

OUT PORT,AL　　　　　　;把AL的内容输出到PORT端口

OUT PORT,AX　　　　　　;把AX的内容输出到PORT和PORT+1两端口

OUT DX,AL　　　　　　　;把AL的内容输出到(DX)所指的端口

OUT DX,AX　　　　　　　;把AX的内容输出到(DX)和(DX)+1所指的两端口

注意：当端口地址仅为8位时，用直接寻址；当端口地址为16位时，必须用DX寄存器寻址。

例4-25　INAX，60H；将60H端口的内容输入AL中，61H端口的内容输入AH

例4-26　MOV DX，0200H

　　　　　OUT DX，AL　　　　；将AL的内容输出到0200H端口

IBM PC系列机中，既用了00H～FFH范围内的端口地址号——常分配在主机板上，例8255并行芯片的4个端口地址在60H～67H；也用了100H～FFFFH范围内的端口地址号——常分配在扩展槽上，例硬盘控制器的16个端口在0320H～0332H。

二、算术运算类指令

8086/8088指令系统具有完备的加、减、乘、除算术运算指令，可进行8位/16位无符号二进制整数、带符号的二进制整数（以补码表示）以及无符号的压缩式或非压缩式十进制整数的算术运算。

（一）加法指令

指令格式：ADD　DEST，SRC

　　　　　ADC　DEST，SRC

功能：ADD指令是将目的操作数与源操作数相加，并将结果送目的操作数。ADC指令是将目的操作数与源操作数以及CF位相加，并将结果送目的操作数。ADC指令主要用于多字节加法运算。参与运算的两个操作数必须同为带符号数（必须是补码）或同为无符号数，并且长度必须一致。源操作数可以是8/16位通用寄存器、专用寄存器、存储器、立即数；目的操作数不能是立即数，只能是8/16位通用寄存器、专用寄存器、存储器操作数，且两者不能同时为存储器操作数，如图4-7所示。

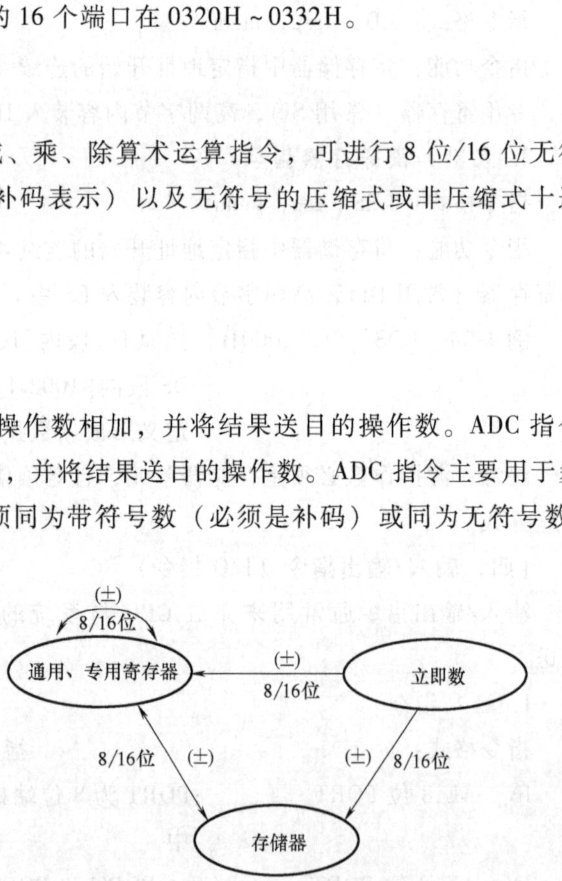

图4-7　加、减指令允许的操作数范围及结果存放的方向

• 指令执行后影响的标志位有OF、SF、ZF、AF、PF及CF。

（二）减法指令

指令格式:SUB　DEST,SRC

SBB　DEST,SRC

NEG　DEST

功能：SUB 指令是将目的操作数减源操作数，并将结果送目的操作数。SBB 指令是将目的操作数减源操作数再减借位 CF 值，并将结果送目的操作数。其他规定与加法指令一样，如图 4-7 所示。

NEG 指令是对目的操作数求补码，并将结果送回目的操作数，因此参加算术运算指令的带符号的二进制整数必须以补码表示。

目的操作数可以是 8/16 位通用寄存器、专用寄存器、存储器操作数。

特例：通常求补后都有 CF = 1，仅当操作数为 0 时，才使 CF = 0。 - 128（即 80H）或 - 32768（即 8000H）求补后结果不变，但 OF 置 1。

例 4-27　ADC AL,MM1[BX]　;将(AL)加上[MM1 + BX]指定的单元内容再加上原CF 位值,并将结果送到 AL 中

例 4-28　SUB　BX,2233H　;BX←(BX) - 2233H

例 4-29　设(AL) = 80H 原码形式,执行 NEG AL 指令后(AL) = 80H 补码形式

（三）比较指令

指令格式：CMP　DEST，SRC

功能：将目的操作数与源操作数相减，但不送回结果，即单元内容不变，仅根据结果置标志位。常在其后用条件转移指令决定程序的走向。

- 影响标志位 OF、SF、ZF、AF、PF 及 CF。

两数（同为带符号数或同为无符号数）比较后，根据标志位判断两数大小关系：

1）如果 ZF = 1，则两数相同。

2）无符号数：如 CF = 0，则被减数比减数大；如 CF = 1，则被减数比减数小。

3）带符号数：如（OF）=（SF），则被减数比减数大；如（OF）≠（SF），则被减数比减数小。

注意：

1）加法、减法、比较指令，源操作数可为 8/16 位通用寄存器、专用寄存器、存储器立即数，目的操作数不能是立即数，且不允许同为存储器操作数。参与运算的两个操作数必须同为带符号数（必须是补码）或同为无符号数，并且长度必须一致。

2）无符号数运算产生溢出时，是 CF = 1，表示有进位/借位，多字节运算可利用它。

3）带符号数运算产生溢出时，是 OF = 1，表示结果为错误。

（四）加 1 减 1 指令

指令格式：INC　DEST　；加 1 指令

DEC　DEST　；减 1 指令

功能：目的操作数加 1 或减 1 后送目的操作数，目的操作数可以是 8/16 位通用寄存器、专用寄存器、存储器操作数，不能为立即数。

• 不影响 CF，但影响 OF、SF、ZF、AF 及 PF。

一般 DEST 都为无符号数，该指令常用于循环结构程序中修改指针或用于循环计数。

(五) 乘法指令

指令格式：MUL SRC ；无符号数乘法指令

IMUL SRC ；带符号数乘法指令

功能：完成两个 8 位或两个 16 位二进制数相乘的功能。其中，被乘数已隐含在 AL/AX 中，乘数由 SRC 指定，它可以是 8/16 位通用寄存器、专用寄存器、存储器操作数，不能为立即数。

两个 8 位数相乘时，积固定放在 AX 中，即 AX←(AL) * (SRC)。

当两个 16 位数相乘时，积的高 16 位固定放在 DX 中，积的低 16 位固定放在 AX 中，即 DX、AX←(AX) * (SRC)。

• 仅影响 CF 和 OF。

若积的高半部分（字节乘法为 AH，字乘法为 DX）为 0，则 CF 和 OF 位被置 0，表示乘积高位无有效数据；否则，2 位都置 1。

注意：

1）不允许 SRC 为立即数。

2）不允许"无符号数" × "带符号数"。

3）不允许 8 位 ×16 位，必须事先把 8 位扩展为 16 位，分无符号数、带符号数扩展法。

(六) 除法指令

指令格式：DIV SRC ；无符号数除法（字节除法，字除法）

IDIV SRC ；带符号数除法（字节除法，字除法）

功能：字节除法，被除数 16 位二进制数已隐含在 AX 中，SRC 必须为 8 位二进制除数，商存 AL 中，余数存 AH 中。字除法，被除数 32 位二进制数已隐含在 DX（高字）、AX（低字）中，SRC 必须为 16 位二进制除数，商存 AX 中，余数存 DX 中。SRC 不能为立即数，除数不能为 0。

• 不影响标志位。

除法指令规定被除数的位数必须是除数的 2 倍。如果位数不足，可采用扩展的办法：当两无符号数相除时，被除数高位按 0 扩展到双倍被除数字长；当两带符号数相除时，都以补码表示，被除数高位可使用扩展指令 CBW、CWD 扩展到双倍被除数字长。

还规定两带符号数相除时，商和余数也均用补码表示，商的符号与数学规定相同，但规定余数与被除数同符号。

当除数为零或商超过了规定数据类型所能表示的范围（255，65535；-128 ~ +127，-32768 ~ +32767）时，将会出现溢出现象，自动产生一个中断类型码为"0"的中断，此时，商和余数都不确定。

根据以上叙述，读者在使用除法指令时应注意：

1）不允许 SRC 为立即数

2）不允许除数为 0。

3）不允许 8 位 ÷ 8 位，16 位 ÷ 16 位。

4）两个操作数必须同为带符号数或无符号数。

5）带符号数必须都为补码形式。

（七）符号扩展指令

指令格式：CBW　；8 位→16 位

　　　　　CWD　；16 位→32 位

功能：CBW 指令将 AL 中符号位的值扩展到 AH 各位中；CWD 指令将 AX 中符号位的值扩展到 DX 各位中。

• 不影响标志位。

例 4-30　设 -2 放在 AL 中，即（AL）= FEH；+515 放在 DX 中，即（DX）= 0203H，则下面程序能实现它们相加：

```
CBW                 ;(AX) = FFFEH
ADD   AX,DX         ;(AX) + (DX)→(AX) = 0201H
```

（八）十进制调整指令

上面所述的算术类指令都是二进制运算，若要利用它们来进行 BCD 码十进制数运算，则必须采用调整指令。具体必须分两步才能正确实现：首先，把这两数（单字节）当作二进制数直接用二进制算术类指令运算，同时把“错误结果”送 AL 中；其次，对“结果”进行下面的调整，即得到正确的 BCD 码结果。如果是多字节 BCD 码数运算，则须分别逐字节运算并修正。注意：BCD 码数一般都为无符号数。

1. 加法的十进制调整指令

指令格式：DAA

　　　　　AAA

功能：DAA 指令对 AL 中的压缩格式 BCD 码“和”进行调整，得到正确的压缩格式 BCD 码并将其送回 AL 中。

内部调整过程：若 AL 的低 4 位大于 9 或 AF = 1，则自动将 AL 的内容加 06H，并置 AF 为 1；若 AL 的高 4 位大于 9 或 CF = 1，则将 AL 的内容加 60H，并置 CF = 1。否则，都不变。

• DAA 指令执行后影响除 OF 之外的其他标志位。

AAA 指令对 AL 中的非压缩格式 BCD 码“和”进行调整，并将其送回 AL 中。

内部调整过程：若 AL 的低 4 位大于 9 或 AF = 1，则自动将 AL 的内容加 06H，AH 内容加 1 并置 AF = CF = 1，将 AL 的高 4 位清零；若 AL 的低 4 位小于或等于 9，则仅将 AL 的高 4 位清零，并 CF←AF。

• AAA 指令执行后只影响 AF、CF 标志。

注意：

（1）DAA 和 AAA 指令一般须紧跟 ADD 或 ADC 指令之后配合使用，而单独使用一般没什么意义。

（2）DAA 和 AAA 指令仅对 AL 的“结果”进行调整，因此，如果要编程进行多位 BCD 码数的加法运算，必须由低位向高位分别、逐字节对 BCD 码数进行运算并修正，才能得到结果。

2. 减法的十进制调整指令

指令格式：DAS

AAS

功能：DAS 指令对 AL 中的压缩格式 BCD 码“差”进行调整，并送回 AL 中。

内部调整过程：若 AL 的低 4 位大于 9 或 AF = 1，则自动使 AL←(AL) - 06H 和 AF←1；若 AL 的高 4 位大于 9 或 CF = 1，则自动使 AL←(AL) - 60H 和 CF←1。

- DAS 指令影响标志位 SF、ZF、AF、PF、CF，但不影响 OF。

例 4-31 两个 BCD 码数（CX）= 9577、（DX）= 1789，要求将（CX）-（DX）差值送 MM1 存。程序为：

```
MOV   AL,CL        ;为方便用 DAS
SUB   AL,DL        ;先进行低字节直接相减
DAS                ;并调整
MOV   AH,AL        ;暂保存正确差的低字节
MOV   AL,CH
SBB   AL,DH        ;再进行高字节带借位直接相减
DAS                ;并调整得正确差的高字节
XCHG  AL,AH        ;在 AX 中形成顺序式正确差值(BCD 码形式)
MOV   MM1,AX
```

功能：AAS 指令对 AL 中的非压缩格式 BCD 码“差”进行调整，并将结果送回 AL 中。

内部调整过程：若 AL 的低 4 位大于 9 或 AF = 1，则自动将 AL←(AL) - 06H，AH←(AH) - 1，AF←1，CF←1，AL 的高 4 位清 0。若 AL 的低 4 位小于等于 9，则仅将 AL 的高 4 位清 0，CF←AF。

- AAS 指令影响标志位 AF、CF。

例 4-32 两位十进制数的减法运算：13 - 4 = ?，可先将被减数和减数以非压缩型 BCD 码的形式分别存放在 AH（被减数的十位）、AL（被减数的个位）和 BL（减数）中，然后用 SUB 指令进行减法运算，再用 AAS 指令进行调整。程序如下：

```
MOV   AX,0103H      ;将被减数以非压缩 BCD 码方式存放于 AX 中
MOV   BL,04H        ;将减数以非压缩 BCD 码方式存放于 BL 中
SUB   AL,BL         ;相减结果存于 AL 中,(AL) = 03H - 04H = FFH
AAS                 ;调整:AL←(AL) - 06H,AH←(AH)-1,则(AL) = 09H,(AH) = 0
```

以上指令的执行结果为 13 - 4 = 9，此结果仍以非压缩型 BCD 码的形式存放，个位在 AL 寄存器，十位在 AH 寄存器。

3. 乘法的十进制调整指令

指令格式：AAM

功能：将 AX 中的非压缩式 BCD 码“积”进行调整，并送回 AX 中。

内部调整过程：AL/10，所得商→AH，余数→AL。

• 影响标志位 SF、ZF、PF。

注意：

1）AAM 指令必须紧跟在 MUL 指令后配合使用。

2）由于 8086 指令系统仅提供 AAM 指令，因此要求事先的 MUL 中乘数和被乘数都必须用非压缩式 BCD 码。

3）BCD 码数总是作为无符号数看待，所以只能用 MUL 指令，不能用 IMUL 指令。

例 4-33
```
MOV AL,04H      ;送非压缩式 BCD 码被乘数
MOV CL,08H      ;送非压缩式 BCD 码乘数
MUL   CL        ;直接当二进制相乘,"积"常为错的
AAM             ;调整后得到正确的非压缩式 BCD 码值,AX = 0302H
```

4. 除法的十进制调整指令

指令格式：AAD

功能：将 AX 中的非压缩式 BCD 码被除数或除数先调整为二进制数。

内部调整过程：AL←(AH)×10+(AL),AH←0

• 影响标志位 SF、ZF 和 PF。

例 4-34
```
MOV CL,08H ;送非压缩式 BCD 码除数,因 08H 恰好等于二进制数,故不用
            调整
MOV AX,0303H    ;送非压缩式 BCD 码被除数
AAD             ;将被除数调整为二进制数
DIV   CL        ;AX = 0104H,即最后结果为商和余数都是二进制数
```

注意：

1）AAD 指令必须用在 DIV 之前，且先要分别对被除数或除数进行调整。

2）而 DIV 以后，其结果商和余数都为二进制数。

三、逻辑运算与移位指令

（一）逻辑运算指令

逻辑运算指令包括“与”“或”“异或”“非”和“测试”指令。可对字或字节按位执行逻辑运算。

• 它们对标志位影响是：“非”指令不影响标志位；其他 4 种指令影响 SF、ZF 和 PF，同时使 OF = CF = 0。

1. 逻辑“与”指令

指令格式：AND DEST，SRC

功能：将源操作数和目的操作数按位进行“与”运算，并将结果送回目的操作数。源操作数可以是 8/16 位通用寄存器、专用寄存器、存储器立即数。而目的操作数则不能是立即数，如图 4-8 所示。

该指令常用于将操作数中某位清 0。

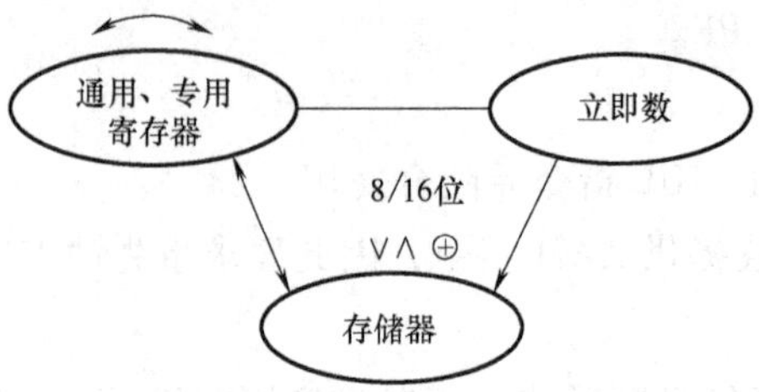

图 4-8 “与”“或”及“异或”指令的 8/16 位数据流方向和范围

2. 逻辑“或”指令

指令格式：OR DEST，SRC

功能：将源和目的操作数进行按位“或”运算，并将结果送回目的操作数中，其他同上，如图 4-8 所示。

该指令常用于将操作数中某位置 1。

3. 逻辑“异或”指令

指令格式：XOR DEST，SRC

功能：将源和目的操作数进行按位“异或”运算，并将结果送回目的操作数中，其他同上，如图 4-8 所示。

该指令常用于将操作数中某位取反，或对操作数清 0；当与条件转移指令配合使用时，能判断某一操作数是否与另一操作数相等。

利用逻辑指令按位设置，归纳如下：

1）使某字节或字单元中某几位清 0 而其他位不变，选用 AND DEST，idata。

2）使某字节或字单元中某几位置 1 而其他位不变，选用 OR DEST，idata。

3）使某字节或字单元中某几位求反而其他位不变，选用 XOR DEST，idata。

例 4-35
```
AND CX,0F0FH      ;将 CX 中的 ASCII 码转换为非压缩式 BCD 码
XOR AL,FFH        ;将 AL 求反
XOR   AX,AX       ;将 AX 都清 0
```

例 4-36
```
XOR DL,88H
JZ NEXT           ;如(DL)=88H,则转 NEXT 去执行,如(DL)≠88H,则继
                  续下条指令执行
```

4. 逻辑“非”指令

指令格式：NOT DEST

功能：将目的操作数按位取反，并将结果送回目的操作数。DEST 不能为立即数，可为 8/16 位通用寄存器、专用寄存器、存储器操作数。

- 不影响标志位。

5. 测试指令

指令格式：TEST DEST，SRC

功能：将源和目的操作数进行按位“与”运算，但结果不送回目的操作数，仅影响标志位，指令执行后源和目的操作数都不变，其他同 AND 指令。

- 影响标志位 SF、ZF 和 PF，且使 OF = CF = 0，常和条件转移指令配合使用。

例 4-37　TEST AL,10000000B

　　JZ　NEXT;如果 AL 为正数,则转 NEXT 去执行,否则按顺序下去

　　⋮

（二）移位指令

1. 非循环移位指令

（1）算术/逻辑左移指令

指令格式：SAL　DEST,SRC　　;算术左移

　　　　　SHL　DEST,SRC　　;逻辑左移

功能：按照 SRC 规定的移位次数，连续对 DEST 进行左移操作，每次最高位都进入 CF，最低位补 0，如图 4-9a 所示，SRC 只能为 1 或 CL，DEST 只能为 8/16 位通用寄存器、专用寄存器、存储器操作数，不能为立即数。对于无符号数，每左移 1 位相当于将目的操作数乘 2；但对于带符号数，同时还应注意在左移 1 位后，如“结果”最高位与 CF 不同，则自动使溢出标志 OF 置 1，由此可以判别移位前后符号位是否有所改变，用户应对“结果”的符号位取反，如“结果”最高位与 CF 相同，则自动使 OF = 0，表示移位前后符号位没有变化，此值即为结果。

- 影响 OF、SF、ZF、PF 和 CF。

（2）算术/逻辑右移指令

- 指令格式：SAR　DEST,SRC　　;算术右移

　　　　　SHR　DEST,SRC　　;逻辑右移

功能：SAR 指令按照 SRC 规定的移位次数，连续将带符号数右移，如图 4-9b 所示。

注意：最高位（即符号位）保持不变。

SHR 指令按照 SRC 规定的移位次数，连续将无符号数右移，如图 4-9c 所示。最高位补 0。

- 影响 OF、SF、ZF、PF 和 CF。

注意：

1）一般来说，若 DEST 为无符号数，则选用 SHL/SHR 逻辑移位；若 DEST 为带符号数，则选用 SAL/SHR 算术移位。

2）左移 1 位，相当于原数乘 2，但当带符号数时，还必须进一步判断 OF 位，以确定积的符号。

3）右移 1 位，相当于原数除 2，商的符号只需正确选择，SAR/SHR 即能自动处理。

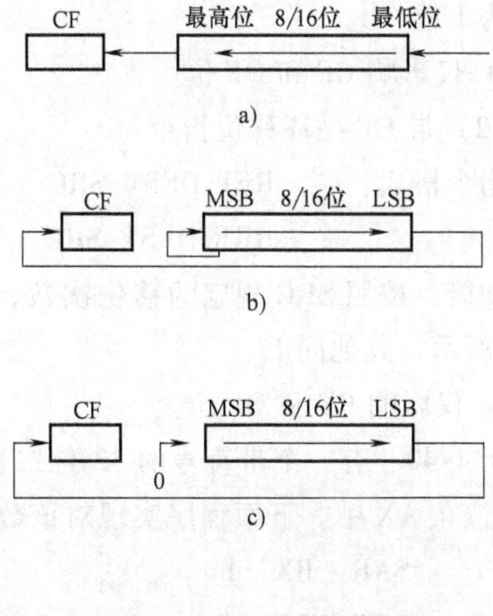

图 4-9　移位指令操作过程

a）算术/逻辑左移 SAL/SHL　b）算术右移 SAR

c）逻辑右移 SHR

4）用移位指令（左/右移）来实现乘/除法要比直接用乘、除指令实现速度快，常适用于乘数/除数为偶数，且值较小的情况。

5）CL 值在移位指令执行后，并不变，仍为原值，即仅在移位过程中递减 1 计数用，移完后仍自动恢复原值。

例 4-38 编程计算 Y = 18 * M,其中 M 为 8 位无符号数。

```
XOR   AH,AH          ;清 AH
MOV   AL,M
SHL   AX,1           ;2 * M
MOV   DX,AX          ;2 * M 暂存于 DX 中
MOV   CL,3
SHL   AX,CL          ;16 * M
ADD   AX,DX          ;Y = (AX) = 2 * M + 16 * M
```

例 4-39 在 AL 中已存有压缩式 BCD 码数，请读者自己分析下段程序的功能。

```
MOV  AH,0
MOV  CL,4
SHL  AX,CL
SHR  AL,CL
```

2. 循环移位指令

(1) 循环移位指令

指令格式：　ROL DEST,SRC　　;循环左移

　　　　　　ROR DEST,SRC　　;循环右移

功能：按照 SRC 规定的移位次数，连续对 DEST 循环左/右移，如图 4-10a 和图 4-10b 所示。DEST 不能为立即数，只能为 8/16 位通用寄存器、专用寄存器、存储器操作数。SRC 只能为 1 或 CL。

- 仅影响 CF 和 OF 位。

(2) 带 CF 循环移位指令

指令格式：　RCL DEST,SRC　　;带 CF 循环左移

　　　　　　RCR DEST,SRC　　;带 CF 循环右移

功能：按照 SRC 规定的移位次数，连续对 DEST 带 CF 循环左/右移，如图 4-10c 和图 4-10d所示，其他同上。

- 仅影响 CF 和 OF 位。

例 4-40 有一个带符号的 32 位二进制数存放在 BX 与 AX 中，其中高 16 位在 BX 中，低 16 位在 AX 中。下面程序实现对该数除 2。

```
SAR  BX, 1
RCR  AX, 1
```

循环移位指令常用于按位检查某单元的内容（移至 CF 中再检查）；把某单元内容移至另一单元中；某些特征位循环变化（彩灯式循环控制）；压缩码 BCD 码与非压缩 BCD 码的

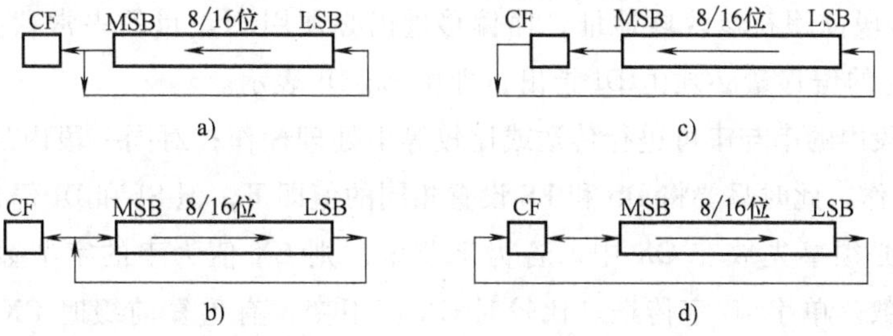

图 4-10　循环移位指令

a）循环左移 ROL　b）循环右移 ROR

c）带 CF 循环左移 RCL　d）带 CF 循环右移 RCR

转换等。

四、字符串处理指令

把位于存储器中的一组连续字节或字数据称为一个字符串（又叫数据串），其中每一个字节或字称为字符串的元素。规定一个字符串的长度最长不能超过 64KB，字符串常设置在 DS 段或 ES 段内。下面详细介绍对字符串进行操作（串传送、串比较、串搜索、读串、写串）的基本指令。

（一）字符串传送指令

1. 字符串单字节/字传送指令

指令格式：　MOVS　DEST 串，SRC 串

　　或　　MOVSB　　　　；串的单字节传送

　　　　　MOVSW　　　　；串的单字传送

功能：将源串一元素复制到目的串中，即将源串中由 SI 所指的 DS 段内一个字节或字元素送到目的串中由 DI 所指的 ES 段内一个字节或字中；同时还自动修改 SI 和 DI 地址指针（±1/±2）以指向下一个元素，其中 +/- 则由 DF 位决定。若 DF=0，则表示递增；若 DF=1，则表示递减，但串长度 CX 不变。

- 不影响标志位。

2. 字符串连续传送指令

指令格式：　REP　MOVSB　　；字符串整块连续传送

　　　　　　REP　MOVSW　　；字符串整块连续传送

功能：将源串中的所有元素按顺序复制到目的串中。REP 为重复操作前缀。在整串复制过程中，每次地址指针自动修改，且方向由 DF 位决定，每次自动修改串长度 CX←(CX)-1；直到（CX）=0，则复制结束。其他同上。

- 不影响标志位。

在使用串处理指令时，需注意如下隐含约定和特点：

1）MOV 指令不能直接实现存储器单元之间的数据传送，而串传送指令则能实现。

2）源串常默认在DS段中，源串首（尾）址的偏移量必须由SI指出，即由DS:SI表示，但可以允许用跨段前缀符修改段地址，而偏移量仍必须用SI。目的串常默认在ES段中，目的串首（尾）址的偏移量必须由DI指出，即由ES:DI表示。

3）对不同段内的串与串可进行传送或比较等串处理操作；对同一段内的串与串也可进行传送或比较等操作，此时只要将DS和ES设置相同的值即可，但SI和DI仍必须遵守规定。

4）串长度必须事先放在CX中。若为字节串，则CX值为串的字节数；若为字串，则CX值为串的字数。单字节/字传送、比较时CX值不变，有重复前缀时CX值会每次自动减1，但CX减法操作不影响标志位。

另外还要注意，有重复前缀的串处理指令执行过程中，每次首先测试CX内容再进行串处理，所以，如初始化时CX=0，那就一次也不会执行串处理指令。

5）用户在使用串处理指令前，必须用程序先设置好DS、SI和ES、DI及DF、CX。其中DF值决定指令自动修改串元素地址指针的方向。

6）重复前缀的串处理指令执行时间较长，一般允许在指令执行过程中响应中断申请，具体是CPU在处理每个元素之前都查询是否有中断请求，若有，则转去执行中断服务程序，中断返回后，再继续执行被中断的串处理指令。

（二）字符串比较指令

1. 字符串单字节/字比较指令

指令格式：CMPS　DEST串,SRC串

　　或　CMPSB　　;串的单字节比较

　　　　CMPSW　　;串的单字比较

功能：将源串（DS:S1）中的一个元素减去目的串（ES:D1）中相应位置的一个元素，影响标志位ZF，但结果不回送，并根据DF值自动修改SI、DI指针1次，而CX值不会自动变化。

- 相减结果影响ZF位。

2. 字符串连续比较指令

指令格式：REPE/REPZ　　CMPSB/W;相等重复比较

　　　　　REPNE/REPNZ　　CMPSB/W;不等重复比较

功能：REPE指令是进行两连续串的对应元素比较，直到ZF=0（即第一次出现两元素不相同时）结束，或直到CX=0（即整串比较完没发现不等时）自然结束。REPZ与此相同。

REPNE指令与REPE的比较条件相反。REPNZ与此相同。

- 由相减结果影响ZF位（注意：标志位与CX减法无关）。

（三）字符串搜索指令

1. 字符串单字节/字搜索指令

格式：　SCAS　DEST串

　或　　SCASB

　　　　SCASW

2. 字符串连续搜索指令

格式：REPE/REPZ　　　　SCASB/W

　　　REPNE/REPNZ　　　SCASB/W

功能：关键字（字节/字）已隐含在 AL/AX 中，在 DEST 串（ES:D1）中搜索与关键数据相等的元素。即将关键数据减串元素，结果不回送，仅由该结果去影响标志位 AF、CF、OF、PF、ZF、SF。其他同上。

利用串搜索指令可以从某串中查找某个关键数据及其位置，或从内存中查找某个关键数据所处位置。也即寻找第一个与关键数据相同的元素所在单元位置，或寻找第一个与关键数据不同的元素所在单元位置。

例 4-41　在首地址为 ES:DST 的字符串中检查是否有字符‘Q’，若有，则将第一个‘Q’字符地址送到 DX 寄存器；若没有，则将 DX 置全 1，字符串长度为 N 个字节。

```
      CLD                   ;设为增量方向
      LEA DI,DST            ;目标地址送 DI
      MOV  CX,N             ;预置串长度
      MOV AL,'Q'            ;关键字送 AL
      REPNE SCASB           ;重复搜索字符串是否有字符'Q'
      JZ  NEXT              ;找到,则转
      OR  DX,0FFFFH         ;找不到
      JMP  STO
NEXT:DEC  DI
      MOV  DX,DI            ;将串中第 1 个关键数据地址送 DX
STO:HLT                     ;停机
```

(四) 取字符串元素指令

指令格式：LODS　SRC 串

　　　　或　LODSB/LODSW

功能：把 SRC 串（DS:S1）中的一元素取送到 AL/AX 中。其他同前，但没有重复前缀指令。该指令常用在循环程序的循环体中。

- 不影响标志位。

(五) 存字符串指令

1. 单元素存字符串指令

格式：STOS　DEST 串

　　　或 SIOSB/STOSW

2. 连续存字符串指令

格式：REP　STOSB

　　　REP　STOSW

功能：将 AL/AX 中的内容存入字符串（ES:D1）某一单元中，其他同前，如带重复前缀 REP，则可实现使整块字符串内存单元中填满相同的数。

- 不影响标志位。

例4-42 将首地址为DS:SRC的字节数据串中的正、负数分别存放到首地址为ES:DSTl和ES:DST2的内存区中，字符串长度为N，其中0元素不要存放。

```
        CLD                     ；设置DF=0定义增量方向
        LEA   SI,SRC
        LEA   DI,DSTl
        LEA   BX,DST2
        MOV   CX,N              ；设置字符串长度
LINl：  LODSB                   ；取源串中的一个元素
        TEST  AL,FFH            ；判0？
        JZ    NEXT              ；是0,不要存,继续取下一个元素
        TEST  AL,80H            ；判正/负？
        JNZ   LIN2              ；负数转LIN2
        STOSB                   ；存正数
        JMP   NEXT
LIN2：  XCHG  BX,DI
        STOSB                   ；存负数
        XCHG  BX,DI
NEXT：  DEC CX
        JNZ   LIN1
        ⋮
```

五、控制转移类指令

在8086/8088程序中，代码段寄存器（CS）和指令指针（IP）决定了程序执行的顺序。通常，程序是顺序执行的，如果程序某处需转移到新的地址去执行，则必须改变IP或CS和IP）的内容，一般用转移类指令就能实现。这类指令包括转移、循环、子程序调用与返回指令。注意：这些指令本身都不影响标志位。当程序发生转移时，存放在指令队列寄存器中的指令被予以清除，BIU将根据转移指令给出的CS和IP值，从存储器中取出一条新的指令，并直接送至EU执行。

（一）无条件转移指令

指令格式：JMP 目标标号

功能：使程序五条件地转移到目的地址去执行指令。根据目标地址采用的寻址方式与转移的范围不同，可具体分为如下5种基本格式。

1. 段内直接短转移

指令格式：JMP SHORT 目标标号

功能：将当前IP值（即JMP指令的下一条指令的地址）与JMP指令中给出的相对位移量之和送到IP中，即IP←(IP)+Disp8，其中相对位移Disp8是一个8位二进制补码表示的

有符号数。

注意：本指令能转移的范围：以 JMP 指令的下一条指令的首地址为基准，在 -128 ~ +127个字节内转移。

2. 段内直接转移

指令格式：JMP　目标标号

　　　　　JMP　NEAR　PTR　目标标号；段内直接近转移

功能：与上一指令类同，实现 IP←(IP) + Disp16，能转移的范围扩大到 -32768 ~ +32767 个字节。

3. 段内间接转移

指令格式：JMP　字地址指针

功能：实现 IP←(EA)，字地址指针中的内容即为转移的有效地址 EA。而字地址指针常为一个 16 位寄存器或两个连续的存储单元，可使用除立即寻址方式外的任一种存储器寻址方式。转移范围达 64KB。

例 4-43　IMP　AX

设当前　CS = 1100H，IP = 1678H，AX = 1345H，该 JMP 指令执行后，CPU 将转到地址为 12345H 单元开始执行程序。

4. 段间直接远转移

指令格式：JMP　FAR　FFR　目标标号

功能：IP←目标地址所在段的段内偏移量，CS←目标地址所在段的段基址。转移范围达 1MB，即可使程序转至 1MB 存储空间内的任何一个存储单元。

5. 段间间接转移

指令格式：JMP　DWORD　PTR　双字地址指针

功能：IP←(EA)，CS←(EA + 2)，其中 EA 由双字地址指针的寻址方式确定，它可以使用除立即寻址及寄存器寻址方式以外的任何存储器寻址方式。具体使用时，常必须在该指令前先将目标地址的偏移量（16 位）和段基址顺序存放在该指针寻址的 4 个连续存储单元中。转移范围也为 1MB。

（二）条件转移指令

条件转移指令用于测试上一条指令对标志位的影响，从而决定程序执行的流程。若满足条件，则转移；若不满足条件，则顺序执行。

注意：转移范围都只有 -128 ~ +127 个字节，如果用户需要长距离转移，必须将条件转移指令与五条件转移指令结合使用。

1. 单标志位条件转移

单标志位条件转移指令见表 4-2。

表 4-2　单标志位条件转移指令

指令	测试条件	含　义	指令	测试条件	含　义
JZ/JE	ZF = 1	0/相等，则转移	JP/JPE	PF = 1	低 8 位中“1”的个数为偶数，则转移
JNZ/JNE	ZF = 0	非 0/不相等，则转移			
JS	SF = 1	结果为负，则转移	JNP/JPO	PF = 0	低 8 位中“1”的个数为奇数，则转移
JNS	SF = 0	结果为正，则转移			
JO	0F = 1	溢出，则转移	JC	CF = 1	有进位，则转移
JNO	0F = 0	不溢出，则转移	JNC	CF = 0	无进位，则转移

2. 多标志位条件转移

多标志位条件转移指令见表4-3和表4-4，具体分为无符号数比较结果的条件转移指令4种以及有符号数比较结果的条件转移指令4种，使用时必须严格加以区别。

表4-3 无符号数比较结果的条件转移指令

指　令	特殊条件	说明(C、D两数关系)
JA/JNBE	CF = 0 ∧ ZF = 0	高于/不低于且不等于(即 C > D),则转移
JAE/JNB	CF = 0 ∨ ZF = 1	高于、等于/不低于(即 C≥D),则转移
JB/JNAE	CF = 1 ∧ ZF = 0	低于/不低于且不等于(即 C < D),则转移
JBE/JNA	CF = 1 ∨ ZF = 1	低于、等于/不高于(即 C≤D),则转移

表4-4 有符号数比较结果的条件转移指令

指　令	特殊条件	说明(C、D两数关系)
JG/JNLE	SF = 0F ∧ ZF = 0	大于/不小于且不等于(即 C > D),则转移
JGE/JNL	SF = 0F ∨ ZF = 1	大于等于/不小于(即 C≥D),则转移
JL/JNGE	SF≠0F ∧ ZF = 0	小于/不大于且不等于(即 C < D),则转移
JLE/JNG	SF≠0F ∨ ZF = 1	小于等于/不大于(即 C≤D),则转移

3. 测试CX条件转移

指令格式：JCXZ　目标符号

功能：(CX)=0，则转移到目的地址处。

例4-44：根据AL中的无符号数是大于、等于或小于100执行3段不同的程序。

```
        CMP   AL,100
K3:     JNA   K1                    ;(A)≤100,则转
         ⋮
        JMP   K
K1:     JNAE  K2                    ;(AL) < 100,则转
         ⋮
K2:     JMP   K
         ⋮
K:       ⋮
```

(三) 循环转移指令

这类指令可以认为是一组增强型的条件转移指令，都不影响标志位，转移范围都只能在-128 ~ +127个字节内。

1. 转移指令

指令格式：LOOP目标标号

功能：将循环计数器CX内容减1后送CX（注意：减1操作不影响标志位）再判断CX是否等于0，若（CX）≠0，则转移到目标地址处；若（CX）=0，则结束循环，顺序执行下一条指令。

注意：必须事先将初值设置给 CX。

其实一条 LOOP 指令相当于下面两条指令的作用：

```
        DEC   CX
        JNE   目标标号
```

另外还可用来构成延时或等待程序：

```
        MOV   CX,0100H              ;设置循环次数
DELAY:LOOP   DELAY                 ;LOOP 指令本身重复执行 0100H 次
```

LOOP 指令执行转移时，用 9 个时钟周期；结束循环顺序指向下一条指令时，用 5 个时钟周期，由此用户根据循环初值，可计算出延迟时间。

2. 相等/为零循环转移指令

指令格式：LOOPE/LOOPZ　短目标标号

功能：该两条指令功能相同，都是先将 CX←(CX) - 1（不影响标志位），再判断 CX 是否等于 0，若（CX）≠0，同时 ZF = 1（由上条指令留下的），则转目标地址处，即 IP←(IP) + Disp8；否则，顺序结束循环，执行下一条指令。

3. 不相等/不为零循环转移指令

指令格式：LOOPNE/LOOPNZ　短目标标号

功能：类似上面，实现 CX←(CX) - 1，若 CX ≠0 且 ZF = 0，则循环；否则，顺序执行下条指令。

（四）子程序调用和返回指令

把程序中某些重复出现、具有独立功能的部分编写成独立的程序模块，称它为子程序。这些子程序常被主程序调用，并且执行完后又返回主程序继续执行原程序。8086/8088 提供了 CALL 调用指令和 RET 返回指令，使程序员很方便实现上述功能。

1. CALL 子程序调用指令

（1）段内直接调用

指令格式：CALL　目标标号

功能：先将返回地址（CALL 指令的下一条指令）（16 位偏移量）压入堆栈，然后将同段内的子程序入口地址（EA）送入 IP，转到子程序去执行。

（2）段内间接调用

指令格式：CALL　DEST

　　　　　CALL　WORD PTR DEST

功能：先将断点地址压入堆栈，然后 IP←(DEST)，转到同段内的子程序去执行。

（3）段间直接调用

指令格式：CALL FAR PTR　目标标号

功能：将断点地址 CS、IP 先后顺序压入堆栈（共 4B），然后将目的地址的段首址←CS，目的地址的 EA←IP，则转到子程序去执行。

（4）段间间接调用

指令格式：CALL　DWORD PTR DEST

功能：先将断点地址 CS、IP 压入堆栈、然后将有效地址指定的 4 个连续单元的内容（即目的地址的 IP、CS 值）送到 IP、CS 中，则转到了程序去执行，即 IP←(EA)，CS←(EA+2)。

2. RET 返回指令

子程序的最后一条指令必须是 RET 指令，用来控制程序返回断点地址处（相应 CALL 指令的下一条指令）并继续执行下去。

（1）指令

指令格式：RET

功能：把断点地址从堆栈中弹出（先低、后高）到 IP/IP、CS 中，即 IP←(SP)，SP←SP+2 或①IP←(SP)，SP←SP+2②CS←(SP)，SP←SP+2。

（2）带弹出值返回指令

指令格式：RET－n

功能：在上述 RET 指令的操作基础上再做 SP←SP+n，即继续再废除栈顶 n 个字节，达到净化该部分栈区。注意：n 必须为偶数。

注意：

1）CALL 与 RET 必须成对使用。

2）CALL 与 RET 都不影响标志位。

3）断点地址（16 位/32 位）在堆栈中的顺序及字节数。

4）编程时，一般先确定子程序入口地址（目标标号），然后据此选用相应寻址方式的 CALL 指令。

六、处理器控制类指令

（一）标志位操作指令

1. 进位标志清 0 指令

指令格式：CLC ；置 CF=0

2. 进位标志置位指令

指令格式：STC；置 CF=1

3. 进位标志取反指令

指令格式：CMC；置 CF←$\overline{CF}$

4. 中断标志清 0 指令

指令格式：CLI；置 IF=0（禁止外部可屏蔽中断）

5. 中断标志置位指令

指令格式：STI；置 IF=1（允许外部可屏蔽中断）

6. 方向标志清 0 指令

指令格式：CLD；置 DF=0（串操作时变址寄存器内容自动增量）

7. 方向标志置位指令

指令格式：STD；置 DF=1（串操作时变址寄存器内容自动减量）

进位标志操作指令常与移位指令配合使用，在多字节运算中也用到。以上指令仅对某标志位独立操作，而不影响其他标志位。

（二）外部同步指令

8086 可以配备协处理器 8087（浮点运算功能强）和 8089（输入/输出功能强）构成多处理器系统，此时 8086 按照最大模式运行，协处理器同时按令执行其专用的功能。

1. 交权指令

指令格式：ESC　外部操作码，源操作数

2. 等待指令

指令格式：WAIT

3. 总线封锁指令

指令格式：LOCK　某指令

4. 暂停指令

指令格式：HLT

5. 空操作/无操作指令

指令格式：NOP

七、中断指令

除硬件中断外，8086/8088 还为用户提供了软件中断，即中断指令。它使 CPU 暂停当前程序的执行而转去执行某个中断服务子程序，执行完后再自动返回原中断处执行后续程序。它与 CALL 指令和 RET 指令有相似之处，所不同的是中断指令不直接给出中断服务程序的入口地址，而只给出中断类型码 n，由 CPU 根据 n 值从中断向量表中找到事先已设置好的中断服务程序的入口地址，送 IP 和 CS。

1. 软中断指令

指令格式：INTn（n：0～255）

功能：存储器 00000H～003FFH 区域（1KB）是 8086/8088 的中断向量专用区，如图 4-11所示。每 4 个连续单元为一个中断向量，单元中事先存放好相应中断服务程序的入口地址（顺序为 IP 低 8 位、IP 高 8 位、CS 低 8 位、CS 高 8 位）。256 级中断分为三组：专用中断指针区、备用中断指针区及用户可使用的中断指针区。

其中前两组中有些型号已被系统软件的 BIOS、BASIC 及 DOS 专用，并备有一系列可供用户调用的子程序。用户可根据需要在用户程序的适当位置处增加 INTn 指令，就能调用大量的为外设服务的子程序。

INTn 大多为双字节指令。

2. IRET 中断返回指令

中断处理子程序的最后一条指令必须是 IRET，以退出中断，返回到断点处执行后续程序。具体返回过程：将断点地址从栈中弹出到 IP 及 CS 中，把栈中保存的 FR 值弹出到 FR 标志寄存器中。

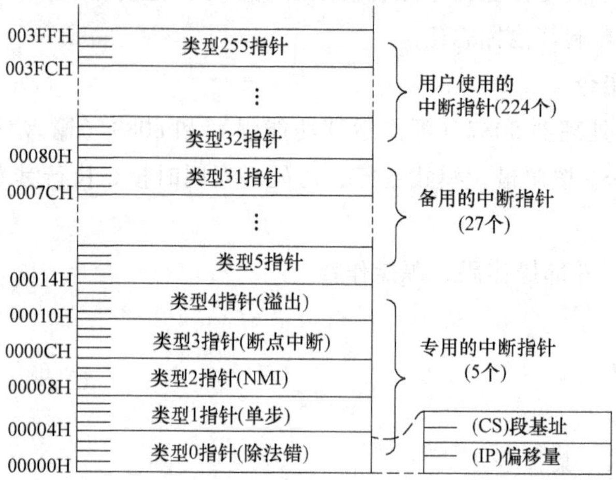

图 4-11 8086/8088 中断向量表

3. INTO 溢出中断指令

执行算术运算指令有时会出现溢出现象，用户（程序）需要及时知道或处理，可使用溢出中断指令 INTO（它是一条单字节指令）。若 INTO 指令检测到 OF = 1，则自动进入类型 4 的溢出中断服务子程序。该子程序可设计成溢出警告、处理等功能。

具体用法：

1）在算术运算指令后面增加一条 INTO 指令。

2）编制自己需要的中断处理服务子程序。

3）把该子程序入口地址放到类型 4 的中断向量表中。

第五章　汇 编 语 言

汇编语言是一种符号语言，用助记符表示指令的操作码，指令中所用的地址和数据也可以用符号表示。与机器语言程序相比，汇编语言的编写、阅读和修改都比较方便，且不易出错。但计算机只能辨认和执行机器语言，因此，用汇编语言编写的源程序必须“翻译”成机器语言程序（或称目标代码）才能执行，这种翻译过程称为汇编。目前常利用计算机配备的系统软件自动完成汇编工作，这种系统软件称为汇编程序。

通常，有小汇编（ASM）与宏汇编（MASM）两种汇编程序，宏汇编的功能更强。MASM 与 ASM 是兼容的。汇编语言程序汇编成为机器代码时，与 CPU 指令一一对应。汇编语言和机器语言一样，都是面向具体机器的语言，也就是说，不同系列的 CPU 具有不同的汇编语言，互相之间不能通用。

程序是指根据问题的要求，选择相应的指令，并把这些指令按一定的顺序排列起来。这样的指令序列就称为程序。编制程序的过程就称为程序设计。用汇编语言编写的程序就称为汇编语言源程序，编制这种程序的过程即为汇编语言程序设计。

第一节　汇编语言概述

一、源程序的格式

在第四章介绍指令系统时，曾经列出若干程序举例，但是，这些并不是规范的汇编语言程序，下面举一个比较简单且比较规范的汇编语言源程序。

例 5-1　两个 4 字节十六进制数相加的汇编语言源程序。

```
DATA        SEGMENT                         ;定义数据段
DATA1       DB 0E8H,50H,0BCH,74H            ;被加数
DATA2       DB 21H,22H,23H,24H              ;加数
DATA        ENDS                            ;数据段结束
CODE        SEGMENT                         ;定义代码段
            ASSUME CS:CODE,DS:DATA
START:      MOV  AX,DATA
            MOV  DS,AX                      ;初始化 DS
            MOV  CX,4                       ;循环次数送 CX
            MOV  SI,0                       ;置 SI 初值为零
            CLC                             ;清 CF 标志
LOOPER:     MOV AL,DATA2[SI]                ;取一个字节加数
```

```
                    ADC   DATA1[SI],AL          ;与被加数相加
                    INC   SI                    ;SI 加 1
                    DEC   CX
                    JNZ   LOOPER                ;若不等于零,转 LOOP-
                                                 ER
                    HTL                         ;停止
        CODE        ENDS                        ;代码段结束
                    END START                   ;源程序结束
```

由上面的例子可以看出，汇编语言源程序的结构是分段结构形式。一个汇编语言源程序由若干个段组成，每个段以 SEGMENT 语句开始，以 ENDS 语句结束。整个源程序的结尾是 END 语句。

这里所说的汇编语言源程序中段与前面讨论过的 CPU 管理的存储器的段既有联系，又在概念上有所区别。以 8086/8088CPU 为例，它有 4 个段寄存器（DS、ES、SS、CS），因此，CPU 对存储器按照 4 个物理段进行管理，即数据段、附加段、堆栈段和代码段。任何时候 CPU 只能访问这 4 个物理段。而在汇编语言源程序中，设置段的自由度比较大，例如一个源程序中可以有多个数据段或多个代码段。一般来说，汇编语言源程序中段的数目可以根据实际需要而定。为了与 CPU 管理的存储器物理段区别，我们将汇编语言源程序中的段称为逻辑段（有时简称为段）。

在上面的简单源程序中只有两个逻辑段：一个逻辑段的名字是 DATA，其中存放与程序有关的数据；另一个逻辑段的名字是 CODE，其中存放程序的指令代码。每个段内均有若干行语句，因此，一个汇编语言源程序是由一行一行的语句组成的。下面先来讨论汇编语言语句的类型和组成。

汇编语言源程序中的语句主要有以下两种类型：指令性语句与指示性语句。

指令性语句主要由指令组成，指示性语句又名伪操作语句，主要由伪操作组成。

一般情况下，汇编语言的语句可以有 1～4 个组成部分，如下所示：

[名字]　操作码/伪操作　　[操作数]　　[；注释]

其中方括号的部分表示可选项，既可以有，也可以没有。如例 5-1 中有如下语句：

LOOPER：MOVAL，DATA2 [SI]　　　；取一个字节加数

DATA1　DB 0F8H，60H，0ACH，74H，3BH　；被加数

上述第一条语句为指令性语句，“MOV”为操作码，它是由指令助记符表示的；第二条语句为指示性语句，“DB”为伪操作。

（一）名字、标号、变量

语句的第一部分是名字。在指令性语句中，这个名字可以是一个标号。指令性语句中的标号实质上是指令的符号地址。并非每条指令性语句都有标号。但如果一条指令前面有标号，则程序中其他地方就可以引用这个标号，并可以转移到该标号处，在例 5-1 中，START、LOOPER 就是标号，且标号后面应有冒号。

标号有 3 种属性：段、偏移量和类型。

标号的段是定义标号的程序段的段地址，当程序中引用一个标号时，该标号的段应在CS寄存器中。

标号的偏移量表示标号所在段的起始地址与定义该标号的地址之间的字节数。偏移量是一个16位无符号数。

标号的类型有两种：NEAR和FAR。NEAR标号可以在段内被引用，地址指针为2个字节：FAR标号可以在其他段被引用。地址指针为4个字节。

指示性语句中的名字可以是变量名、段名、过程名等。与指令性语句中的标号不同，指示性语句中的名字并不总是任选的，有些伪操作规定前面必须有名字，有些伪操作则不允许有名字，也有一些伪操作的名字是任选的，即不同的伪操作对于是否有名字有不同的规定。伪操作语句的名字后面通常不跟冒号，这是它和标号的一个明显区别。

在很多情况下，指示性语句中的名字是变量名，变量名代表存储器中一个数据区的名字，例如在例5-1中的DATA1、DATA2就是变量名。

变量也有3种属性：段、偏移量和类型。

变量的段是变量所代表的数据区所在段的段地址，由于数据区一般在存储器的数据段中，因此变量的段值常常放在DS或ES寄存器中。

变量的偏移量是该变量所在段的起始地址与变量的地址之间的字节数。

变量的类型有BYTE（字节）、WORD（字）、DWORD（双字）、QWORD（四字）和TBYTE（十个字节）等，用以表示数据区中存取操作对象的字节数。

（二）操作码和伪操作

汇编语言语句中的第二部分是操作码（助记符）或伪操作。

指令性语句中的第二部分是指令的助记符，例如MOV、ADC等。

例5-1中的指示性语句DB、SEGMENT、ENDS、ASSUME、END等都是伪操作命令，而不是指令的助记符。它们在程序中的作用是定义段、变量的类型及以命令汇编程序结束汇编等。这些操作都是由汇编程序自动完成的。关于伪操作的作用和使用方法，将在后面讨论。

（三）语句中的操作数

汇编语言语句中的第三部分是操作数。它可以是单操作数或双操作数，也可以无操作数，而伪操作数可以有多个操作数，当操作数不止一个时，互相之间应该用逗号隔开。

可以作为操作数的有常数、寄存器、标号、变量、表达式等。

1. 常数

常数在程序中可以采用不同的数制和不同的表示方法。

1）十进制数。如99D或99。

2）二进制。如0101001B。

3）十六进制数。如64H、0F800H，当十六进制数的最高位不是0~9时，前面要加0。

4）八进制数。如174Q。

5）ASCII常数。如'A'、'8'等，应将字符放在单引号中。

6）十进制科学表示法。如8.75E-4。

2. 寄存器

8086/8088CPU 的寄存器可以作为指令的操作数。8086/8088CPU 的寄存器有：

1）8 位寄存器。AH、AL、BH、BL、CH、CL、DH 及 DL。

2）16 位寄存器。AX、BX、CX、DX、SI、DI、BP、SP、DS、ES、SS 及 CS。

3. 标号

由于标号代表一条指令的符号地址，因此可以作为转移（五条件转移或条件转移）、过程调用 CALL 以及循环控制 LOOP 等指令的操作数。

4. 变量

因为变量是存储器中某个数据区的名字，因此在指令中可以作为存储器操作数。

5. 表达式

汇编语言语句中的表达式，按其性质可分为两种：数值表达式和地址表达式。数值表达式产生一个数值结果，只有大小，没有属性。地址表达式的结果不是一个单纯的数值，而是表示存储器地址的变量或标号，它也有 3 种属性：段、偏移量和类型。

（四）注释

汇编语言语句的最后一个组成部分是注释。对于一个汇编语言语句来说，注释部分并不是必要的，但是加上适当的注释后，可以增加源程序的可读性。一个较长的实用程序，如果从头至尾没有任何注释，可能很难读懂。因此，最好在重要的程序段及关键的语句处加上简明扼要的注释。

注释前面要加分号（;）。如果注释的内容较多，超过一行，则换行以后前面还要加上分号。注释也可以从一行的最前面开始。

汇编程序对于注释不予理会，即注释对汇编后产生的目标程序没有任何影响。

二、表达式用运算符和操作符

表达式中常用的运算符有以下几种：

（一）算术运算符

常用的算术运算符有 +（加）、-（减）、*（乘）、/（除）和 MOD（模除，即两个整数相除后取余数）等。

算术运算符用于数值表达式，其运算结果是一个数值。在地址表达式中通常只使用“+”或“-”（加或减）两种运算符。

（二）逻辑运算符

逻辑运算符有 AND（逻辑“与”）、OR（逻辑“或”）、XOR（逻辑“异或”）和 NOT（逻辑“非”）。

逻辑运算符只用于在数值表达式中对数值进行按位逻辑运算，并得到一个数值结果。对地址进行逻辑运算是没有意义的。

不要把逻辑运算符 AND、OR、XOR 和 NOT 等与同样名称的指令相混淆。逻辑运算符进行逻辑运算时由汇编程序在汇编时自动进行。而逻辑指令的操作数可以是寄存器、存储器或立即数（参阅第四章指令系统部分）。汇编程序根据上下文能够将逻辑指令和逻辑运算符

区分开来。例如，

```
AND     AL, 01011010B
MOV     AL, 01011010B AND 11110000B
```

上面第一条指令中的“AND”是指令助记符；而第二条指令的源操作数是一个表达式，其中的“AND”是逻辑运算符。

（三）关系运算符

关系运算符有 EQ（等于）、NE（不等于）、LT（小于）、GT（大于）、LE（小于等于）及 GE（大于等于）等。

参与关系运算的必须是两个数值，或同一段中的两个存储单元地址，但运算结果只能是两个特定的数值之一；当关系不成立（假）时，结果为0；当关系成立（真）时，结果为0FFFFH。例如，

```
MOV     AX, 4EQ 3                    ; 关系不成立，故（AX）←0
MOV     AX, 4NE 3                    ; 关系成立，故（AX）←0FFFFH
```

（四）分析运算符和合成运算符

分析运算符用以分析一个存储器操作数的属性，如段、偏移量或类型等。合成运算符则可以规定存储器操作数的某个属性，例如类型。

分析运算符有 OFFSET、SEG、TYPE、SIZE、LENGTH 等；合成运算符有 PTR、THIS、SHORT 等。

1. OFFSET

利用运算符 OFFSET 可以得到一个标号或变量的偏移地址，例如，

```
MOV  SI, OFFSET  DATA1
```

这条指令与下面的指令效果相同，均将变量 DATA1 的偏移地址送 SI 寄存器。

```
LEA  SI, DATA1
```

2. SEG

利用运算符 SEG 可以得到一个标号或变量的段值，例如，使用下面两条指令将变量 ARRAY 的段地址送到 DS 寄存器。

```
MOV  AX, SEG ARRAY
MOV  DS, AX
```

3. TYPE

运算符 TYPE 的运算结果是一个数值，这个数值与存储器操作数的类型的对应关系见表 5-1。下面是使用 TYPE 运算符的语句的例子：

```
VAR        DW  ?                    ;变量 VAR 的类型为字
ARRAY      DD  10DUP(?)             ;变量 ARRAY 的类型为双字
STR        DB  'This is a test'     ;变量 STR 的类型为字节
               ⋮
           MOV AX,TYPE VAR     ;(AX)←2
           MOV BX,TYPE ARRAY   ;(BX)←4
```

```
MOV CX,TYPE STR      ;(CX)←1
  ⋮
```

程序中的伪操作命令 DW、DD、DB 等将在下一节介绍。

4. LENGTH

如果一个变量已用重复操作符 DUP 说明其变量的个数，则利用 LENGTH 运算符可得到这个变量的个数。如果未用 DUP 说明，则得到的结果总是 1。

表 5-1 TYPE 返回值与存储器操作数的类型的关系

TYPE 返回值	存储器操作数的类型	TYPE 返回值	存储器操作数的类型
1	BYTE	-1	NEAR
2	WORD	-2	FAR
4	DWORD		

例如，在上面的例子中已经用“10DUP（?）”说明变量 ARRAY 的个数，则 LENGTH ARRAY 的结果为 10。

5. SIZE

如果一个变量已用重复操作符 DUP 说明，则利用 SIZE 运算符可得到分配给该变量的字节总数。如果未用 DUP 说明，则得到的结果总是 TYPE 运算的结果。

例如，上面例子中变量 ARRAY 的个数为 10，类型为 DWORD（双字），因此 SIZE ARRAY 的结果为 10×4 = 40。由此可知，SIZE 的运算结果等于 LENGTH 的运算结果乘 TYPE 的运算结果。

6. PTR

PTR 是一个合成运算符，可用以指定存储器操作数的类型，例如，

```
INC   BYTE   PTR [BX]     [SI]
```

指令中利用 FIR 运算符明确规定存储器操作数的类型是 BYTE（字节），因此，本指令是将一个 8 位存储器的内容加 1。

7. THIS

运算符 THIS 也可以指定存储器操作数的类型。使用 THIS 运算符可以使标号或变量的类型具有灵活性。例如，要求对同一个数据区，既可以字节为单位，又可以字为单位进行存取，则可用以下语句：

```
AREAW   EQU   THIS   WORD
AERAB   DB   100   DUP (?)
```

其中 AREAW 和 AERAB 实际上代表同一个数据区，其中共有 100 个字节，但 ARFAW 的类型为 WORD，而 AERAB 的类型为 BYTE。

8. SHORT

运算符 SHORT 指定一个标号的类型为 SHORT（短标号），即标号到引用标号的指令间的距离在 -128 ~ +127 个字节内。短标号可以被用于五条件转移和条件转移指令中。

（五）其他运算符

1. 方括号 [ ]

例如，间址寻址指令的存储器操作数要在寄存器名 BX、BP、SI 或 DI 外面加上方括号，

以表示存储器地址。又如，变址寻址指令的存储器操作数既要用算术运算符（加或减）将SI或DI与一个位移量做运算，还要在外面加上方括号来表示存储器地址。例如，

```
MOV   CL, [BX]
MOV   AL, [SI+5]
```

2. 段超越运算符“:”

运算符“:”跟在段寄存器名（DS、ES、SS或CS）之后表示段超越，用以给一个存储器操作数指定一个段属性，而不管其原来隐含的段是什么。例如，

```
MOV   AX, ES: [DI]
```

3. HIGH和LOW

运算符HIGH和LOW分别得到一个数值或地址表达式的高位和低位字节。例如，

```
STUFF   EQU   0ABCDH
MOV   AH,HIGH STUFF          ;(AH)←0ABH
MOV   AL,LOW STUFF           ;(AL)←0CDH
```

以上介绍了表达式中使用的各种运算符。如果一个表达式中同时具有多个运算符，则按照以下规则进行运算。

1）优先级高的先运算；优先级低的后运算。

2）优先级相同的按表达式中从左到右的顺序运算。

3）圆括号可提高运算优先级。圆括号内的运算总是在其任何相邻的运算之前进行。

各种运算符的优先级顺序见表5-2。

表5-2 各种运算符的优先级顺序

优先级	运 算 符	优先级	运 算 符
（高）	LENHTH,SIZE,WIDTH,MASK,	7	*,/,MOD,SHL,SHR
1	(),[],〈〉	8	+,-（二元运算符）
2	.（结构变量名后面的运算符）	9	EQ,NE,LT,LE,GT,GE
3	:（段超越运算符）	10	NOT
4	PTR,OFFSET,SEG,TYPE,THIS	11	AND
5	HIGHT,LOW	12	OR,XOR
6	+,-（一元运算符）	13 （低）	SHORT

第二节 伪 指 令

指示性语句中的伪操作命令，无论其表示形式还是其在语句中所处的位置，都与CPU指令相似，因此也称伪指令。但二者之间有着重要的区别。首先，CPU指令是给CPU的命令，在程序运行时由CPU执行，每条指令对应CPU的一种特定的操作，例如传送、做加法等；而伪操作命令是给汇编程序的命令，在汇编过程中由汇编程序进行处理，例如定义数据、分配存储区、定义段以及定义过程等。其次，汇编以后，每条CPU指令会产生一一对应的目标代码；而伪操作则不产生与之相应的目标代码。

宏汇编程序MASM提供了大约几十种的伪操作命令，其中有一些伪操作命令小汇编

ASM 不能支持，例如宏处理伪操作等。根据伪操作的功能，大致可以分为以下几类：

- 符号定义伪操作。
- 数据定义伪操作。
- 段与模块定义伪操作。
- 过程定义伪操作。
- 结束伪操作。

本节主要介绍一些基本的、常用的伪操作命令。

一、符号定义伪操作

符号定义伪操作的用途是给一个符号重新命名或定义新的类型属性等。上述符号包括汇编语言中所用的变量名、标号名、过程名、记录名、寄存器名以及指令助记符等。

常用的符号定义伪操作有 EQU、=（等号）和 LABLE。

（一）**EQU**（等值伪操作）

格式：名字 EQU 表达式

EQU（等值伪操作）将表达式的值赋予一个名字。以后可用这个名字来代替上述表达式。格式中的表达式可以是一个常数、符号、数值表达式或地址表达式等。例如，

```
CONST      EQU  0DH              ;常数
LF         EQU  0AH
A1         EQU  ASCII_TABLE      ;变量
STR        EQU  64 * 1024        ;数值表达式
ADR        EQU  ES:[BP + DI + 5] ;地址表达式
CDB        EQU  AAM              ;指令助记符
```

利用 EQU 伪指令，可以用一个名字代表一个数值，或用一个较简短的名字代表一个较长的名字。

如果源程序中需要多次引用某一表达式，则可利用 EQU（等值伪操作）给其赋一个名字，以代替程序中的表达式，从而使程序更加简洁，便于阅读。将来如欲改变表达式的值，也只需修改一处，而不需修改多处，以使程序易于维护。例如，

```
COL        EQU  60
ROW        EQU  28
SCRE       EQU  COL * ROW
BUFFER     DW   SCRE
           MOV  CX,COL
           MOV  BX,ROW
```

需要注意一个问题，EQU（等值伪操作）不允许对同一个符号重复定义。

（二）=（等号伪操作）

格式：名字 = 表达式

“=”（等号伪操作）的功能与 EQU（等值伪操作）的功能基本相同，主要区别在于它

可以对同一个名字重复定义。例如，

```
COUNT = 10
MOV   CX,COUNT;(CX)←10
COUNT = COUNT - 1
MOV   BX,COUNT;(BX)←9
```

二、数据定义伪操作

数据定义伪操作的用途是定义一个变量的类型，给存储器赋初值，或者仅仅给变量分配存储单元，而不赋予特定的值。

下面先介绍几种常用的、比较简单的数据定义伪操作，然后再简要介绍用于说明较为复杂的数据类型的记录（RECORD）和结构（STRUC）伪操作。

常用的数据定义伪操作有下列 5 种：

- DB 定义字节。
- DW 定义字（2 个字节）。
- DD 定义双字（4 个字节）。
- DQ 定义四字（8 个字节）。
- DT 定义十字节（10 个字节）。

上述 5 种数据定义伪操作的一般格式为：

［变量名］　伪操作　操作数　［，操作数…］

方括号中的变量名为任选项，可以有，也可以没有。变量名后面不跟冒号。伪操作后面的操作数可以不止一个。如有多个操作数，互相之间应该用逗号分开。

（一）DB（Define Byte）

DB 定义变量的类型为 BYTE，可给变量分配字节或字节串。DB 伪操作后面的操作数每个占有 1 个字节。

（二）DW（Define Word）

DW 定义变量的类型为 WORD，DW 伪操作后面的操作数每个占有 1 个字，即 2 个字节。在内存中存放时，低位字节在前，高位字节在后。

（三）DD（Define Double Word）

DD 定义变量的类型为 DWORD，DD 伪操作后面的操作数每个占有 2 个字，即 4 个字节。在内存中存放时，低位字在前，高位字在后。

（四）DQ（Define Quadword）

DQ 定义变量的类型为 QWORD，DQ 伪操作后面的操作数每个占有 4 个字，即 8 个字节。在内存中存放时，低位双字在前，高位双字在后。

（五）DT（Define Tenbytes）

DT 定义变量的类型为 TBYTE。DT 伪操作后面的操作数每个为 10 个字节的压缩 BCD 数。

数据定义伪操作后面的操作数可以是常数、表达式或字符串，但每项操作数的值不能超过由伪操作所定义的数据类型限定的范围。例如，DB 伪操作定义数据的类型为字节，则其范围为无符号数：0~255；带符号数：-128~+127，等等。字符串必须放在单引号中，另外，超过两个字符的字符串只能用于DB伪操作。请看下列语句：

```
DATA     DB  100,0FFH                        ;存入64H,FFH
EXPR     DB  2*3+7                           ;存入0DH
STR      DB  'WELCOME!'                      ;存入8个字符
AB       DB  'AB'                            ;存入41H,42H
BA       DW  'AB'                            ;存入42H,41H
ABDD     DD  'AB'                            ;存入42H,41H,00,00
OFFAB    DW  AB                              ;存入变量AB的偏移地址
ADRS     DW  TABLE,TABLE+5,TABLE+10          ;存入3个偏移地址
TOYAL    DD  TABLE                           ;先存TABLE的偏移地址,再存段
                                              地址
NUM      DQ 0011223344556677H                ;存入77H,66H,55H,55H,44H
                                             ;33H,22H,11H,00H
DEC1     DT  1234567890H                     ;存入90H,78H,56H,34H,12H
                                             ;00, 00, 00, 00, 00
HEXTAB   DB 01,02,03,04,05,06,07,08,09
         DB 0AH,0BH,0CH,0DH,0EH,0FH
```

以上第一和第二条语句中，分别将常数和表达式的值赋予一个变量。第三条语句的操作数是包含8个字符的字符串（只有DB伪操作才能用）。在第四、五、六条语句中，注意伪操作DB、DW、DD的区别，虽然操作数均为“AB”两个字符，但存入变量的内容各不相同。第七条语句的操作数是变量AB，而不是字符串，此句将AB的16位偏移地址存入变量OFFAB。第八条语句存入3个等距的偏移地址，共占6个字节。第九条语句中的DD伪操作将TABLE的偏移地址和段地址顺序存入变量TOTAL，共占2个字。第十条语句将4个字存入变量NUM。第十一条语句将一个10字节的压缩BCD数赋予变量DEC，其中高位的5个字节均为00。最后两句将一张十六进制表存到变量HEXTAB。

除了常数、表达式和字符串外，问号“?”也可以作为数据定义伪操作的操作数，此时仅给变量保留相应的存储单元，而不赋予变量某个确定的初值。

当同样的操作数重复多次时，可用重复操作符“DUP”表示，其形式为

nDUP（初值[，初值…]）

圆括号中为重复的内容，n为重复数。如果用“nDUP（?）”作为数据定义伪操作的唯一操作数，则汇编程序产生一个相应的数据区，但不赋予任何初值。重复操作符“DUP”可以嵌套。下面是用问号或“DUP”表示操作数的几个例子：

```
FILLER      DB?
SUM         DW?
            DB?,?,?
BUFFER      DB 10 DUP(?)
ZERO        DW 30 DUP(0)
MASK        DB 5 DUP('OK!')
```

```
ARRAY          DB 100 DUP(3DUP(8),6)
```

其中第一和第二条语句分别给字节变量 FILLER 和字变量 SUM 分配存储单元，但不赋予特定的值。第三条语句给一个没有名称的字节变量赋予 3 个不确定的值。第四条语句给变量 BUFFER 分配 10 个字节的存储空间，但不赋予任何初值。第五条语句给变量 ZERO 分配一个数据区，共 30 个字（即 60 个字节），每个字的内容均为零。第六条语句定义一个数据区，其中有 5 个重复的字符串' OK！'，共占 15 个字节。最后一句将变量 ARRAY 定义为一个数据区，其中包含重复 100 次的内容：8，8，8，6，共占 400 个字节。

三、段和模块定义伪操作

前已述及，汇编语言源程序的结构是分段形式，即一个汇编语言源程序由若干个逻辑段组成，所有指令、变量等都分别存放在各个逻辑段内。

段定义伪操作的用途是在汇编语言源程序中定义逻辑段。常用的段定义伪操作有 SEGMENT、ENDS 和 ASSUME 等。

（一）SEGMENT/ENDS

格式：

段名 SEGMENT ［定位类型］［组合类型］［'类别'］

⋮

段名　ENDS

SEGMENT 伪操作用于定义一个逻辑段，给逻辑段赋予一个段名，并以后面的任选项（定位类型、组合类型、类别）规定该逻辑段的其他特性。SEGMENT 伪操作位于一个逻辑段的开头，表示开始，而 ENDS 伪操作则表示一个逻辑段的结束。在汇编语言源程序中，这两个伪操作总是成对出现，二者前面的段名必须一致。两个语句之间的部分即是该逻辑段的内容。

例如，对于代码段，其中主要有 CPU 指令及其他伪操作；对于数据段和附加段，主要有定义数据区的伪操作等。一个源程序中逻辑段的段名可以各不相同，但也允许相同。

SEGMENT 伪操作后面还有 3 个任选项：定位类型、组合类型和'类别'。在上面的格式中，它们都放在方括号内，表示可有可无。如果有，三者的顺序必须符合格式中的规定。这些任选项是给汇编程序和连接程序（LINK）的命令。

SEGMENT 伪指令后面的任选项告诉汇编程序和连接程序，如何确定段的边界以及如何组合几个不同的段等。下面分别进行讨论。

1. 定位类型（Align）

定位类型任选项告诉汇编程序如何确定逻辑段的边界在存储器中的位置。定位类型共有以下 4 种：

（1）PARA　PARA 表示逻辑段从一个节（Paragraph）的边界开始。通常 16 个字节称为一个节，故本段的开始地址（十六进制）应为××××0H。如果省略定位类型任选项，则默认其为 PARA。

（2）BYTE　BYTE 表示逻辑段从字节边界开始，即可以从任何地址开始。此时本段的起始地址紧接在前一个段的后面。

(3) WORD　WORD 表示逻辑段从字的边界开始。2 个字节为 1 个字，此时本段的起始地址必须是偶数。

(4) PAGE　PAGE 表示逻辑段从页的边界开始。通常 256 字节称为一页，故本段的起始地址（十六进制）应为×××00H。

为了说明上述几种定位类型的区别，请看下面的例子。这个例子不是一个实用程序，仅用以说明定位类型任选项的意义。

例 5-2　SEGMENT 伪操作的定位类型应用举例。

```
STACK   SEGMENT   STACK              ;STACK 段,定位类型无
    DB   100DUP(?)                   ;长度为 100 字节
STACK   ENDS                         ;STACK 段结束
DATA1   SEGMENT   BYTE               ;DATA1 段,定位类型 BYTE
STRING   DB "This is an examble! "   ;长度为 19 字节
DATA1   ENDS                         ;DATA1 段结束
DATA2   SEGMENT   WORD               ;DATA2 段,定位类型 WORD
BUFFER   DW 40 DUP(0)                ;长度为 40 字,即 80 字节
DATA2   ENDS                         ;DATA2 段结束
CODE1   SEGMENT PAGE                 ;CODE1 段,定位类型 PAGE
              ⋮                      ;假设 CODE1 段长度为 13 字节
CODE1   ENDS                         ;CODE1 段结束
CODE2    SEGMENT                     ;CODE2 段,定位类型无
              ⋮                      ;假设 CODE2 段长度为 52 字节
START   MOV AX,STACK
        MOV SS,AX
              ⋮
CODE2   ENDS                         ;CODE2 段结束
        ENDS   START                 ;源程序结束
```

本例的源程序中共有 5 个逻辑段,它们的段名和定位类型分别为：

STACK 段　　PARA
DATA1 段　　BYTE
DATA2 段　　WORD
CODE1 段　　PAGE
CODE2 段　　PARA

已经知道其中 STACK 段的长度为 100 字节（64H）；DATA1 段的长度为 19 字节（13H）；DATA2 段的长度为 40 个字，即 80 字节（50H）。CODE1 段占用 13 字节（0DH），CODE2 段占用 52 字节（34H）。

如果将以上程序进行汇编和连接，然后再来观察各逻辑段的目标代码或数据装入存储器的情况。

第一逻辑段是 STACK 段，该段在存储器中的位置为 00000H～00063H。随后是 DATA1 段，其定位类型为 BYTE，故紧接在上一个段后面，从 00064H 开始，到 00076H 为止。DATA2段的定位类型为 WORD，其起始地址必须是偶数，因此从 00078H 开始，到 000C7H 为止。CODE1 段的定位类型为 PAGE，本段应从页的边界开始，即从 00100H 开始，到

0010CH 为止。最后一个逻辑段为 CODE2，若段定义伪操作语句后面没有定位类型任选项，则默认为 PARA，段的起始地址应是一个节的边界，故从 00110H 开始，到 00143H 结束。

例 5-2 的源程序中各逻辑段的起始地址和结束地址见表 5-3。由表可以清楚地看出，SEGMENT 伪操作的定位类型不同，对段起始边界的规定也不相同。

表 5-3　各逻辑段的起始地址和结束地址

段名	定位类型	字节数	起始地址	结束地址
STACK	PARA	100(64H)	00000H	00063H
DATA1	BYTE	19(13H)	00064H	00076H
DATA2	WORD	80(50H)	00078H	000C7H
CODE1	PAGE	13(0DH)	00100H	0010CH
CODE2	PARA	52(34H)	00110H	00143H

2. 组合类型

SEGMENT 伪操作的第二个任选项是组合类型，它告诉汇编程序当装入存储器时各个逻辑段如何进行组合。组合类型共有以下 6 种：

（1）不组合　如果 SEGMENT 伪操作的组合类型任选项默认，则汇编程序认为这个逻辑段是不组合的。也就是说，不同程序中的逻辑段，即使具有相同的段名，也分别作为不同逻辑段装入内存，不进行组合。

但是，对于组合类型任选项默认的同名逻辑段，如果属于同一个程序模块，则被集中成为一个逻辑段。

（2）PUBLIC　用 PUBLIC 连接时，对于不同程序模块中的逻辑段，只要具有相同的段名，就把这些段集中为一个逻辑段装入内存。

（3）STACK　组合类型为 STACK 时，其含意与 PUBLIC 基本一样，即不同程序模块中的逻辑段，只要段名相同，就集中为一个逻辑段。不过，组合类型 STACK 仅限于作为堆栈区域的逻辑段使用。

（4）COMMON　用 COMMON 连接时，对于不同程序中的逻辑段，如果具有相同的段名，则都从某一个地址开始装入，因而各个逻辑段将发生重叠。连接以后段的长度等于原来最长的逻辑段的长度。重叠部分的内容是最后一个逻辑段的内容。

（5）MEMORY　MEMORY 表示当几个逻辑段连接时，本逻辑段定位在地址最高的地方。如果被连接的逻辑段中有多个段的组合类型都是 MEMORY，则汇编程序将首先遇到的段作为 MEMORY 段，而其余的段均当作 COMMON 段处理。

（6）AT 表达式　AT 表达式这种组合类型表示本逻辑段根据表达式求值的结果定位段地址。例如，AT 8A00H 表示本段的地址为 8A00H，即本段从存储器的物理地址 8A000H 开始装入。

3. '类别'

SEGMENT 伪操作的第三个任选项是类别，类别名必须放在单引号内。类别的作用是在连接时决定各逻辑段的装入顺序。当几个程序模块进行连接时，其中具有相同类别名的逻辑段被装入连续的内存区。类别名相同的逻辑段按出现的先后顺序排列。没有类别名的逻辑段与其他无类别名的逻辑段一起连续装入内存。

（二）ASSUME

格式：ASSUME 段寄存器名：段名［，段寄存器名：段名［，…］］

对于8086/8088CPU而言，以上格式中的段寄存器名可以是CS、DS、ES或SS。段名可以是曾用SEGMENT伪操作定义过的某一段名或者组名，可以是在一个标号或变量前面加上分析运算符SEG所构成的表达式，还可以是关键字NOTHING。

ASSUME伪操作告诉汇编程序，将某一个段寄存器设置为某一个逻辑段的段基址，即明确指出源程序中的逻辑段与物理段之间的关系。当汇编程序汇编一个逻辑段时，即可利用相应的段寄存器寻址该逻辑段中的指令或数据。关键字NOTHING表示取消前面用ASSUME伪操作对这个段寄存器的设置。下面是几个例子。

```
ASSUME  CS: CODE, DS: DATA1, ES: DATA2, SS: STACK
ASSUME  DS: SEG AREA1
ASSUME  ES: NOTHING
```

在一个源程序中，ASSUME伪操作应该放在可执行程序开始位置的前面。还需指出一点，ASSUME伪操作只是通知汇编程序有关段寄存器与逻辑段的关系，并没有给段寄存器赋予实际的初值。赋值工作必须通过CPU指令（MOV指令）来完成。其中代码段寄存器CS不要求用户赋初值。例如，

```
CODE  SEGMENT
      ASSUME  CS:CODE,DS:DATA1,SS:STACK
      MOV  AX,DATAl
      MOV  DS,AX
      MOV  AX,STACK
      MOV  SS,AX
CODE  ENDS
```

以上讨论的是完整的段定义方法。MASM 5.0版本提供了一种新的简化的段定义的方法。使用简化的段定义伪操作将使汇编语言源程序的设计更加简单方便。

由于篇幅有限，不能对简化的段定义伪操作进行详尽的介绍。如果读者有兴趣，可自行查阅有关资料。

四、过程定义伪操作

过程定义伪操作PROC/ENDP

```
过程名  PROC[NEAR/FAR]
        ⋮
        RET
过程名  ENDP
```

其中PROC伪操作定义一个过程，赋予过程一个名字，并指出该过程的类型属性为NEAR或FAR。如果没有特别指明类型，则认为过程的类型是NEAR。伪操作ENDP标志过程的结束。上述两个伪操作前面的过程名必须一致。

当一个程序块被定义为过程后，程序中的其他地方就可以用CALL指令调用这个过程。调用一个过程的格式为

CALL　过程名

过程名实质上是过程入口的符号地址，它和标号一样，也有3种属性：段、偏移量和类型。过程的类型属性可以是NEAR或FAR。类型为NEAR的过程可以在段内被调用；类型为FAR的还可以被其他段调用。

一般来说，被定义为过程的程序块中应该有返回指令RET，但不一定是最后一条指令，也可以有不止一条RET指令。执行RET指令后，控制返回到调用指令的下一条指令。

过程的定义和调用均可嵌套。例如，

```
NAME1       PROC        FAR
                 ⋮
      CALL       NAME2
                 ⋮
                 RET
      NAME2      PROC     NEAR
                 ⋮
                 RET
NAME2            ENDP
NAME1            ENDP
```

上面过程NAME1的定义中包含着另一个过程NAME2的定义。NAME1本身是一个可以被调用的过程，而它也可以再调用其他过程。

五、结束伪操作

格式：END［标号｜过程名］

作用：表示源程序结束，汇编程序对源程序汇编时，遇到END则结束汇编。其中，标号表示程序开始执行的起始地址。若有多个模块相连接，则只有主模块要使用标号，其他模块只使用END而不必指定标号。

第三节　汇编语言程序设计

一、概述

设计一个好的程序，不仅应该满足设计要求，能正常运行，实现预定的功能，还应满足以下条件：

- 程序要结构化（简明、易读、易调试）。
- 执行速度快。
- 占用存储空间少（即存储容量小）。

汇编程序的基本步骤如下：

1）分析问题，描绘出数学模型。

2）确定算法。

3）绘制程序框图。

4）分配存储器及工作单元。

5）编制程序。

6）静态检查。

下面借例5-3来具体说明程序设计的步骤。

例5-3 编写一个程序，以查找一定内存单元中最大的自然数。

1. 分析问题，确定数学模型

拿到一个问题后，首先要全面分析它，看它给出了什么条件，有些什么特点，找出其规律性，归纳出数学模型。

就本例而言，内存中有一串数据，里面存放着若干个自然数，要在这些自然数中通过比较找出最大数，也就是在一个集合中找出最大数，记为 max {s}。由于本例比较简单，数学模型也很简单，可以不必写出。但是，遇到复杂的数学计算时，就有必要建立数学模型。

2. 确定算法

如果已有了数学模型，能够直接利用或间接利用一些计算方法是最好的，如果没有现成的方法可以利用，就需要我们自己总结算法。

在本例中，我们可以归纳算法思想：建立一个数据指针指向数据区的首地址。将第一个数据送入某个寄存器中，与下一个数比较，若下一个数较大，就将它送入寄存器中，否则不理它，然后调整数据指针，再与下一个数比较，直到比较完毕，最后这个最大数就存放在寄存器中了。

3. 绘制流程图

流程图一般是利用一些带方向的线段、框图等直观地描述解决问题的先后次序，在大多数情况下，应先画出粗框图，再逐步求精，对于复杂问题，程序要分成一个个模块，画出模块结构图。本程序流程图如图5-1所示。

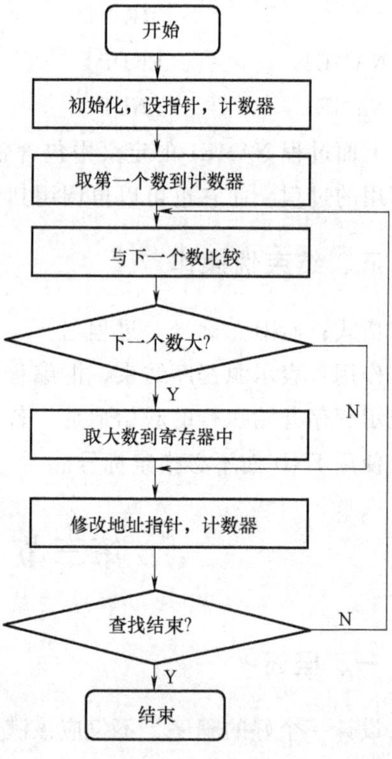

图5-1 程序流程图

4. 分配存储空间和工作单元

8086/8088存储器结构要求存储空间分段使用，因此要分别定义数据段、堆栈段、代码段以及附加段，工作单元可以设置在数据段中的某些存储单元，但最好是CPU寄存器。

我们可以定义一个堆栈空间，用BX寄存器作数据指针，用CX作计数器，用AX存最大数。

5. 编写程序

例5-3的程序如下：

```
DATA     SEGMENT
SH       DB 85,80,75,61,……          ;定义数据区
DATA     ENDS
STACK    SEGMENT  PARA  STACK  'STACK'
         DB  100  DUP(?);定义一个 100 个字节的堆栈空间
STACK    ENDS
CODE     SEGMENT
ASSUME   CS:CODE,DS:DATA,SS:STACK
START    PROC  FAR
         PUSH  DS
         MOV   AX,0
         PUSH  AX                    ;保护返回地址
         MOV   AX,DATA
         MOV   DS,AX                 ;设置数据段寄存器
         MOV   BX,OFFSET  SH         ;设置数据指针
         MOV   CX,COUNT              ;设置计数器
         DEC   CX
         MOV   AL,[BX]               ;取第一个数
LOP:     INC   BX                    ;调整指针
         CMP   AL,[BX]               ;与下一个数比较
         JAE   NEXT                  ;下一个数不大转移
         MOV   AL,[BX]               ;取这个数送入 AL
NEXT:    DEC CX                      计数器减 1
         JNE   LOP                   ;计数器≠0,转移到 LOP
         RET
START    ENDP
CODE     ENDS
         END
```

6. 静态检查

程序编好后，要进行静态检查，看程序是否具备所要求的功能，程序是否清晰易读，选用的指令的字节数应尽量少、执行速度快，易错的地方要重点检查，检查无误后才可上机调试。

程序的基本结构有 3 种形式：顺序结构、分支结构和循环结构。

二、顺序程序设计

顺序结构程序本身很简单，按程序的编写顺序逐条执行。它依赖于计算机能够顺序执行语句的特点，只要语句安排的顺序是正确的就可以了。

例如，把非压缩的十进制数 DAT1 转化为压缩的十进制数。

完成上述功能的程序段为：

```
MOV    AX,DAT1                  ;例如 AX = 0204H
MOV    CL,4
SAL    AH,CL                    ;AH = 20H,AX = 2004H
ROL    AX,CL                    :AL = 0042H
ROL    AL,CL                    ;AL = 24H,所以 AX = 0024H
MOV    BYTE  PTR  DAT1,AL       ;DAT1 中为 24H 为压缩
       ⋮                        ;的十进制数
```

三、分支程序设计

通常情况下，程序始终按顺序执行的情况是不多见的，一般都会有分支。这就需要用到分支结构程序。

通常程序的分支要由两个步骤完成：①判断条件是否满足，并把判断后的结果记录在标志寄存器中；②根据标志寄存器的内容实现转移。

分支结构程序一般要用到转移指令、比较判断指令，例如，两数比较指令 CMP，两个串比较指令 CMPS、串搜索指令 SCAS 以及无条件转移指令 JMP 和各种有条件的转移指令。它们可以互相配合来实现不同情况的分支。

汇编语言的分支结构可以分为以下几种情况。

（一）不完全分支结构

不完全分支结构比较简单，当不满足条件时会跳过一些语句，执行下面的语句，其框图如图 5-2 所示。

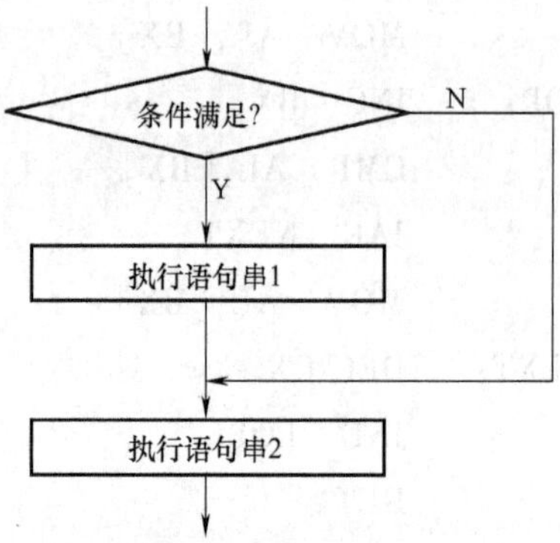

图 5-2　不完全分支结构框图

（二）完全分支结构

在汇编语言中会有这样的判断分支——顺序执行的程序遇到判断后分成两支进行，它是计算机判断事物的基本方法，许多复杂的判断推理可以归纳为它。其框图如图 5-3 所示。

例 5-4　把内存中某一区域的源数据块传送到另一区域。

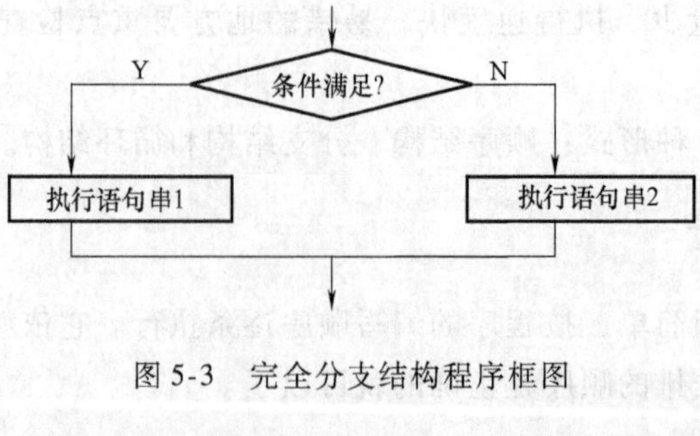

图 5-3　完全分支结构程序框图

该例的框图如图 5-4 所示。

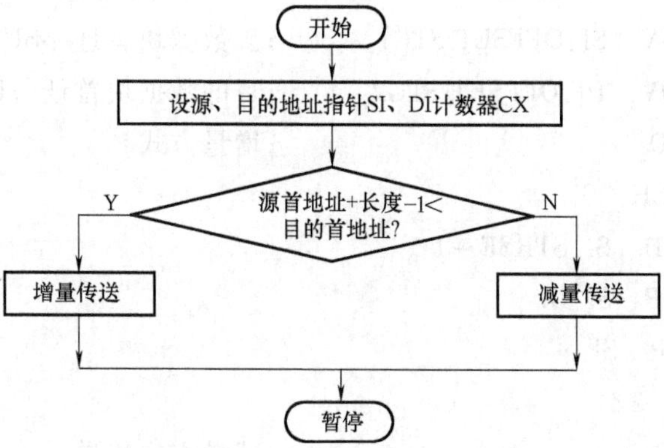

图 5-4 程序框图

题目分析：本题要求进行数据块的传送，如果源数据块与目的数据块之间的地址没有重叠，可以用串操作中的传送指令实现。如果它们之间的地址重叠，再用上述指令就不可以。这要求我们先进行一个判断，看一看源地址加数据块长度是否小于目的地址。如果是，可以按增量方式进行传递；如果不是，就要把指针修改为指向数据的底部，然后采用减量方式传递。

具体程序为：

```
DATA    SEGMENT
STRG    DB      1000DUP(?)
STG1    EQU     STRG+7
STG2    EQU     STRG+25
STRSE   EQU     50
DATA    ENDS
STACK   SEGMENT     STACK    'STACK'
SPP     DB    100DUP(?)
STACK     ENDS
CODE    SETMENT
        ASSUME  CS:CODE,DS:DATA,SS:STACK
BIN     PROC   FAR
        PUSH   DS
        MOV   AX,0
        PUSH   AX
        MOV   AX,DATA
        MOV    DS,AX
        MOV   AX,STACK
```

```
            MOV   SS,AX
            MOV   CX,STRSE
            MOV   SI,OFFSET STG1         ;源数据块首址→SI
            MOV   DI,OFFSET STG2         ;目的数据块首址→DI
            CLD                          ;增量方式
            PUSH  SI
            ADD   SI,STRSE - 1
            CMP   SI,DI
            POP   SI
            JL    ZZ
            STD                          ;减量方式传送
            ADD   SI,STRSE - 1           ;指向数据的底部
            ADD   DI,STRSE - 1
ZZ:         REP   MOVSB                  ;重复传送 50 个数据
            RET
BIN         ENDP
CODE        ENDS
            END
```

四、循环程序设计

顺序程序中源程序语句的语句个数就是计算机执行的语句，即设计的语句个数等于执行语句的个数，而在实际应用中，往往需要重复执行某些指令，这就要用循环程序来实现，下面借例 5-5 来说明循环程序的设计技巧。

例 5-5 设 a1，a2，a3，…，a100 是已知数，求这 100 个数的和。

具体程序为：

```
DATA        SEGMENT
SE          DW   a1,a2,…,a10
            DW   a11,a12,…,a20
            ⋮
            DW   a91,a92,…,a100
Y           DW?
DATA        ENDS
STACK       SEGMENT   PARA   STACK'STACK'
            DB   100DUP(?)
STACK       ENDS
CODE        SEGMENT
            ASSUME   CS:CODE,DS:DATA,SS:STACK
```

```
GO      PROCFAR
        PUSH  DS
        MOV   AX,0
        PUSH  AX
        MOV   AX,DATA
        MOV   DS,AX
        MOV   AX,STACK
        MOV   SS,AX
        MOV   AX,0
        ADD   AX,SE
        ADD   AX,SE +2
        ADD   AX,SE +4
        ⋮                  ;加 100 次
        ADD   AX,SE +198
        MOV   Y,AX
        RET
GO            ENDP
CODE          ENDS
        END
```

以上程序中求和 100 次。这样设计程序当然很烦琐。因为数据是有规律存放的，每加一项所用的指令都是一样的。只是数据的地址不一样，所以可以用间接寻址的方法，将数据地址放在寄存器中，用寄存器加 1 指令修改地址。由此，上述程序可以改写成：

```
1   MOV AX,0
2   MOV BX,OFFSET SE        ;初始化
3   MOV CX,100
4   LOP:ADD AX,[BX]         ;循环体
5   INC BX
6   INC BX                  ;修改部分
7   DEC CX
8   JNE LOP                 ;控制部分
9   MOV   Y,AX
      HLT
```

这个程序中，前三条指令是为循环创造条件，称为初始化部分。第四条指令是循环核心，包括要求重复执行的指令，称作循环体，第五、六条指令是修改部分，它修改操作数的地址，保证每次参加运算取不同数据，第七、八条指令是控制部分，它用 CX 作计数器。每循环一次，CX 减 1，直至减到 0，作为循环结束条件，以达到控制循环次数的目的。第九条指令是结果处理部分。

显而易见，循环程序缩短了程序的长度，而且也缩短了程序的执行时间，所以凡是可以采用循环结构的地方要尽量采用它。

循环程序有两种基本结构形式。

1. “先执行，后判断” 结构

在这种结构中，进入循环后，先执行一次循环体，再判断循环是否结束。也就是说，这种结构至少执行一次循环体。

例 5-6 统计一个数据块中负数的个数。

题目分析：一个字节带符号数中，最高位为 1 的数就是负数。要想统计出负数的个数，先要查看每一个数的符号位，并统计其最高位为 1 的数的个数。

程序流程图如图 5-5 所示。

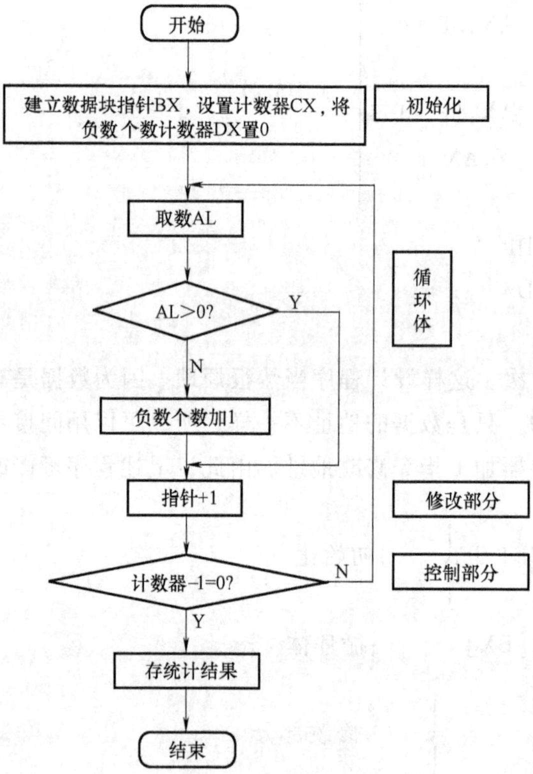

图 5-5 程序流程图

其对应的程序为：

```
DATA      SEGMENT
DDA       D8  9，-8,7，-6，-5，……
RR        DW ?
DATA      ENDS
STACK     SEGMENT  STACK
```

```
              DB   100DUP(?)
    STACK     ENDS

CODE          SEGMENT
ASSUME        CS:CODE,ES:DATA,SS:STACK
START         PROCFAR
              PUSH  DS
              MOV   AX,O
              PUSH  AX
              MOV   AX,DATA
              MOV   DS,AX
              MOV   AX,STACK
              MOV   SS,AX
              MOV   BX,OFFSET DDA        ;建数据指针
              MOV   CX,RR-DDA            ;设置计数器初值
              MOV   DX,O                 ;设置统计结果初值
LOP:          MOV   AL,[BX]
              CMP   AL,O
              JCE   JUS
              INC   DX
JUS:          INC   BX
              DEC   CX
              JNZ   LOP
              MOV   RR,DX
              RET
START         ENDP
CODE          ENDS
              END
```

2. “先判断，后执行” 结构

这种结构与上一种相对应，它的特点是进入循环后，先判断循环结束的条件，再根据判断结果决定是否执行循环体。这种情况下，如果一进入循环就满足循环结束条件，就会一次也不执行循环体，即循环次数为零。

当可以确保一个循环程序在任何运行条件下都不会出现循环次数为零的情况，采用哪种方法都可以，当不能确保时，用后一种结构形式为好，其框图如图 5-6 所示。

AX 寄存器有一个 16 位二进制数，编程序将其值为 1 的位加起来求和，统计值存入 BX。这个程序可采用“先判断，后执行”，如果 AX 寄存器中的数为全 0，则就不进行统计了。

由以上的介绍可以看出，循环结构程序是分支结构程序的一种，它表示分支程序中有一支转回到原来的支上，因而实现分支的语句也能构造循环程序。

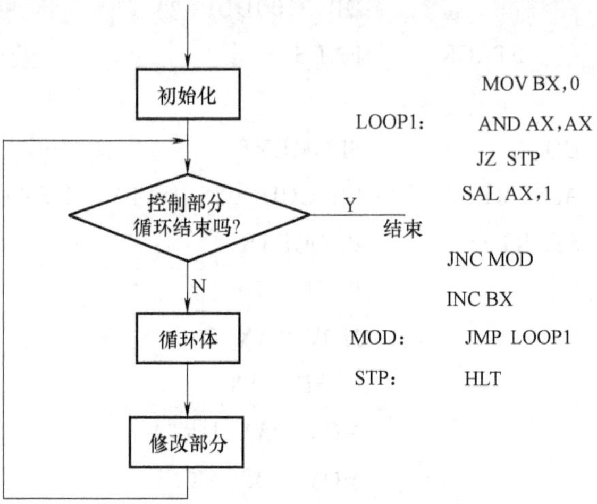

图 5-6 程序流程图

五、子程序设计

（一）子程序与主程序的概念

由以前的介绍可知，在编制程序时，遇到在不同位置上或不同程序段中有相同的语句串时，可以将它们抽出来，形成一个子程序作为公用。而原来的程序就称为主程序或调用程序。主程序向子程序的转移叫转子程序，也可以叫子程序。子程序又可以称为过程。

编制子程序不但可以使主程序结构清晰，而且节省了内存空间。其实主程序与子程序的概念是相对的，如图 5-7 所示。

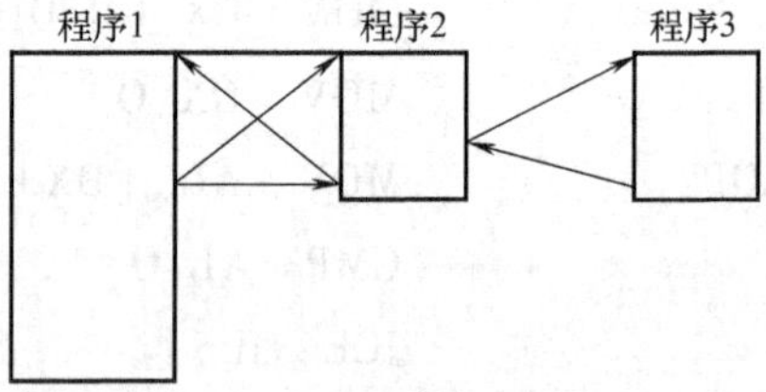

图 5-7 程序调用示意图

在图中，程序 1 两次调用程序 2，可见程序 1 是程序 2 的主程序，而程序 2 是程序 1 的子程序。但程序 2 又调用了程序 3，那么程序 2 又是程序 3 的主程序，而程序 3 是程序 2 的子程序。这种子程序中套子程序的程序称为多重转子程序。

子程序还可以直接或间接地调用自己，这种子程序称为递归子程序，这样的调用称为递归调用。

（二）子程序与主程序的信息交换与现场保护

1. 信息交换

主程序与子程序在一般情况下需要交换信息，主程序在少数情况下可以无参调用子程序，但多数情况下需要向子程序传递参数，子程序执行的结果总要传送给主程序。

主程序与子程序交换的信息可以是操作数，也可以是变量。通常主程序与子程序交换信息有以下 3 种方式：

（1）通过寄存器交换信息　8086/8088 的通用寄存器，每个都可以作主、子程序的信息交换使用。因为 8086/8088 的指令大多数操作都要在寄存器中进行，用寄存器传递信息，可以直接进行运算。

例 5-7　求 $y=(x^2+x\cdot f(x))\cdot f(x^2)$。

其中 $f(t)=4t^3+2t^2+3t+7=((4t+2)\cdot t+3)\cdot t+7$。

题目分析：这个例题中，两处用到函数 f(x)，如果在主程序中按顺序写会造成时间和存储空间上的浪费，所以可以将求函数的值的部分定义为一个过程，主程序在用到它时会调用它。我们可以使主程序中的自变量 x 送入寄存器 CX 中，子程序 f(x) 把运算的结果放入 AX 中，便实现了主程序与子程序信息的交换。该例的程序为：

```
DATA        SEGMENT
X           DW2
Y           DW?
DATA        ENDS
STAC        SEGMENT    STACK
STA         DW   100DUP(?)
STAC        ENDS
CODEG       SEGMENT    'CODE'
ASSUME      CS:CODEG,DS:DATA,SS:STAC
BEG:        MOV    AX,DATA
            MOV    DS,AX
            LEA    SP,STA+200
            MOV    CX,X              ;CX=x
            CALL   FX                ;AX=f(x)
            MUL    X                 ;AX=x·f(x)
            MOV    BX,AX             ;BX=x·f(x)
            MOV    AX,X
            MUL    AX                ;AX=x²
            ADD    BX,AX             ;BX=x²+x·f(x)
            MOV    CX,AX             ;CX=x²
            CALL   FX                ;CX=x²
            MUL    BX                ;AX=(x²+x·f(x))·f(x²)
            MOV    Y,AX
            MOV    AH,4CH
            INT    21H
FX          PROC   NEAR
            MOV    AX,4
            MUL    CX                ;AX=4x
            ADD    AX,2              ;AX=4x+2
            MUL    CX                ;AX=(4x+2)·x
            ADD    AX,3              ;AX=((4x+2)·x+3)
            MUL    CX                ;AX=((4x+2)·x+3)·x
            ADD    7                 ;AX=((4x+2)·x+3)·x+7
                                         =4x³+2x²+3x+7
            RET
```

```
FX          ENDP
CODEG       ENDS
END         BEG
```

这种利用寄存器来传递信息的方法对于段内的子程序来说是很方便的。

(2) 通过内存变量传递信息　主、子程序可以利用指定的内存变量来交换信息，这种方法便于交换信息的保存。例如上例中可以在主程序把自变量 x 提供在变量 t 中，子程序 f(x) 到 t 中取得信息使用。

由于 8086/8088 指令中有一部分指令可以直接使用内存变量参与操作，因此可以根据程序的执行步骤，有时用寄存器传递信息，有时用内存变量传递信息。

例如上例中主程序可以把给子程序的信息通过内存变量 t 传递，而子程序给主程序的返回结果可以通过寄存器 AX 传递，所以函数 f(x) 的过程可以写成如下形式（假设 t 中为自变量信息）：

```
FX      PROC    NEAR
        MOV     AX,4
        MUL     t
        ADD     AX,2
        MUL     t
        ADD     AX,3
        MUL     t
        ADD     AX,7
        RET
        FX      ENDP
```

经过不断的实践，我们会发现上述两种方法各有千秋。一般情况下，当主、子程序交换信息较少时，用寄存器传递较适宜；而当主、子程序要交换的信息较多时，更宜于用内存变量传递。

(3) 用堆栈传递信息　8086/8088 在内存中开辟一段堆栈区，用它来传递主、子程序之间的信息是一种行之有效的办法。

例 5-8　将两个给定的二进制数从高位到低位转换为二进制数的 ASCII 码。如 10110101B 对应的二进制数的 ASCII 码为 31H，30H，31H，31H，30H，31H，30H，31H。

子程序 BINASC 设计成可以完成 8 位或 16 位二进制数的转换，DX 中存放待转换的二进制数，DI 存放转换好的 ASCII 码首址，CX 存放转换的二进制位数。源程序如下：

```
DATA        SEGMENT
BIN1        DB  35H
BIN2        DW  0AB48H
ASCBUF      DB  20H  DUP(?)
DATA        ENDS
STACK1      SEGMENT  PARA  STACK
```

```
STA         DW   20H  DUP(?)
STACK1      ENDS
COSEG       SEGMENT
            ASSUME  CS:COSEG,DS:DATA,SS:STACK1
BEING:      MOV   AX,DATA
            MOV   DS,AX
            MOV   AX,STACK1
            MOV   SS,AX
            MOV   SP,SIZE  STA
            MOV   AH,BIN1            ;入口参数入栈
            PUSH   AX
            LEA   DI,ASC3BUF
            PUSH   DI
            MOV   AX,8
            PUSH   AX
            CALL   BINASC            ;调用转换子程序
            MOV   AX,BIN2            ;入口参数入栈
            PUSH   AX
            ADD   DI,10H
            PUSH   DI
            MOV   AX,10H
            PUSH   AX
            CALL   BINASC            ;调用转换子程序
            MOV   AH,4CH
            INT   21H                ;转换子程序
BINASC      PROC
            PUSH   DI
            PUSH   CX
            PUSH   DX                ;保护现场
            MOV   BP,SP
            MOV   DX,[BP+12]
            MOV   DI,[BP+10]
            MOV   CX,[BP+08]         ;从堆栈中取入口参数
LOP:        ROL   DX,1
            MOV   AL,DL              ;取一位二进制数
            ANDAL,1
            ADD   AL,30H             ;构成相应的ASCII码
```

```
        MOV   [DL],AL           ;存结果
        INC   DI
        LOOP  LOP
        POP   DX
        POP   CX
        POP   DI                ;恢复现场
        RET   6                 ;返回,SP向下调整6个字节
BINASC  ENDP
COSEG   ENDS
        END   BEING
```

改变程序堆栈的变化情况如图5-8所示。

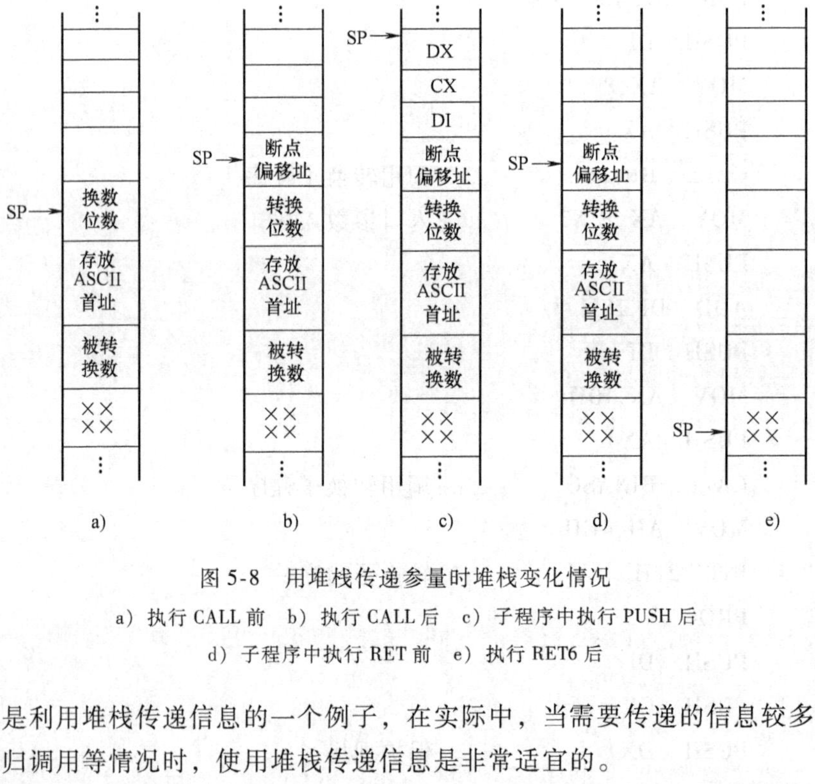

图5-8　用堆栈传递参量时堆栈变化情况

a）执行CALL前　b）执行CALL后　c）子程序中执行PUSH后

d）子程序中执行RET前　e）执行RET6后

以上只是利用堆栈传递信息的一个例子，在实际中，当需要传递的信息较多并且子程序在嵌套、递归调用等情况时，使用堆栈传递信息是非常适宜的。

2. 现场保护

所谓现场，是指主程序转子程序时主程序的CPU状态，它包括标志寄存器、通用寄存器、段寄存器、指令指针寄存器的内容。当子程序返回时，主程序的现场必须保持原来转子程序时的内容，这样主程序才可以正确地执行下去。

在设计主、子程序时，必须保证子程序在执行时不破坏主程序的现场。一般采用以下几种方法：

（1）存储器和寄存器分开使用　由于存储器较多，主程序和子程序可以分开使用，互不干扰。寄存器也可以分开使用，一部分只用于主程序，另一部分只用于子程序。但是由于

寄存器不多，这种方法只能用于简单的程序。

（2）子程序使用临时寄存器和堆栈元素　由于 8086/8088 的指令大多数与寄存器的操作有关，因此子程序就不可避免地要用到寄存器，所以可以指定一两个寄存器作为子程序临时使用，而子程序的其他工作区可以利用堆栈。

（3）保留恢复现场　这种方法可以使主程序的现场保留在堆栈中，然后调用子程序，待子程序运行完毕，回到主程序操作前，恢复现场。

保留与恢复现场的程序可以放在主程序中，也可以放在子程序中。通常在子程序中实现比较好，这样即使遇到粗心的用户忘记在调用前安排，有关内容也不会被破坏。可以保留和恢复全部通用寄存器。

例如，保留和恢复 AX 和 BX 的子程序为：

```
BHC     PROC
        PUSH  AX
        PUSH  BX
        ⋮过程中的语句
        POP  BX
        POP  AX
        RET
BH      ENDP
```

当然，也可以在主程序中保留和恢复。

例如，保留 AX，BX 的主程序为：

```
AHC: ⋮
     PUSH     AX
     PUSH     BX
     CALL     BHC
     POP     BX
     POP     AX
```

值得注意的是，用于为中断服务的子程序，必须在子程序中安排保护指令。因为中断是随机产生的，也就是说，主程序中转入子程序的地点是不固定的，所以无法在主程序中安排保护程序。

第四节　DOS 功能调用

一、概述

DOS（Disk Opration System）和 BIOS（Basic lnput and Output System）为用户提供两组系统服务程序。用户程序可以调用这些系统服务程序。但在调用时，不用 CALL 命令与这些系统服务程序的名称，而采用软中断指令 INTn；用户程序也不必与这些服务程序的代码连接。因此，使用 DOS 和 BIOS 调用编写的程序简单、清晰，可读性好，而且代码紧凑、调试方便。

DOS 是 IBMPC 及 PC/XT 的操作系统，负责管理系统的所有资源、协调微机的操作，其中包括大量的可供用户调用的服务程序。完成设备的管理及磁盘文件的管理。

（一）用户与 DOS 的关系

用户与 DOS 的关系如图 5-9 所示。DOS 的 3 个模块（点画线框内）之间只可单向调用，如图中箭头所示。

用户可以通过两种途径使用 DOS 功能：第一个途径是普通用户从键盘输入命令，DOS 的 COMMAND. COM 模块接收、识别、处理输入的命令。第二个途径是高级用户通过用户程序去调用 DOS 和 BIOS 中的服务程序，高级用户需要对操作系统有较深入的了解。

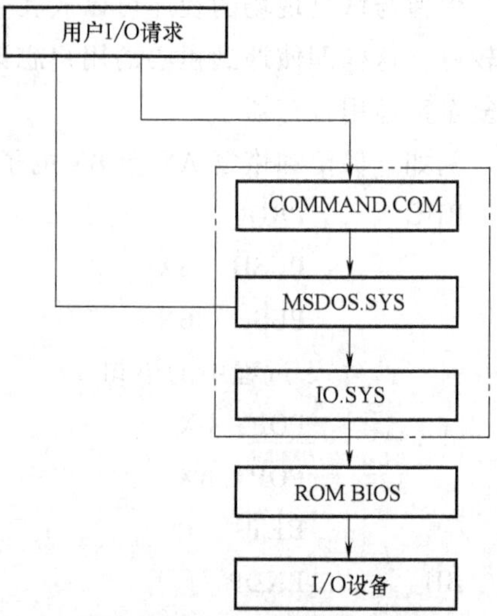

图 5-9 用户与 DOS 的关系

（二）用户程序控制 PC 硬件的方式

一般说来，用户程序通过 4 种方式控制 PC 的硬件。

1. 使用高级语言提供的功能控制硬件

高级语言一般提供一些 I/O 语句，使用方便，但高级语言的 I/O 语句较少，执行速度慢。

2. 使用 DOS 提供的程序控制硬件

DOS 为用户提供的 I/O 程序有近百种，而且是在较高层次上提供的，不需要用户对硬件有太多的了解。使用 DOS 调用的程序可移植性好、I/O 功能多、编程简单、调试方便，其缺点是执行效率较低。

3. 使用 BIOS 提供的程序控制硬件

BIOS 在较低层次上为用户提供了一组 I/O 程序，要求用户对微机的硬件有相当的了解，当然，还不要求用户直接控制外部设备。BIOS 驻留在 ROM 中，独立于任何操作系统。这使得使用了 BiOS 调用的汇编、C、PASCAL 语言程序的可移植性差。因此，若 DOS 和 BIOS 提供的功能相同时，用户应选用 DOS 调用。BIOS 调用的运行效率较高，因此在要求速度的场合下，可以优先考虑 BIOS 调用。而且，BIOS 的一部分功能（如 CRT 的控制）是 DOS 功能调用所不具备的。

4. 直接访问硬件

直接访问硬件这种方法要求用户对外设非常熟悉。此种方式只用于两种情况：为了获得高效率；为了获得 DOS 和 BIOS 不支持的功能。显然，直接访问硬件的程序可移植性很差，在一个厂商生产的机器上可以运行的程序在另一个厂商生产的兼容机上可能无法运行。

综上所述，用户程序可以通过 4 种方法控制系统的硬件。到底选用何种方法，需要根据程序设计人员的水平及程序的要求，包括程序的功能、可移植性、编程的复杂性、目标代码的长度及程序执行的效率等因素决定。DOS 和 BIOS 调用可以用于多种语言，本节只介绍汇编语言调用 DOS 的方法。

二、软中断及系统功能调用

8086/8088 指令系统中，有一种软中断指令 INT n。每执行一条软中断指令，就调用一个相应的中断服务程序。当 n = 5 ~ 1FH 时，调用 BIOS 中的服务程序；当 n = 20 ~ 3FH 时，调用 DOS 中的服务程序。其中，INT 21H 是一个具有多种功能的服务程序，一般称之为 DOS 系统功能调用。

（一）软中断（INT 20H ~ INT 27H）

DOS 软中断的功能、入口参数及出口参数见表 5-4。表中的入口参数是指在执行软中断指令前有关寄存器必须设置的值，出口参数记录的是执行软中断以后的结果及特征，以供用户分析使用。

表 5-4　DOS 软中断

软 中 断	功　能	入 口 参 数	出 口 参 数
INT 20H	程序正常退出		
INT 21H	系统功能调用	AH = 功能号 功能调用相应的入口参数	功能调用相应的出口参数
INT 22H	结束退出		
INT 23H	Ctrl-break 退出		
INT 24H	出错退出		
INT 25H	读盘	CX = 读入扇区数 DX = 起始逻辑扇区号 DS:BX = 缓冲区地址 AL = 盘号	
INT 26H	写盘	CX = 写盘扇区数 DX = 起始逻辑扇区号 DS:BX = 缓冲区地址 AL = 盘号	
INT 27H	驻留退出		
INT 28H INT 2FH	DOS 专用		

DOS 中断的使用方法：首先按照 DOS 中断的规定设置入口参数；其次执行 INT 指令；最后分析出口参数，如下所示：

表 5-4 中的 INT 22H、INT 23H 和 INT 24H 不能为用户直接调用。例如 INT 23H，只有当同时按下 <Ctrl> 和 <Break> 键时才形成 DOS 的 23H 号调用，其功能是终止正在运行的程序，返回操作系统。

INT 25H 绝对读盘，INT 26H 绝对写盘，这两条软中断的调用需要用户熟知磁盘结构，准确指出读/写的扇区号、扇区数、磁盘驱动器，还需要知道与磁盘交换信息的内存缓冲区的首地址，因此这种读/写磁盘的方式较落后，除特殊用途外，基本上已不采用。常用的磁盘读/写的方法将在系统功能调用中介绍。

INT 20H 是两字节指令，其作用是终止正在运行的程序，返回操作系统。这种终止程序的方法只适用于 COM 文件，而不适用于 EXE 文件。

INT 27H 的作用是终止正在运行的程序，返回操作系统。被终止的程序驻留在内存中作为 DOS 的一部分，不会被其他程序覆盖。在其他用户程序中，可以利用软中断来调用这个驻留的程序。

（二）系统功能调用

系统功能调用 INT 21H 是一个具有近 90 个子功能的中断服务程序，这些子功能的编号称为功能号。INT 21H 的功能大致可以分为 4 个方面，即设备管理、目录管理、文件管理及其他。

设备管理主要包括键盘输入、显示器输出、打印机输出、串行设备输入/输出、初始化磁盘、选择当前磁盘、取剩余磁盘空间等。

目录管理主要包括查找目录项、查找文件、置/取文件属性、文件改名等。

文件管理主要包括打开、关闭、读/写、删除文件等，这是 DOS 提供给用户的最重要的系统功能调用。

其他功能有终止程序、置/取中断矢量、分配内存、置/限日期及时间等。

系统功能调用 INT 21H 的使用方法如下：

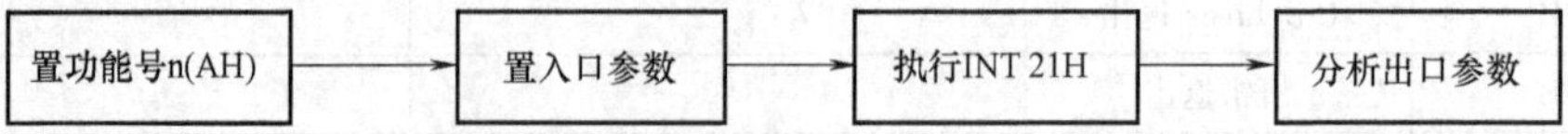

下面介绍 INT 21H 的主要功能。

1. 键盘输入

IBM PC 及 PC/XT 键盘上的按键分为 3 种类型：

第一类是字符键，如字母、数字、字符等。按下此类键，即可输入此键相应的编码。

第二类是功能键，如 <Backspace>、<Home>、<End>、<Del>、<PgUp>、<PgDn>、<F1> ~ <F10>等。按下此类键，可以产生一个动作。例如，按下<Backspace>可以使光标向左移动一个位置。

第三类是组合键及双态键，如<Shift>、<Alt>、<Ctrl>、<Ins>、<Numlock>、<CapsLock>、<Scrolllock>等。使用这些键能改变其他键所产生的字符码。

（1）扫描码与字符码

1）键的扫描码。键盘的每个键都有一对扫描码，扫描码用一个字节表示。低 7 位是扫描码的数字编码 01 ~ 83，即 01H ~ 53H，最高位 bit7 表示键的状态。当按下某键时，扫描码的 bit7 = 0，称为通码；当放开此键时，扫描码 bit7 = 1，称为断码。通码和断码的值相差 80H。

2）键的字符码。键的字符码是键的 ASCII 码或扩充码。

（2）有关键盘的系统功能调用　DOS 系统功能调用中的功能 1、7、8、A、B、C 等都与键盘有关，包括单字符输入、字符串输入、键盘状态检验等。

1）检查键盘状态。DOS 系统功能调用的 0BH 号功能可以检查是否有字符输入。如果有键按下，则使 AL = FFH；否则，AL = 00H。这个调用十分有用。例如有时要求程序保持运行状态，而不是无限期等待键盘输入，但又要靠用户按任意一键使程序结束或退出循环时，则必须使用 0BH 号调用。例如，

```
LOOP:
  ⋮
  MOV AH,0BH
  INT 21H              ;检查键盘状态
  CMP   AL,00H
  JE   LOOP            ;无输入字符,则循环
  RET                  ;有输入字符,则停止循环返回
```

2）单字符输入。功能 1、7、8 都可以直接接收输入的字符。程序中常常利用这些功能，回答程序中的提示信息，或选择菜单中的可选区项以执行不同的程序段。用户还可以利用功能 7、8 不回显的特性，输入需要保密的信息。例如，

```
MAIN
  ⋮
KEY:   MOV   AH,1        ;等待输入字符,当按下键后
       INT 21H           ;AL = 字符
       CMP   AL,'Y'
       JE   YES          ;输入字符 < Y >,转至 Yes 语句处
       CMP   AL,'N'
       JE   NOT          ;输入字符 < N >,转至 Not 语句处
       JMP   KEY         ;输入其他字符,转至 Key 语句处,
        ⋮                ;继续等待输入字符
YES:
        ⋮
NOT:
```

3）输入字符串。用户程序经常需要从键盘上接收一串字符。0AH 号功能可以接收输入的字符串并将其存入内存中用户定义的缓冲区。字符串的缓冲区结构如图 5-10 所示。缓冲区第一个字节为用户定义的最大输入字符数，若用户输入的字符数（包括 <Enter> 键）大于这个数，则机器铃响，而且光标不再右移直至按 <Enter> 键为止。缓冲区的第二字节为实际输入的字符数（不包括 <Enter> 键），由 DOS 自动填入。从第三个字节开始存放输入的字符。

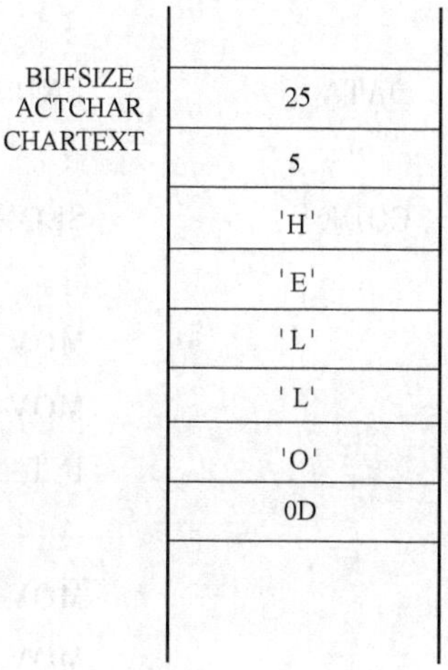

图 5-10　字符串的缓冲区结构

显然，缓冲区的大小等于最大字符数加 2。例如，编写下面一段程序，并输入字符串“HELLO”，则缓冲区的内容如图 5-10 所示。

```
DATA        SEGMENT
BUFSIZE     DB  25
ACTCHAR     DB  ?
CHARTEXT    DB  25 DUP(?)
            DB'$'
            ⋮
CODE        SEGMENT
            ⋮
            MOV  DX,OFFSET BUF-   ;DS:DX 指向缓冲区
            SIZE                  ;首址
            MOV  AH,0AH
            INT 21H               ;输入字符串
            ⋮
```

2. 显示器（CRT）输出

功能2、6、9是关于CRT的系统功能调用。其中，显示单个字符功能2、6此处不作介绍。显示字符串的功能9是DOS调用独有的，可以在用户程序运行过程之中，在CRT上向用户提示下步操作的内容。

使用功能调用9需要注意两点：第一，被显示的字符串必须以“$”为结束符；第二，当显示由功能0AH输入的字符串时，DS：DX应指向用户定义的缓冲区的第三个字节，即输入的第一个字符的存储单元。例如，

```
DATA        SEGMENT
BUFSIZE     DB  50
ACTCHAR     DB  ?
CHARTEXT    DB  50 DUP(20H)
            DB  '$'
            ⋮
DATA        ENDS
            ⋮
CODE        SEGMENT
            ⋮
            MOV  DX,OFFSET  BUFSIZE
            MOV  AH,0AH
            INT  21H          ;输入字符串,放入缓冲区
            ⋮
            MOV  DX,OFFSET CHARTEXT
            MOV  AH,09H
            INT 21H           ;显示输入的字符串
```

3. 打印机输出

关于打印机操作的系统功能调用只有一种，即打印一个字符的功能5。利用此功能还可以改变打印机的打印方式。下面一段程序将EPSON-80打印机设置为“加重打印”方式：

```
DATA        SEGMENT
STR         DB  1BH,45H       ;“加重打印”的控制码
            ⋮
CODE        SEGMENT
            ⋮
            MOV   CX,2
            LEA   BX,STR
PRINT:      MOV   DL,[BX]
            INT   21H
            INC   BX
            LOOP  PRINT
```

这段程序既可以在用户程序中，也可以作为一个独立的文件，经汇编、连接后单独支持。若要取消加重打印方式，或设置其他方式，则只需编写与之类似的程序段即可。对于相应的控制码，用户可查阅打印机手册。

第六章　输入/输出

在目前的微机系统中，CPU 寻址外设主要有两种方式：存储器对应方式和端口寻址方式。在 Intel 系列中，主要用的是端口寻址方式。

CPU 与外设之间如何可靠地输入、输出数据？CPU 与外设之间的工作速度如何匹配？这是本章讨论的重点之一。

中断控制是计算机系统中实现输入、输出的重要技术，特别是在高速的 CPU 与慢速的外设接口时所使用的重要技术。

8086/8088CPU 的中断功能是比较丰富的，有硬件中断和软件中断。8086/8088 是通过中断向量表实现控制转移的。

8259A 是实现中断的重要接口芯片之一。

第一节　输入/输出的编址方式

在微机系统中，CPU 对输入/输出（I/O）端口的寻址可有统一编址和独立编址两种方式。

一、统一编址

所谓输入/输出端口统一编址方式，是把一个外设端口作为存储器的一个单元来对待，按照存储单元的编制方法统一安排端口的地址，故每一个外设端口占有存储器的一个地址。从外设输入一个数据，作为一次存储器读的操作；而向外设输出一个数据，则作为一次存储器写的操作。Motorola 的 CPU 即采用这种编址方式。

这种方式的优点是不需要专门的输入/输出指令，可使用存储器操作指令，使用方便，CPU 可以直接对 I/O 数据进行算术和逻辑运算。其缺点是外设占用了内存单元，使内存容量减小，另外，访问内存指令一般比专用 I/O 指令长，因此取指令的周期较长和多占字节。

二、独立编址

在这种工作方式中，CPU 有专门的 I/O 指令，用不同的端口地址来区分不同的外设。但要注意的是，一个外设不仅有数据寄存器还有状态寄存器和控制命令寄存器等，它们各需要一个端口才能加以区分，故一个外设往往需要数个端口地址。

在 16 位微处理器中，例如在 Intel8086/8088 中，若用直接寻址方式寻址外设，则用一个字节的地址，可寻址 256 个端口；而用 DX 寄存器间接寻址外设时，则端口地址是 16 位的，可寻址 $2^{16}=64K$ 个端口地址。两种寻址方式下的输入/输出指令见第四章。

第二节　CPU 与外设之间的数据传送

一、CPU 与 I/O 设备之间的信息传送

CPU 与一个外设交换信息，如图 6-1 所示，通常需要以下一些信息：

1. 数据信息

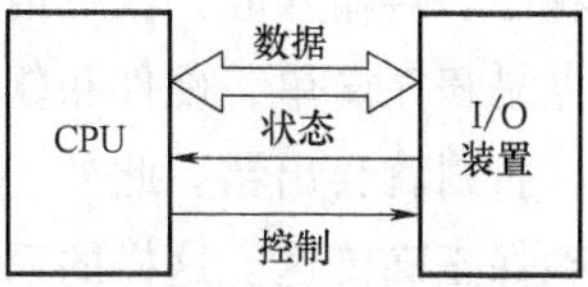

图 6-1　CPU 与 I/O 设备之间的信息传送

在微机中，数据通常为 8 位、16 位或 32 位。它大致可以分为 3 种基本类型：

（1）数字量　由键盘、光电输入机、卡片机等读入的学习信息是以二进制形式表示的数或以 ASCII 码表示的数或字符。

（2）模拟量　当计算机用于控制时，大量的现场信息经过传感器把非电量（例如温度、压力、流量、位移等）转换为电量，并经放大即得模拟电压或电流。这些模拟量必须先经过 A-D 转换才能输入计算机（位数由 A-D 转换的精度确定）；计算机的控制输出也必须先经过 D-A 转换才能去控制执行机构。

（3）开关量　这是一些两个状态的量，如电动机的运转与停止、开关的合与断、阀门的打开和关闭等。这些量只要用 1 位二进制数即可表示，故字长 8 位的机器一次输入或输出可控制 8 个这样的开关量。

数据的传送可以有并行传送（n 位同时传送）和串行传送（一位一位地传送）两种形式。本章只讨论并行传送。

2. 状态信息

在输入时，有输入装置的信息是否准备好（Ready）；在输出时，有输出装置是否有空（Empty），若输出装置正在输出信息，则以忙（Busy）指示等。

3. 控制信息（Control）

例如控制输入/输出装置启动或停止等。

状态信息和控制信息与数据是不同性质的信息，必须要分别传送。但在大部分微机中（8086/8088 也如此），只有通用的 IN 和 OUT 指令，因此，外设的状态也必须作为一种数据输入；而 CPU 的控制命令也必须作为一种数据输出。为了使它们相互之间区分开，它们必须有自己的不同端口地址，如图 6-2 所示，数据需要一个端口；外设的状态也需要一个端口，CPU 才能把它读入，了解外设的运行情况；CPU 的控制信号往往也需要一个端口输出，以控制外设的正常工作。所以，一个外设往往有几个端口地址，CPU 寻址的是端口，而不是笼统的外设。一个端口的寄存器往往是 8 位的，通常一个外设的数据端口是 8 位的，而状态与控制端口只用

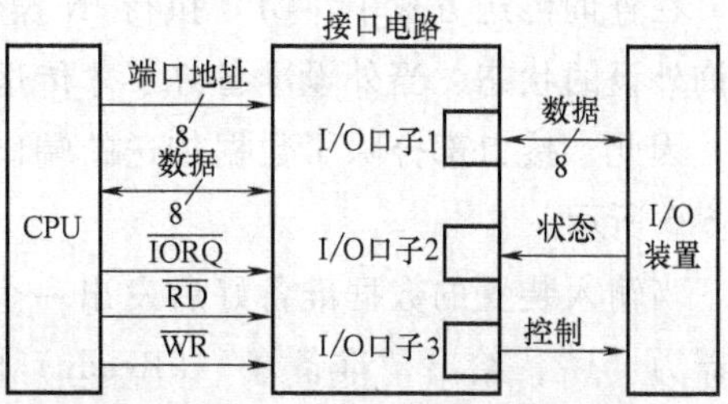

图 6-2　CPU 与 I/O 设备之间的接口

其中的一位或两位，故不同外设的状态或控制信息可共用一个端口。

二、CPU 与外设之间数据传送的方式

（一）无条件传送方式

这种传送方式又称同步方式，较少使用，只有在外部控制过程的各种动作时间是固定的，且是已知的条件下才能应用。在传送信息时，已知外设是准备好的，所以，不查询外设的状态。再输入时，就只给出 IN 指令；而在输出时，也只给出 OUT 指令。这种传送方式的优点是程序简单，硬件和软件很省。但这种方式必须已知且确信外设已准备好的情况下才能用，否则就会出错。此外，当 CPU 与外部过程同步工作时是方便的。若两者不同步，则很难确保正确传送。这样的系统如图 6-3 和图 6-4 所示。

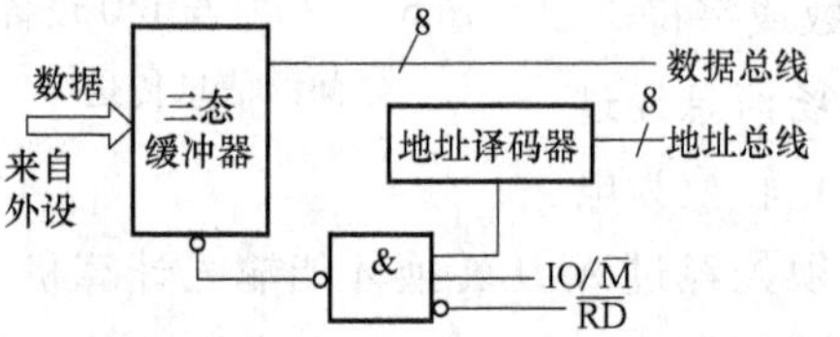

图 6-3 无条件传送的输入方式

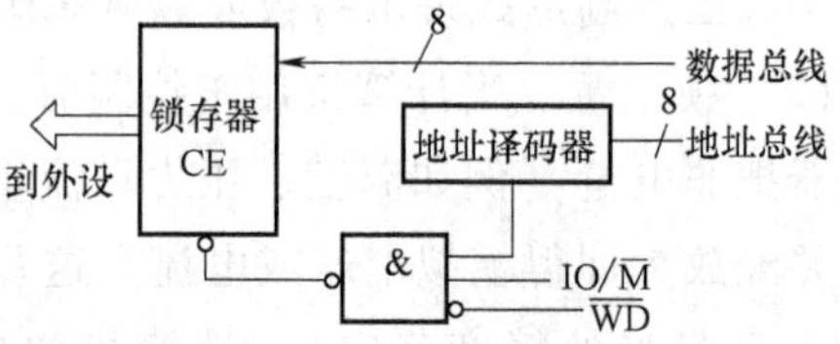

图 6-4 无条件传送的输出方式

在输入时认为来自外设的数据已输入至三态缓冲器，于是 CPU 执行 IN 指令，指定的端口地址经地址总线的低 8 位（$A_0 \sim A_7$），送至地址译码器，CPU 进入了输入周期，选中的地址信号和 IO/$\overline{M}$及$\overline{RD}$信号相“与”后，去选通输入三态缓冲器，把外设的数据经数据总线读至 CPU。显然，这样做必须是当 CPU 执行 IN 指令时，外设的数据是准备好的，否则就会读错。

在输出时，CPU 的输出信息经数据总线加到数据锁存器的输入端；端口地址经地址总线的低 8 位，送至地址译码器，所选中的地址信号和 IO/$\overline{M}$及$\overline{WD}$信号相“与”，去选通锁存器，把输出信息送至锁存器保留，由它再把信息通过外设输出。显然，在 CPU 执行 OUT 指令时，必须确信所选外设的锁存器是空的，能接收信息。

（二）查询传送方式

1. 查询式输入

在查询传送方式中，CPU 执行 IN 操作时，外设一定是准备好的。所以，在传送前必须查询外设的状态，当外设准备好了才传送；若未准备好，则 CPU 就等待。

因此，接口部分除了数据传送的端口以外，还必须有传送状态信号的端口，其示意图如图 6-5 所示。

当输入装置的数据准备好后发出一个选通信号，一边把数据送入锁存器，一边使 D 触发器为“1”，给出“准备好”（Ready）的状态信号。而数据与状态必须有不同的端口输至 CPU 数据总线。当 CPU 要由外设输入信息时，先输入状态信息，检查数据是否已准备好，当数据已经准备好后，才输入数据。读入数据的命令，使状态信息清“0”。

读入的数据是 8 位或 16 位的，而读入的状态信息往往是 1 位的，如图 6-6 所示。所以，不同外设的状态信息也可以使用同一个端口，而只要使用不同的位就行。

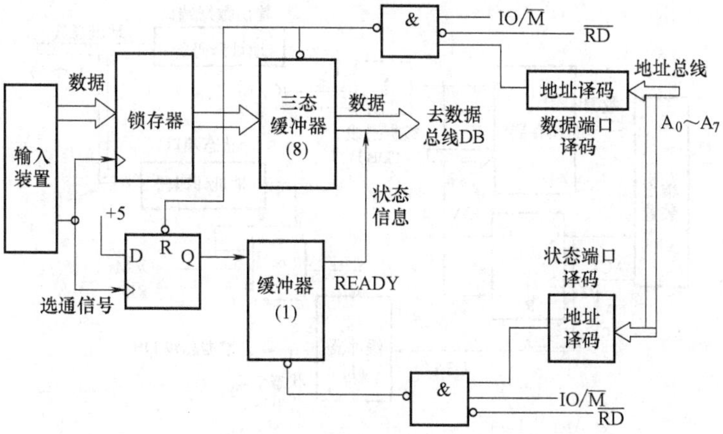

图 6-5　查询式输入的接口电路

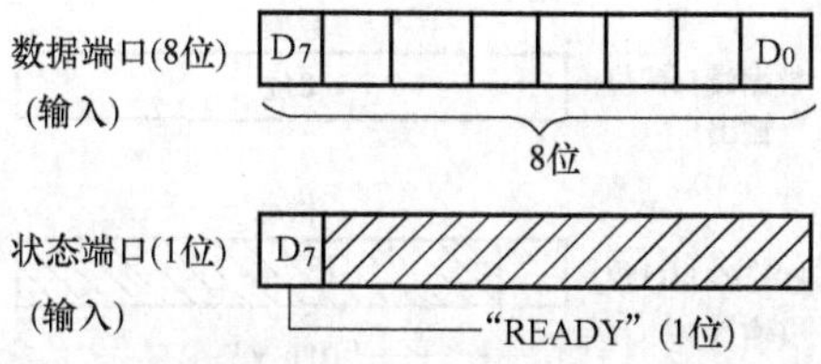

图 6-6　查询式输入时的数据和状态信息

查询部分的程序如下：

```
POLL:   IN   AL,SIATUS_PORT    ；从状态端口输入状态信息
        TEST AL, 80H           ；检查 READY 是否为 1
        JE   POLL              ；READY 为 0，循环
        IN   AL, DATA_PORT     ；READY 为 1，从数据端口输入数据
```

这种 CPU 与外设交换状态信息的方式，称为应答式，状态信息称为“联络”信息。

2. 查询式输出

同样，在输出时 CPU 也必须了解外设的状态，看外设是否有空（即外设不正处在输出状态，或外设的数据寄存器是空的，可以接收 CPU 输出的信息）。若有空，则 CPU 执行输出命令，否则就等待，因此，接口电路中也必须要有状态信息的端口，如图 6-7 所示。

当输出装置把 CPU 要输出的数据输出以后，发出一个 ACK（Acknowledge）信号，使 D 触发器置“0”，也即使“BUSY”线为 0。当 CPU 读入这个状态信息后，知道外设为“空”，于是就执行输出指令。输出指令执行后，由地址信号和 $IO/\overline{M}$ 及 $\overline{WR}$ 相“与”后，发出选通信号；把在数据线上输出的数据送至锁存器，同时，令 D 触发器置“1”。它一方面通知外设输出数据已经准备好，可以执行输出操作；另一方面在数据由输出装置输出以前，一直为“1”，以告知 CPU（CPU 通过读状态端口而知道）外设“忙”，阻止 CPU 输出新的数据。

接口电路的端口信息为：数据端口是 8 位或 16 位；状态端口是 1 位的，如图 6-8 所示。

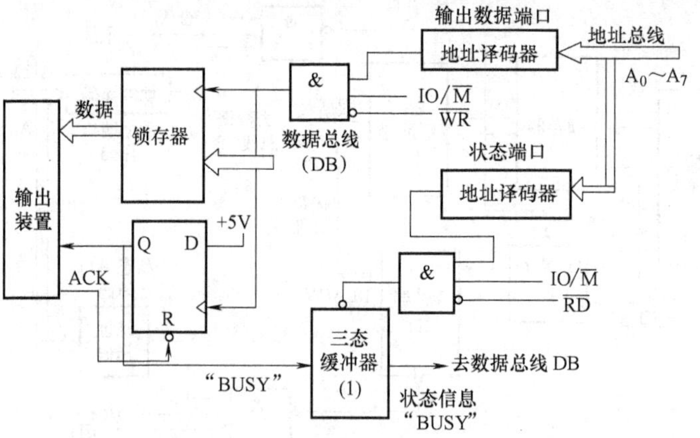

图 6-7 查询式输出的接口电路

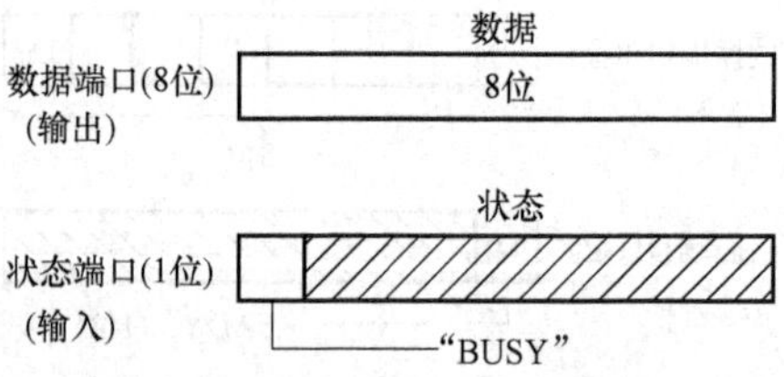

图 6-8 查询式输出的数据和状态信息

查询部分的程序为：

```
POLL:   IN   AL,STATUS_PORT      ；从状态端口输入状态信息
        TEST   AL, 80H           ；检查 BUSY 位
        JNE   POLL               ；BUSY 则循环等待
        MOV   AL, STORE          ；否则，从缓冲区取数据
        OUT   DATA_PORT, AL      ；从数据端口输出
```

其中，STATUS_PORT 是状态端口的符号地址；DATA_PORT 是数据端口的符号地址；STORE 是存放数据单元的地址偏移量。

3. 举例

有一个数据采集系统，采用查询方式与 CPU 传送信息，其电路如图 6-9 所示。

工作原理：有 8 个模拟量输入，经过多路开关，每次送出一个模拟量至 A-D 转换器。8

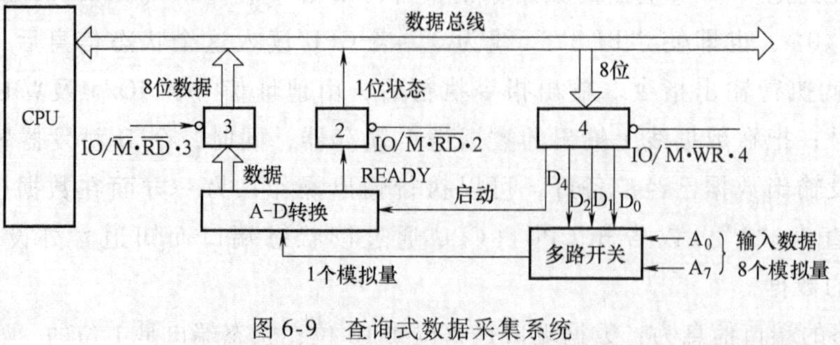

图 6-9 查询式数据采集系统

个模拟量由端口 4 输出的 3 位二进制码（$D_2D_1D_0$）控制。若 $D_2D_1D_0=000$，相应于 A_0 输入；若 $D_2D_1D_0=001$，相应于 A_1 输入；以此类推，若 $D_2D_1D_0=111$，相应于 A_7 输入。同时 A-D 转换器由端口 4 输出的 D_3 位控制启动与停止。A-D 转换器的 READY 信号由端口 2 传至 CPU 数据总线，经 A-D 转换后的数据由端口 3 传至数据总线。

这样的一个数据采集系统，需要用到 3 个端口，即状态端口 2、数据端口 3 和控制端口 4。

实现这样的数据采集过程的程序为：

```
BEGIN:MOV    DL,0F8H     ;设置启动 A-D 转换的信号
      LEA    DI,DSTOR    ;存放输入数据缓冲区的地址偏移量→DI
CAIJI: MOV   AL,DL
      AND    AL,0EFH     ;使 D4 =0
      OUT    [4],AL      ;停止 A-D 转换
      CALL   DELAY       ;等待停止 A-D 操作的完成
      MOV    AL,DL
      OUT    [4],AL      ;启动 A-D,且选择模拟量 A0
BOLL: IN     AL,[2]      ;输入状态信息
      SHR    AL,1
      JNC    BOLL        ;若未 READY,程序循环等待
      IN     AL,[3]      ;否则,输入数据
      STOSB              ;存至内存
      INC    DL          ;修改多路开关控制信号,指向下一个模拟量
      JNZ    CAIJI       ;8 个模拟量未输入完,循环
                         ;已完,执行别的程序段
```

（三）中断传送方式

在上述的查询传送方式中，CPU 要不断地询问外设，当外设没有准备好时，CPU 要等待，不能做别的操作，这样就浪费了 CPU 的时间。而且许多外设的速度是较低的，如键盘、打印机等，它们输入或输出一个数据的速度是很慢的，在这个过程中，CPU 可以执行大量的指令。因此，为了提高 CPU 的效率，可以采用中断传送方式：即当 CPU 需要输入时，若外设的输入数据已存入寄存器；需要输出时，若外设已把上一个数据输出，输出寄存器已空，这时，均可由外设向 CPU 发出中断申请（有关中断的详细工作情况，将在本章第三节中讨论），CPU 就暂停原执行的程序（即实现中断），转去执行输入或输出操作（中断服务），待输入或输出操作完成后即返回，CPU 再继续执行原来的程序。这样就可以大大提高 CPU 的效率，而且有了中断概念，就允许 CPU 与外设（甚至多个外设）同时工作。

中断传送方式的接口电路如图 6-10 所示。

当输入装置输入一数据，发出选通信号，把数据存入锁存器，又使 D 触发器置“1”，发出中断请求，若中断是开放的，CPU 接受了中断请求信号且现行指令执行完后，暂停正在执行的程序，发出中断响应信号 $\overline{INTA}$（这是 8086/8088 的中断响应信号），于是外设把一

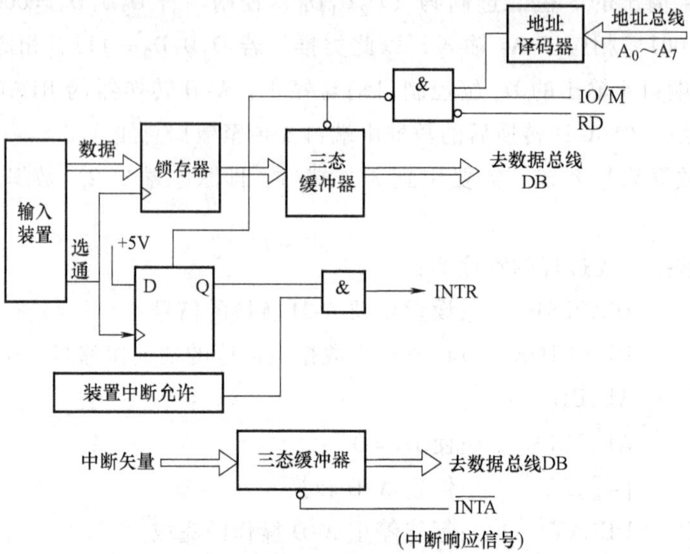

图 6-10　中断传送方式的接口电路

个中断向量放到数据总线上，CPU 就转入中断服务程序，在中断服务程序中输入（或输出）数据，同时清除中断请求标志。当中断处理完后，CPU 返回被中断的主程序继续执行。

（四）直接存储器存取方式（DMA）

中断控制的 I/O 虽然克服了查询中断的缺点，能够快速响应 I/O 的请求，但数据的传送仍然由程序完成，而且中断必须暂停执行主程序，进行断点保护、现场保护后才可转入中断服务程序，中断执行完后还要恢复寄存器、恢复断点和现场才能返回主程序继续执行任务。例如，中断方式传送一个字节或字数据，约需要 110 个时钟周期，若系统时钟频率为 5MHz，则需要 22μs 的时间。这对于某些高速设备或者需要传送成组数据的设备，已不能满足传送速度上的要求。

例如，对于高速 A-D 转换器可能要求每隔 1μs 或更短的时间完成一次数据采集。再如，对于磁盘装置，数据传输速率是由数据在读写磁头下通过的速度决定的，这个速度通常在 0.2MB/s 以上，因而要求磁盘与存储器之间传送一个字节的时间应少于 5μs。因此，解决高速传送的方法是采用直接存储器存取方式。

1. DMA 的概念

所谓直接存储器存取，是指由专门的硬件（即 DMA 控制器）直接控制数据的传送，而没有 CPU 的介入。当然，DMA 方式传送也需要使用系统的数据总线、地址总线和部分控制信号，这时，DMA 成为系统的主控部件，获得总线控制权，由它产生地址码（A_{19} ~ A_0）以及相应的控制信号，CPU 不再控制系统总线。用 DMA 方式传送一个字节数据的时间可减少至 1μs 以下。

对于 DMA 操作，CPU 必须暂停任何总线操作，并让出对总线的控制权，直到 DMA 传送结束或完成一个总线操作周期之后，CPU 才能继续控制总线。实现这种方式的方法是 DMA 控制器向 CPU 发出总线请求信号，CPU 在完成当前的总线周期操作之后，释放对总线的控制权，并发出总线响应信号。

DMA 又可分为两种情况：周期挪用和数据块传送。

(1) 周期挪用 如果 DMA 控制总线的时间为一个总线周期，则称为周期挪用。对于这种操作方式，每次 DMA 操作仅传送一个字节（或字）数据，然后 DMA 释放对总线的控制。

(2) 数据块传送 如果 DMA 控制总线的时间超过一个总线周期，用来完成一组数据（即数据块）的传送，在该组数据传送期间，DMA 控制器一直控制着总线，这种操作方式称为数据块传送。

2. DMA 的操作过程

设 8086/8088CPU 工作于最小方式，完成的任务是将存储器中的数据传送给外设，DMA 操作过程示意图如图 6-11 所示。

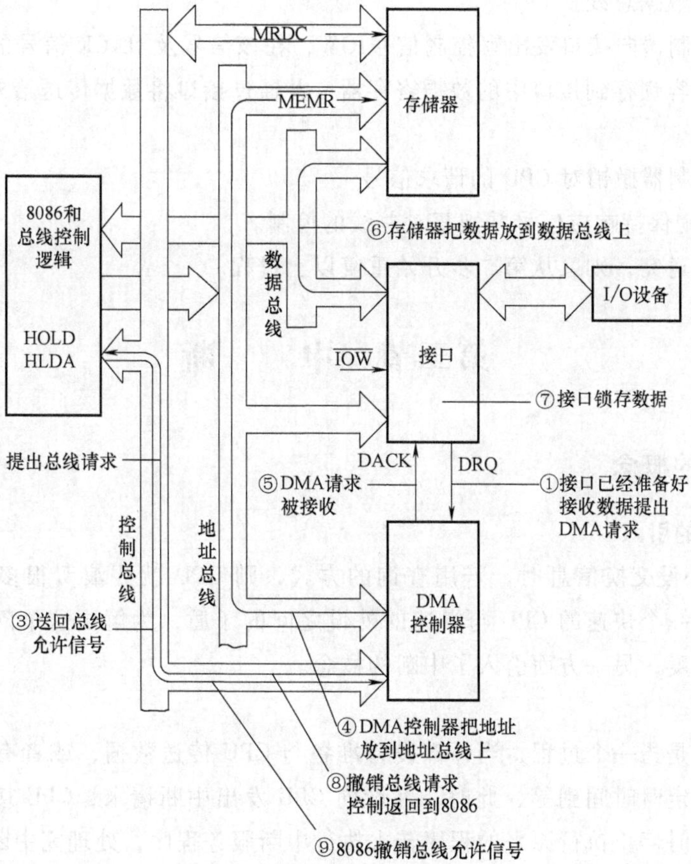

图 6-11 DMA 操作过程示意图

在 DMA 操作之前，DMA 控制器作为系统的一个接口部件，接收 CPU 送来的操作命令，此时完成对 DMA 控制器的初始化，以规定传输类型（是存储器还是外设）、操作方式（单字节传送）、传送方向、内存的首地址、传送的字节数等。在完成初始化编程之后，DMA 控制器就准备好进行 DMA 操作。传送一个字节数据的过程如下（在图 6-11 中以圆圈内的序号表示）：

1）外设已做好接收数据准备，向 DMA 控制器发出请求信号 DRQ。

2）DMA 控制器向 CPU 发出 DMA 操作请求 HRQ。该请求信号送到 CPU 的 HOLD 信号引脚。

3）CPU 在完成当前的总线周期操作之后（若总线处于空闲状态，则立即做出响应），使数据总线、地址总线及部分控制信号处于三态，并发出响应信号 HLDA，指示 DMA 控制器可以使用总线。

4）DMA 控制器将地址（$A_{19} \sim A_0$）放到地址总线上。该地址用来寻址存储器单元。

5）DMA 控制器向 I/O 接口发出响应信号 DACK。该信号可作为接口接收数据的控制条件，有效时，表示允许接口接收数据。

6）DMA 控制器向存储器发出读控制信号$\overline{MEMR}$，在该信号的控制下，由 $A_{19} \sim A_0$ 指定的单元内容送入数据总线。

7）DMA 控制器向接口发出写控制信号$\overline{IOW}$，在该信号及 DACK 信号的共同作用下，将数据总线上的内容锁存到接口中的数据寄存器，并通过接口将数据传送给外设。至此，数据传送就完成了。

8）DMA 控制器撤销对 CPU 的请求信号。

9）CPU 撤销保持响应信号并恢复对总线的控制。

若数据未传送完，则又从第二步开始重复以上过程。

第三节 中　　断

一、中断的概念

（一）中断的引入

当 CPU 与外设交换信息时，若用查询的方式，则 CPU 就要浪费很多的时间去等待外设。这样就存在一个快速的 CPU 与慢速的外设之间的矛盾，为解决这个问题，一方面要提高外设的工作速度；另一方面引入了中断的概念。

（二）中断

所谓中断，是指一个过程，当外部设备准备与 CPU 传送数据，或者有某些紧急情况需要处理，或者是定时时间到等，此时，外设向 CPU 发出中断请求，CPU 接受到请求后，在一定条件下，暂时停止执行原来的程序转去执行中断服务程序，处理完中断服务程序后再返回原程序继续执行。中断是一个过程。这一过程分为 3 个阶段。

1. 中断请求

中断请求是外设向 CPU 发出要求服务的请求。发出中断请求的外设称为中断源。一般中断源有以下几种：

（1）一般的输入、输出设备　如键盘、纸带读入机、打印机。

（2）数据通道中断源　如键盘、磁带等。

（3）实时时钟　在控制中，常要遇到时间控制，采用 CPU 执行一段延时程序来实现延时，则在这段时间内，CPU 不能干别的工作，只能等待，从而降低了 CPU 的利用率，所以，常用外部时钟电路。当需要定时时，CPU 发出命令，令时钟电路（电路的定时时间通常是可编程的——即可用程序来确定和改变的）开始工作。待规定的时间到了后，时钟电路发出中断申请，由 CPU 加以处理。

（4）故障源　例如电源掉电，就要求把正在执行的程序的状态——PC（或 IP）、各个寄存器的内容和标志位的状态保留下来，以便重新供电后能从断点处继续运行。另外，目前绝大部分微机，RAM 是使用半导体存储器，故电源重新供电后，必须接入备用的电池供电电路，以保护存储器中的信息。所以，在直流电源上并联大电容，使其因掉电、电压下降一定时就发出中断申请，由计算机的中断系统执行上述的各种操作。

（5）为调试程序而设置的中断源　一个新的程序编制好后，必须经过反复调试才能正确、可靠地工作。在调试程序时，为了检查中间结果，或为了寻找问题所在，往往要求在程序中设置断点，或进行单步工作（一次只执行 1 条指令），这些就要由中断系统来实现。

（6）故障报警申请中断。

2. 中断响应

有中断请求到来时，CPU 能否立即为其服务？这取决于中断的类型，若为非屏蔽中断申请，则 CPU 执行完现行指令后，做好保护现场工作即可去处理中断服务；若为可屏蔽中断申请，CPU 要响应中断，必须满足以下 3 个条件：

（1）CPU 中断是开放的　CPU 内部有一个中断允许触发器，只有当其为 1 时（即中断是开放的），CPU 才能响应中断；若其为 0（即中断是关闭的），CPU 不响应该中断请求。而这个触发器的状态可由 STI 指令置位为 1，即开中断，或由 CLI 指令复位为 0，即关中断。当中断响应后，CPU 自动关中断，所以在中断服务程序中，为了响应更高一级的中断，实现中断嵌套，在一开始就由 STI 指令来开中断。

（2）CPU 执行完现行指令　CPU 在现行指令执行结束后响应中断，即运行到最后一个机器周期的最后一个 T 状态时，CPU 采样可屏蔽中断请求信号 INTR，若发现有中断请求，则把内部的中断锁存器置 1，然后在下一个机器周期进入中断周期，执行中断服务程序。

（3）没有总线请求

CPU 在满足以上 3 个条件后，即可响应中断。CPU 中断响应要自动完成以下 3 项任务：

（1）关闭中断　8086/8088CPU 响应中断后，发出中断响应信号 INTA 的同时，内部自动实现关中断。

（2）保留现场和断点　CPU 响应中断，封锁 IP +1，且把标志寄存器内容和 IP、CS 的内容推入堆栈保留，以备中断处理完毕后，返回主程序。

（3）给出中断服务程序入口地址，转入中断服务程序 8086/8088CPU 是由中断源提供的中断向量形成中断服务程序入口地址。

3. 中断处理

CPU 响应中断，就转入中断服务程序中，中断处理要做以下几件事：

（1）保护现场 CPU响应中断时已经自动完成标志寄存器内容和断点IP、CS内容的保护，而在中断服务程序中也要用到主程序中使用的某些寄存器，必须使用PUSH指令将这些寄存器的内容推入堆栈，这一过程称为保护现场。只有这样才能保证中断执行完毕，返回主程序后程序正确执行。

（2）开中断 CPU响应中断后自动关闭中断，是为了阻止其他中断来打断它。但在某些情况下，有更高优先级的中断需要处理，必须转入优先级更高的中断进行处理，因此需要在中断服务程序的开始增加一条STI开中断指令，以便实现中断的嵌套。

（3）中断服务 指完成中断情况的处理，如传送数据、紧急报警、掉电保护以及控制处理等。

（4）关中断 为的是保证下面恢复现场的工作顺利进行而不被中断。

（5）恢复现场 将用户保护的寄存器内容从堆栈中弹出，恢复现场用POP指令，以便返回主程序后继续执行主程序。注意堆栈先进后出的特点，恢复现场的次序与保护现场相反。

（6）开中断返回 在返回主程序前，也就是中断服务程序的倒数第二条指令往往是开中断指令，最后一条是返回指令，执行返回指令，CPU自动从堆栈中弹出IP、CS和标志寄存器的内容，以便继续执行主程序。

（三）中断的优点

1. 同步操作

有了中断功能，就可以使CPU和外设同时工作。CPU在启动外设工作后，就继续执行主程序，同时外设也在工作，当外设把数据准备好后，发出中断申请，请求CPU中断它的程序，执行输入或输出（中断处理），处理完以后，CPU恢复执行主程序，外设也继续工作。而且有了中断功能，CPU可命令多个外设同时工作。这样就大大提高了CPU的利用率，也提高了输入/输出的速度。

2. 实现实时处理

当计算机用于实时控制时，中断是一个十分重要的功能。现场的各个参数、信息，需要的话可在任何时间发出中断申请，要求CPU处理；CPU就可以马上响应（若中断是开放的）加以处理。这样的及时处理在查询的工作方式下是做不到的。

3. 故障处理

计算机在运行过程中，往往会出现事先预料不到的情况，如电源突跳、运算溢出等。这时计算机就可以利用中断系统自行处理，而不必停机或报告工作人员。

二、中断系统的功能

为了满足各种情况下的中断要求，中断系统应具有如下功能。

（一）实现中断及返回

当某一中断源发出中断申请时，CPU能决定是否响应这个中断请求（当CPU在执行更紧急、更重要的工作时，可以暂不响应中断）。若允许响应这个中断请求，CPU必须在现行的指令执行完后，把断点处的IP和CS值、标志位的状态和各个寄存器的内容推入堆栈保留下来，然后才能转到需要处理的中断源的服务程序的入口，同时清除中断请求触发器。当中断处理完后，恢复被保留下来的各个寄存器和标志位的状态，再恢复 IP 和 CS 值，使 CPU 返回断点，继续执行主程序。

（二）能实现优先权排队

通常，在系统中有多个中断源。有时会出现两个或更多个中断源同时提出请求的情况，这样就必须要设计者事先根据轻重缓急，给每个中断源一个中断级别——优先权。当多个中断源同时发出中断申请时，CPU 能找到优先权最高的中断源，响应它的中断请求。在响应了优先权最高的中断源以后，再响应优先权较低的中断源。

（三）高级中断源能中断低级中断源的中断处理

当 CPU 响应某一中断源的请求，在进行中断处理时，若有优先权更高的中断源发出中断申请，则 CPU 要能中断正在进行中的中断服务程序，保留这个程序的断点和现场（类似于子程序嵌套），响应高级中断，在高级中断处理完以后，再继续执行被中断的中断服务程序。而当发出新中断申请的中断源的优先权与正在处理的中断源同级或比其更低时，则 CPU 就先不响应这个中断申请，直至正在处理的中断服务程序执行完以后才去处理新的中断申请。

三、中断优先权的确定

在实际系统中，常有多个中断源，但由于 CPU 引脚的限制，往往就只有一条中断请求线。于是，当有多个中断源同时请求时，CPU 就要识别出哪些中断源有中断请求，辨别和比较它们的优先权，先响应优先权最高的中断申请。另外，当 CPU 正在处理中断时，也要能响应更高级的中断申请，而屏蔽掉同级或较低级的中断申请。要判别和确定各个中断源的中断优先权可以用软件和硬件两种方法。

（一）软件确定中断优先权

软件采用查询技术。CPU 响应中断后，就用软件查询来确定是哪些外设申请中断，并判断它们的优先权。

例如，把 8 个外设的中断请求触发器组合起来，作为一个端口，并赋予设备号，如图 6-12 所示。把各个外设的中断请求信号相“或”后，作为 INTR 信号，向 CPU 送出中断请求。当 CPU 响应中断时，把中断寄存器的状态，作为一个外设读入 CPU，逐位检测它们的状态，若有中断请求就转到相应的服务程序入口。

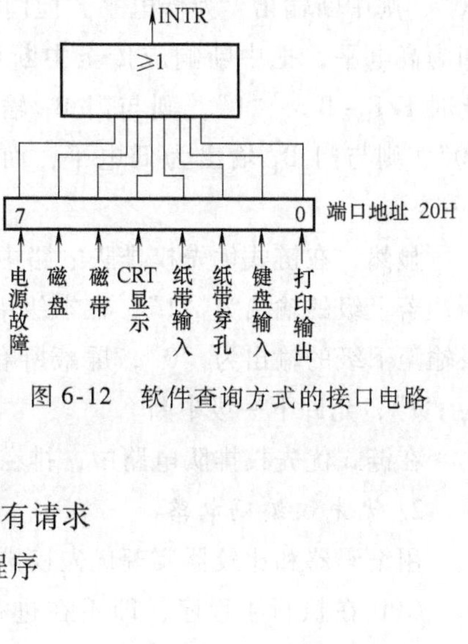

图 6-12　软件查询方式的接口电路

查询程序如下：

```
IN      AL,20H     ;输入中断请求触发器的状态
TEST    AL,80H     ;检查最高位(电源故障)是否有请求
JNE     PWF        ;有,则转至电源故障处理程序
TEST    AL,40H     ;否,检查磁盘是否有请求
```

```
JNE     DISS        ;有,转至磁盘服务程序
TEST    AL,20H      ;否,检查磁带是否有请求
JNE     MT          ;有,转至磁带服务程序
⋮
```

这一方法的优点是：

1）询问的次序即是优先权的次序。显然，最先询问的优先权的组别最高。

2）省硬件。不需要有判断与确定优先权的硬件排队电路。

这一方法的缺点是：

在中断源较多的情况下，由询问转至相应服务程序的入口时间长。

（二）硬件优先权排队电路

1. 链式优先权排队电路

如图6-13所示，若多个输入有中断请求，则由中断输入信号的“或”电路产生INTR信号，送至CPU。当CPU在现行指令执行完后，响应中断，发出中断响应信号。但究竟响应哪一个中断呢？或CPU是转向哪一个中断服务程序的入口呢？这还要由图6-13所示的链式优先权排队电路确定。

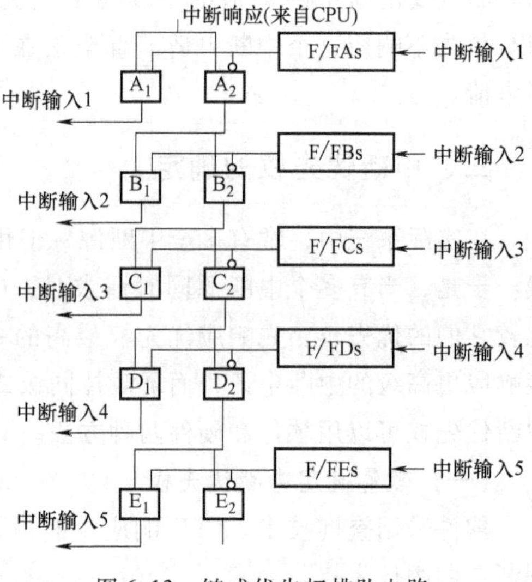

图6-13　链式优先权排队电路

当中断响应为高电平，若F/F－A有中断请求，则它们的输出为高，于是与门A_1输出为高，由它控制转至中断1的服务程序的入口；且门A_2输出为低电平；因而使门B_1，B_2和C_1，C_2，……所有下面各级门的输入和输出全为低电平，即屏蔽了所有别的各级。

若第一级没有中断请求，即F/F－A＝“0”，则中断输出1为低电平，但门A_2的输出却为高电平，把中断响应传至中断请求2。若此时F/F－B＝“1”，则与门B_1输出为高电平，因而屏蔽了以下各级。而若F/F－B＝“0”，则与门B_1输出为低电平，而与门B_2输出为高电平，把中断响应传递至中断请求3……。

显然，在链式优先权排队电路中，若上级的输出为“0”，则屏蔽了本级和所有低级中断，若上级的输出为“1”，在本级中有中断请求时，则转去执行本级的处理程序，且使本级输至下级的输出为“0”，屏蔽所有低级中断；若本级没有中断请求，则输至下级的输出为“1”，允许下一级中断。

在链式优先权排队电路中，排在链的最前面的则优先权最高。

2. 优先权编码电路

用编码器和比较器实现优先权排队电路，如图6-14所示。

CPU在执行主程序，即不在进行中断处理时，优先权失效信号为高电平，当有任一

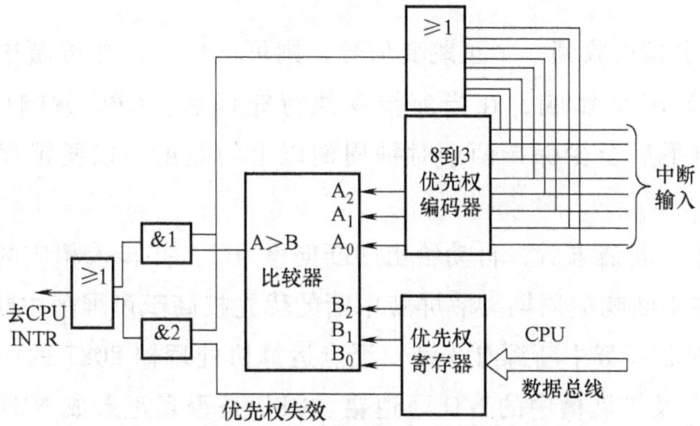

图 6-14　用编码器和比较器实现优先权排队电路

中断源请求来到时，都能通过与门 2，发出 INTR 信号。8 条中断输入线的任一条，经过编码器可以产生 3 位二进制优先权编码 $A_2A_1A_0$，优先权最高的线的编码为 111，优先权最低的线的编码为 000。而且若有多个输入线同时输入，则编码器只输出优先权最高的编码。

正在进行中断处理的外设的优先权编码，通过 CPU 的数据总线，送至优先权寄存器，然后输出编码 $B_2B_1B_0$ 至比较器，以上过程是由软件实现的。

当 8 个中断源中有其他中断申请时，通过“或”门，即可有一个中断请求信号产生，此时优先权失效信号为低电平，与门 2 关闭，中断请求信号能否送至 CPU 的中断请求线，要受到比较器的控制。

此时比较器比较编码 $A_2A_1A_0$ 与 $B_2B_1B_0$ 的大小，若 $A \leqslant B$，则“$A>B$”端输出低电平，与门 1 关闭，就不向 CPU 发出新的中断请求，即当 CPU 正在处理中断时，屏蔽同组或低组的中断源申请；只有当 $A>B$ 时，比较器输出端才为高电平，与门 1 打开，将中断请求信号送至 CPU 的 INTR 输入端，CPU 就中断正在进行的中断处理程序，转去响应更高级的中断请求。

这样的优先权电路，如何能做到转入优先权最高的外设的中断服务程序入口呢？若外设的个数不大于 8，则它们共用一个产生中断向量的电路，它由 3 位比较器的编码 $A_2A_1A_0$ 供给，这样就能做到不同的编码转入不同的入口地址。

第四节　8086/8088 的中断方式

一、中断类型

8086/8088 共有 0 ~ 255 种类型中断，可分为硬件中断和软件中断。

（一）硬件中断

由 CPU 外部中断请求引脚 NMI 和 INTR 引起的中断称为硬件中断（也称外部中断）。

其中 NMI 引脚引起的中断称为非屏蔽中断；INTR 引脚引起的中断称为可屏蔽中断。

1. 非屏蔽中断

若 CPU 的 NMI 引脚接收到一个正跳变信号，则可产生一次非屏蔽中断。这种中断响应不受中断允许标志位 IF 的影响，在当前指令执行完以后，CPU 就响应。8086/8088 要求 NMI 信号跳变成高电平后至少保持两个时钟周期以上的宽度，以便锁存下来，待当前指令执行完之后响应。

CPU 响应非屏蔽中断请求后，自动给出中断向量号 2，并转入相应的服务程序，而不经过可屏蔽中断那样的中断响应周期。非屏蔽中断的优先权高于可屏蔽中断。

IBM PC/XT 中的非屏蔽中断源有 3 种：浮点运算协处理器 8087 的中断请求、系统板上 RAM 的奇偶校验错以及扩展槽中的 I/O 通道错。CPU 是否真正形成 NMI 信号，还要受 NMI 屏蔽寄存器的控制。当该寄存器的 $D_7=1$ 时，才允许向 CPU 发 NMI 请求。NMI 屏蔽寄存器的口地址为 A0H，可以用输出指令对这一位写入"1"或者"0"，以达到允许或禁止 NMI 的作用。

2. 可屏蔽中断

若 CPU 的 INTR 引脚出现一个高电平信号，此时 CPU 是否响应要取决于中断允许标志位 IF 的状态。若 IF=1，则 CPU 就响应，此时 CPU 处于开中断状态；若 IF=0，则 CPU 就不响应，此时 CPU 处于关中断状态。而 IF 的状态，可用指令 STI 使其置位，即开中断；也可以用 CLI 指令来使其复位，即关中断。

注意：在系统复位以后，标志位 IF=0；另外任一种中断（内部中断、NMI、INTR）被响应后，IF=0。所以必须在一定的时候用 STI 指令来开放中断。

在 INTR 线上的中断请求信号（即有效的高电平）必须保持到当前指令的结束。

CPU 响应可屏蔽中断请求的过程是：

在当前指令周期的最后一个 T 状态采样中断请求线，若发现有可屏蔽中断请求，且中断是开放的（IF 标志为"1"），则 CPU 转入中断响应周期。

8086/8088 进入两个连续的中断响应周期，每个响应周期都是由 4 个 T 状态组成，而且都发出有效的中断响应信号。请求中断的外设，必须在第二个中断响应周期的 T_3 状态前，把反映中断的向量（类型）号输至 CPU 的数据总线（通常通过 8259A 传送）。CPU 在 T_4 状态的前沿采样数据总线，获取中断向量号，接着就进入了中断服务程序。

（二）软件中断

由 CPU 执行某些指令引起的中断称为软件中断（也称内部中断）。软件中断包括以下几种情况。

1. 除法出错中断

在执行除法指令 DIV 或 IDIV 时，若发现除数为 0 或商超过了寄存器所能表达的范围，则即时产生一个类型为 0 的内部中断。

2. 单步中断

若标志位 TF=1，则 CPU 在每一条指令执行完以后，引起一个类型为 1 的中断，这可以做到单步执行，是一种强有力的调试手段。

3. INTO 指令溢出中断

若上一条指令执行的结果是使溢出标志位 OF =1，则 INTO 指令引起类型为 4 的内部中断；否则，此指令不起作用，程序执行下一条指令。

4. 中断指令 INT n

在 8086/8088 的指令系统中有一条中断指令——即 INT n 指令。这种指令执行引起的中断，其类型可由指令中的 n 加以指定。

二、8086/8088 中断处理过程

（一）中断优先级顺序

8086/8088CPU 的中断优先级序列从高到低为：

1）除法出错中断　溢出中断　INT n。

2）NMI。

3）INTR。

4）单步中断。

（二）中断向量表

CPU 响应任何一种中断后，都要保护现场和保护断点，然后转入各自的中断服务程序。下面就来阐述 8086/8088 的各种中断是如何转入各自的中断服务程序的。

8086/8088 在内存起始的 1KB 开辟了一个中断向量表，地址 00000H ~003FFH，每个中断向量占用 4B，因此可以容纳 256 个中断向量（或称 256 个中断类型）。每个中断向量占 4B，包含这个中断向量的服务程序入口地址，前两个字节是中断服务程序的 IP，后两个字节是中断服务程序的 CS。中断向量表如图 4-11 所示。

（三）中断类型号的获取

8086/8088 各种中断的响应处理过程是不相同的，主要区别在于如何获取中断类型号。获取中断类型号的方法有以下两种：

1）对于软件中断，类型码 0 ~4 的中断类型码是自动形成的。对于 INT n 指令，类型码由指令中给定的 n 确定。

2）对于硬件中断，若采样到非屏蔽中断请求 NMI，则 CPU 内部自动产生中断类型码 2；若采样到可屏蔽中断请求 INTR，且 CPU 处在开中断状态（IF =1），则 CPU 转入两个连续的中断响应周期，CPU 在第二个中断响应周期的 T_4 状态的前沿采样数据总线，获取中断类型码。

（四）中断处理顺序

在获取中断类型码后，先将类型码乘 4，作为中断向量表的指针；再保护现场和保护断点，然后从中断向量表中取出中断服务程序的入口地址，最后转入执行中断服务程序。

在中断服务程序中，先要保护现场，开中断（若允许中断嵌套）；中断服务程序执行完后，最后执行中断返回指令 IRET，则按顺序恢复断点处的 IP、CS 和标志寄存器的值。

8086/8088CPU 对中断的处理顺序流程如图 6-15 所示。

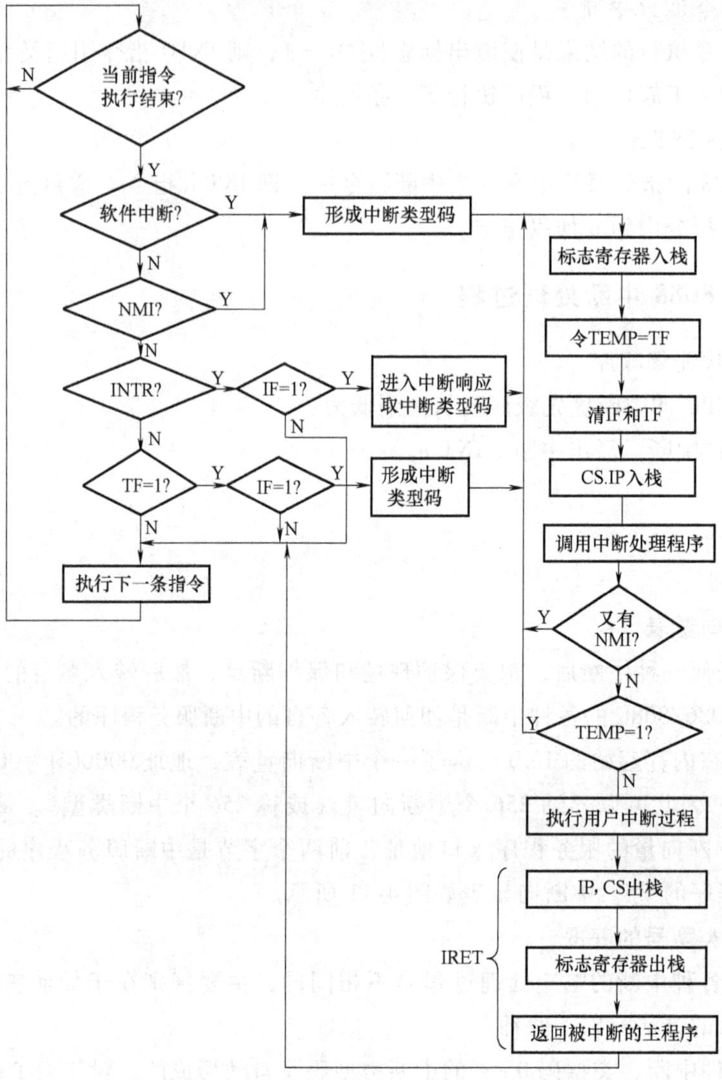

图 6-15 8086/8088CPU 对中断的处理顺序流程图

第五节 中断控制器 8259A

Intel 8259A 是与 8088/8086 系列兼容的可编程的中断控制器。它具有 8 级优先权控制，通过级联可扩展至 64 级优先权控制。每一级中断都可以屏蔽或允许。在中断响应周期，8259A 可提供相应的中断向量，从而能迅速地转至中断服务程序。8259A 有几种工作方式，用户可以通过编程进行选择。

一、8259A 的内部结构和引脚

（一）内部结构

8259A 内部结构框图如图 6-16 所示，它由以下几部分组成。

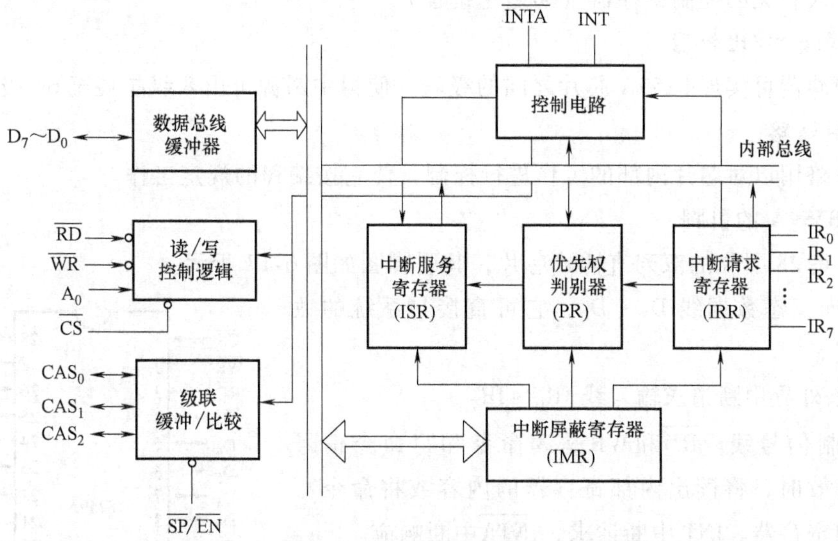

图 6-16　8259A 内部结构框图

1. 中断请求寄存器

一片 8259A 有 8 条外界中断请求 IR_0 ~ IR_7，每一条请求线有一个相应的触发器来保存请求信号，从而形成了中断请求寄存器（IRR），正在服务的中断信息，由中断服务寄存器（ISR）保存。

2. 中断服务寄存器

该寄存器记录正在处理中的中断请求信息，当任何一级中断被响应，CPU 正在执行它的中断服务程序时，ISR 寄存器中的相应位置"1"，一直保持到该级中断处理过程结束为止。多重中断情况下，ISR 寄存器中有多位被同时置"1"。

3. 优先权判别器

优先权判别器对保存在 IRR 中的各中断请求进行最高优先权的判定，并在中断响应周期内把它置入中断服务寄存器（ISR）的相应位。

4. 中断屏蔽寄存器

中断屏蔽寄存器（IMR）的每一位可以对 IRR 中相应的中断源进行屏蔽。若某位置"1"，则表示禁止这一级中断请求进入系统，通过中断屏蔽寄存器 IMR 可实现对各级中断有选择的屏蔽。

5. 数据总线缓冲器

数据总线缓冲器是 8259A 与系统数据总线的接口，它是 8 位双向三态缓冲器。凡是 CPU 对 8259A 编程的控制字，都是通过它写入 8259A 的；8259A 的状态信息也是通过它读入 CPU 的；在中断响应周期，8259A 送至数据总线的 CALL 指令或中断向量也是通过它传送的。

6. 读/写控制逻辑

一片 8259A 只占两个 I/O 端口地址，用地址线 A_0 来选择端口，端口地址的高位由片选信号 CS 输入。CPU 能通过读/写控制逻辑实现对 8259A 读出内部寄存器的内容（状态信号）

和将命令写入有关的控制寄存器（初始化编程）。

7. 级联缓冲/比较器

级联缓冲器可实现8259A芯片之间的级联，使得中断源可由8级扩展至64级。

8. 控制电路

控制电路用以对芯片内部的工作进行控制，使它按编程的规定工作。

（二）8259A的引脚

8259A是28引脚的双列直插式芯片，其引脚图如图6-17所示。

1）双向三态数据线 $D_7 \sim D_0$，它可直接与系统的数据总线相连。

2）8条外界中断请求输入线 $IR_0 \sim IR_7$。

3）控制信号线。$\overline{RD}$ 和 $\overline{WR}$ 是读命令和写命令信号线，当其有效时，将读出内部寄存器的内容或将命令写入有关控制寄存器。INT中断请求，$\overline{INTA}$ 中断响应。

4）端口地址选择信号。$\overline{CS}$ 片选信号线由地址线的高位控制。A_0 用以选择8259A内部的不同寄存器，通常直接连至地址总线的 A_0。

5）级连信号线。当8259A作为主片时，$CAS_2 \sim CAS_0$ 为输出线；当8259A作为从片时，$CAS_2 \sim CAS_0$ 为输入线。这三条线与 $\overline{SP}/\overline{EN}$ 线相配合，以实现8259A的级联。

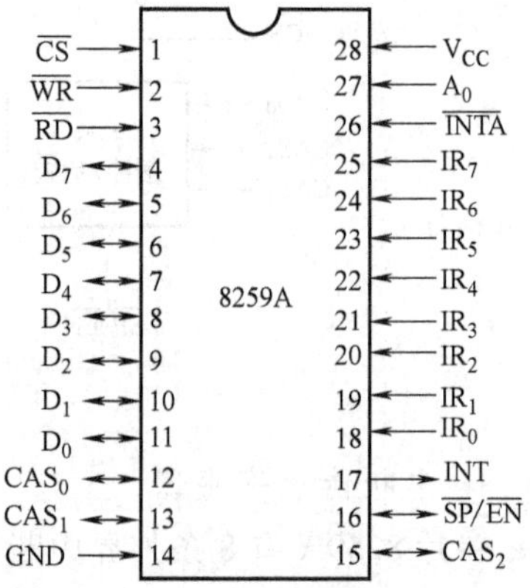

图6-17　8259A的引脚图

二、8259A的中断管理方式

（一）中断响应顺序

应用于8086/8088系统中时，8259A的中断响应顺序如下：

1）若有一条或若干条中断请求输入线（$IR_7 \sim IR_0$）变高，则中断请求寄存器IRR的相应位置位。

2）若中断请求线中至少有一条是中断允许的，则8259A由INT引脚向CPU送出中断请求信号。

3）若CPU处于开中断状态，则在当前指令执行完以后，用 $\overline{INTA}$ 信号作为响应。

4）8259A在接收到CPU的 $\overline{INTA}$ 信号后，使最高优先权的ISR位置位，而相应的IRR位复位。

5）8086/8088CPU将启动另一个中断响应周期，输出另一个 $\overline{INTA}$ 脉冲。在这个周期8259A向数据总线输送一个8位的指针（向量）。CPU在此周期中，读取此向量把它乘以4，就可以从中断服务程序入口地址表中取出中断服务程序的入口地址（包括段地址和段内偏移量）。这样中断响应周期就完成了，CPU就可转至中断服务程序执行。

注意： 在8086/8088系统中，8259A在中断响应周期向CPU送出的内容如下。

1）在第一个中断响应周期，8259A并不向CPU输送任何内容。

2）在第二个中断响应周期，8259A将向CPU输送表6-1所示的中断向量。其中的 $T_7 \sim T_3$ 是由用户在8259A的初始化编程中规定的，而低3位则是由8259A自动插入的。

表 6-1　8259A 输送的中断向量

	D_7	D_6	D_5	D_4	D_3	D_2	D_1	D_0
IR_7	T_7	T_6	T_5	T_4	T_3	1	1	1
IR_6	T_7	T_6	T_5	T_4	T_3	1	1	0
IR_5	T_7	T_6	T_5	T_4	T_3	1	0	1
IR_4	T_7	T_6	T_5	T_4	T_3	1	0	0
IR_3	T_7	T_6	T_5	T_4	T_3	0	1	1
IR_2	T_7	T_6	T_5	T_4	T_3	0	1	0
IR_1	T_7	T_6	T_5	T_4	T_3	0	0	1
IR_0	T_7	T_6	T_5	T_4	T_3	0	0	0

（二）8259A 中断优先级管理

1. 完全嵌套方式

在这种工作方式下，8259A 的中断请求输入端引入的中断具有固定的优先级顺序，IR_0 为最高优先级，IR_7 为最低优先级。同时，高优先级的中断可中断低优先级的中断，实现中断嵌套。

2. 中断屏蔽方式

中断屏蔽方式管理优先级有两种方法：第一，普通屏蔽方式。这种方式是在中断屏蔽寄存器 IMR 中，将某一位或几位置“1”，来屏蔽相应级别的中断请求，CPU 可以在执行主程序时将 IMR 寄存器的相应位置“1”，也可在 CPU 执行中断服务程序时，将 IMR 寄存器的相应位置“1”屏蔽，禁止比它高的中断进入。第二，特殊屏蔽方式。此时，由 OCW1 写入的屏蔽字为“1”的这些位的中断被屏蔽，而为“0”的这些位的中断不管其优先级如何，在任何情况下都可申请中断。这时，正在服务的优先级高的中断可以被优先级低的中断申请中断。

3. 自动循环方式

在完全嵌套方式下，中断请求 IR_0 ~ IR_7 的优先级是固定不变的，使得从 IR_0 引入的中断总是具有最高优先级，而在有些情况下需要能改变这种优先级别，这时可采用自动循环方式。

在这种方式下，从 IR_0 ~ IR_7 引入的中断轮流具有最高优先级，即当任何一级中断被处理完，它的优先级别就被修改为最低，而最高优先级分配给该中断的下一级中断。例如，现正在处理 IR_2 引入的中断服务，如处理完毕，IR_2 变为最低优先级，IR_3 为最高优先级，IR_4 为次高优先级，依次排序。

4. 特殊完全嵌套方式

这种工作方式用在 8259A 有级联的情况。若任何一个从 8259A 接收到一个中断请求，且经本 8259A 判定为最高优先级，则响应这个中断，通过 INT 引脚向主片 8259A 相应的 IR 端提出中断请求。如果此时主片 8259A 中 ISR 相应位已置“1”，说明该从片 8259A 的其他输入端已提出过中断请求，且正在服务，而从片 8259A 判别出刚申请的中断优先级最高，因此应停止现行中断服务程序转到刚申请的中断服务程序。8259A 有级联的情况下，按完全嵌套方式管理优先级，即接在主片 8259A IR_0 上的从片比接在 IR_1 上的从片具有高的优先级，而主片上 IR_0、IR_1 上的中断比接在主片 IR_2 上的从片具有高的优先级，以此类推。

（三）8259A 中断结束管理方式

当 8259A 响应某一级中断为其服务时，中断服务寄存器 ISR 的相应位置“1”，当有更高级的中断申请来到时，ISR 相应位又置“1”。在中断服务结束时，ISR 相应位清“0”，以便再次接收同级中断。中断结束管理就是用不同的方式使 ISR 相应位清“0”。8259A 中断结束管理方式分为以下 3 种。

1. 完全嵌套方式

在中断嵌套过程中，ISR 的内容不断变化，最多可达 8 级中断嵌套，ISR 相应位都置“1”。在中断服务结束时，也是按照从高到低的次序结束，每个中断结束，使 ISR 相应位清“0”，待全部嵌套结束时，ISR 中每一位均为“0”。

8259A 在完全嵌套方式中有 3 种中断结束方式：

（1）一般 EOI 方式　当任何一级中断服务程序结束时，给 8259A 传送一个 EOI 命令，将 ISR 中级别最高的位清“0”。这种方式用于当前结束的中断为级别最高的中断情况。

（2）特殊 EOI 方式　当中断服务程序结束时，给 8259A 传送一个 EOI 命令，将 ISR 中指定级别的相应位清“0”。这种方式用于当前结束的中断为任何级别的中断情况，用工作命令字 OCW2 来实现。

（3）自动 EOI 方式　CPU 进入中断响应总线周期的第二个中断响应信号 INTA 结束时，自动将 ISR 寄存器相应置“1”位清“0”。中断结束时，不需要向 8259A 传送 EOI 命令。这是一种最简单的结束方式。但这种方式显然只能用于不要求中断嵌套的情况下。

2. 自动循环情况

在这种情况下，也可采用以下 3 种中断结束方式：

（1）一般 EOI 方式　当任何一级中断服务程序结束时，给 8259A 传送一个 EOI 命令，将 ISR 寄存器中级别最高的置“1”位清“0”，同时，赋给它最低优先级。将原来比它低一级的中断请求设为最高优先级。

（2）特殊 EOI 方式　这种方式用于自动循环优先级管理方式下又有嵌套的情况。在给 8259A 发送一个 EOI 命令的同时，将其中断优先级别也传送给 8259A，这样，就可根据用户的要求将最低优先级给指定的中断源，其余中断的优先级按自动循环排序。

（3）自动 EOI 方式　在 CPU 进入中断响应总线周期的第二个中断响应信号 $\overline{INTA}$ 结束时，自动将 ISR 寄存器相应位清“0”，并立即按自动循环方式改变各级中断的优先级别。

3. 特殊完全嵌套方式

这种方式用于 8259A 有级联的情况。CPU 发出两个中断结束命令 EOI：一个送主 8259A，用来将主 8259A 的 ISR 寄存器相应位清“0”；另一个送从 8259A，用来将从 8259A 的 ISR 寄存器相应位清“0”。

三、8259A 的编程

必须用程序选定其工作状态，例如各中断请求信号的优先级分配、中断屏蔽、中断向量等。8259A 的命令字分为初始化命令字 ICW 和工作命令字 OCW 两种，因此 8259A 的编程也可分为初始化编程和工作方式编程。

这些命令字的写入以及 8259A 的状态的读出是由 $\overline{RD}$ 和 $\overline{WR}$ 信号、A_0 以及命令字中的某些特定位所规定的，见表 6-2。

表 6-2　8259A 的读写操作

$\overline{CS}$	A_0	$\overline{RD}$	$\overline{WR}$	D_4	D_3	读写操作
0	0	1	0	0	0	数据总线→OCW_2
0	0	1	0	0	1	数据总线→OCW_3
0	0	1	0	1	×	数据总线→ICW_1
0	1	1	0	×	×	数据总线→ICW_2，ICW_3，ICW_4，OCW_1
0	0	0	1			IRR 或 ISR 或中断级别编码→数据总线
0	1	0	1			IMR→数据总线

（一）初始化编程

由 CPU 向 8259A 送 2～4 个字节的初始化命令字 ICW。在 8259A 开始正常工作之前，必须由初始化命令字使其处在开始点。

初始化命令字的顺序如图 6-18 所示。

ICW_1 和 ICW_2 是必须送的，而 ICW_3 和 ICW_4 是由工作方式来选择的。

1. ICW_1

若 CPU 用一条输出指令向 8259A 写入一个命令字，其 $D_4=1$，输出指令地址 $A_0=0$，则被解释为初始化命令字 1（ICW_1）。ICW_1 启动了 8259A 中的初始化顺序，ICW_1 各位的作用可以图 6-19 来说明。

其 D_4 必须为 1。D_0 用以确定是否送 ICW_4，若 $D_0=0$，则不送 ICW_4；$D_0=1$，则送 ICW_4。D_1 位 SNGL 用以规定系统中是单片 8259A 工作还是级联工作。D_2 位 ADI 用

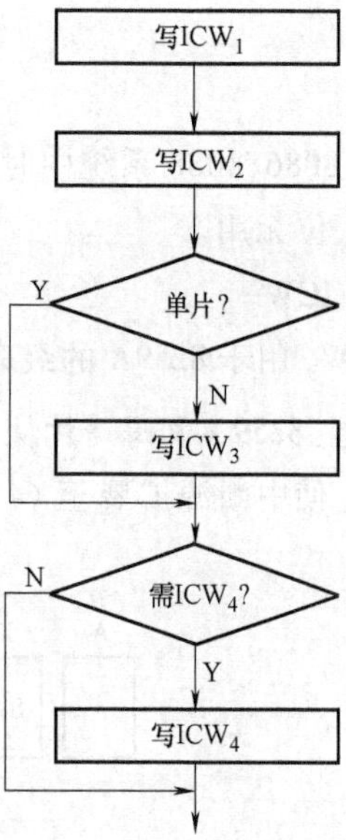

图 6-18　初始化命令字的顺序

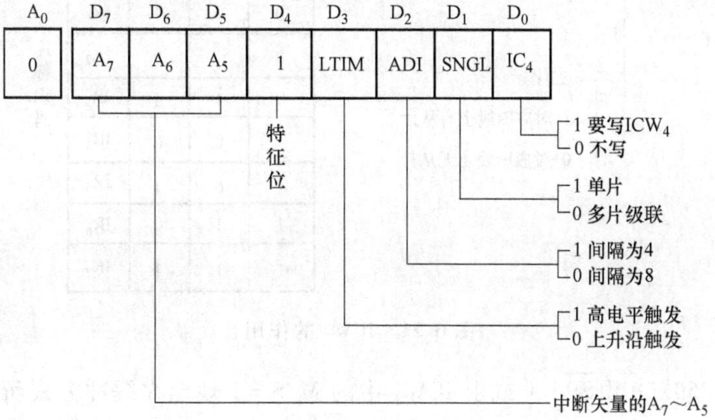

图 6-19　ICW_1 各位的作用

以规定 CALL 地址的间隔，若 $D_2 = 1$，则间隔为 4，这适用于建立一个转移指令表；若 $D_2 = 0$，则间隔为 8。D_3 位 LTIM 用以规定中断请求输入线的触发方式，若 $D_3 = 1$，则为电平触发方式，此时边沿检测逻辑断开；若 $D_3 = 0$，则为边沿触发方式。

D_7、D_6、D_5 这 3 位对 8086/8088 无效。

2. ICW_2

$1CW_2$ 各位的作用如图 6-20 所示。

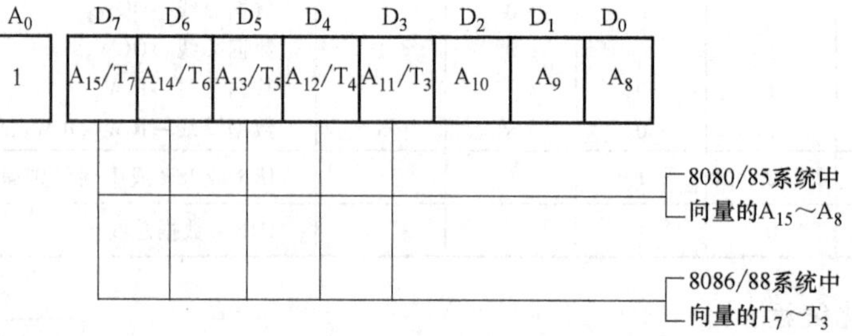

图 6-20　ICW_2 各位的作用

在 8086/8088 系统中时，ICW_2 的 $D_7 \sim D_3$ 位用以确定中断向量的 $T_7 \sim T_3$，此时 ICW_2 的 $D_2 \sim D_0$ 位无用。

3. ICW_3

ICW_3 用于 8259A 的级联，若系统中只有一片 8259A，则不用 ICW_3；若有多片 8259A 级联，则主 8259A 和每一片从 8259A 都必须用 ICW_3。8259A 最多允许有一片主 8259A 和 8 片从 8259A，使中断源扩展至 64 个。主和从 8259A 的 ICW_3 有所不同，其各位的作用如图 6-21 所示。

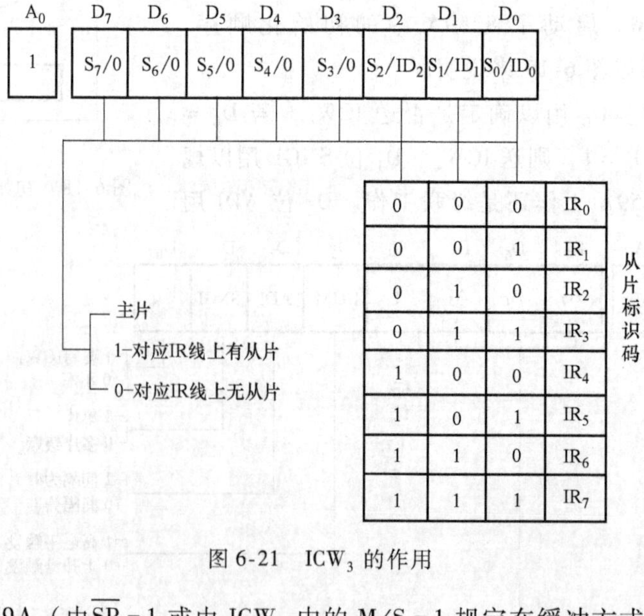

图 6-21　ICW_3 的作用

1）对于主 8259A（由 $\overline{SP} = 1$ 或由 ICW_4 中的 $M/S = 1$ 规定在缓冲方式所决定），ICW_3 的每一位对应于一片从 8259A，即若有一片从 8259A，则可令 ICW_3 的 $S_0 = 1$，别的位全为 0；

若有两片从 8259A，则可令 $S_0=1$，$S_1=1$，别的片全为 0，以此类推。在中断响应周期，主 8259A 向数据总线输送一个字节的中断向量。

2）若是从 8259A，则 ICW_3 中只有低 3 位作为这个从 8259A 的标识符，高 5 位全为 0。在中断响应周期中，主 8259A 通过级连线输送申请中断源中优先权最高的源所在的从 8259A 的标识符，每个从 8259A 拿这个标识符与自己编程时 ICW_3 中所规定的标识符相比较，只有两者相符合的这片从 8259A，能在下两个中断响应周期输送一个字节的中断向量。

4. ICW_4

$1CW_4$ 各位的作用如图 6-22 所示。

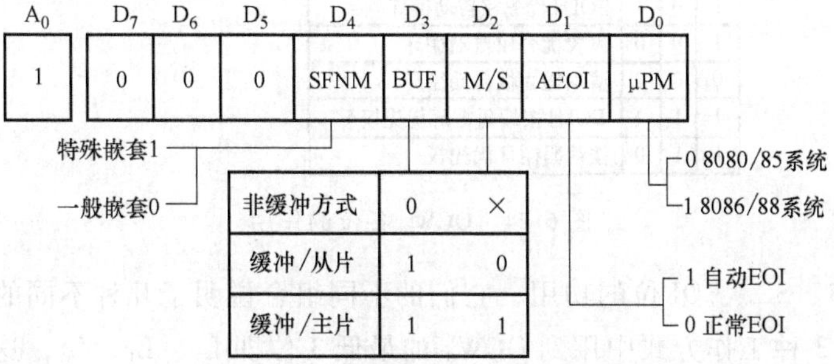

图 6-22　ICW_4 各位的作用

D_0 位 μPM 用于规定所用的微处理器。在 8086/8088 系统中，μPM = 1。

D_1 位 AEOI 规定结束中断的方式，AEOI = 1，则为自动结束中断方式。

D_2 位 M/S，它和 D_3 位 BUF 配合使用，若 BUF = 1，选择为缓冲模式，则 M/S = 1 确定为主 8259A；若 M/S = 0，则为从 8259A。若 BUF = 0，则 M/S 位不起作用。

D_3 位 BUF，若 BUF = 1，则为缓冲模式，此时$\overline{SP}/\overline{EN}$变为允许输出线，同时由 M/ = S 确定是主还是从 8295A。

D_4 位 SFNM，若 SFNM = 1，则规定为特殊的全嵌套模式。

（二）工作方式编程

由 CPU 向 8259A 送 3 个字节的工作命令字 OCW，以规定 8259A 的工作方式，例如中断屏蔽、结束中断、优先权旋转、中断状态等。工作命令字可在 8259A 已经初始化以后的任何时间写入。

1. OCW_1

OCW_1 是中断屏蔽命令字，其各位的作用如图 6-23 所示。

命令字的每一位均可对相应的中断请求进行屏蔽。若 OCW_1 的某一位为 1 则相应的输入

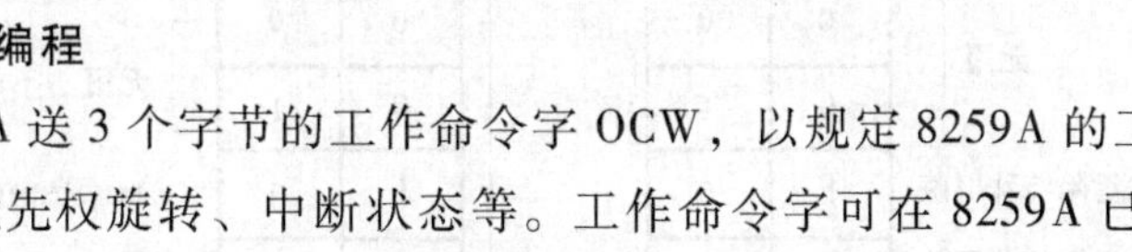

图 6-23　OCW_1 各位的作用

线被屏蔽；若某一位为0，则相应的输入线的中断就被允许。

2. OCW_2

OCW_2 各位的作用如图6-24所示。

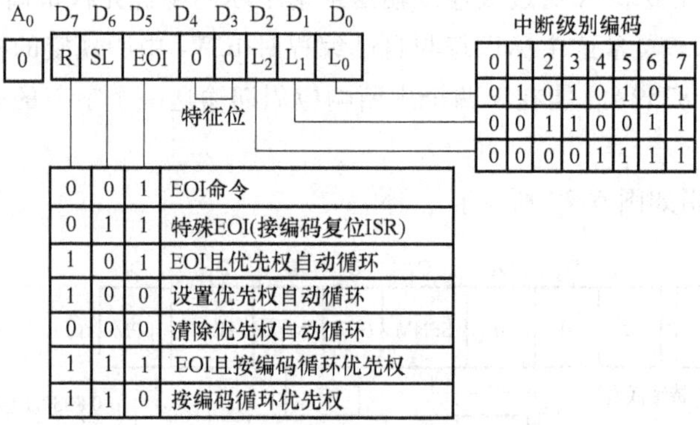

图6-24 OCW_2 各位的作用

图中说明了R、SL、EOI位的功用，它们的不同组合说明了几种不同的工作方式（详见后述）。在其中的3种工作方式中用到 OCW_2 的最低3位即 L_2、L_1、L_0，这3位二进制编码决定了8个中断源的某一个被SEOI信号复位，或规定某一个的优先权最低，D_4、D_3 为00是写入的标志。

3. OCW_3

OCW_3 各位的作用如图6-25所示。

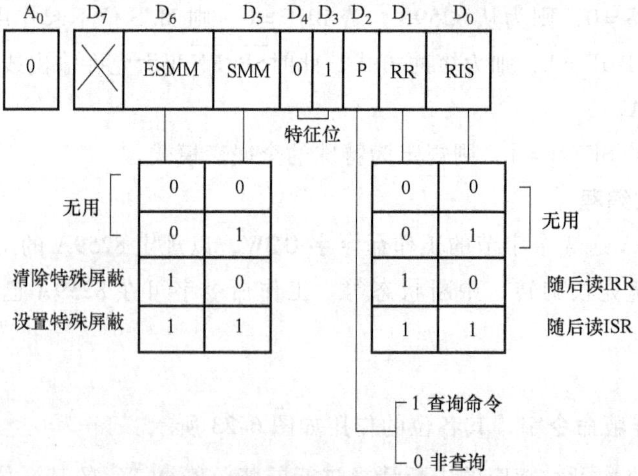

图6-25 OCW_3 各位的作用

它的最低两位决定下一个操作是否为读操作（RR=1），以及是读中断请求寄存器IRR（若RIS=0），还是读中断服务寄存器ISR（若RIS=1）。

D_2 位P用以决定是查询命令（P=1），还是非查询命令（P=0）。

D_4、D_3 位为01：写入 OCW_3 的标志。

D_6、D_5 这两位决定是否工作于特殊屏蔽模式，若 D_6、D_5 为11，则允许特殊屏蔽模式；

若 D_6、D_5 为 10，撤除特殊屏蔽模式返回正常的屏蔽模式。若 D_6 位 ESMM = 0，则 D_5 位 SMM 不起作用。

四、8259A 的应用

1）一片 8259A 只能接收 8 级中断，当超过 8 级时，可用多片 8259A 级联使用，构成主从关系。对于主 8259A，其级联信号 $CAS_2 \sim CAS_0$ 是输出信号，而对于从 8259A，级联信号 $CAS_2 \sim CAS_0$ 是输入信号。试画出 8259A 级联电路图。

此时，主 8259A 的 SP 端为"1"，从 8259A 的 SP 端为"0"，且从 8259A 的 INT 输出接到主 8259A 的中断输入端 IR 上，因而最多可把中断扩展到 64 级。图 6-26 为 3 片 8259A 级联电路图。

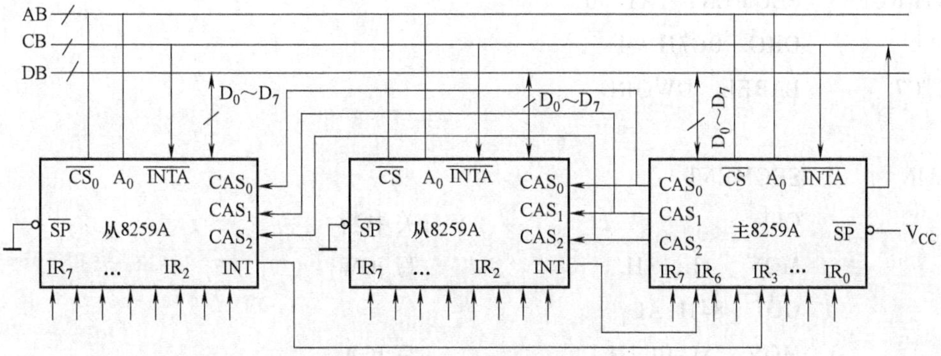

图 6-26　8259A 级联电路图

2）在 IBM PC/XT 中，系统启动时执行 BIOS 中系统初始化程序，其中要求单片 8259A 工作，外部中断请求信号为上升沿有效，8 个中断源各自填入 $D_2 \sim D_0$ 这 3 位，形成 08H ~ 0FH 的 8 个中断向量。系统中的 CPU 为 8086/8088，中断过程不自动结束，应写入一个含 EOI 命令的 OCW_2 结束，数据线上有缓冲器，具有中断嵌套方式。在系统没有初始化完毕，屏蔽所有硬中断，不接收任何中断。试对 8259A 进行初始化编程。

则 8259A 的编程如下：

```
MOV  AL,13H          ;写 ICW1
OUT  20H,AL
MOV  AL,08H          ;写 ICW2
OUT  21H,AL
MOV  AL,09H          ;写 ICW4
OUT  21H,AL
MOV  AL,0FFH         ;写 OCW1
OUT  21H,AL
```

3）在某个 8086/8088 最小方式系统中接有一片 8259A，有一外设中断请求从 IR_7 引入，8259A 的端口地址及外设中断类型号由图 6-27 给出，试找出相应中断服务程序入口地址并对 8259A 进行初始化编程。

从图6-27可看出，8259A具有两个端口地址，由CPU的地址线A_1控制，其端口地址的高位由译码器的输入端$\overline{Y_1}$提供，组合逻辑电路可使其8259A为偶地址，8259A的命令和类型码等由8086/8088CPU的低8位数据线传送。设中断为边沿触发，从IR_7引入的中断类型码为C7H，端口地址为84H和86H。

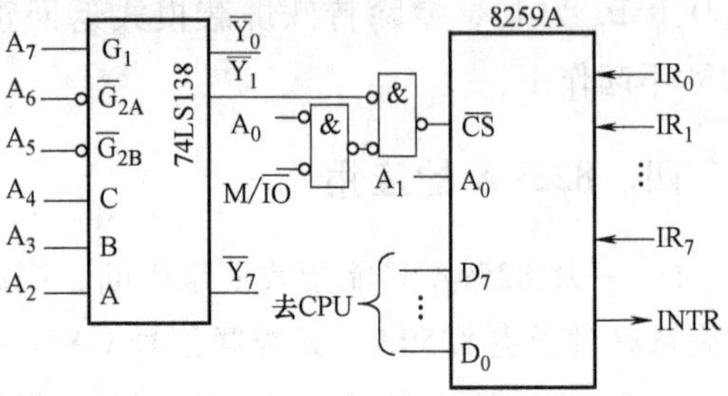

图6-27 8259A端口地址形成电路

则8086/8088CPU将获得的中断类型码乘4，到中断服务程序入口地址表中找到相应的中断服务程序入口地址，执行中断服务程序。

初始化编程如下：

```
INTRRUP     SEGMENT  AT  0
            ORG  0C7H*4
INTC7       LABEL  DWORD

MAIN        SEGMENT
            CLI                         ;关中断
            MOV   AL,13H                ;写 ICW1
            OUT   84H,AL
            MOV   AL,0C7H               ;写 ICW2
            OUT   86H,AL
            MOV   AL,01H                ;写 ICW4
            OUT   86H,AL
            STI                         ;开中断

MAIN        ENDS
```

第七章　并 行 接 口

CPU 和外设交换信息，必须通过接口电路来实现。大规模集成电路技术的发展，使得各种各样通用的可编程接口芯片也应运而生。8255A 即是 Intel 系列可以用于和 8086/8088CPU 接口的可编程并行接口芯片，当然，它也可以用于其他系列的微处理器。由于它是可编程的，可以通过软件来设置芯片的工作方式，因此使用方便、灵活，而且，通常不需要再附加外部电路。

一个以微处理器为基础的仪器可经常使用简单的键盘和显示器件来完成输入/输出操作。数据、内存地址、命令及指令都可以通过键盘输入到系统中。最简单的显示设备是发光二极管（LED）。将几个发光二极管组合起来可以显示内存地址和数据。

众所周知，通用计算机的主要显示设备是显示器。通过显示器屏幕，操作员可以使计算机显示数据、图形、表格等。

本章主要介绍并行接口的基本概念、可编程并行通信接口 8255A 以及键盘和显示器件。

第一节　接口的功能及分类

一、接口的功能

接口的基本功能是在系统总线和 I/O 设备之间传输信号、提供缓冲作用，以满足接口两边的时序要求。

一般说来，接口的功能主要有以下几个。但就某一个具体的接口芯片，可能只具备其中的某几个。

1. 寻址功能

和内存储器的读/写操作相仿，必须要有一个地址信号选中接口芯片以后，才能使该接口芯片进入电路工作状态，进而实现数据的输入/输出。CPU 的地址线送出地址信号、通过地址译码器送到接口芯片的片选信号端，使得该芯片被选中，CPU 才能通过该芯片与对应的 I/O 设备传送数据。

2. 输入/输出功能

接口要能够根据送来的读/写信号决定当前进行的是输入操作还是输出操作，并且随之能从总线上接收来自 CPU 的数据和控制信息，或将数据或状态信息送到总线上。

3. 数据转换功能

在一些通信设备中，其信号是以串行方式传送的，而计算机的代码是以并行方式输入/输出的，这就需要进行数据格式的并行和串行转换工作，在转换中，根据通信规程还要加进一些同步信号。

4. 联络功能

当从总线上接收一个数据，或者把一个数据送到总线上以后，接口能发一个就绪信号，以通知CPU数据传输已经完成，从而可以准备进行下一次传输。

5. 中断管理功能

作为中断控制器的接口应该具有发送中断请求信号和接收中断响应信号的功能，而且还应具有发送中断类型号的功能，此外，如果总线控制逻辑中没有中断优先级管理电路，那么，接口还应该具有优先级的管理功能。

6. 电平转换功能

CPU的输入/输出信号是TTL电平，而外设的信号不一定是TTL电平，为此，要进行电平转换，使两者的电位相匹配。

7. 复位功能

接口应该能接收复位信号，从而使接口本身以及所连接的外设进行重新启动。

8. 可编程功能

可以用软件来决定接口到底工作于何种方式，能够用软件来设置控制信号。因此，一个接口应该有可编程功能。当前，几乎所有大规模集成电路接口芯片都具有这个功能。

9. 错误检测功能

在接口设计中，常常要考虑对错误的检测问题。当前多数可编程接口芯片一般能检测下列两类错误：

一类是传输错误。由于接口和设备之间的连线常常受噪声干扰，从而引起传输错误，因此接口常采用奇/偶校验位对传输错误进行检测。

另一类是覆盖错误。当计算机输入数据时，实际上是从接口的输入缓冲寄存器中取数，如果上一次的输入数据计算机还没有取走，输入缓冲寄存器由于某种原因又被装上新的数据，那么就会产生一个覆盖错误。输出数据时也有类似的情况。

二、接口的分类

按接口的功能可分为通用接口和专用接口两类。通用接口适用于大部分外设，如行式打印机、电传打字机和键盘等都可以经过通用接口和CPU相连。通用接口又可分为并行接口和串行接口。并行接口是按字节传送。串行接口是一位一位地传送的。

专用接口仅适用于某台外设或某种微处理器，用于增强CPU的功能。此外，微机控制系统中专为某个被控对象而设计的接口，也是专用接口。

第二节　可编程并行通信接口8255A

一、8255A的内部结构

8255A的内部结构如图7-1所示，由4部分组成。

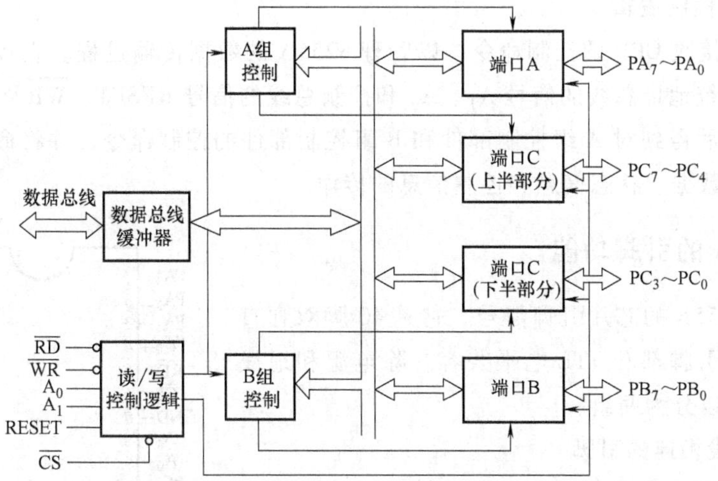

图 7-1 8255A 的内部结构

(一) 数据总线缓冲器

它是一个双向三态的 8 位双向缓冲器，用作 8255A 同系统数据总线相连时的缓冲部件。CPU 通过执行输入/输出指令实现对缓冲器发送或接收数据。8255A 的控制字和状态字也是通过该缓冲器传送的。

(二) 数据端口 A、B、C

3 个 8 位的数据端口 PA、PB、PC，用户可以用软件使它们分别作为输入端口或输出端口。不过，这 3 个端口有着各自的特点。

1）端口 A（PA 口）有一个 8 位的数据输入锁存器和一个 8 位的数据输出锁存器/缓冲器。所以，端口 A 作为输入或输出时，数据均受到锁存。

2）端口 B（PB 口）有一个 8 位的数据输入缓冲器和一个 8 位的数据输出锁存器/缓冲器。

3）端口 C（PC 口）有一个 8 位的数据输入缓冲器和一个 8 位的数据输出锁存器/缓冲器。

B 口和 C 口作为输入端口时，对数据不进行锁存；而作为输出端口时，对数据进行锁存。

在实际使用中，A 口和 B 口作为独立的输入端口或者输出端口，C 口则配合 A 口和 B 口的工作。具体地说，C 口常常由控制命令分成 2 个 4 位的端口，每个 4 位的端口包含 1 个 4 位的输入缓冲器和 1 个 4 位的输出锁存器/缓冲器，它们分别同端口 A 和端口 B 配合使用，可以用作控制信号输出，或者作为状态信号输入。

(三) A 组和 B 组的控制电路

A 组控制和 B 组控制接收从芯片内部数据总线上送来的控制字和来自读/写控制逻辑电路的读/写命令，以决定 A、B 两组端口的工作方式和读/写操作。

A 组控制电路控制端口 A 和端口 C 的高 4 位（$PC_7 \sim PC_4$）。

B组控制电路控制端口B和端口C的低4位（$PC_3 \sim PC_0$）。

（四）读/写控制逻辑

这部分负责接收CPU的控制命令，以管理8255A的数据传输过程。它接收的信号包括片选信号$\overline{CS}$，系统地址总线的信号A_1、A_0和控制总线的信号RESET、$\overline{WR}$及$\overline{RD}$。接收来的这些信号经组合后得到对A组控制部件和B组控制部件的控制命令，并将命令发给这两个部件，以完成对数据、状态信息和控制信息的传输。

二、8255A的引脚功能

图7-2为8255A的芯片引脚信号。它是40脚双列直插式芯片，全部引脚都和TTL电平兼容。除电源和地线外，其他信号可以分为两组。

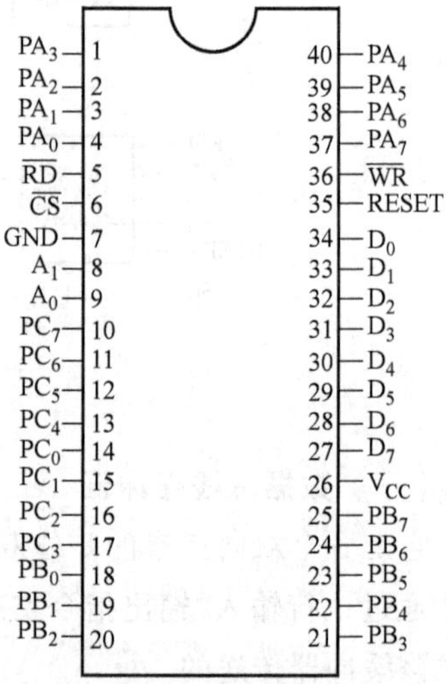

图7-2 8255A的芯片引脚信号

（一）和外设相连的引脚

$PA_7 \sim PA_0$：端口A数据线。

$PB_7 \sim PB_0$：端口B数据线。

$PC_7 \sim PC_0$：端口C数据线。

（二）和CPU相连的引脚

$D_7 \sim D_0$：双向三态数据线，和CPU的数据总线相连。

RESET：输入，复位信号，高电平有效。当RESET到来时，所有内部寄存器都被清除，而且3个数据端口被自动设置为输入端口。

$\overline{CS}$：输入，片选信号，低电平有效。只有当$\overline{CS}$有效时，8255A才被选中，读信号$\overline{RD}$和写信号$\overline{WR}$才对8255A有效。此信号由地址译码器电路产生。

$\overline{RD}$：输入，读信号，低电平有效。当CPU执行输入指令IN时，$\overline{RD}$有效，此时CPU从8255A读取数据或读取状态信息。

$\overline{WR}$：输出，写信号，低电平有效。当CPU执行输出指令OUT时，$\overline{WR}$有效，CPU向8255A写入数据或控制字。

A_1、A_0：输入，端口选择信号。一般接CPU的低两位地址线A_1、A_0，用于选择8255A内部的3个数据端口和控制端口。但是，在8086 CPU系统中，一般接CPU地址线的A_2、A_1。当A_1、A_0为00时，选中A端口；为01时，选中B端口；为10时，选中C端口；为11时，选中控制端口。

$\overline{CS}$、A_1、A_0、$\overline{RD}$和$\overline{WR}$的信号的不同组合，可以使8255A执行不同的操作。8255A的控制信号与传输动作的对应关系见表7-1。

表7-1 8255A的控制信号和传输动作的对应关系

A_1	A_0	$\overline{RD}$	$\overline{WR}$	$\overline{CS}$	输入操作(读)
0	0	0	1	0	端口A→数据总线
0	1	0	1	0	端口B→数据总线

（续）

A_1	A_0	$\overline{RD}$	$\overline{WR}$	$\overline{CS}$	输入操作(读)
1	0	0	1	0	端口 C→数据总线
					输出操作(写)
0	0	1	0	0	数据总线→端口 A
0	1	1	0	0	数据总线→端口 B
1	0	1	0	0	数据总线→端口 C
1	1	1	0	0	数据总线→控制字寄存器
					断开功能
×	×	×	×	1	数据总线→三态
1	1	0	1	0	非法状态
×	×	1	1	0	数据总线→三态

三、8255A 的控制字

8255A 的工作状态是由 CPU 用输出指令向控制寄存器送的控制字来决定的。8255A 的控制字分为两类：

一类是方式选择控制字，它可以使 8255A 工作在不同的方式。

另一类是端口 C 按位置 1/置 0 控制字，它可以使端口 C 中的任何 1 位进行置位或复位。

方式选择控制字的第 7 位总是为 1，而端口 C 置位/复位控制字的第 7 位总是为 0，所以，第 7 位称为这两个控制字的标识位或特征位。8255A 正是通过这 1 位来识别这两个同样写入同一个控制端口地址中的控制字到底是哪一个。

（一）方式选择控制字

8255A 的方式选择控制字如图 7-3 所示。

8255A 可有 3 种基本工作方式：

1）方式 0。基本输入/输出方式。

2）方式 1。选通的输入/输出方式。

3）方式 2。双向传输方式。

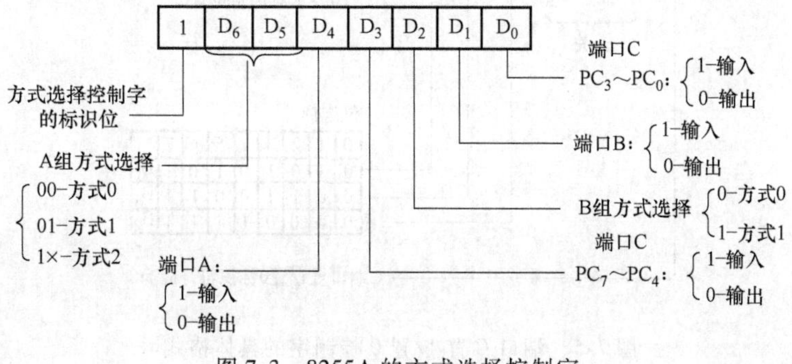

图 7-3 8255A 的方式选择控制字

端口 A 可以工作在 3 种方式中的任何一种；端口 B 只能工作在方式 0 或方式 1，端口 C 则常常配合端口 A 和端口 B 工作，为这两个端口的输入/输出提供控制信号和状态信号。可见，只有端口A能工作在方式2。

同一组的两个端口，如A组的端口A和端口C的高4位，可以分别工作在输入方式和输出方式，但并不要求同为输入方式或同为输出方式，而一个端口到底是作为输入端口还是输出端口，这也要由方式选择控制字来决定。

例如，在一个8086系统中，设8255A的端口地址为：端口A为C0H，端口B为C1H，端口C为C2H，控制端口为C3H，若要求各端口的工作方式为：

端口A：方式0，输出

端口B：方式1，输入

端口C的高4位，输出

端口C的低4位，配合端口B工作（方式1），并设为输出，

则相应的方式选择控制字如图7-4所示。

这样，方式选择控制字为86H。

该8255A的工作方式可由下列指令进行设置：

```
MOV AL, 86H
OUT C3H, AL
```

D_7	D_6	D_5	D_4	D_3	D_2	D_1	D_0
1	0	0	0	0	1	1	0

图7-4　方式选择控制字

（二）端口C置1/置0控制字

由于端口C常用于配合端口A和端口B工作，为这两个端口的输入/输出提供控制信号和状态信号，因此，端口C的各位应可以用置1/置0控制位来单独设置。

当8255A接收到写入控制寄存器的控制字时，就会对最高位即标志位进行测试。如为1，则将此字节作为方式选择控制字写入控制寄存器；如为0，则此字节就作为对端口C的置1/置0控制字来处理。

端口C置1/置0控制字的具体格式如图7-5所示。

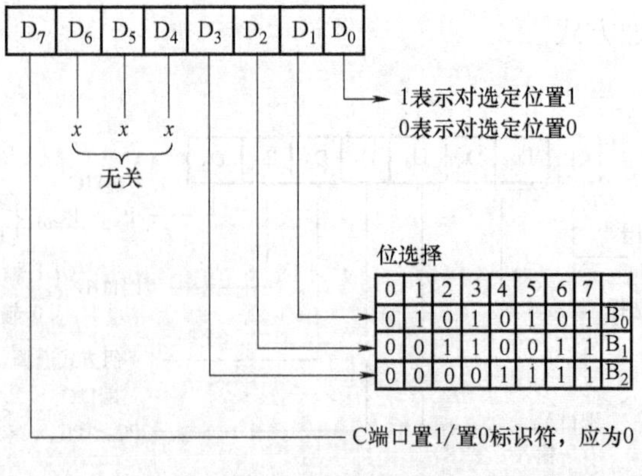

图7-5　端口C置1/置0控制字的具体格式

其中，D_3、D_2、D_1这3位的编码决定了对端口C的哪1位进行置位或复位操作。D_0位表示对选定位是置1还是置0，如D_0为1，则置1；否则，置0。D_6、D_5、D_4位未用，可为

1 或 0。

例如，若将上例中端口 C 的 PC_2 置 1，则控制字为 00000101B，即 05H，若将 PC_7 置 0，则控制字为 00001110，即 0EH，可用下面程序完成这一设置。

```
MOV AL, 05H
OUT C3H, AL
MOV AL, 0EH
OUT C3H, AL
```

四、8255A 的工作方式

由前面可知，8255A 的端口 A 可以在方式 0、方式 1 和方式 2 这 3 种方式下工作。端口 B 只能在方式 0 和方式 1 这两种方式下工作。它们的工作方式是由方式选择控制字来决定的。下面将分述这 3 种工作方式的具体含义。

（一）方式 0

1. 方式 0 的工作特点

在方式 0 下，端口 A 和端口 B 可以通过方式选择字任意规定为输入口或输出口，端口 C 可分为两个 4 位端口（高 4 位，低 4 位），它们也可以由方式选择字任意规定为输入口或者输出口。

概括地说，方式 0 的基本特点如下：

1）任何一个端口可作为输入口，也可作为输出口，各端口之间没有规定必然的关系。

2）各个端口的输入或输出可以有 16 种不同的组合，所以可以适用于多种使用场合。

2. 方式 0 的输入/输出时序

为了了解一个端口工作在方式 0 时的含义，下面来分析方式 0 的时序关系。

在分析时序时，应该着重注意两个方面：一是要弄清每个信号的发出者和承受者；二要弄明白各个信号之间的先后因果关系。

图 7-6 是方式 0 的输入时序，其中各参数说明见表 7-2。

方式 0 的输入时序比较简单。CPU 为了从 8255A 读取数据，在方式 0 下，首先要满足两个条件：

1）要求 CPU 在发出读信号前，先发出地址信号，从而使 8255A 的片选信号 $\overline{CS}$ 和端口选择信号 A_1、A_0 有效，于是，8255A 得到启动。

2）要求 CPU 在发出读信号前，外设已经将数据送到 8255A 的输入缓冲器中，即输入数据要领先于读信号。

CPU 在发出地址信号以后，至少经过 t_{AR} 时间，发出读信号 $\overline{RD}$。8255A 在读信号有效以后，经过 t_{RD} 时间，就可以使数据在数据总线上得到稳定。不过，这里有 3 个要求：

1）在整个读出期间，地址信号保持有效。

2）输入数据必须保持到读信号结束后才消失。

3）要求读脉冲的宽度至少为 300ns。

在 8086 系统中，由于配备地址锁存器，因此，前一个要求自然得到满足。

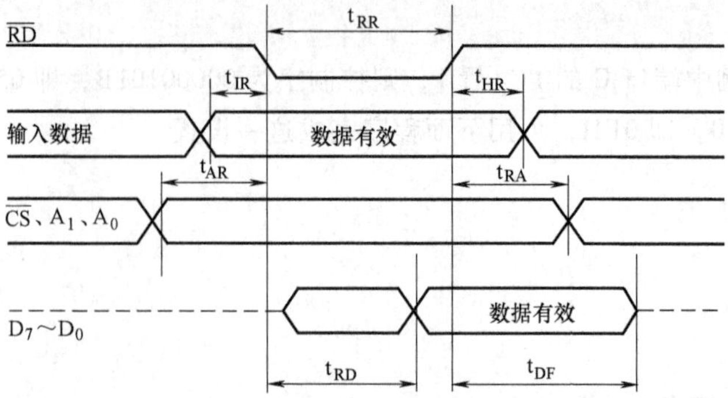

图7-6 方式0的输入时序

表7-2 方式0的输入时序的各参数说明

参数	说明	8225A	
		最小时间	最大时间
t_{RR}	读脉冲的宽度	300ns	
t_{AR}	地址稳定领先读信号的时间	0	
t_{IR}	输入数据领先于$\overline{RD}$的时间	0	
t_{HR}	读信号过后数据继续保持时间	0	
t_{RA}	读信号无效后地址保持时间	0	
t_{RD}	从读信号有效到数据稳定的时间		250ns
t_{DF}	读信号撤除后数据保持时间	10ns	150ns
t_{RY}	两次读操作之间的时间间隔	850ns	

对于第二个要求，则要由输入设备给予满足。由于方式0时对输入数据不作锁存，因此这一要求更要给予注意。

图7-7是方式0的输出时序，其中各参数说明见表7-3。

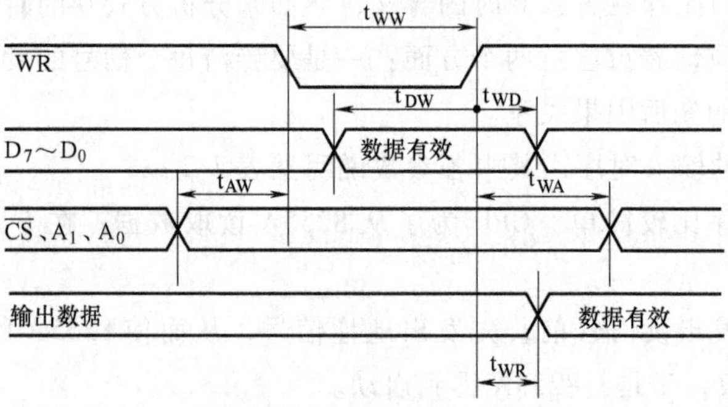

图7-7 方式0的输出时序

表7-3 方式0的输出时序的各参数说明

参数	说明	8255A	
		最小时间	最大时间
t_{AW}	地址稳定领先于写信号的时间	0	
t_{WW}	写脉冲的宽度	400ns	
t_{DW}	数据有效时间	100ns	
t_{WD}	数据保持时间	30ns	
t_{WA}	写信号撤除后的地址保持时间	20ns	
t_{WR}	写信号结束到数据有效的时间		350ns

方式 0 的输出时序也比较简单。为了将数据有效地输出到 8255A，对各信号有如下要求：

1）地址信号必须在写信号前 t_{AW} 时间就有效，从而使片选信号 $\overline{CS}$，端口选择信号 A_1、A_0 有效，并且要求地址信号一直保持到写信号撤除以后再过 t_{WA} 时间才消失。

2）写脉冲宽度至少要有 400ns。

3）数据必须在写信号结束前 t_{DW} 时间就能出现在数据总线上，且保持 t_{WD} 时间。

这样，在写信号结束后最多 t_{WB} 时间，CPU 输出的数据就可以出现在 8255A 的指定端口，从而可以送到外设。

3. 方式 0 的使用场合

方式 0 的使用场合有两种：一种是同步传送；另一种是查询式传送。

在同步传送时，发送方和接收方的动作由一个时序信号来管理，所以，对接口的要求很简单，即只要能传送数据就行了。因此，在同步传输下使用 8255A 时，3 个数据端口可以实现三路数据传输。

查询式传送时，需要有应答信号。但是，在方式 0 的情况下，没有规定相应的应答信号，所以，这时可将端口 A 和端口 B 作为数据端口，端口 C 的 4 位（高 4 位或者低 4 位均可）规定为输出口，用来输出一些控制信号，而把端口 C 的另外 4 位规定为输入口，用来读入外设的状态。

（二）方式 1

1. 方式 1 的工作特点

方式 1 也叫选通输入/输出方式。和方式 0 相比，最重要的差别是端口 A 和端口 B 用方式 1 进行输入/输出传输时，要利用端口 C 提供的选通信号和应答信号，而这些信号与端口 C 的位之间有着固定的对应关系，这种关系不是程序可以改变的，除非改变工作方式。

概括地讲，方式 1 有如下特点：

1）端口 A 和端口 B 可分别作为两个数据口工作在方式 1，并且，任何一个端口可作为输入口或者输出口。

2）如果 8255A 的端口 A 和端口 B 中只有一个端口工作在方式 1，那么，端口 C 中就有 3 位被规定为配合方式 1 工作的信号。此时，另一个端口可以工作在方式 0，端口 C 中的其他位也可以工作在方式 0，即作为输入或者输出。

3）如果 8255A 的端口 A 和端口 B 都工作在方式 1，那么，端口 C 中就有 6 位被规定为配合方式 1 工作的信号，剩下的 2 位仍可作为输入或输出。

2. 方式 1 输入情况下有关信号的规定和输入时序

当端口 A 工作在方式 1 并作为输入端口时，PC_4 作为选通信号输入 $\overline{STB}_A$，PC_5 作为输入缓冲器满信号输出端 IBF_A，PC_3 则作为中断请求信号输出端 $INTR_A$。

当端口 B 工作在方式 1 并作为输入端口时，PC_2 作为选通信号输入端 $\overline{STB}_B$，PC_1 作为输入缓冲器满信号输出端 IBF_B，PC_0 作为中断请求信号输出端 $INTR_B$。

这些位和信号之间的对应关系是在对端口设定工作方式时自动确定的，不需要程序员干预；而且，一旦确定了某个端口工作于方式 1，程序员也就无法改变端口 C 的位与信号之间的对应关系，除非重新设置方式选择控制字。

当8255A的端口A和端口B都工作在方式1的输入情况时，端口C的PC_0～PC_5共6位都被定义，只剩下PC_6、PG_7这2位还未用。此时，方式选择控制字的D_3位用来定义PC_6和PC_7的数据传输方向。当D_3为1时，PC_6和PC_7这2位作为输入来用；当D_3为0时，PC_6和PC_7作为输出来用。

图7-8是端口A和端口B工作在方式1情况下作为输入端口时，各控制信号的示意图，图中还给出了应该设置的方式选择控制字。

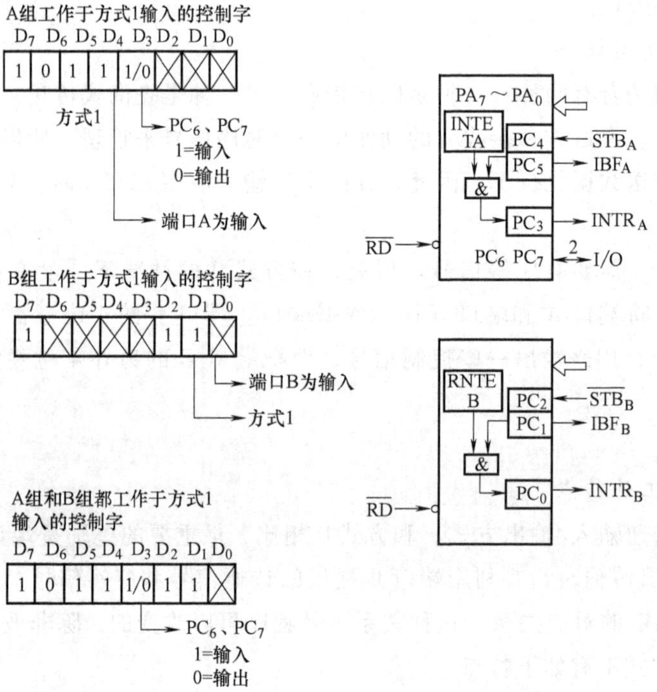

图7-8　方式1时输入端口对应的控制信号

各控制信号的说明如下：

1）$\overline{STB}$是选通信号输入端，低电平有效。它是由外设送往8255A的，当$\overline{STB}$有效时，8255A接收外设送来的一个8位数据，从而使8255A的输入缓冲器中得到一个新的数据。

2）IBF为缓冲器满信号，高电平有效。它是8255A输出的状态信号，当它有效时，表示当前已有一个新的数据在输入缓冲器中，此信号一般供CPU查询用。IBF信号是由$\overline{STB}$信号使其置位的，而由读信号$\overline{RD}$的后沿即上升沿使其复位。

3）INTR是8255A送往CPU的中断请求信号，高电平有效。INTR端在$\overline{STB}$、IBF均为高时被置为高电平，也就是说，当选通信号结束、从而已将一个数据送进输入缓冲器中，并且输入缓冲器满信号已为高电平时，8255A会向CPU发出中断请求信号，即将INTR端置为高电平。在CPU响应中断读取输入缓冲器中的数据时，由读信号$\overline{RD}$的下降沿将INTR降为低电平。

4）INTE是中断允许信号。实际上，它就是控制中断允许或中断屏蔽的信号。INTE没有外部引出端，它是由软件通过对 C 端口的置 1 指令或置 0 指令来实现对中断的控制的。具体讲，对 PC_4 置 1，则使 A 端口处于中断允许状态；对 PC_4 置 0，则使 A 端口处于中断屏蔽状态。与此类似，对 PC_2 置 1，则使 B 端口处于中断允许状态；对 PC_2 置 0，则使 B 端口处于中断屏蔽状态。当然，如果要使用中断功能，应该用软件使相应的端口处于中断允许状态。

图 7-9 是方式 1 的输入时序，其中各参数说明见表 7-4。

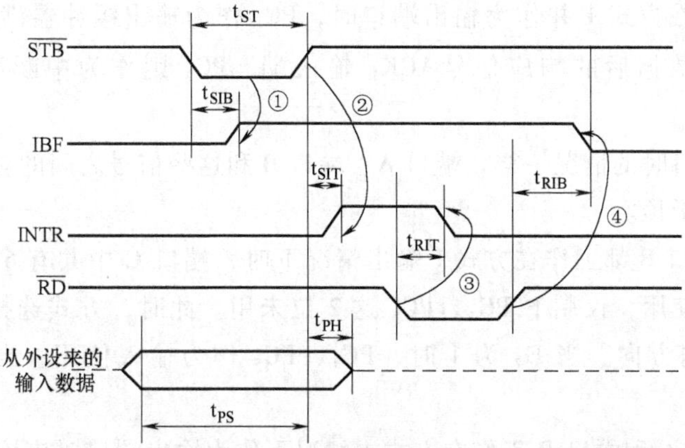

图 7-9　方式 1 的输入时序

表 7-4　方式 1 的输入时序的各参数说明

参　数	说　　明	8255A	
		最小时间	最大时间
t_{ST}	选通脉冲的宽度	500ns	
t_{SIB}	选通脉冲有效到 IBF 有效之间的时间		300ns
t_{SIT}	STB = 1 到中断请求 INTR 有效之间的时间		300ns
t_{PH}	数据保持时间	180ns	
t_{PS}	数据有效到 $\overline{STB}$ 无效之间的时间	0	
t_{RIT}	RD 有效到中断请求信号撤除之间的时间		400ns
t_{RIB}	RD 为 1 到 IBF 为 0 之间的时间		300ns

从方式 1 的输入时序图中可以看到，当来自外设的输入数据出现之后，选通信号接着就来到，选通信号的宽度至少要求为 500ns。

经过 t_{stB} 时间后，输入缓冲器满信号 IBF 有效①，此信号可供 CPU 查询，这为 CPU 工作在查询方式下输入数据提供了条件。

8255A 在选通信号结束以后，经过 t_{sIt} 时间，便发出中断请求信号 INTR②，这样，为 CPU 工作在中断方式下输入数据提供了条件。

不管 CPU 是用查询方式还是中断方式，每当从 8255A 读入数据时，都会发出读信号 $\overline{RD}$，如果工作在中断方式，那么，当读信号 $\overline{RD}$ 有效以后，经过 t_{RIT} 时间，就将中断请求信号清除③。$\overline{RD}$信号结束之后，数据已经读到CPU的寄存器中，经过t_{RIB}时间，输入缓冲器满信号IBF变低④，从而可以开始下一个数据输入过程。

3. 方式1输出情况下有关信号的规定和输出时序

当端口A工作在方式1并作为输出端口时，PC_7作为输出缓冲器满信号$\overline{OBF_A}$输出端，PC_6作为外设接收数据后的响应信号$\overline{ACK_A}$输入端，PC_3则作为中断请求信号$INTR_A$输出端。

当端口B工作在方式1并作为输出端口时，PC_1作为输出缓冲器满信号$\overline{OBF_B}$输出端，PC_2作为外设接收数据后的响应信号$\overline{ACK_B}$输入端，PC_3则作为中断请求信号$INTR_B$输出端。

和作为输入端口时的情况一样，端口A、端口B和这些信号之间的对应关系是自动确定的，不需要程序员干预。

当端口A和端口B都工作在方式1输出情况下时，端口C中共有6位被定义为控制信号端和状态信号端使用，仅剩下PC_4、PC_5这2位未用。此时，方式选择字的D_3位用来定义PC_4、PC_5的传输方向。当D_3为1时，PC_4、PC_5作为输入使用；当D_3为0时，PC_4、PC_5作为输出使用。

图7-10是端口A和端口B工作在方式1情况下作为输出端口时应该设置的方式选择字和各控制信号和状态信号的示意图。

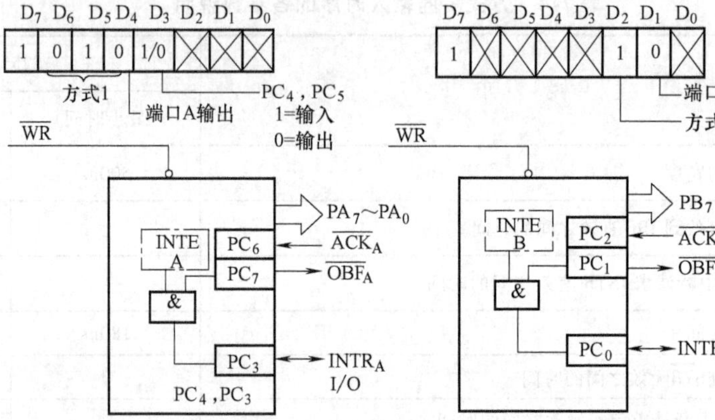

图7-10　方式1时输出端口对应的控制信号和状态信号

对于方式1时输出端口对应的控制信号和状态信号，下面进行如下说明：

1）$\overline{OBF}$表示输出缓冲器满信号，低电平有效。$\overline{OBF}$由8255A送给外设，当$\overline{OBF}$有效时，表示CPU已经向指定的端口输出了数据，所以，$\overline{OBF}$是8255A用来通知外设取走数据的信号。$\overline{OBF}$由写信号$\overline{WR}$的上升沿置成有效电平即低电平，而由$\overline{ACK}$的有效信号使它恢复为高电平。

2）$\overline{ACK}$是外设响应信号。它是由外设送给8255A的，低电平有效。当$\overline{ACK}$有效时，表明CPU通过8255A输出的数据已送到外设。

3）INTR是中断请求信号，高电平有效。当输出设备从8255A端口中提取数据，从而发出$\overline{ACK}$信号后，8255A便向CPU发新的中断请求信号，以便CPU再次输出数据，所以，当$\overline{ACK}$变为高电平，并且$\overline{OBF}$也变为高电平时，INTR 便成为高电平即有效电平，而当写信号$\overline{WR}$的下降沿来到时，INTR变为低电平即复位。

4）INTE 是中断允许信号。与端口 A、端口 B 工作在方式 1 输入情况时 INTE 的含义一样，INTE 为 1 时，使端口处于中断允许状态；INTE 为 0 时，使端口处于中断屏蔽状态。在使用时，INTE 也是由软件来设置的。具体地说，PC_6 为 1，则使端口 A 的 INTE 为 1；PC_6 为 0，则使端口 A 的 INTE 为 0；PC_2 为 1，则使端口 B 的 INTE 为 1；PC_2 为 0，则使端口 B 的 INTE 为 0。

图 7-11 是方式 1 的输出时序，其中各参数说明见表 7-5。

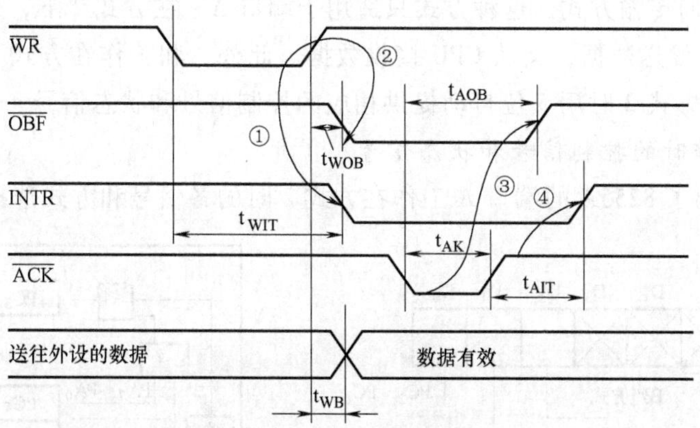

图 7-11　方式 1 的输出时序

表 7-5　方式 1 的输出时序的各参数说明

参数	说明	最小时间	最大时间
t_{WIT}	从写信号有效到中断请求无效的时间		850ns
t_{WOB}	从写信号无效到输出缓冲器满的时间		650ns
t_{AOB}	$\overline{ACK}$有效到$\overline{OBF}$无效的时间		350ns
t_{AK}	$\overline{ACK}$脉冲的宽度	300ns	
t_{AIT}	$\overline{ACK}$为 1 到发新的中断请求的时间		350ns
t_{WB}	写信号撤除到数据有效的时间		350ns

工作在方式 1 的输出端口一般采用中断方式与 CPU 相联系。从方式 1 的输出时序图中可以见到，CPU 响应中断以后，便往 8255A 输出数据，并发出写信号$\overline{WR}$。写信号$\overline{WR}$的上升沿一方面清除中断请求信号 INTR①，表示 CPU 已经响应了中断；另一方面，使$\overline{OBF}$有效②，通知外设接收数据。

实际上，在 CPU 发出写信号后经过 t_{WB}时间，数据就出现在端口的输出缓冲器中。当外设接收数据后，便发一个$\overline{ACK}$信号。$\overline{ACK}$信号一方面使$\overline{OBF}$无效③，表示数据已被取走，当前输出缓冲器为空；另一方面，又使 INTR 有效④，即向 CPU 发出中断请求，从而可以开始一个新的输出过程。

4. 方式1的使用场合

在方式1下，规定一个端口作为输入口或者输出口的同时，自动规定了有关的控制信号和状态信号，尤其是规定了相应的中断请求信号。这样，在许多采用中断方式进行输入/输出的场合，如果外设能为8255A提供选通信号或者数据接收应答信号，那么，可常常使8255A的端口工作在方式1情况。

用方式1工作比用方式0更加方便有效。

（三）方式2

1. 方式2的工作特点

方式2也叫双向传输方式，这种方式只适用于端口A。在方式2下，外设可以在8位数据线上，既往CPU发送数据，又从CPU接收数据。此外，和工作在方式1情况类似，端口C在端口A工作在方式2时用5位自动提供相应的控制信号和状态信号。

2. 方式2工作时的控制信号和状态信号

图7-12中给出了8255A的端口A工作在方式2时的各信号和方式选择控制字格式。

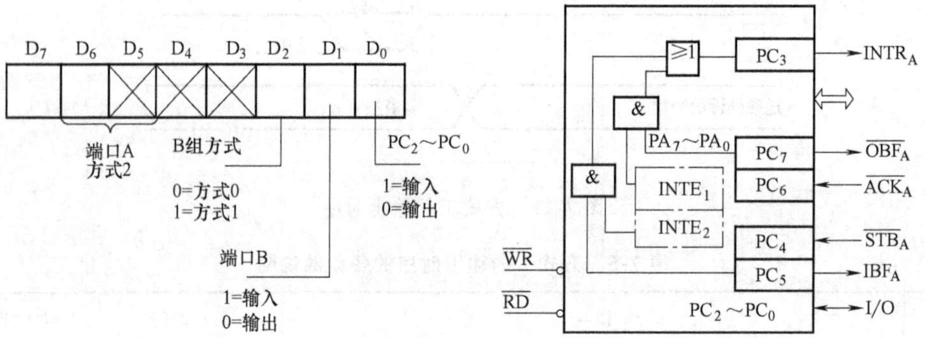

图7-12　方式2的控制信号

各控制信号和状态信号的含义如下：

1）$INTR_A$ 表示中断请求信号，高电平有效。不管是输入动作还是输出动作，当一个动作完成而要进入下一个动作时，8255A都通过这一引脚向CPU发出中断请求信号。

2）$\overline{STB}_A$ 是外设供给8255A的选通信号，低电平有效。此信号将外设送到8255A的数据打入输入锁存器。

3）IBF_A 是8255A送往CPU的状态信息，表示当前已有一个新的数据送到输入缓冲器中，等待CPU取走。IBF_A 可以作为供CPU查询的信号。

4）$\overline{OBF}_A$ 是输出缓冲器满信号，实际上，它是一个由8255A送给外设的状态信号，低电平有效。当 $\overline{OBF}_A$ 有效时，表示CPU已经将一个数据写入8255A的端口A，通知外设将数据取走。

5）$\overline{ACK}_A$ 是外设对 $\overline{OBF}$ 信号的响应信号，低电平有效，它使8255A的端口A的输出缓冲器开启，送出数据。否则，输出缓冲器处于高阻状态。

6）INTE1是中断允许信号。INTE1为1时，允许8255A由INTR往CPU发中断请求信号，以通知CPU往8255A的端口A输出一个数据；INTE1为0时，则屏蔽了中断请求，这时，即使 8255A 的数据输出缓冲器空了，也不能在 INTR 端产生中断请求。INTE1 到底为 0 还是 1，这是由软件通过对 PC_6 的设置来决定的，PC_6 为 1，则 INTE1 为 1；PC_6 为 0，则 INTE1 为 0。

7）$INTE_2$ 是中断允许信号。当 $INTE_2$ 为 1 时，端口 A 的输入处于中断允许状态，当 INTE2 为 0 时，端口 A 的输入处于中断屏蔽状态。INTE2 是由软件通过对 PC_4 的设置来决定为 1 还是为 0 的，将 PC_4 置 1 时，INTE2 为 1；PC_4 为 0 时，则 INTE2 为 0。

3. 方式 2 的时序

方式 2 的时序相当于方式 1 的输入时序和输出时序的组合。图 7-13 中画出了一个数据输出过程和一个数据输入过程的时序，其中各参数说明见表 7-6。实际上，当端口 A 工作在方式 2 时，输入过程和输出过程的顺序以及各自的次数是任意的。

对于输出过程的说明如下：

CPU 响应中断，并用输出指令往 8255A 的 A 端口中写入一个数据时，会发出写脉冲信号 $\overline{WR}$。$\overline{WR}$ 信号一方面使中断请求信号 INTR 变低①，另一方面使输出缓冲区满信号 $\overline{OBF_A}$ 变低②。$\overline{OBF_A}$ 送往外设，外设得到此信号后，发出 $\overline{ACK_A}$ 信号③。$\overline{ACK_A}$ 使 8255A 输出锁存器打开，从而数据出现在 8255A 与外设之间的数据连线上④，$\overline{ACK_A}$ 信号也使输出缓冲器满信号 $\overline{OBF_A}$ 变为高电平⑤，从而可以开始下一个数据传输过程，此传输过程可能仍是一个输出过程，也可能是一个输入过程。

对于输入过程，也作如下的说明：

当外设往 8255A 送来数据时③，选通信号 $\overline{STB_A}$ 一起来到，选通信号将数据锁存到 8255A 的输入锁存器中，从而使输入缓冲器满信号 $\overline{IBF_A}$ 成为高电平①，选通信号结束时，使中断请求信号为高③。

当 CPU 响应中断进行读操作时，会发出读信号 $\overline{RD}$。$\overline{RD}$ 信号有效后，将数据从 8255A 读到 CPU 中，于是，输入缓冲器满信号 IBF_A 又成为低电压③，且中断请求信号变为低电平。

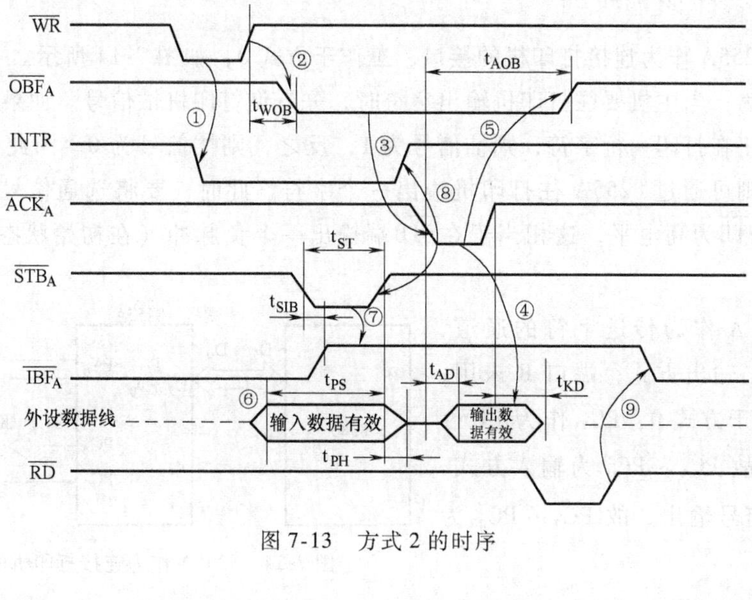

图 7-13　方式 2 的时序

表 7-6　方式 2 的时序的各参数说明

参数	说明	最小时间	最大时间
t_{ST}	选通脉冲宽度	500sn	
t_{SIB}	选通有效到 IBF_A 有效之间的时间		300ns
t_{PS}	数据有效到$\overline{STB_A}$ 无效之间的时间	0	
t_{PH}	数据保持时间	180ns	
t_{WOB}	写信号无效到$\overline{OBF_A}$ 有效的时间		650ns
t_{AOB}	$\overline{ACK_A}$ 有效到$\overline{OBF_A}$ 无效的时间		350ns
t_{AD}	$\overline{ACK_A}$ 有效到数据输出的时间		350ns
t_{KD}	数据保持时间	200ns	

4. 方式 2 的使用场合

方式 2 是一种双向工作方式，如果一个并行外部设备既可以作为输入设备，又可以作为输出设备，并且输入、输出动作不会同时进行，那么，将这个外设和 8255A 的端口 A 相连，并使它工作在方式 2，就会非常合适。比如，磁盘驱动器就是这样一个外设，主机既可以往磁盘输出数据，也可以从磁盘输入数据，但数据输出过程和数据输入过程总是不重合的，所以，可以将磁盘驱动器的数据线与 8255A 的 $PA_7 \sim PA_0$ 相连，再使 $PC_7 \sim PC_3$ 和磁盘驱动器的控制线和状态线相连即可。

5. 方式 2 和其他方式的组合

从方式选择控制字可以知道，当 8255A 的端口 A 工作于方式 2 时，端口 B 可以工作在方式 1，也可以工作在方式 0，而且，端口 B 可以作为输入口，也可以作为输出口。在各种组合下，端口 C 都用一定的位配合工作。

五、8255A 应用举例

例 7-1　8255A 作为连接打印机的接口，工作于方式 0，如图 7-14 所示。

工作过程为：当主机要往打印机输出字符时，先查询打印机忙信号。如果打印机正在处理一个字符或正在打印一行字符，则忙信号为 1，反之，则忙信号为 0。因此，当查询到忙信号为 0 时，则可通过 8255A 往打印机输出一个字符。此时，要将选通信号$\overline{STB}$置成低电平，然后再使$\overline{STB}$为高电平，这相当于在$\overline{STB}$端输出一个负脉冲（在初始状态，$\overline{STB}$也是高电平）。

现将端口 A 作为传送字符的通道，工作于方式 0，输出方式；端口 B 未用；端口 C 也工作于方式 0，PC_2 作为 BUSY 信号输入端，故 $PC_3 \sim PC_0$ 为输入方式，PC_6 作为$\overline{STB}$信号输出，故 $PC_7 \sim PC_4$ 为输出方式。

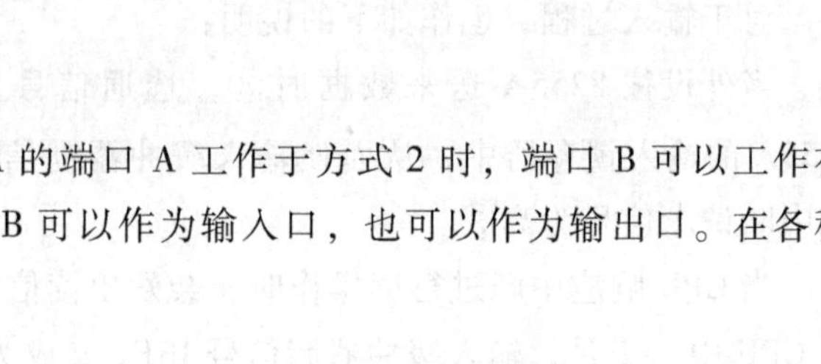

图 7-14　8255A 作为连接打印机的接口

设 8255A 的端口地址为：

A 端口：　00D0H　　C 端口：　00D4H

B 端口：　00D2H　　控制口：　00D6H

具体程序段如下：

```
PP:MOV AL,81H      ;控制字,使 A、B、C 这 3 个端口均工作于方式 0。
                   ;端口 A 为输出,PC7 ~ PC4 为输出,PC3 ~ PC0 为输入
   OUT 0D6H,AL
   MOV AL,0DH      ;用置 1/置 0 方式使 PC6 为 1,即STB为高电平
   OUT 0D6H,AL
LPST:IN AL,0D4H    ;读端口 C 的值
   AND AL,04H
   JNZ LPST        ;如不为 0,说明忙信号为 1,即打印机处于忙状态,故等待
   MOV AL,CL
   OUT 0D0H,AL     ;如不忙,则把 CL 中字符送端口 A
   MOV AL,0CH
   OUT 0D6H,AL     ;使STB为 0
   INC AL
OUT 0D6H,AL        ;再使STB为 1
    ⋮              ;后续程序段
```

例 7-2　8255A 工作于方式 1，作为用中断方式工作的 Centronic 360 字符打印机的接口，如图 7-15 所示。

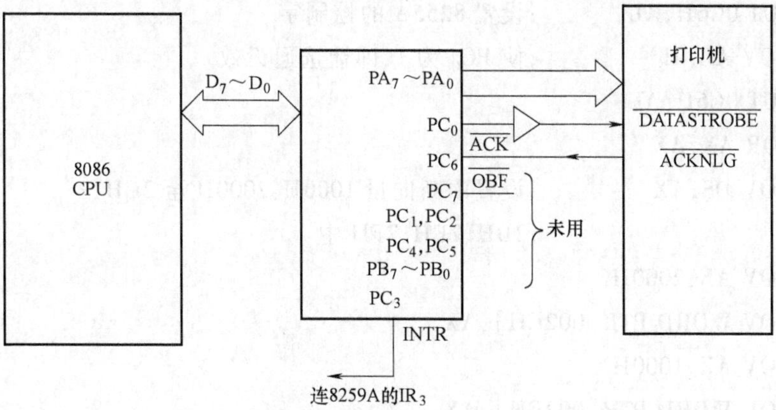

图 7-15　8255A 作为中断方式打印机接口的示意

8255A 的端口 A 作为数据通道，工作在方式 1。此时，PC_7 自动作为$\overline{OBF}$信号输出端，PC_6 则自动作为$\overline{ACK}$信号输入端，而 PC_3 自动作为 INTR 信号输出端。

在 Centronic 360 打印机标准定义的信号线中，最主要的是 8 位并行数据线、2 条联络信号线、选通信号$\overline{STB}$、响应信号$\overline{ACKNLG}$和一条忙信号线 BUSY。所需要的数据选通脉冲信号$\overline{STB}$由 CPU 控制 PC_0 来产生。$\overline{OBF}$在这里没有用，将它悬空即可，8255A 的$\overline{ACK}$连接打印

机$\overline{\text{ACKNLG}}$端。

PC_3 连到8259A的中断请求输入端 IR_3。对应于中断类型号0BH，此中断对应的中断向量放在2CH、2DH、2EH和2FH这4个单元中，8259A在系统程序中已经完成初始化，这部分连接图没有画出。

设8255A的端口地址为：

A端口： 00C0H

B端口： 00C2H

C端口： 00C4H

控制口： 00C6H

方式控制字为A0H，其中 $D_3 \sim D_1$ 位为任选，现取为0，其他各位的值使A组工作于方式1，端口A为输出，PC_0 作为输出。

实际使用时，在这个系统中由中断处理子程序完成字符输出，而主程序仅仅对8255A设置方式控制字、开放中断就行了。此后，就可以执行其他操作。要指出的是，这里开放中断不仅是指用开中断指令STI使CPU的中断允许标志IF为1，还要使8255A的INTE为1，即让8255A也处于中断允许状态。

在中断处理子程序中，设字符已放在主机的字符输出缓冲区，往端口A输出字符后，CPU用对C端口的置1/置0命令使选通信号为0，从而将数据送到打印机。当打印机接收并打印字符后，发出回答信号$\overline{\text{ACK}}$，由此清除了8255A的“缓冲器满”指示，并使8255A产生新的中断请求。如果中断是开放的，CPU便响应中断，进入中断处理子程序。

下面是具体程序段：

```
MAIN:MOV AL,0A0H            ;主程序段
     OUT 0C6H,AL            ;设置 8255A 的控制字
     MOV AL,01              ;使 PC0 为 1,即让选通无效
     OUT 0C6H,AL
     XOR AX,AX
     MOV DS,AX              ;设置中断向量 1000H:2000H 至 2CH、
                            ;2DH、2EH、2FH 中
     MOV AX,2000H
     MOV WORD PTR[002CH],AX
     MOV AX,1000H
     MOV WORD PTR[002EH],AX
     MOV AL,0DH,            ;使 PC6 为 1,允许 8255A 中断
     OUT 0C6H,AL
     STI                    ;开放中断
```

中断处理子程序必须装配在1000H：2000H处，如要装配在其他区域，则主程序的中断向量设置要进行相应变化。

中断处理子程序的主要程序段如下：

```
ROUTINTR:MOV AL,[DI]     ;DI为打印字符缓冲区指针,字符送端口A
         OUT 0C0H,AL
         MOV AL,00
         OUT 0C6H,AL     ;使PC0为0,产生选通信号
         INC AL
         OUT 0C6H,AL     ;使PC0为1,撤销选通信号
         ⋮               ;后续处理
         IRET            ;中断返回
```

第三节　键盘接口

一、键盘的工作原理

键盘是微型计算机不可缺少的输入设备，人们通过它向计算机传递信息。

最简单的键盘结构如图7-16所示，其中，每个键对应I/O端口的1位，在没有任何键闭合时，各位均处于高电位。当有一个键按下时，就使对应位接地而成为地电位，而其他位仍为高电位。这样，CPU只要检测到某1位为“0”，便可判别出对应键已经按下。

但是，用图7-16的结构来设计键盘有一个很大的缺点，就是当键盘上的键较多时，引线太多，占用的I/O端口也太多。比如，一个有64个键的键盘，采用这种方法来设计时，就需要64条连线和8个8位并行端口。所以，这种简单结构只用在仅有几个键的小键盘中。

通常使用的键盘结构是矩阵式的，如图7-17所示。

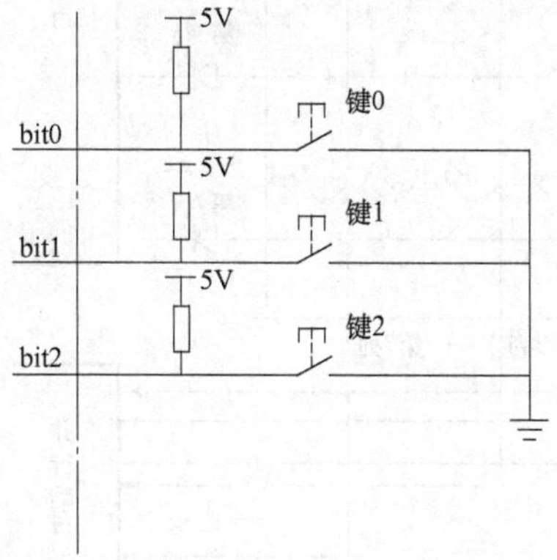

图7-16　最简单的键盘结构

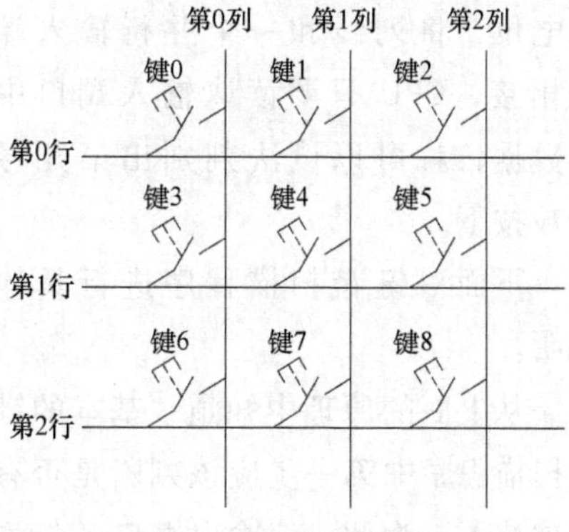

图7-17　键盘的矩阵式结构

设有m×n个键，那么，采用矩阵式结构以后，便只要m+n条引线即可。比如，有8×8=64个键，那么，只要用两个并行端口和16条引线便可以完成键盘的连接。

以3×3=9个键为例，下面来简略地说明矩阵式结构键盘的工作原理。如图7-17所示，这个矩阵分为3行3列，如果第4号键按下，则第1行线和第1列线接通而形成通路。如果第1行线接为地电位，则由于键4的闭合，会使第1列线也输出地电位。矩阵式键盘工作

时，就是按照行线和列线上的电平来识别闭合键的。

二、键的识别

为了识别键盘上的闭合键，通常采用行扫描法。

行扫描法识别闭合键的原理如下：先使第0行接地，其余行为高电平，然后通过检查列线电位看第0行是否有键闭合，如果有某条列线变为低电平，则表示第0行和此列线相交的位置上的键被按下；如果列线全为高电平，则说明第0行上没有键被按下。此后，再将第1行接地，然后检测列线中是否有变为低电平的线。如此往下逐行扫描，直到最后一行。在扫描过程中，当发现某一行有键闭合时，也就是列线中有1位为0时，根据行线位置和列线位置，便能识别此刻闭合的到底是哪一个键。

实际中，一般先快速检查键盘中是否有某个键已被按下，然后，再确定具体是按下了哪一个键。为此，可以先使所有各行同时为低电平，再检查是否有列线也处于低电平。这时，如果列线上有1位为0，则说明有键被按下，不过，还不能确定所闭合的键处在哪一行上，于是再用扫描法来确定具体位置。

在硬件上，行线和列线的接法如图7-18所示。

图7-18中是一个8×8=64键的键盘，将行线和一个并行输出端口相接。CPU每次使并行输出端口的某1位为0，便相当于将某一行线接地，而其他位为1，则相当于使其他行线处于高电平。为了检查列线上的电位，将列线和一个并行输入端口相接，CPU只要读取输入端口中的数据，就可以设法判别出第几号键被按下。

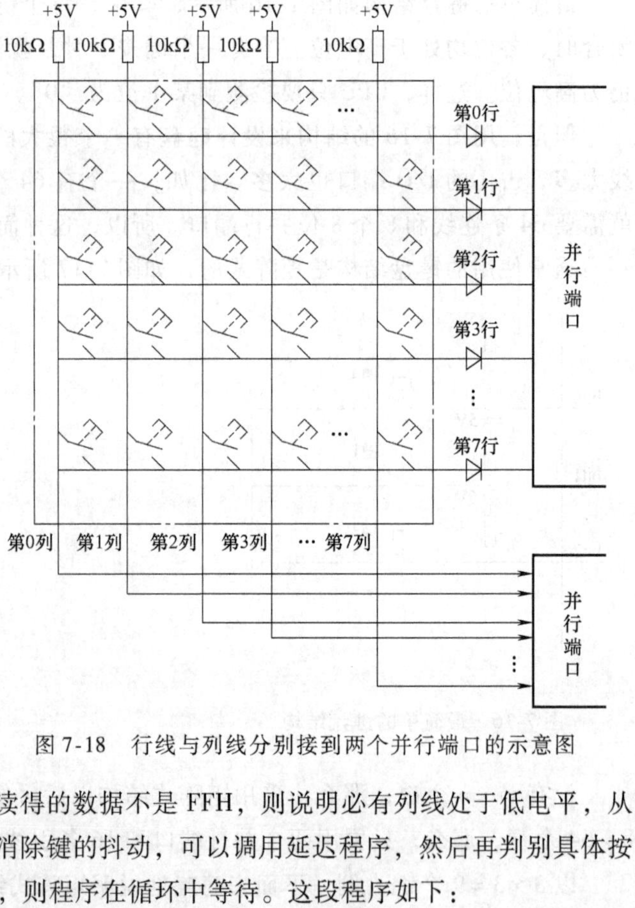

图7-18 行线与列线分别接到两个并行端口的示意图

下面对键盘扫描程序进行具体说明。

从上面的原理中知道，基本的键盘扫描程序中第一步应该判断是否有键被按下。为此，使输出端口各位均输出为0，即相当于将所有各行都接地。然后，从输入端口读取数据，如果读得的数据不是FFH，则说明必有列线处于低电平，从而可断定必有某键被按下。此时，为了消除键的抖动，可以调用延迟程序，然后再判别具体按下的是哪个键。如果读得的数据是FFH，则程序在循环中等待。这段程序如下：

```
WAIT:MOV AL,00H          ;所有行线上输出低电平
     MOV DX,OUTPORT      ;OUTPORT为行线所连的输出端口
```

```
OUT DX,AL
MOV DX,INPORTI        ;读取列值
IN AL,DX
AND AL,0FFH           ;看是否有列线处于低电平
CMP AL,0FFH
JZ WAIT               ;否,则没有闭合键,故循环等待
DONE:CALL DELAY       ;是,则延迟 20ms 去抖动
  ⋮
```

键盘扫描程序的第二步是判断哪一个键被按下了。这段程序的流程如图 7-19 所示。

从流程图中可以看到，开始时，程序先将键号寄存器置 0，将计数器值设置为键盘行的数目，然后设置扫描初值。扫描初值 11111110B 使第 0 行为地电位，而其他行为高电位。输出扫描初值以后，马上读取列线的值，看是否有列线处于地电位。若无，则将扫描初值循环左移 1 位，变为 11111101，这样，使第 1 行为地电位，而使其他行为高电位。同时使键号成为 8，即从第 2 行上第 1 个键开始检查。此外，计数值减 1……。如此下去，一直查到计数值为 0。

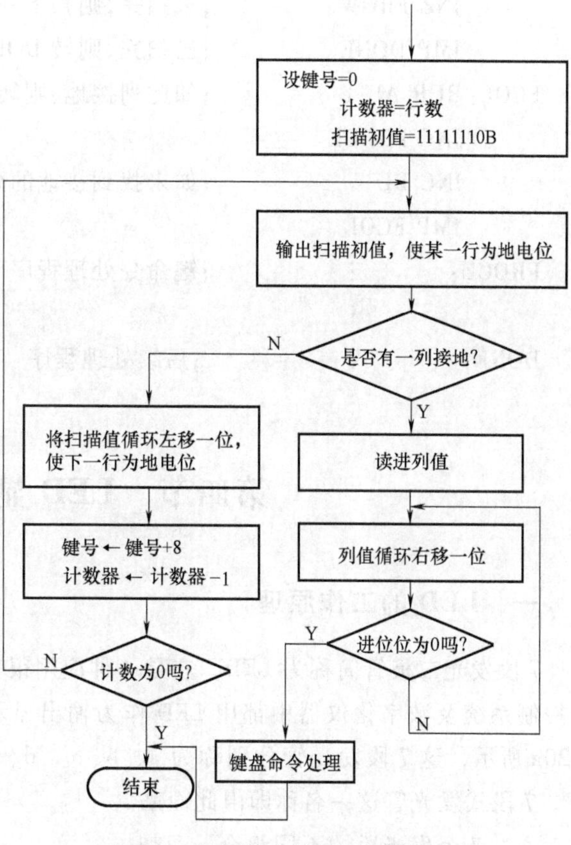

图 7-19 用扫描法判断闭合键的流程

如果在此过程中，查到有某一列线为地电位，则将列线数据保留，并右移 1 位，使进位位相当于第 0 列线的状态。如果此位为地电位对应值 0，则相当于第 0 列线上的 0 号键（在第二次循环中为 8 号键等）闭合；否则，继续循环右移。由于已经确定了此行上有一键闭合，因此一定可以在列线中检查出某列处于地电位。

根据上面流程编写的程序如下：

```
PROG:MOVBL,0             ;键号初值为0
     MOV CL,0FEH         ;送扫描初值
     MOV DL,8            ;计数值为行数
FROW:MOV AL,CL
     OUT ROWPORT,AL
```

```
         RCL AL,1
         MOV CL,AL
         IN AL,COLPORTI      ;读进列值,并判别是否有哪条列线接地
         CMP AL,0FFH
         JNZ FCOL            ;有列线接地,则转 FCOL
         MOV AL,BL
         ADD AL,8            ;如没有列线接地,则使键号 = 键号 + 列数/行
         MOV BL,AL
         DEC DL              ;是否各行均已扫完
         JNZ FROW            ;未扫完,则扫下一行
         JMP DONE            ;已扫完,则转 DONE
FCOL:    RCR AL,1            ;如此列接地,则转 PROCE
         JNC PROCE
         INC BL              ;如未找到接地的列线,则转 FCOL.继续寻找
         JMP FCOL
PROCE:      ⋮                ;键命令处理程序
            ⋮
DONE:       ⋮                ;后续处理程序
            ⋮
```

第四节 LED 显示器接口

一、LED 的工作原理

7 段发光二极管简称为 LED，它是一种应用很普遍的显示器件。从袖珍计算器到许多微机控制系统及数字化仪器中都用 LED 作为输出显示。LED 的主要部分是 7 段发光管，如图 7-20a 所示，这 7 段发光管分别称为 a、b、c、d、e、f、g，有的产品还附带有一个小数点 DP，7 段式发光管这一名称即由此而来。

通过 7 个发光段的不同组合，可以显示 0 ~ 9 和 A ~ F 共 16 个字母数字，从而实现十六进制数的显示。LED 可以分为共阳极和共阴极两种结构，如图 7-20b和图 7-20c 所示。

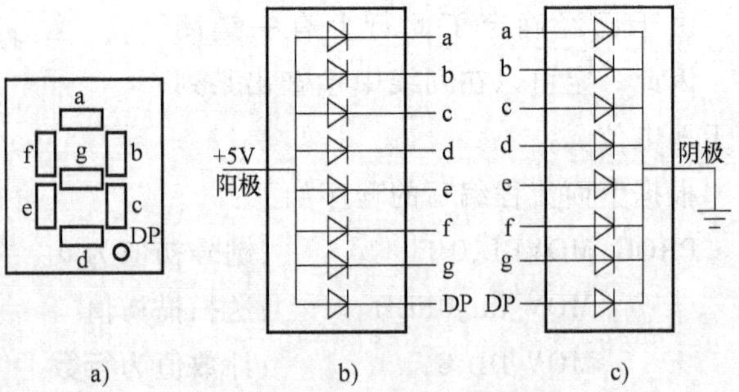

图 7-20 7 段式 LED 显示部件

a）典型的 7 段式 LED 器件 b）共阳极 LED c）共阴极 LED

如为共阳极结构，则数码显示端输入低电平有效。当某一段得到低电平时便发光，比如，当 a、b、g、e、d 为低电平，而其他段为高电平时，则显示数

字“2”。

如为共阴极结构，则数码显示端输入高电平有效，当某段处于高电平时便发光。

图 7-21 是 LED 和 8255A 之间的连接电路。

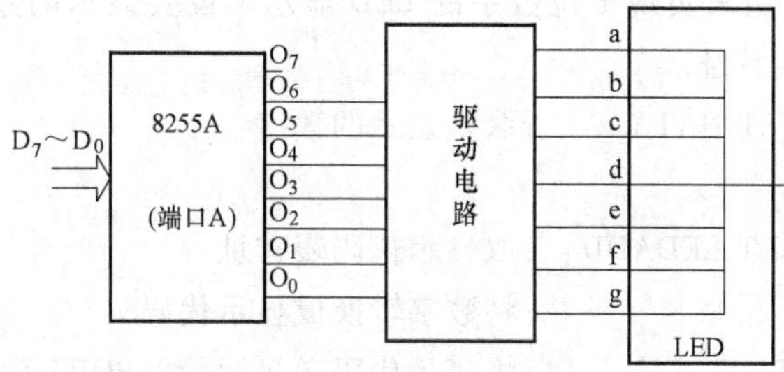

图 7-21　LED 的外部连接电路（共阴）极

CPU 通过 8255A 往 LED 传输 7 段代码，8255A 的端口本身是 8 位的，因此，有 1 位悬空未用。由于 LED 的一个段发光时，通过的平均电流为 10 ~ 20mA，因此，采用共阴极 LED 时，阴极接地，而阳极要加驱动电路。驱动电路可由晶体管构成，也可由小规模集成电路构成，比如一片 DM7407N 就可以实现对 4 位的电流驱动。用共阴极 LED 时，如驱动器输出为 1，则对应的段发光。当然，也可以采用共阳极 LED，此时，阳极接 +5V 电源，当驱动器输出为零时，对应段发光。为了将一个 4 位二进制数（可能为一个十六进制数，也可能是一个 BCD 码）在一个 LED 上显示出来，就需要将 4 位二讲制数转换为 LED 的 7 位显示代码。

要完成译码功能，可以采用两种方法：

一种方法是采用专用芯片，比如 7447，即采用专用的带驱动器的 LED 段译码器，可以实现对 BCD 码的译码，但不能对大于 9 的二进制数译码。7447 有 4 位输入，7 位输出。使用时，只要将 7447 的输入端与主机系统输出端口的某 4 位（也可以和存储器的某 4 位输出）相连，而 7447 的 7 位输出直接与 LED 的 a ~ g 相接，便可实现对 1 位 BCD 码的显示。具体电路如图 7-22 所示。

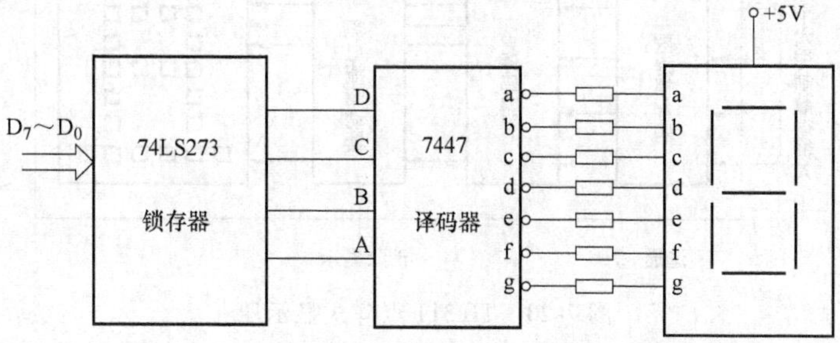

图 7-22　用专用芯片完成段译码的示意（共阳极）

另一种常用的办法是软件译码法。在软件设计时，将 0 ~ F 共 16 个数字（也可以为 0 ~ 9）对应的显示代码组成一个表。比如，用共阳极 LED 来显示“7”时，a、b、c 三段发光，故应为低电平，而其他段不发光，即为高电平。硬件连接时，输出端口的 D_7 位悬空，数据传输时使它恒为 0，g 段对应 D_6，f 段对应 D_5 等，于是，数字“7”的显示代码为 01111000，即 78H。显示代码表就放在存储器中，设 LEDADD 为 LED 显示代码表的首地址，那么，要显示的数字的显示代码地址正好为起始地址+数字值。比如，要显示“7”，则它所对应的显示代码在LEDADD+7单元中，利用8086的换码指令XLAT，便可方便地实现数字到显示代码的译码。

下面这个简单的程序用来实现1位数字的LED显示。设要显示的数字放在DATA单元中，而LEDADD为代码表首址。

```
DISP:MOV BX,OFFSET DATA      ;取要显示的数字
     MOV AL,[BX]
     MOV BX,OFFSET LEDADD    ;取显示代码表首址
     XLAT                    ;将数字转换成显示代码
     MOV DX,PORT             ;将显示代码送显示管。PORT为与LED相接的并行
                              端口号
     OUT DX,AL
       ⋮
       ⋮
LEDADD:DB 40H                ;0的显示代码
       DB 79H                ;1的显示代码
       DB 24H                ;2的显示代码
       ⋮
       ⋮
```

二、点阵式显示器的工作原理

除了7段式的LED以外，还有一种常用的十六进制数字显示器即点阵式显示器，比如德克萨斯公司的TIL311，如图7-23所示。

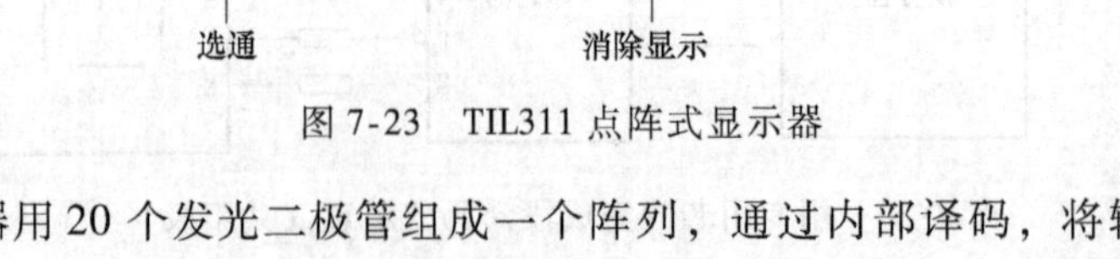

图7-23　TIL311点阵式显示器

点阵式显示器用20个发光二极管组成一个阵列，通过内部译码，将输入的4位二进制数变换为一个代码，使得矩阵中的某些发光二极管导通而发光，从而显示出一个十六进制数。

和7段式LED相比，点阵式显示器由于内部有锁存器和驱动器，就不需要外加驱动电路进行驱动。此外，7段式LED可靠性并不十分好，如果其中某一段坏了，就会造成误识别，比如，g段坏了，则会将数字“8”显示成“0”，而点阵式显示器通过点阵来构成数

字，某一个点上的二极管断开时，还不至于造成误识别。

当进行多位显示时，点阵式显示器的优点更突出。下面将讲到，用 7 段式 LED 进行多位显示时，需要对各显示位循环扫描来进行显示刷新，而 TIL311 这样的点阵式显示器由于内部有锁存器，一个数据送到之后，在下一个数据送来之前，显示管的驱动信号是恒定的，所以不需要显示刷新，这为显示软件的设计带来了很大的方便。

三、多位显示问题的解决

实际使用时，往往要用几个显示管实现多位显示。这时，如果每一个 LED 占用一个独立的输出端口，那么，所占用的输出通道就太多了，而且，驱动电路的数目也很多。所以，要从硬件和软件两方面想办法来节省硬件电路。下面就来介绍一种常用的办法。在这个方案中，硬件上用公用的驱动电路来驱动各显示管，软件上用扫描方法来实现数码显示。图 7-24 是这种方案的硬件连接。

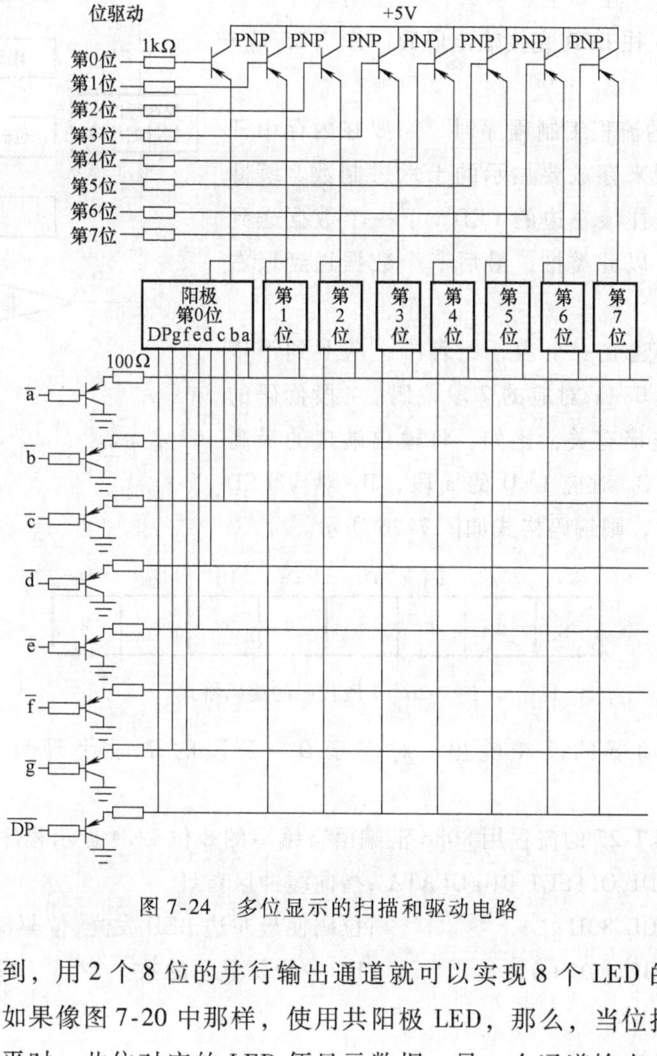

图 7-24 多位显示的扫描和驱动电路

从图中可以看到，用 2 个 8 位的并行输出通道就可以实现 8 个 LED 的显示。其中一个通道作为位控制，如果像图 7-20 中那样，使用共阳极 LED，那么，当位控制端口输出的控制码某 1 位为低电平时，此位对应的 LED 便显示数据。另一个通道输出 7 段译码值，通过一个8位驱动器组将译码值同时送到各显示管。此通道和8位驱动器组是由8个显示管分时使用的，因为当CPU送出一个代码时，尽管各显示管的阴极都收到了此代码，但是，位码中只有1位为低电平，所以，只有一个管子的相应段得到导通而显示数字，其他管子并不发光。我们将此通道和8位驱动器组称为段控制通道。

如果CPU往段控制通道连续送8个数字，并且依次往位控制通道发出8个位扫描代码，每个扫描码中，对应于要显示的位为0，其余各位为1，这样，便可以在8个LED上显示出8位十六进制数字。利用眼睛的视觉惯性，当采用一定的频率不断地往8个LED输送显示码和扫描代码时，从显示管上便可见到相当稳定的数字显示。可见，采用这种方案时硬件上很节省，不过，CPU要用较多的时间去输出扫描代码和段显示码。

为了节省硬件，在多位显示时，往往用软件来完成段译码，即CPU往LED直接输出段码。图7-25是8位显示的流程图。

采用图7-25的流程编制程序时，需要在内存中开辟一个缓冲区，用来存放要显示的十六进制数。缓冲区的第一个数据送往最左边的LED，下一个数据送到左边第二个LED，以此类推，最后一个数据送到最右边的LED。

另外，还需要建立一个表，此表中，从上到下依次存放十六进制数0～F对应的7段代码。7段代码的编码格式和硬件连接有关，比如，将输出端口的最高位D_7悬空，而将D_0对应LED的a段，D_1对应LED的b段，以此类推，则编码格式如图7-26所示。

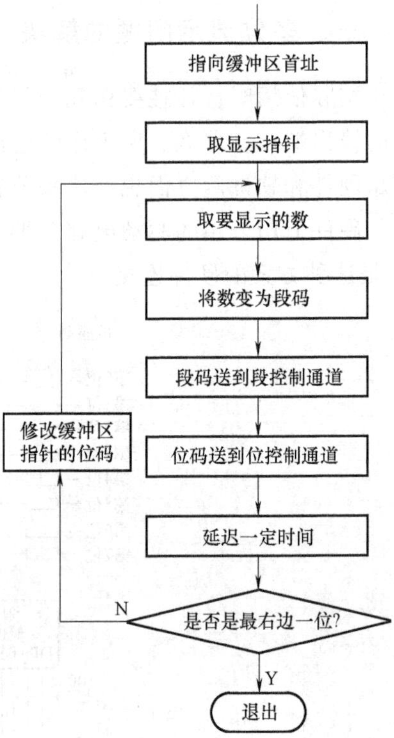

图7-25 8位LED显示的流程图

D_7	D_6	D_5	D_4	D_3	D_2	D_1	D_0
╳	g	f	e	d	c	b	a

图7-26 7段代码的编码格式

考虑到段驱动器的反相输出，对应于0～F段的7段代码为40H、4FH、24H、30H……。

下面是根据图7-25的流程用8086汇编语言编写的8位LED显示程序：

```
START:MOV DI,OFFSET BUFUFATA ;指向缓冲区首址
      MOV CL,80H             ;位码使最左边LED发光,位驱动器为反相输出
DISI: MOV BL,[DI+0]          ;BL中为要显示的数
      PUSH BX
      POP AX
```

```
        MOV BX,OFFSET TABLE     ;段码表首址送 BX
        XLAT                    ;将段码取到 AL 中口地址
        MOV DX,PORTSEG          ;段码送到段控制通道,PORTSEG 为端口地址
        OUT DX,AL
        MOV AL,CL
        MOV DX,PORTBIT          ;位扫描码送到控制通道,PORTBIT 为位控制通道
                                 的端口号
        OUT DX,AL
        PUSH CX                 ;保存位扫描码
        MOV CX,30H              ;延迟一定时间
DELAY:LOOP DELAY
        POP CX                  ;显示扫描是否到达最右边的 LED
        CMP CL,01
        JZ QUIT                 ;是,则已显示一遍,故退出
        INC DI                  ;否,则指向下 1 位 LED
        SHR CL,1                ;位码指向下 1 位
        JMP DIS1                ;显示下 1 位 LED
QUIT:   RET
TABLE:DB  40H                   ;0 的段码
        DB  79H                 ;1 的段码
        DB  24H                 ;2 的段码
        DB  30H                 ;3 的段码
        DB  19H                 ;4 的段码
        DB  12H                 ;5 的段码
        DB  02H                 ;6 的段码
        DB  78H                 ;7 的段码
        DB  00H                 ;8 的段码
        DB  10H                 ;9 的段码
        DB  08H                 ;A 的段码
        DB  03H                 ;B 的段码
        DB  46H                 ;C 的段码
        DB  21H                 ;D 的段码
        DB  04H                 ;E 的段码
        DB  0EH                 ;F 的段码
BUFDATA:DB  8DUP(?) ;8 个字节的缓冲区
```

第八章　串行通信及接口电路

在计算机的应用领域中，CPU 与其他外设之间常常要进行信息交换，计算机与计算机之间也需要交换信息，这些信息交换的过程称为通信。本章主要介绍串行通信的基本概念，介绍了可编程异步通信接口芯片 8251A，讨论了串行通信标准 RS-232、RS-449 以及 RS-422/485，并介绍了典型电平转换芯片 MAX232 和 MAX485。本章还结合灌区水情远程测报系统给出串行通信的一个具体应用实例。

第一节　串行通信的基本概念

CPU 与外部的信息交换称为通信。通信有两种方式：并行通信和串行通信。并行通信是将数据的各位同时传送；而串行通信是将数据逐位顺序传送。

一、串行通信的数据传送

（一）数据传送方式

串行通信有 3 种方式：单工方式、半双工方式和全双工方式。

1. 单工方式

这种方式只允许数据按照一个固定的方向传送。采用该方式时，已经确定了通信双方的其中一方为接收端，另一方为发送端，而且这种确定是不可更改的，如图 8-1a 所示。

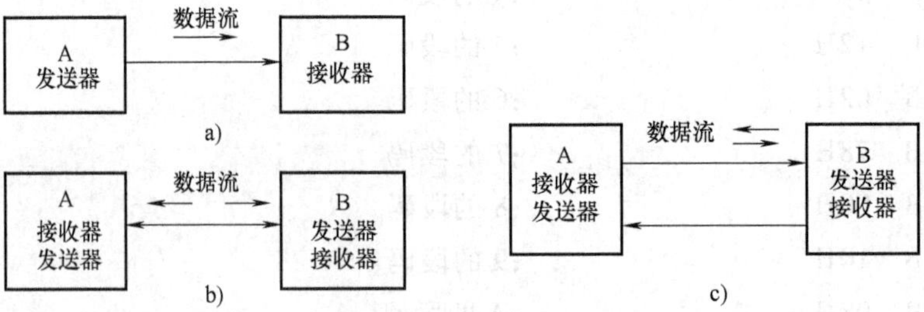

图 8-1　串行通信的 3 种数据传送方式

a）单工方式　b）半双工方式　c）全双工方式

2. 半双工方式

通信双方 A、B 两端均具备接收或发送数据的能力，但 A、B 两端是由一条信道相连，故在某一特定的时刻，只能是 A 传送到 B，或是 B 传送到 A，A、B 不能同时发送，如图 8-1b所示。

3. 全双工方式

如图 8-1c 所示，A、B 两端是由两条信道相连的，双方可以同时发送和接收。为实现全双工传送的功能，A 端和 B 端必须分别具备一套完全独立的接收器和发送器。

（二）信号的调制和解调

在远距离计算机通信时，通常是利用电话线传送数据，而计算机通信是一种数字信号的通信，若把数字信号直接通过电话线传送，信号会产生畸变，因此在发送端要用调制器把数字信号转换为模拟信号；再在接收端用解调器检测此模拟信号，并把它转化为数字信号，如图 8-2 所示。

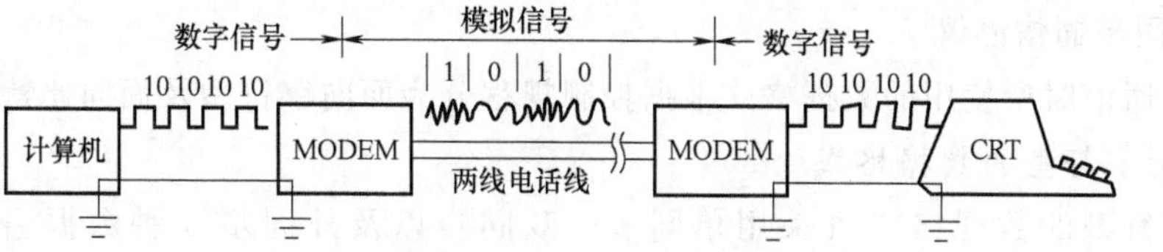

图 8-2 调制和解调示意图

FSK（移频键控）是一种常用的调制方法：它把数字信号“1”和“0”调制成不同频率（易于鉴别）的模拟信号，其原理如图 8-3 所示。

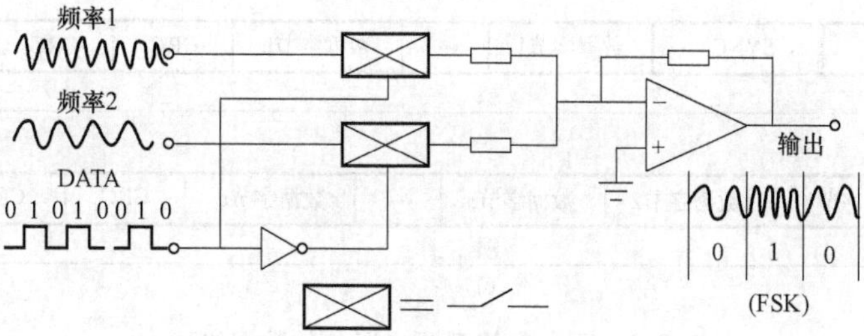

图 8-3 FSK 调制法的原理图

两个不同频率的模拟信号，分别由电子开关控制，在运算放大器的输入端相加，而电子开关由要传输的数字信号控制。当信号为“1”时，控制上面的电子开关导通，送出一串频率较高的模拟信号；当信号为“0”时，控制下面的电子开关导通，送出一串频率较低的模拟信号，于是在运算放大器的输出端，就得到了调制后的信号。

二、串行通信协议

为使通信能顺利进行，发送方和接收方要共同遵守一些基本的通信规程，这些规程在计算机网络中又称为协议，它包括收发双方的同步方式、传输控制步骤、差错检验方式、数据编码、数据传输速率、通信报文的格式以及控制字符的定义等。目前，通信协议有两类：异步通信协议和同步通信协议。

（一）异步通信协议

异步通信所采用的数据格式是以一组可变“位数”数据组成的。第一位称起始位，它的宽度为 1 位，低电平；接着传送一个 5 ~ 8 位数据，以高电平为“1”，低电平为“0”；也可有 1 位奇偶校验位；后接是停止位，宽度可以是 1 位、1.5 位或 2 位，在两个数据位之间可以有空闲位。异步通信的数据格式如图 8-4 所示。

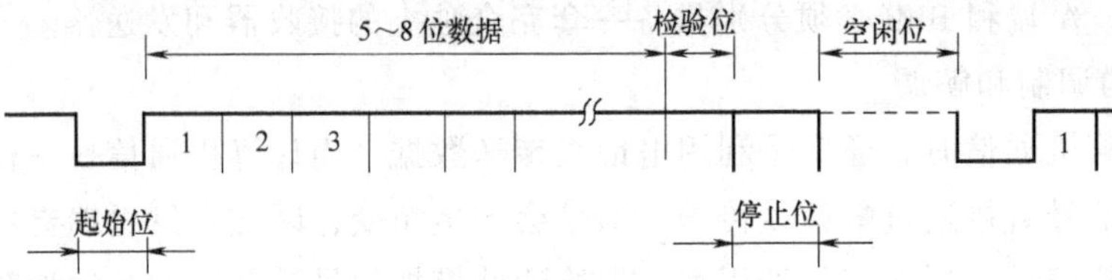

图 8-4 异步通信的数据格式

(二)同步通信协议

在同步通信时所使用的数据格式根据控制规程分为面向字符型及面向比特型两种。

1. 面向字符型的数据格式

面向字符型的数据格式可采用单同步、双同步以及外同步 3 种数据格式，如图 8-5 所示。

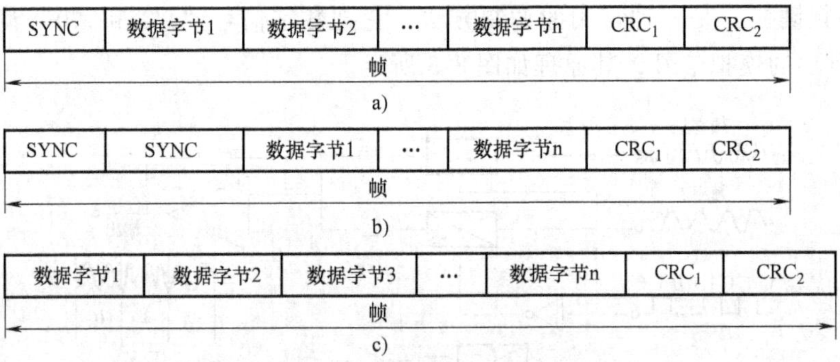

图 8-5 面向字符型同步通信的数据格式

a）单同步 b）双同步 c）外同步

单同步是指在传送数据之前先传送一个同步字符“SYNC”；双同步则先传送两个同步字符“SYNC”，接收端检测到该同步字符，使接收方与发送端实现同步。当每一帧信息结束时，均用两个字节的循环校验码 CRC 结束。外同步时发送的信息一帧中没有同步字符，收发双方的同步控制是由专用传输线传送的由发送方产生的同步时钟信号 SYNC。当接收方收到 SYNC 时，表明数据块开始传送，并连续接收数据信息和 CRC 码。

2. 面向比特型的数据格式

面向比特型的数据格式以帧为单位传输，每一帧由 6 个部分组成：①开始标志“7EH”；②一个字节的地址场；③一个字节的控制场；④需要传送的数据，数据都是位的集合；⑤两个字节的循环校验码 CRC；⑥结束标志“7EH”。面向比特型的数据格式如图 8-6 所示。

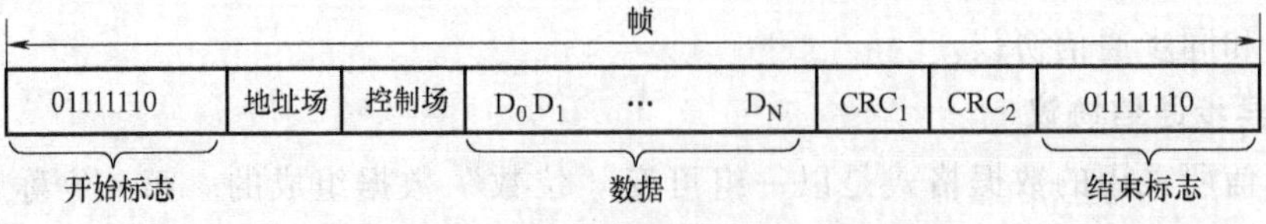

图 8-6 面向比特型的数据格式

在同步数据链路控制规程中，规定不允许在数据段和 CRC 段中出现 6 个“1”，否则会误认为是结束标志。

通常，异步通信速率要比同步通信的低。最高同步通信速率可达每秒 800kbit/s，因此适用于传输信息量大、要求传输速率高的系统中。

三、串行通信的传输速率

串行通信的传输速率也称比特率，是指每秒传输多少位，标准比特率系列为 110、300、600、1200、1800、2400、4800、9600 和 19 200。

例如，在异步传输过程中，设每个字符对应 1 个起始位，7 个信息位，1 个奇偶校验位和 1 个停止位，如果比特率为 1200，那么，每秒钟能传输的最大字符数是 1200/10 = 120 个。

再如，同步传输过程中，设波特率为 1200，用 4 个同步字符作为信息帧头部，但不用奇偶校验，那么，传输 100 个字符所用的时间为 7 × (100 + 4)/1200 = 0.6067s，也就是说，每秒能传输的字符数可达 100/0.6067 = 165 个。

可见，在同样的传输速率下，同步传输的字符数要比异步传输多。

第二节　可编程串行通信接口芯片 8251A

一、8251A 的内部结构

8251A 的内部结构如图 8-7 所示。

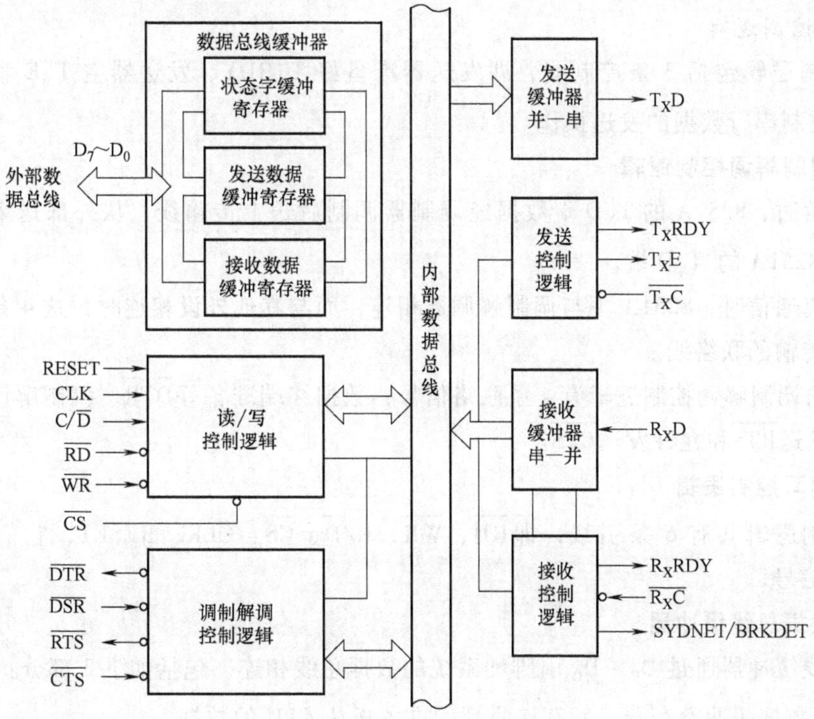

图 8-7　8251A 的内部结构

8251A包括接收器、发送器、调制解调控制逻辑、读写控制逻辑和数据总线缓冲器5部分。

（一）接收器

接收器包括接收缓冲器和接收控制逻辑两部分。

1. 接收缓冲器

接收器接收传送到 R_XD 引脚上的串行数据，并对串行数据流的特殊位（奇偶位、停止位等）和同步字符进行检查和处理，并按规定的格式把串行数据转换为并行数据，存放在接收数据缓冲器中。

接收缓冲器主要由移位寄存器和数码寄存器组成。接收移位寄存器和接收数据缓冲器组成了双缓冲器结构。

2. 接收控制逻辑

接收控制逻辑包括3条控制线，即接收器准备好 R_xRDY、接收时钟 R_xC 和同步检测/断点检测 SYNDET/BRKDET，用以控制串行数据的接收。

（二）发送器

发送器包括发送缓冲器和发送控制逻辑两部分。

1. 发送缓冲器

发送数据缓冲器接收从CPU送来的并行数据，按照初始化编程指定的数据格式转换成串行数据流送到发送移位寄存器，在 T_XC 的下降沿从 T_XD 引脚发送出去。

发送数据缓冲器和发送移位寄存器组成了发送的双缓冲器结构。

2. 发送控制逻辑

发送控制逻辑包括3条控制线，即发送器准备好 T_XRDY、发送器空 T_XE 和发送时钟 T_XC，用以控制串行数据的发送操作。

（三）调制解调控制逻辑

远程通信时，8251A的 T_XD 端数据经调制器调制后送上传输线，从外部送来的信号经解调后送往8251A的 R_XD 端。

当近距离通信时，8251A不与调制解调器相连，而与其他外设相连时，这4条线可以作为控制数据传输的联络线。

8251A的调制解调控制逻辑有4条联络信号：数据终端准备好 $\overline{DTR}$、调制解调器准备好 $\overline{DSR}$、请求发送 $\overline{RTS}$ 和允许发送 $\overline{CTS}$。

（四）读写控制逻辑

读写控制逻辑共有6条引线，即 $\overline{RD}$、$\overline{WR}$、$C/\overline{D}$、$\overline{CS}$、CLK、RESET，它们都是来自CPU的控制信号。

（五）数据总线缓冲器

数据总线缓冲器通过 $D_7 \sim D_0$ 引脚和系统的数据总线相连，包括如下3部分：

1）接收数据缓冲寄存器，暂存接收到的准备送往CPU的数据。

2）发送数据缓冲寄存器，暂存来自CPU的数据或控制字。8251A写入的控制命令和发送的数据共用同一寄存器。

3）状态字缓冲寄存器，寄存 8251A 接收或发送操作的各种工作状态。

二、8251A 芯片的引脚

8251A 是 28 个引脚的双列直插式芯片，其引脚图如图 8-8 所示。

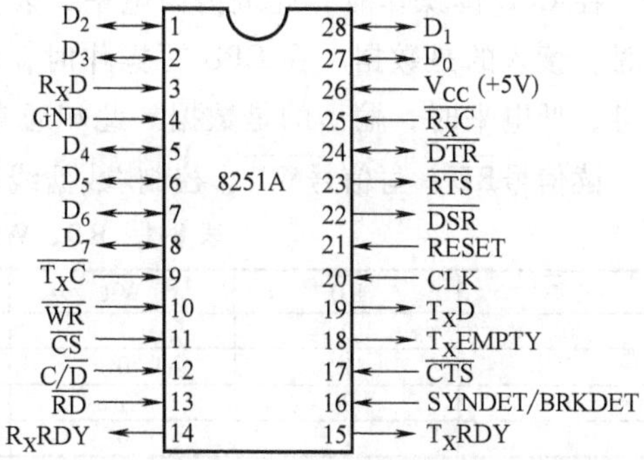

图 8-8　8251A 引脚图

8251A 用来作为 CPU 与外设或调制解调器之间的接口，如图 8-9 所示。因此它的接口信号分为两组：一组是 8251A 和 CPU 之间的信号；另一组是 8251A 与外设或调制解调器之间的信号。

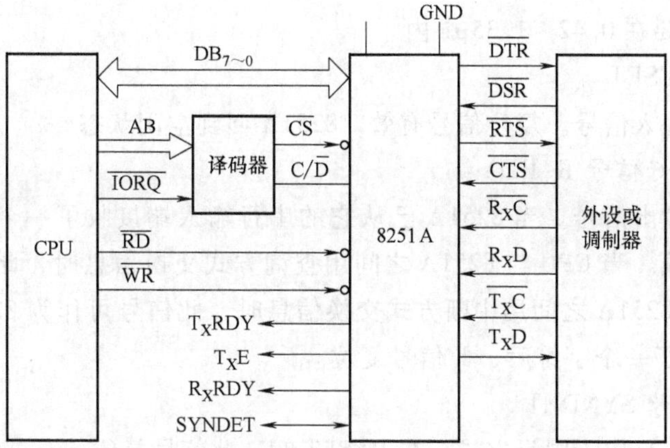

图 8-9　8251A 与 CPU 及外设的接口图

（一）8251A 和 CPU 之间的信号

1. 数据信号 $D_7 \sim D_0$

8251A 有 8 根数据信号线 $D_7 \sim D_0$，通过它们，8251A 与系统的数据总线相连。注意：数据总线上不但传输数据信息，而且也传输 CPU 对 8251A 的编程命令和 8251A 送到 CPU 的状态信息。

2. 片选信号 $\overline{CS}$

低电平有效，输入信号。片选信号 $\overline{CS}$ 是 CPU 的地址信号经过译码后得到的。若 $\overline{CS}$ 有效，则表示 8251A 被选中。

3. 读/写控制信号 $\overline{RD}$、$\overline{WR}$

读信号 $\overline{RD}$，低电平有效，输入信号。若 $\overline{RD}$ 有效，则表示 CPU 正在从 8251A 读取数据或者状态信息。

写信号 $\overline{WR}$，低电平有效，输入信号。若 $\overline{WR}$ 有效，则表示 CPU 正在往 8251A 写入数据或者控制信息。

4. 控制/数据线信号 $C/\overline{D}$

在 CPU 读操作时，此端为高电平，表示由数据总线读入的是 8251A 的状态信息；低电平时，读入的是数据。在 CPU 写操作时，此端为高电平，CPU 通过数据总线输出的是命令信息；低电平时，输出的是数据。此端通常连到 CPU 地址总线的 A_0。

读信号$\overline{RD}$、写信号$\overline{WR}$、控制/数据线信号 $C/\overline{D}$三者之间的关系见表 8-1。

表 8-1 $\overline{RD}$、$\overline{WR}$、$C/\overline{D}$三者之间的关系

$C/\overline{D}$	$\overline{RD}$	$\overline{WR}$	具体的操作
0	0	1	CPU 从 8251A 输入数据
0	1	0	CPU 往 8251A 输出数据
1	0	1	CPU 读取 8251A 的状态
1	1	0	CPU 往 8251A 写入控制命令

5. 时钟信号 CLK

输入信号。产生 8251A 的内部时序。CLK 的频率在同步方式工作时，必须大于接收器和发送器输入时钟频率的 30 倍；在异步方式工作时，必须大于输入时钟频率的 4.5 倍。同时规定 CLK 的周期要在 0.42 ~1.35μs 内。

6. 复位信号 RESET

高电平有效，输入信号。复位信号有效，8251A 回到空闲状态。

7. 接收器准备好信号 R_XRDY

高电平有效，输出信号。当 8251A 已从它的串行输入端接收了一个字符，可以传送到 CPU 时，此信号有效。当 CPU 与 8251A 之间用查询方式交换信息时，此信号可作为一个状态信号；当 CPU 与 8251A 之间用中断方式交换信息时，此信号可作为 8251A 的一个中断请求信号。当 CPU 读了一个字符后，此信号复位。

8. 同步检测信号 SYNDET

高电平有效。它只用于同步方式。在 RESET 时，此信号复位。

9. 发送器准备好信号 T_XRDY

高电平有效，输出信号。用来通知 CPU，8251A 已准备接收一个数据。当 CPU 与 8251A 之间用查询方式交换信息时，此信号可作为一个状态信号；当 CPU 与 8251A 之间用中断方式交换信息时，此信号可作为 8251A 的一个中断请求信号。当 8251A 从 CPU 接收了一个字符时，此信号复位。

10. 发送器空信号 T_XE

高电平有效，输出信号。当它有效时，表示发送器中的并行到串行转换器空。

(二) 8251A 与外设或调制解调器之间的信号

1. 数据终端准备好信号$\overline{DTR}$

低电平有效，输出信号。表示 CPU 准备就绪。

2. 调制解调器准备好信号$\overline{DSR}$

低电平有效，输入信号。表示调制解调器或外设已准备好。$\overline{DTR}$和$\overline{DSR}$是一组信号，通常用于接收器。

3. 请求发送信号$\overline{RTS}$

低电平有效，输出信号。等效于$\overline{DTR}$，用于通知 CPU 准备就绪。

4. 允许发送信号$\overline{CTS}$

低电平有效，输入信号。当其有效时，8251A 发送数据。

5. 接收器时钟信号 R_XC

接收器时钟，输入信号。这个时钟控制接收器接收字符的速度。在同步方式时，R_XC 等于比特率，由调制解调器供给；在异步方式时，R_XC 是比特率的 1、16 或 64 倍，由方式控制指令预先选择。

6. 接收器数据信号 R_XD

字符在这条线上串行地被接收，在接收器中转换为并行的字符。

7. 发送时钟信号 T_XC

输入信号。这个时钟控制发送器发送字符的速度。时钟速度与比特率之间的关系同 R_XC。

8. 发送器数据信号 T_XD

由 CPU 送来的并行字符在这条线上被串行地发送。

三、8251A 的编程

8251A 是一个可编程的多功能通信接口，在用它传送数据之前必须对它进行初始化，确定它的工作方式，例如，规定它工作于同步还是异步方式；传送的比特率；字符格式等。改变 8251A 的工作方式，也必须要对其再次进行初始化编程。

（一）工作方式控制字

工作方式控制字在复位后写入，它规定了 8251A 的工作方式，其格式如图 8-10 所示。

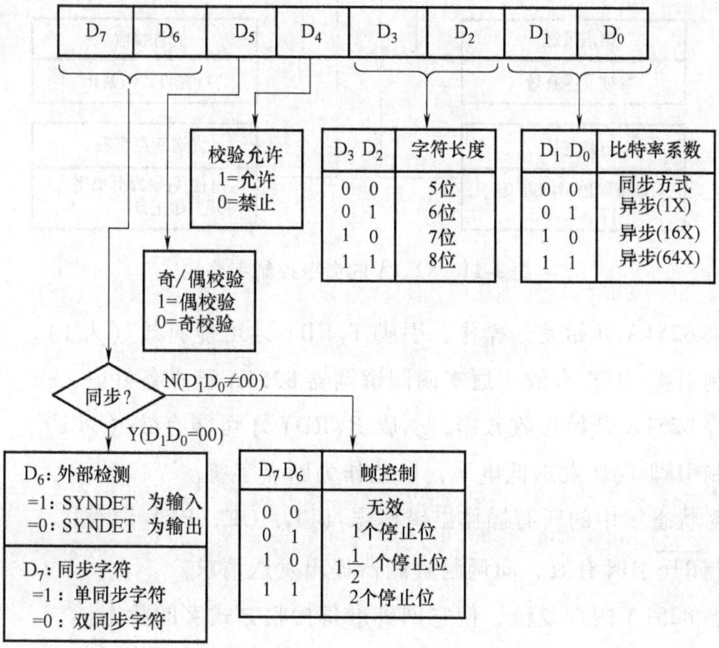

图 8-10 8251A 的工作方式控制字

D_1D_0 用以确定是工作于同步方式还是异步方式：$D_1D_0=00$ 为同步方式；$D_1D_0\neq00$ 为异步方式，且有3种组合来选择输入的时钟频率与比特率之间的系数。接收和发送的比特率系数只能是同一个。

D_3D_2 用以确定字符的位数。

D_5D_4 用以确定奇偶校验的性质。

D_7D_6 在同步和异步方式时的意义是不同的。异步方式时（$D_1D_0\neq00$）D_6 用来确定停止位个数。同步方式时 D_6 用来确定是内同步（SYNDET 脚为输出），还是外同步（SYNDET 脚为输入）；D_7 用来确定同步字符的个数。

注意：在同步方式时，紧跟在方式控制字后面的必须是由程序输入同步字符，它是用方式控制字类似的方法由 CPU 输给 8251A 的。

在输入同步字符后，或在异步方式时，在方式控制字后应由 CPU 输出命令控制字。

（二）命令控制字

8251A 的命令控制字格式如图 8-11 所示。只有写入命令控制字后，8251A 才能处于相应的运行状态，即接收或发送数据。

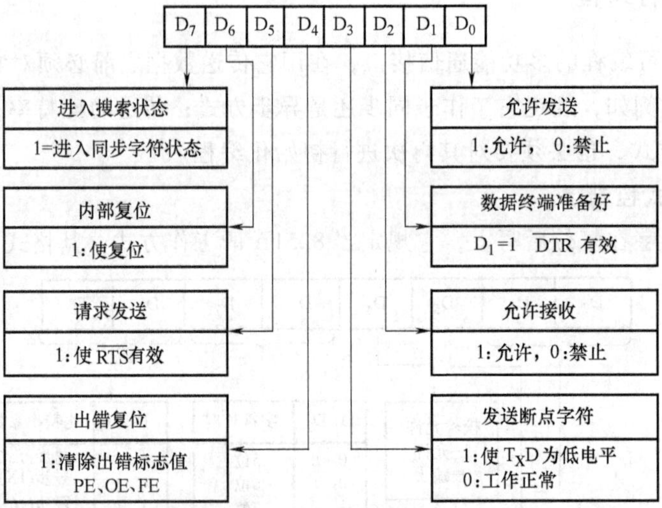

图 8-11 8251A 的命令控制字格式

D_0 为1允许 8251A 开始发送操作，引脚 T_XRDY 才可能有效（为1）。

D_1 为1强制引脚/DTR 有效，通知调制解调器 8251A 已准备好。

D_2 为1允许 8251A 开始接收数据，引脚 R_XRDY 才可能有效（为1）。

D_3 为1强制引脚 T_XD 发送低电平，以此作为断点字符。

D_4 为1则对状态字中的所有操作出错标志（FE，OE，PE）复位。

D_5 为1强制 $\overline{RTS}$ 引脚有效，向调制解调器提出发送请求。

D_6 为1强制 8251A 内部复位，使它回到准备接收方式字的状态。

D_7 只用于同步方式。将输入的信息和同步字符比较，若一样则使 SYN-DET 引脚有效，开始对数据的接收操作。

（三）状态字

8251A 的状态字格式如图 8-12 所示。

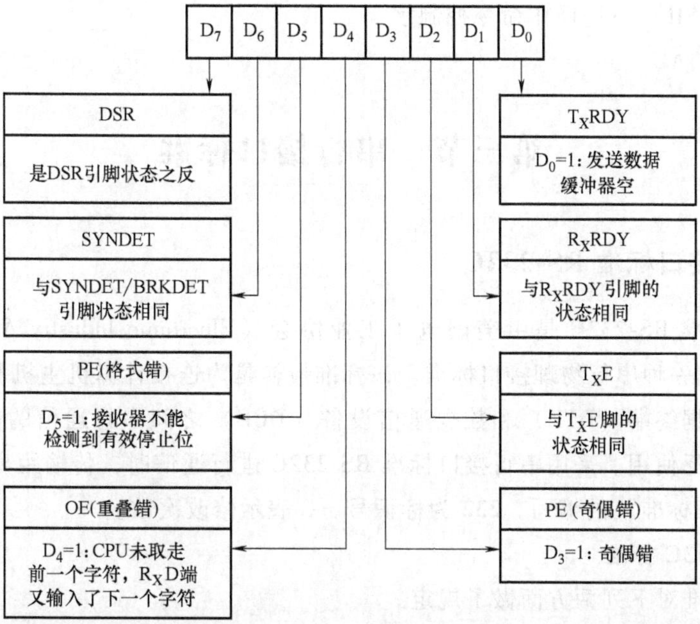

图 8-12　8251A 的状态字格式

如上所述，工作方式控制字、同步字符、命令控制字都是 CPU 写入 8251A 的，以控制 8251A 工作方式和操作。但在实际的发送或接收数据过程中，8251A 的状态字如何？CPU 可通过 I/O 读操作把 8251A 的状态字读入加以分析，以便控制 CPU 与 8251A 的数据交换。

状态寄存器的 T_XRDY，只要数据缓冲器一空就置位；而引脚 T_XRDY 只能当条件：

数据缓冲器空 · $\overline{CTS}$ · T_XEN　成立时，才置位。

（四）初始化编程

8251A 初始化编程写入控制字的顺序如图 8-13所示。

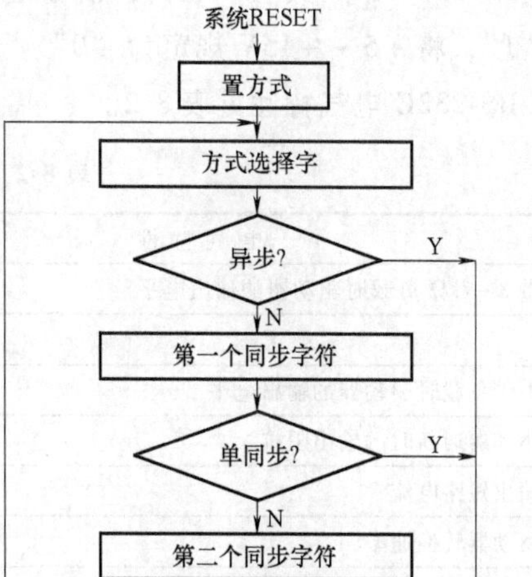

图 8-13　8251A 初始化编程写入控制字的顺序

例如，8251A 工作于异步方式，比特率系数为 64，字符总长度为 11 位，则方式选择控制字为 11111011B，即 FBH。

操作命令使接收允许，发送允许，错误位复位，则操作命令控制字为 00010101B，即 15H。设 8251A 端口号为 FEH，则初始化程序如下：

```
MOV   AL,0FBH   ;送方式选择控制字
OUT   0FEH,AL
MOV   AL,15H    ;送操作命令控制字
OUT   0FEH,AL
```

第三节 串行接口标准

一、串行接口标准 RS-232C

串行接口标准 RS-232C 是由美国电子工业协会（Electronic lndustry Association，EIA）于 1969 年制定的一种串行物理接口标准。该标准最初是为连接计算机主机和 CRT 终端而设计的，定义了数据终端（DTE）和数据通信设备（DCE）之间串行通信的接口信息，在世界范围内得到广泛使用。采用串行接口标准 RS-232C 进行通信时，传输距离不应超过 15m。RS 是英文“推荐标准”的缩写，232 为标识号，C 表示修改次数。

(一) RS-232C 标准

RS-232C 标准对下列两方面做了规定。

1. 信号电平标准

RS-232C 采用负电平逻辑，信号电平与 TTL 电平不兼容。RS-232C 将 -5 ~ -15V 规定为“1”，将 +5 ~ +15V 规定为“0”。

RS-232C 电气特性见表 8-2。

表 8-2 RS-232C 电气特性表

电气特性	参数范围
带 3 ~ 7kΩ 负载时驱动器的输出电平	逻辑 0：+5 ~ +15V
	逻辑 1：-5 ~ -15V
不带负载时驱动器的输出电平	-25 ~ +15V
驱动器通断时的输出阻抗	>300Ω
输出短路电流	<0.5A
驱动器转换速率	<30V/μs
接收器输入阻抗	3 ~ 7kΩ
接收器输入电压的允许范围	-25 ~ +25V
输入开路时接收器的输出	逻辑 1
输入经 300Ω 接地时接收器的输出	逻辑 1
+3V 输入时接收器的输出	逻辑 0
-3V 输入时接收器的输出	逻辑 1
最大负载电容	2500pF

从 TTL 电平转换成 RS-232C 电平时，要用到 MC1488，再将 RS-232C 电平转换成 TTL 电平，则要用到 MC1489，图 8-14 所示为 TTL 和 RS-232C 标准之间的电平转换电路。

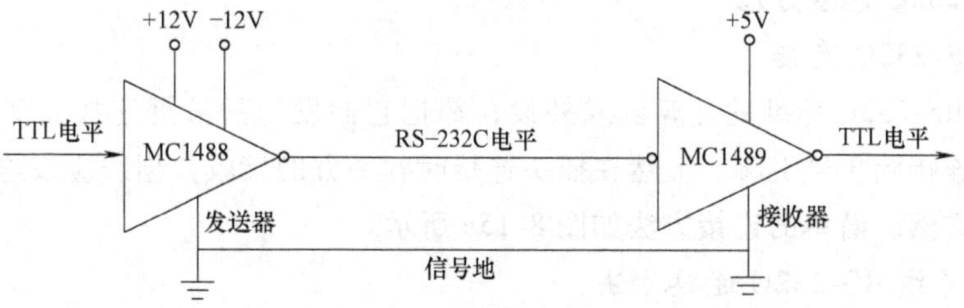

图 8-14　TTL 和 RS-232C 标准之间的电平转换电路

通过 MC1488 和 MC1489 的变换，在 RS-232C 线路上传送的信号电平达到 -12 ~ +12V，因此具有比 TTL 电平更强的抗干扰能力，但由于 RS-232C 的发送端和接收端之间有公共信号地，不能使用双端信号，因此，共模噪声会耦合到信号系统中，所以，采用 RS-232C 标准最大距离为 15m，信号传输速率最高可达到 20kbit/s。

2. 控制信号的定义

RS-232C 规定用 25 芯插头座进行连接。表 8-3 给出了插件引脚上控制信号的定义。

表 8-3　RS-232C 插件引脚上控制信号的定义

引 脚 号	名　　称	说　　明
1	保护地	作为设备接地端
2	发送数据(出)	将数据送调制解调器
3	接收数据(入)	从调制解调器接收数据
4	请求发送	在半双工方式下控制发送器的开或关
5	允许发送	指出调制解调器准备好发送
6	数据终端准备好	指出调制解调器不处在测试模式,而是可进入工作状态
7	信号地	作为所有信号的公用地
8	载波信号检测	指出调制解调器正在接收另一端送来的信号
9	空	
10	空	
11	空	
12	第二通道接收信号检测	指出在第二通道上检测到信号
13	第二通道允许发送	指出在第二通道准备好发送
14	第二通道发送数据	往调制解调器以较低速率输出
15	发送器定时	为调制解调器提供发送器定时信号
16	第二通道接收数据	从调制解调器以较低速率输入
17	接收器定时	为接口和终端接收器提供信号定时
18	空	
19	第二通道请求发送	闭合第二通道的发送器
20	数据终端准备好	调制解调器连接到链路,并开始发送
21	空	
22	音响指示	指出在链路上检测到音响信号
23	数据率选择	可选择两个同步数据率之一
24	发送器定时	为接口和终端提供发送器定时信号
25	空	

（二）RS-232C 连接方式

1. 简单 RS-232C 连接

凡是符合 RS-232C 标准的计算机或外设，都把它们发送的数据连接到 2 号引脚，把它们接收的数据连接到 3 号引脚。显然在插头连接时，一方的接收数据线应该连至对方的发送数据线，反之亦然。简单的连接方法如图 8-15a 所示。

2. 8 条信号线 RS-232C 连接方法

在串行通信中，除了数据线和地线共 3 条以外，为了保证信息的可靠传送，还有 5 条联络控制信号线。

（1）请求发送信号 $\overline{RTS}$ 引脚 4，通知接收端，表明发送端已做好准备，可以开始发送，并等待回答。

（2）准许发送信号 $\overline{CTS}$ 引脚 5，表明已做好接收准备。在接到发送请求信号 $\overline{RTS}$ 之后，以 $\overline{CTS}$ 有效做为应答。

（3）数据终端准备好信号 $\overline{DTR}$ 引脚 20。这是一个“被动方”的“请求”信号，表明接收端已做好接收准备，通知发送端可以发送数据。

（4）数据装置准备好信号 $\overline{DSR}$ 引脚 6，表明在接到接收端发来的数据终端准备好信号 $\overline{DTR}$ 之后的应答信号，即“主动方”的“应答”信号。

（5）载波检测信号 $\overline{CD}$ 引脚 8，表明载波正常，由发送端通知接收端。有时也与 $\overline{DSR}$ 作同样的安排。

8 条信号线 RS-232C 连接方法如图 8-15b 所示。

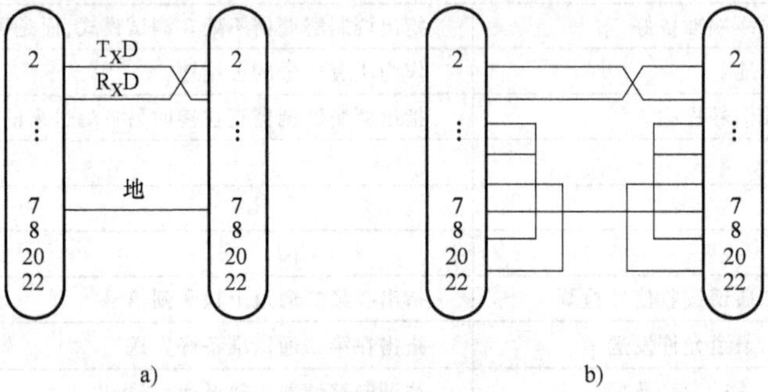

图 8-15 RS-232C 连接方法

a）3 线连接方法 b）8 线连接方法

在以上两种情况下，通常使用 9 芯插头。

3. 远程连接

计算机和远方以及当地终端的连接示意图如图 8-16 所示。当地终端可直接通过 RS-232C 接口连接；而远方终端则要经过调制后通过电话线传送，在终端和调制器之间用 RS-232C 接口。

（三）RS-232C 电平转换芯片 MAX232

MAX232 是 Maxim 公司生产的 RS-232C 电平转换芯片，分别提供了两路 TTL/CMOS 电

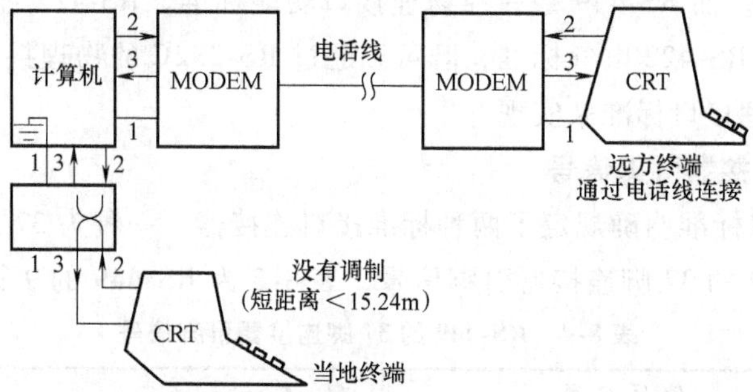

图 8-16　计算机和远方以及当地终端的连接示意图

平输入，RS-232C 电平输出以及两路 RS-232C 电平输入，TTL/CMOS 电平输出的转换。芯片的外围电路也很简单，只需 4 个电容就可正常工作。

MAX232 芯片如图 8-17 所示。

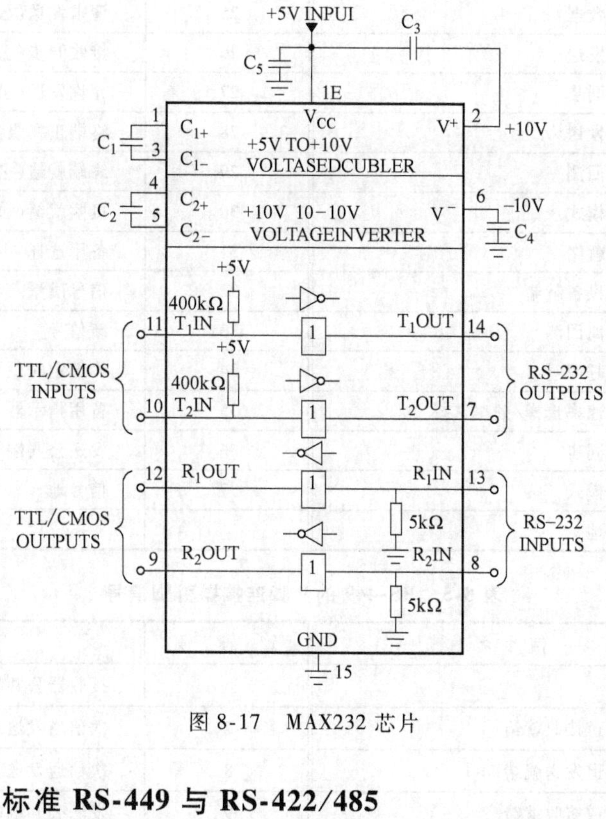

图 8-17　MAX232 芯片

二、串行接口标准 RS-449 与 RS-422/485

针对采用 RS-232C 标准数据传输最大距离仅为 15m，信号传输速率最高不能超过 20kbit/s，且未规定标准的连接器，从而出现了互不兼容的 25 芯连接器；接口处各信号之间容易串扰等缺点，美国电子工业协会（EIA）制定了 RS-449 标准，并于 1980 年成为美国标准。RS-449 在传输距离上最大可达 1200m，信号最高速率 100kbit/s。

RS-449 与 RS-422/485 在概念上与 RS-232C 不同。RS-232C 既是一种电气标准，又是一种物理接口功能标准。而 RS-449 是一种物理接口功能标准，RS-422 和 RS-485 则是一种电气标准。例如，采用 RS-422 电气标准，既可以通过 RS-232C 的物理接口标准来实现，也可以通过 RS-449 的物理接口标准来实现。

(一) RS-449 连接器引脚信号

RS-449 串行接口标准明确规定了两种标准接口连接器：一种为 37 脚；另一种为 9 脚。表 8-4 为 RS-449 的 37 脚连接器引脚信号，表 8-5 为 RS-449 的 9 脚连接器引脚信号。

表 8-4 RS-449 的 37 脚连接器引脚信号

管脚号	信号名称	管脚号	信号名称
1	屏蔽	20	接收公共端
2	信号速率指示器	21	空脚
3	空脚	22	发送数据(公共端或参考点)
4	发送数据	23	发送时钟(公共端或参考点)
5	发送同步	24	接收数据(公共端或参考点)
6	接收数据	25	请求发送(公共端或参考点)
7	请求发送	26	接收同步(公共端或参考点)
8	接收同步	27	允许发送(公共端或参考点)
9	允许发送	28	终端正在服务
10	本地回测	29	终端就绪(公共端或参考点)
11	数据模式	30	接收就绪(公共端或参考点)
12	终端就绪	31	备用选择
13	接收设备就绪	32	信号质量
14	远距离回测	33	新信号
15	来话呼叫	34	终端定时(公共端或参考点)
16	信号速率选择/频率选择	35	备用指示器
17	终端同步	36	发送公共端
18	测试模式	37	信号地
19	信号地		

表 8-5 RS-449 的 9 脚连接器引脚信号

管脚号	信号名称	管脚号	信号名称
1	屏蔽	6	接收器公共端(用于次信道)
2	次信道接收就绪	7	次信通发送请求
3	次信道发送就绪	8	次信通发送就绪
4	次信道接收就绪	9	发送公共端(用于次信通)
5	信号地		

(二) RS-422/485 标准

RS-422 标准规定了差分平衡的电气接口，它采用平衡驱动和差分接收的方法，消除了信号地线。相当于两个单端驱动器，输入同一个信号时，其中一个驱动器的输出总是另一个驱动器的反相信号。当两条线上传送信号电平时，一条表示逻辑“1”，另一条表示逻辑“0”。

当干扰信号作为共模信号出现时，接收器接收差分输入电压，只要接收器有足够的抗共模电压工作范围，就能识别两个信号并正确接收传送的信息。因此，RS-422 能在长距离、高速率下传输数据。这种性能的改善是由于差分平衡结构产生的，可以从地线的干扰中分离出有效信号，最大可区分 0.2V 的电位差值，因此，一般不受地电位的波动和共模电磁干扰。

采用 RS-422 实现两点之间远程通信时，其连接方式如图 8-18a 所示。

RS-485 是 RS-422 的变型，它与 RS-422 都是采用平衡差分电路，区别在于 RS-485 为半双工工作方式，因而可以采用一对平衡差分信号线来连接。采用 RS-485 进行两点之间远程通信时，其连接方式如图 8-18b 所示。

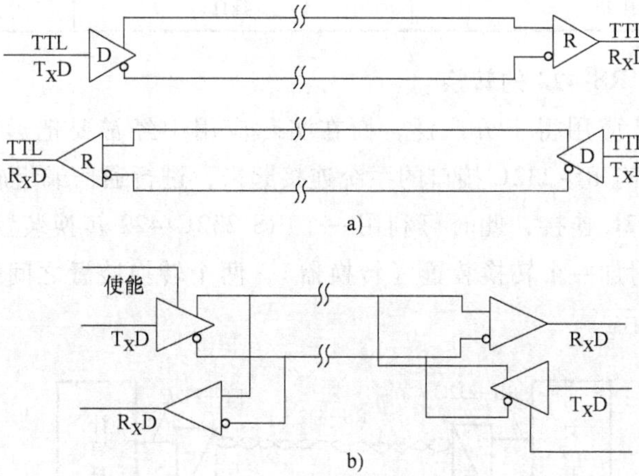

图 8-18 RS-422/485 远程通信传输电路

a）RS-422 两点传输电路 b）RS-485 两点传输电路

RS-485 和 RS-422 的驱动和接收电路没有多大区别，在许多情况下，RS-485 和 RS-422 可以互连。RS-485 标准允许最多并联 32 台驱动器和接收器。表 8-6 列出了 RS-485 与 RS-422 电气参数的比较。

表 8-6 RS-485 与 RS-422 电气参数的比较

项目 \ 接口		RS-422A	RS-485
动作方式		差动方式	差动方式
可连接的台数		1 台驱动器 10 台接收器	32 台驱动器 32 台接收器
最大距离		1200m	1200m
传送速率的最大值	12m	10Mbit/ps	10Mbit/ps
	120m	1Mbit/ps	1Mbit/ps
	1200m	100kbit/ps	100kbit/ps
同相电压的最大值		+6V −0.25V	+12V −7V
驱动器的输出电压	无负载时	±5V	±5V
	有负载时	±2V	±1.5V

（续）

项目 \ 接口		RS-422A	RS-485
驱动器的负载阻抗		100Ω	54Ω
驱动器的输出阻抗（高阻抗状态）	POWER-ON	没有规定	±100μA 最大 $-7V \leqslant V_{com} \leqslant 12V$
	POWER-OFF	±100μA 最大 $-0.25V \leqslant V_{com} \leqslant 6V$	±100μA 最大 $-7V \leqslant V_{com} \leqslant 12V$
接收器输入电压范围		-7 ~ +7V	-7 ~ +12V
接收器输入敏感度		±200mV	±200mV
接收器输入阻抗		>4kΩ	>12kΩ

（三）RS-232C 与 RS-422 的转换

由于传统 RS-232C 应用得十分广泛，而在实际应用中经常要把远距离（介于 20m 与 2km）的两台或多台带有 RS-232C 接口的系统连接起来，进行通信或组成分布式系统，这时又不能直接采用 RS-232C 连接，此时可利用一个 RS-232C/422 转换装置间接相连，即在原有的 RS-232C 接口上附加一个转换装置（转换器），两个转换装置之间采用 RS-422 方式连接，结构如图 8-19 所示。

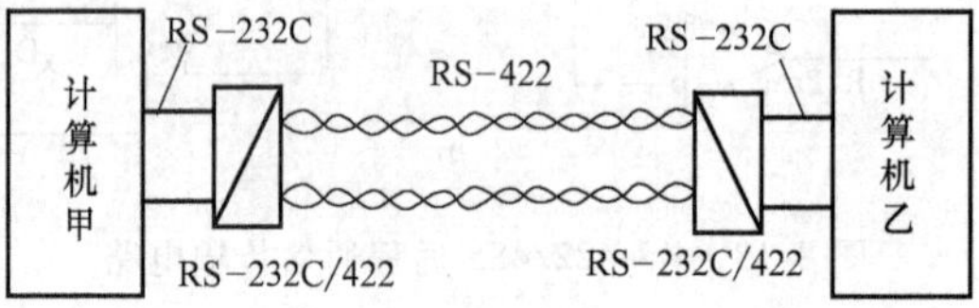

图 8-19 RS-232C/422 转换传输示意图

转换装置的原理是通过光电隔离器件将 RS-232C 的 MC1489 与 RS-422 的 75LS174 相连，而 RS-232C 中的 MC1488 则与 RS-422 中的 75LS175 相连，从而完成电气接口标准的转换。图 8-20 所示为 RS-232C/422 转换装置原理图。

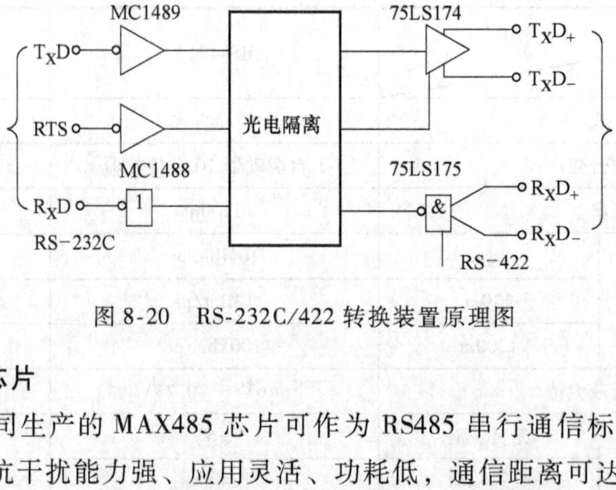

图 8-20 RS-232C/422 转换装置原理图

（四）MAX485 芯片

由美国 Maxim 公司生产的 MAX485 芯片可作为 RS485 串行通信标准的接口电路，构成的差分平衡系统，其抗干扰能力强、应用灵活、功耗低，通信距离可达 1.2km。接收器可检测低达200mV的信号，传输数据可从千米以外得到恢复，因此特别适用于远距离通信，可组成满足RS485串行通信标准的通信网络。

1. MAX485芯片的特点

- 单+5V电源供电。
- 低功耗：工作电流120~500μA。
  静态电流300μA（MAX485）。
- 驱动器过载保护。
- 可方便组成半双工通信电路。
- 共模输入电压范围：-7~+12V。

2. MAX485芯片的结构和引脚功能

MAX485芯片为8引脚封装，引脚配置如图8-21a所示。MAX485芯片适用于半双工通信，其典型工作电路如图8-21b所示。图中，传输线为双绞线，Rt为匹配电阻。

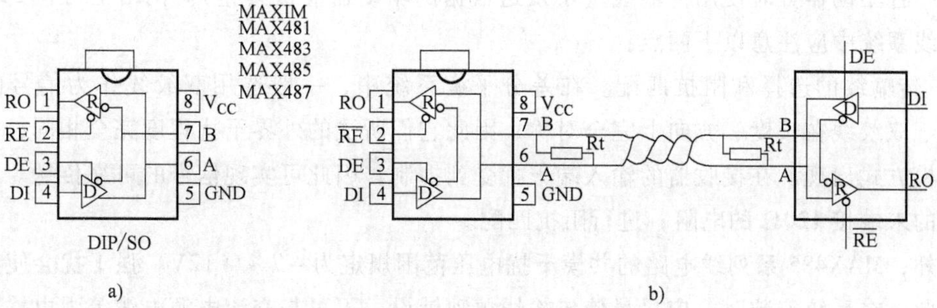

图8-21　MAX485引脚配置和典型工作电路

a）MAX485引脚　b）MAX485典型工作电路

MAX485芯片各引脚功能见表8-7。

表8-7　MAX485芯片各引脚功能

引 脚 号	引 脚 名 称	功　能
1	RO	接收器输出。A-B>+0.2V，RO="1"；A-B<+0.2V，RO="0"
2	RE	接收器输出使能端。RE="0"，允许接收器输出；RE="1"，接收器输出被禁止，R_0为高阻
3	DE	驱动器输出使能端。DE="1"，允许驱动器工作；DE="0"，驱动器被禁止
4	DI	驱动器输入。DI="1"，A输出高，B输出低；DI="0"，则反之
5	GND	地
6	A	接收器非反相输入和驱动器非反相输出端
7	B	接收器反相输入和驱动器反相输出端
8	V_{CC}	电源

3. 典型RS485通信网

MAX485芯片可用于合用线系统。MAX485芯片有驱动器使能控制端DE，当驱动器被禁止时，输出为高阻态，而接收器具有高的输入阻抗，因此处于禁止状态的驱动器和多个接收器挂在传输线上不会影响信号的正常传送，故多个驱动器和接收器可共享一共用传输线。

典型 RS485 通信网如图 8-22 所示。

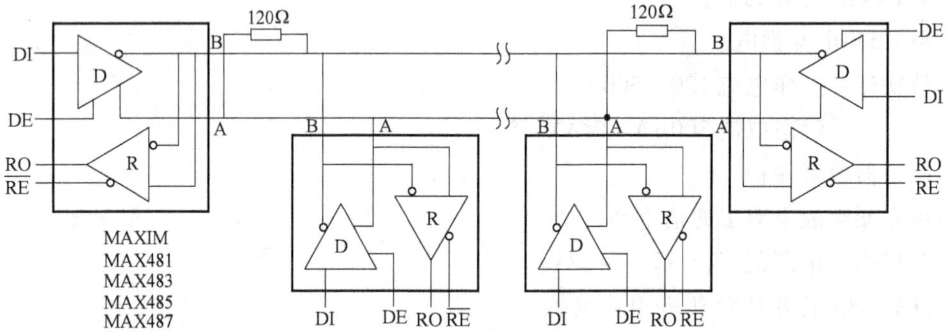

图 8-22　典型 RS485 通信网

图中各驱动器分时使用传输线（不发送数据的驱动器应被禁止）。网络上可挂 32 个站。在合用线系统中应注意以下两点：

1）传输线的选择和阻抗匹配。在差分平衡系统中，一般选用双绞线作为信号的传输线，由于双绞线在长度、方向上完全对称，因此它们所受的外界干扰程度完全相同，干扰信号以共模方式出现。在接收器的输入端干扰受到抑制，因此可实现信号的可靠传送。通常在传输线的末端接 120Ω 的电阻，进行阻抗匹配。

另外，MAX485 系列线电路的共模干扰电压范围规定为 −7 ~ +12V。强干扰会使电路损坏，因此，在系统安装时，应尽量使传输线单独铺设，不可与交流电源电缆等强电输电线一起铺设在一条电缆沟里。若采用带屏蔽层的传输线，将其屏蔽层良好接大地，保护效果更好。

2）通信距离和通信速率　MAX485 芯片组成的 RS-485 网络，最大通信距离 1.2km，若通信距离大于 1.2km，则使用线转发器。线转发器可用 MAX488 ~ MAX491 的任一型号构成，如图 8-23 所示。

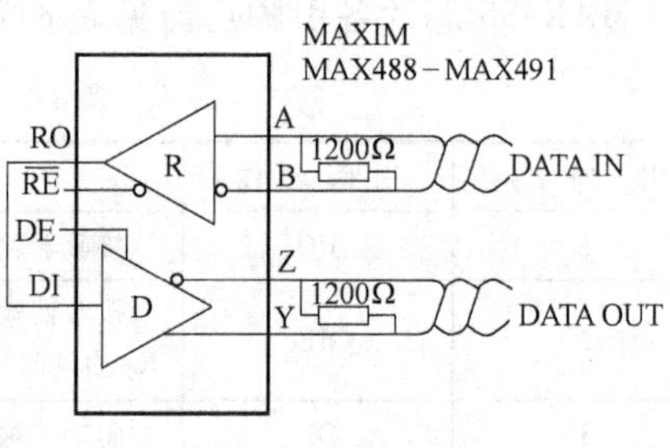

图 8-23　线转发器

采用 MAX485 构成通信系统时，通信速率最大可达 2.5Mbit/s。在实际应用中，为减少误码率，通信距离越远，比特率应取低一些，例如 RS-485 规定通信距离 120m 时，最大通信速率为 1Mbit/s；若通信距离为 1.2km，则最大值为 100kbit/s。

第四节　串行通信实例

以 8251A 作为串行通信接口芯片，其与 CRT 接口如图 8-24 所示。

8251A 的主时钟 CLK 是由系统（16 位微型机系统）主频提供，为 8MHz，8251A 的发送时钟 T_XC 和接收时钟 R_XC 由 8253 的计数器 2 的输出提供。8251A 的片选信号 $\overline{CS}$ 由译码器提

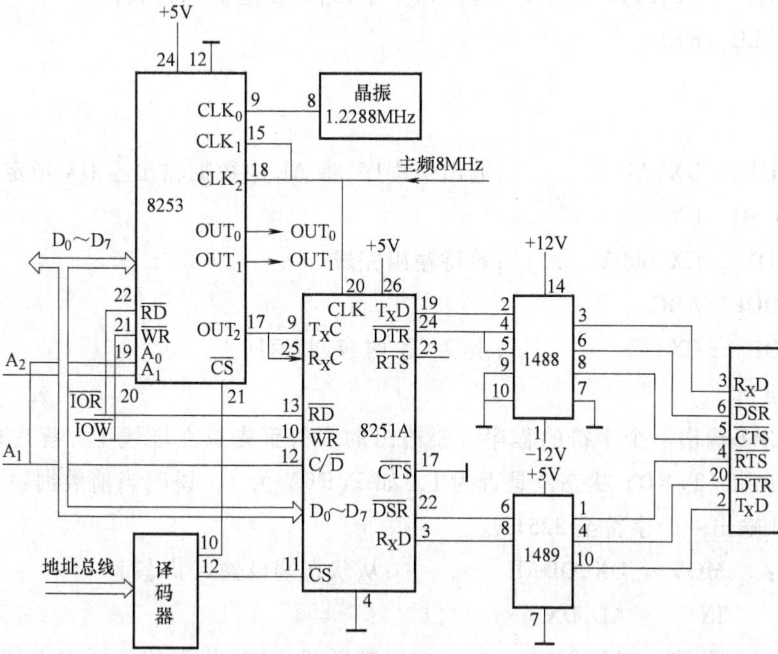

图 8-24　8251A 与 CRT 接口

供，读信号$\overline{RD}$与写信号$\overline{WR}$分别由控制总线上的$\overline{IOR}$和$\overline{IOW}$提供，8251A 的数据线 $D_0 \sim D_7$ 和 8253 的 16 位数据总线的低 8 位 $D_0 \sim D_7$ 相连。

8251A 的输入、输出信号都是 TTL 电平，而 CRT 信号却是 RS-232 电平，所以，8251A 与 CRT 相连进行通信，首先要进行电平转换，即输入时，通过 1488 将 8251A 的输出信号转变为 RS-232 电平再送给 CRT。输出时，通过 1489 将 CRT 的输出信号转变成 TTL 电平再送给 8251A。

在实际使用中，当未对 8251A 设置方式字时，如果要对 8251A 进行复位，一般采用“先送 3 个 00H，再送 1 个 40H”的方法进行复位，这是 8251A 的编程约定。40H 可以看作使 8251A 执行复位操作的实际代码。即使在设置了方式字后，也可以用这个方法对 8251A 进行复位。具体代码如下：

```
INIT:   XOR    AX,AX          ;AX 清零
        MOV    CX,0003        ;往 8251A 的控制端口 DAH 送 3 个 00H
        MOV    DX,00DAH
OUT1:   CALL   KKK
        LOOP   OUT1
        MOV    AL,40H         ;往 8251A 的控制端口 DAH 写入 40H,复位
        CALL   KKK
        MOV    AL,4EH         ;写入方式字。异步方式,波特率 16,8 位
                              ;数据,1 位停止位
        CALL   KKK
```

```
          MOV    AL,27H         ;写入命令字,启动发送器和接收器
          CALL   KKK
           ⋮
           ⋮
KKK:      OUT    DX,AL          ;输出子程序,将 AL 中数据输出至 DX 指定端口
          PUSH   CX
          MOV    CX,0002        ;等待输出完成
ABC:      LOOP   ABC
          POP    CX             ;恢复 CX 内容,并返回
          RET
```

下面是往 CRT 输出一个字符的程序。要输出的字符事先放在堆栈中。程序段先对状态字进行测试，以判断 T_XRDY 状态位是否为 1，如 T_XRDY 为 1，说明当前数据输出缓冲区为空。此时，CPU 输出一个字符至 8251A。

```
CHAROUT:   MOV    DX,0DAH       ;从状态端口输入状态字
STATE:     IN     AL,DX
           TEST   AL,01         ;判断 TxRDY 状态位是否为 1,若否,则再进
                                 行测试
           JZ     STATE
           MOV    DX,0D8H       ;DX 中为数据端口号 0D8H
           POP    AX            ;AX 中为要输出的字符
           OUT    DX,AL         ;往端口输出一个字符
```

第九章　计数器和定时器电路

在计算机系统中都需要定时信号，以进行准确的定时、延时和计数控制。例如，系统日历时钟的计数、定时对动态存储器的刷新、喇叭的声源、向外设提供周期性的输出控制信号、进行定时采样和处理以及对外部事件进行计数等，都需要用到系统定时信号。定时信号可用 3 种方法获得：软件延时、不可编程的硬件定时和可编程的硬件定时。

软件定时，设计一个延迟子程序，通过指令执行的时间达到所需延时时间，此法的优点是不需添加硬件。其缺点是在延时过程中，CPU 不能执行其他程序。

不可编程的硬件定时主要指添加普通数字电路（例定时器 555、计数电路）来实现定时。其缺点是一旦硬件电路确定后，定时常数不易改变。

可编程的硬件定时主要指可编程的定时/计数器芯片，用户只需用程序对它进行设置，一旦定时/计数值到，则产生相应信号输出供 CPU 或系统用。该类芯片很多，如本章将介绍的 INTEL 系列的 8253、8254 定时/计数器芯片等。

第一节　8253 的内部结构和工作原理

8253 具有 3 个独立的、功能相同的 16 位减法计数器，可进行二进制或十进制 BCD 计数或定时操作，每个计数器的工作方式及计数常数分别由软件编程设置，计数速度可达 2MHz，所有 I/O 都与 TTL 兼容。它是 24 脚、双列直插式、单 +5V 电源。

一、8253 的内部逻辑结构

8253 的内部结构及引脚图如图 9-1 和图 9-2 所示，其内部由数据总线缓冲器、读/写逻辑电路、3 个结构完全相同的计数器（计数器 0、1、2）和控制字寄存器组成。

（一）数据总线缓冲器

它是 8253 与 CPU 数据总线连接的 8 位双向三态缓冲器。CPU 用输入/输出指令对 8253 进行如下读/写操作：

1）CPU 向 8253 写方式控制字。

2）CPU 向 8253 某计数器写计数初值。

3）CPU 读 8253 某计数器的当前计数值。

（二）读/写控制逻辑

它接收 CPU 送来的读/写信号（$\overline{RD}/\overline{WR}$）、片选信号（$\overline{CS}$）、端口选择信号（$A_1A_0$），以决定 3 个计数器、控制寄存器中哪一个进行工作，以及数据传送的方向。

（三）控制字寄存器

每个计数器通道都有一个控制字寄存器，用来接收 CPU 送来的控制字，这个控制字用

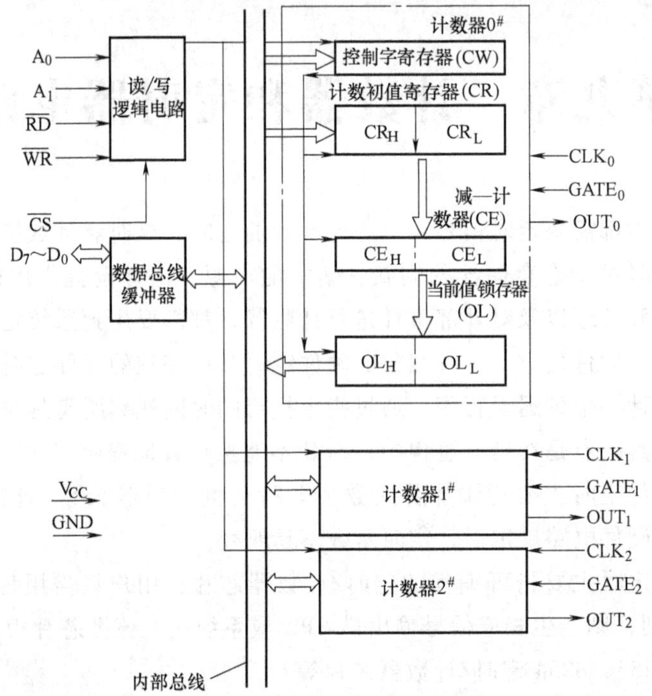

图 9-1 8253 的内部结构

来选择计数器及相应的工作方式等。控制字寄存器只能写入不能读出，且共用一个控制端口地址。

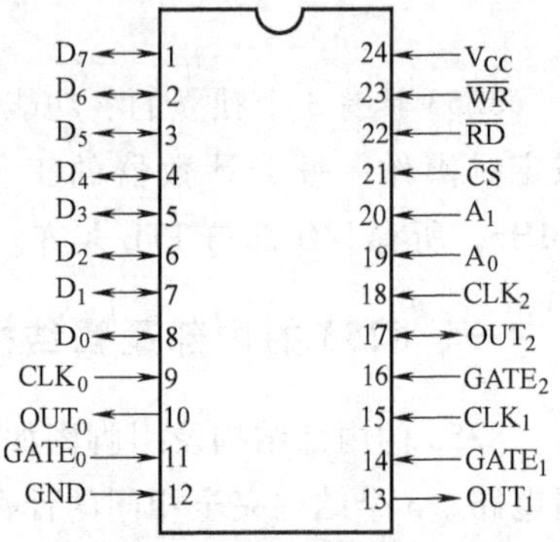

图 9-2 8253 引脚图

（四）计数器 0 ~ 2

8253 内部含有 3 个完全独立的定时/计数器通道，它们各自可同时按不同的方式工作。每个通道都含有一个 8 位控制字寄存器（CW）、一个 16 位计数初值寄存器（CR）、一个 16 位减 1 计数器（CE）、一个 16 位输出寄存器（OL），如图 9-1 所示。

由程序先写控制字给控制字寄存器，再写计数初值给相应计数器，初值在 CR 中保存，并送 CE 中，在 GATE 门控信号允许或触发下，CE 便开始对 CLK 脉冲进行减 1 计数，直到计数值被减到 0 时，计数结束或本周期结束，输出 OUT 端产生相应波形。输出信号的波形由事先规定的工作方式决定并受控于 GATE 信号。在减 1 计数过程中，CF 中当前的计数值同时送给 OL。因此，若想要知道计数过程中的当前计数值，则必须用指令将当前值锁存，然后从 OL 中读出，同时又不影响 CE 的连续计数（注意：不能直接从 CE 中读出）。

二、8253 的引脚功能定义

（一）$D_7 \sim D_0$ 数据总线

双向三态输入/输出数据线，与系统数据总线相连，供 8253 与 CPU 之间传送数据、命令、状态信息用。

（二）$\overline{CS}$片选信号

输入，低电平有效。要选中该片 8253，必须使$\overline{CS}$有效；只有选中后才能对它进行读/写操作。

（三）$\overline{RD}$读信号

输入，低电平有效。由 CPU 发出，用于对 8253 读操作。

（四）$\overline{WR}$写信号

输入，低电平有效。由 CPU 发出，用于对 8253 写控制字或写计数初值。

（五）A_1A_0 端口地址编码线

3 个独立的计数器各有一个端口地址，另外 3 个控制字寄存器共用一个端口地址，所以 8253 共需 4 个端口地址。当 $A_1A_0=11$ 时，为控制字寄存器端口；当 $A_1A_0=00$、01、10 时，分别为计数器 0、计数器 1 和计数器 2 的端口。只有选中该端口地址，才能对它进行读写操作。

上述各输入信号（$\overline{CS}$，A_1A_0，$\overline{RD}$，$\overline{WR}$）的组合决定了 CPU 对 8253 的端口地址选择以及对该端口地址的具体读/写操作，见表 9-1。

在 PC/XT 中，8253 的 A_1A_0 直接与系统地址 A_1A_0 相连。

表 9-1　8253 端口地址及读/写操作

$\overline{CS}$	A_1 A_0	$\overline{RD}$	$\overline{WR}$	功　能	PC/XT 端口地址	扩 展 板
0	0 0	1	0	向计数器 0 写入计数初值	40H	304H
0	0 1	1	0	向计数器 1 写入计数初值	41H	305H
0	1 0	1	0	向计数器 2 写入计数初值	42H	306H
0	1 1	1	0	向控制寄存器写入控制字	43H	307H
0	0 0	0	1	（先锁存 OL）从计数器 0 读出锁时计数值	40H	304H
0	0 1	0	1	（先锁存 OL）从计数器 1 读出锁时计数值	41H	305H
0	1 0	0	1	（先锁存 OL）从计数器 2 读出锁时计数值	42H	306H
0	1 1	0	1	无操作三态	—	—
1	X X	X	X	禁止三态	—	—
0	X X	1	1	无操作三态	—	—

（六）$CLK_0 \sim CLK_2$（时钟）脉冲信号

计数器 0、1、2 的（时钟）脉冲输入端，它们各自独立。脉冲信号的作用是在 8253 进行定时或计数工作时，每输入一个 CLK 脉冲，定时/计数值减 1。

（七）$GATE_0 \sim GATE_2$ 门控信号

计数器 0、1、2 的门控信号输入端，它们各自独立，用来禁止、暂停、停止、允许、启动计数的控制，在不同的 6 种工作方式中，GATE 控制作用也不同，详见后述。

（八） OUT_0 ~ OUT_2 计数器输出信号

计数器0、1、2的输出信号端，它们各自独立。当定时或计数值减为0时，在OUT端输出信号，该信号的波形取决于工作方式。该信号可供CPU检测、查寻或作为中断请求信号使用，也可作为控制信号或信号源使用。

三、8253的控制字及初始化编程

在使用8253前必须对其进行初始化编程，对8253的工作方式、计数方式、操作方式的确定和通道的选择都是由控制字来确定的。不同计数器的控制字必须分别设置，但它的端口地址共用一个。控制字寄存器只能写入，不能读出。

（一）8253控制字

控制字的格式及功能如图9-3所示。

（1）SC_1、SC_0　计数器CW选择位。因为每个计数器的CW都用同一个口地址，所以在控制字中用这两个特征位来具体表明控制字是对哪个CW设置的。

（2）RL_1、RL_0　读/写选择位。00用于命令所选定的计数器进行当前计数值锁存操作，使当前计数值在输出锁存器OL中锁定，以便CPU随后读取它，同时又不影响CE的计数进行。01、10、11用于定义计数初值单/双字节操作以及操作顺序。

（3）M_2、M_1、M_0　工作方式选择位。

（4）BCD　计数方式选择位。它定义计数器按二进制计数还是按BCD码计数，所以在写计数初值时要注意数制的一致。

D_7	D_6	D_5	D_4	D_3	D_2	D_1	D_0
SC_1	SC_0	RL_1	RL_0	M_2	M_1	M_0	BCD

SC_1	SC_2	选择计数器
0	0	计数器0
0	1	计数器1
1	0	计数器2
1	1	无效

RL_1	RL_0	操作指示读/写类型
0	0	计数器锁存操作
0	1	只读/写计数器低位字节
1	0	只读/写计数器高位字节
1	1	先读/写计数器低位字节 后读/写计数器高位字节

M_2	M_1	M_0	方式
0	0	0	0
0	0	1	1
X	1	0	2
X	1	1	3
1	0	0	4
1	0	1	5

0	二进制计数
1	BCD码计数

图9-3　8253工作方式控制字定义

（二）8253的初始化编程

对8253编程常有两种操作：初始化写操作和读当前计数值操作。

1. 写操作——8253的初始化编程

刚加电时，8253处于一种未定义状态，工作方式是不确定的，需要对它初始化编程，具体有两项内容：

一是设置控制字。需要用几个计数器，就要写几次控制字，不过控制字口地址都相同。

写入控制字，还起到复位作用：使该计数器清零及 OUT 端变为规定的初始状态。

二是向已选定的计数器端口地址内写入计数初值，但要注意：①编程写入时必须按相应控制字中的要求、顺序写入。例如，当 CW 中 RL_1、RL_0 为 11 时，应先写入计数初值低 8 位，再写入计数初值高 8 位。如果计数初值为 0，把初值 0000H 分两次顺序写入。②正确选定初值是二进制数还是 BCD 码数。

由于 3 个计数器完全独立，有各自的端口地址，因此对这 3 个计数器分别初始化编程并没有先后次序要求。但是，对任一计数器初始化时必须先写控制字，再写计数初值。

2. 读当前计数值——先锁存，再读操作

在实际应用中，常需要读出某计数器某时刻的当前计数值，8253 的 OL 寄存器就是为此功能而设计的。在计数过程中，OL 实时跟随 CE，并不锁存其实时值；只有接到锁存指令时，OL 立即锁存当前值不再跟随 CE 变化，而同时 CE 仍照常继续减 1 计数；然后 CPU 将锁定值用输入指令读走时，锁存器自动失锁，又跟随 CE 实时变化。这样就保证了在读出当前计数值的过程中不影响计数的进行。

具体过程为：①先写锁存命令控制字（即设置控制字的 RL_1、RL_0 为 00）。该锁存命令控制字仅起锁存作用，不影响计数器其他当前工作和状态。②读该计数器口地址。

四、8253 的基本功能

CPU 把 8253 看作 I/O 端口，其中 3 个计数器都有 6 种工作方式，但从总体功能来讲，可分为计数器工作方式或定时器工作方式。

（一）计数器方式

CPU 先写控制字，再写计数初值，当 GATE 启动条件存在时，计数器开始对由外部事件形成的 CLK 脉冲进行减 1 计数，在计数过程中，可通过读当前计数值了解到外部事件的状态，当减到 0 时，在 OUT 端得到输出信号。

作为对外部事件计数的 CLK 可以是均匀的、连续的，也可以是非均匀连续的，它只是脉冲数量问题，不是脉冲的时间间隔。

（二）定时器方式

定时器和计数器一样就其内部操作而言，都是利用一个减法计数器来完成，所不同的是定时器方式时，CLK 必须是连续的、均匀的、周期精确的时钟脉冲，并且最终结果还与 CLK 脉冲周期有关，即计时时间等于计数值乘以 CLK 脉冲周期。

第二节　8253 的工作方式

8253 芯片的每个计数器都有 6 种工作方式可供选用。

这 6 种方式的功能为：

1）方式 0。计数结束产生中断信号输出。

2）方式 1。可编程单稳态信号输出。

3）方式 2。可编程频率发生器/分频器。

4）方式3。可编程方波发生器。

5）方式4。可编程软件触发的选通信号输出。

6）方式5。可编程硬件触发的选通信号输出。

这6种工作方式的主要特点、区别表现如下：

1）输出波形不同。

2）启动计数器的触发方式不同（电平触发、边沿触发）。

3）计数过程中门控信号GATE对计数操作的影响不同。

但不论用哪种工作方式，都遵循下面几条基本规则：

1）首先写控制字，使控制逻辑电路复位，OUT端进入初始状态。

2）再写计数初值，经过一个CLK脉冲周期（在GATE允许或触发条件下），计数器才开始计数。

3）在CLK脉冲的上升沿对GATE信号进行采样，以检测是何种触发方式（电平触发/边沿触发）。

4）在CLK脉冲的下降沿，计数器作减1计数。

5）0是计数器所能容纳的最大初值。当选用二进制时，0相当于2^{16}；当选用BCD码时，0相当于10^4。

下面分别讨论不同工作方式的特点和工作时序。

一、方式0——可编程阶跃信号发生器

能使OUT端产生正阶跃信号，常被用来作为中断申请信号，时序波形如图9-4所示，说明如下：

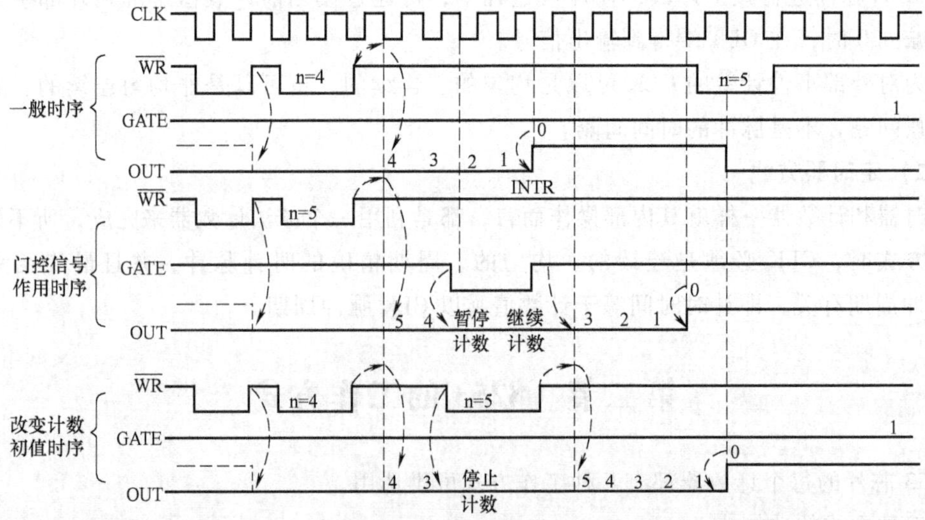

图9-4 方式0的时序波形

1）写入控制字，$\overline{WR}$信号的上升沿使OUT端输出低电平作为初始状态。

2）再写入计数初值n，$\overline{WR}$信号的上升沿将这个计数初值先送到CR中，在$\overline{WR}$信号上

升沿之后的第一个 CLK 脉冲的下降沿时才将初值从 CR 送到 CE 中。此时如果 GATE =0，那 CE 仍不能减 1 计数，只有 GATE =1 条件下，CE 立即开始对 CLK 脉冲下降沿作减 1 计数。在计数过程中，OUT 端仍输出低电平，直到减 1 计数到 0，OUT 端才变为高电平。此高电平一直保持到 CPU 又写入控制字或又重新写入新初值时，OUT 端才变为低电平，重新开始新周期。

3）在计数过程中，若 GATE 由 1 变为 0，则 CE 立即暂停计数，并保持当前计数值，一旦 GATE 变为 1，CE 才从暂停值开始继续计数下去。在暂停过程中，OUT 端仍输出低电平，也就是说，GATE 信号的变化不影响输出端状态。利用这一功能可延长定时时间。

4）在计数过程中，若 CPU 重新写入新的计数初值，则 CE 停止原计数，直到 $\overline{WR}$ 信号上升沿后的第 1 个 CLK 脉冲的下降沿时将按新的初值 n 重新开始计数。

由上所述，可小结出启动/停止计数的具体方法：

（1）启动计数法

1）在 GATE =0 时，初值写入计数器后，可由 GATE 信号由 0 变为 1 启动计数。

2）在已有 GATE =1 条件下，初值写入计数器，也能启动计数。

（2）停止计数法

1）在计数过程中，令 GATE 由 1 变 0，立即停止/暂停计数。

2）计数器减 1 到 0，则自然停止计数。

3）写控制字，使某计数器进入复位状态。

例 9-1　编程使计数器 1 的 OUT 端产生一个阶跃信号输出。

```
MOV   DX,307H            ;控制字口地址
MOV   AL,01110000B       ;控制字
OUT   DX,AL              ;写计数器 1 的控制字
MOV   DX,305H            ;计数器 1 的口地址
MOV   AL,BYTEL           ;计数初值 n 的低 8 位
OUT   DX,AL              ;写初值低 8 位
MOV   AL,BYTEH           ;计数初值 n 的高 8 位
OUT   DX,AL              ;写初值高 8 位
```

二、方式 1——可编程单稳态输出方式

能使 OUT 端产生单脉冲波形信号，单脉冲宽度大小可由程序设定。方式 1 的时序波形如图 9-5 所示。

说明如下：

1）写入控制字后，OUT 端输出高电平作为初始状态。

2）再写入计数初值 n，$\overline{WR}$ 信号上升沿将这个计数初值先送到 CR 中，在 $\overline{WR}$ 信号上升沿之后的第一个 CLK 脉冲的下降沿时才将初值从 CR 送到 CE 中；然后，只有当 GATE 信号出现上升沿并在上升后的第一个 CLK 脉冲下降沿时，才启动计数并使 OUT 端变为低电平，直到计数值减到 0 时，使 OUT 端再变为高电平，由此 OUT 端上产生一个负单稳态脉冲波

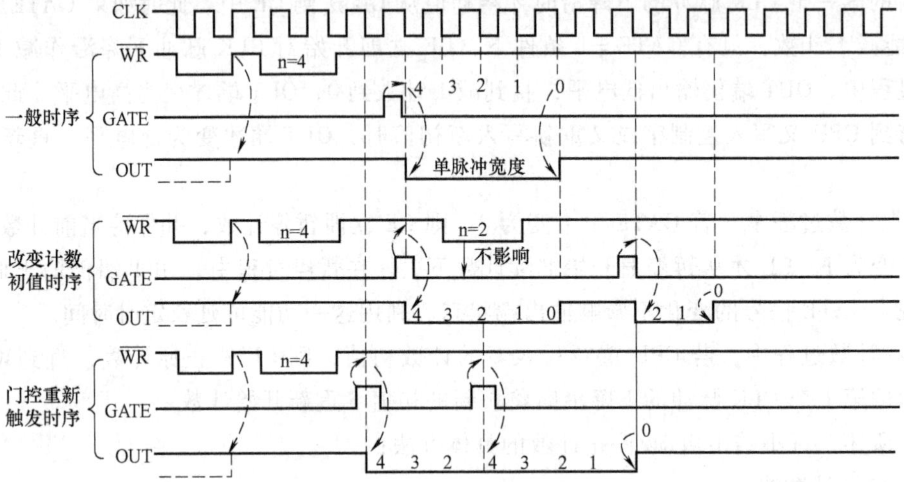

图 9-5 方式 1 的时序波形

形，脉冲宽度为 n 个 CLK 脉冲周期宽度。

3）在计数过程中，如果 CPU 又写入新的计数初值，当前计数值将不受影响仍继续计数直到结束。计数结束后，只有再次出现 GATE 上升沿脉冲，才按新初值启动计数。

4）在计数过程中，如果 GATE 又出现上升沿脉冲，则计数器将立即从初值开始从新计数；直到计数结束，OUT 端才变为高电平。利用这一功能，可延长 OUT 单脉冲宽度。

例 9-2 编程使计数器 2 的 OUT 端产生一个单稳态脉冲信号。

```
MOV   DX,307H        ;控制字口地址
MOV   AL,10110010B   ;控制字
OUT   DX,AL          ;写计数器 2 的控制字
MOV   DX,306H        ;计数器 2 的口地址
MOV   AL,BYTEL       ;计数初值的低 8 位
OUT   DX,AL          ;写计数初值的低 8 位
MOV   AL,BYTEH       ;计数初值的高 8 位
OUT   DX,AL          ;写计数初值的高 8 位
```

三、方式 2——可编程频率发生器/分频器

使 OUT 端输出固定频率的脉冲，其中脉冲宽度等于 CLK 脉冲周期，输出脉冲周期等于 n 个 CLK 脉冲的宽度，也相当于对 CLK 脉冲 n 分频。这种方式给自动控制中的实时检测、实时控制提供了实时时钟，也可作为一个可编程脉冲速率发生器。方式 2 的图 9-6。

1）写入控制字后，OUT 端输出高电平作为初始状态。

2）写入计数初值后的第一个 CLK 脉冲下降沿，初值才送入 CE。在 GATE = 1 条件下，开始减 1 计数，当计数减到 1（注意：不是减到 0）时，OUT 端变为低电平；再减 1，即计数减到 0，OUT 端又变为高电平，同时计数器自动重新从计数初值开始新的减 1 计数过程，如此重复进行。

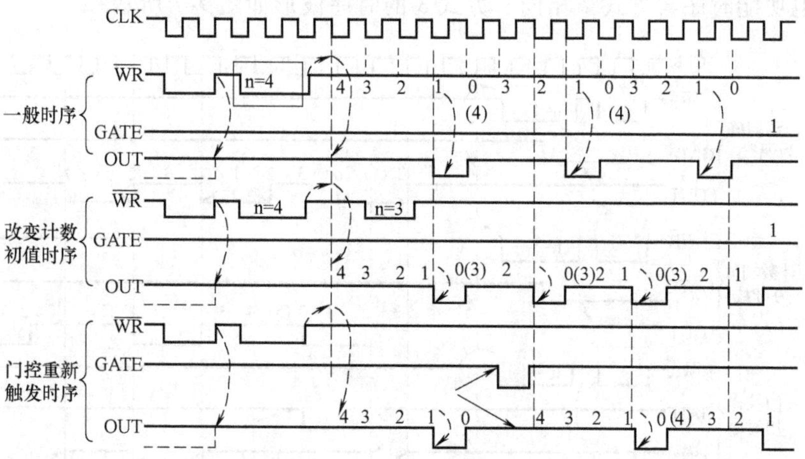

图 9-6　方式 2 的时序波形

3）在计数过程中，CPU 写入新的初值并不影响当时计数值，而是影响后面的循环计数。

4）在计数过程中，GATE 变为低电平，则停止计数，直到 GATE 恢复高电平后，计数器则从计数初值开始从新计数。由此可见，这种方式下，门控信号既可用电平触发，也可用上升沿触发。

例 9-3　编程使计数器 0 的 OUT 端产生对 CLK 脉冲源 4 分频的信号输出。

```
MOV   DX,307H
MOV   AL,00110101B
OUT   DX,AL              ;写计数器 0 的控制字
MOV  DX,304H
MOV  AL,04H
OUT  DX,AL               ;写计数初值的低位字节
MOV  AL,00H
OUT  DX,AL               ;写计数初值的高位字节
```

四、方式 3——可编程方波发生器

本方式与方式 2 的工作原理相似，但输出波形则为占空比 1:1 或近似 1:1 的连续方波或矩形波。

1）写入控制字后，OUT 端输出高电平作为初始状态。

2）当计数器开始减 1 计数、计数到一半（n/2）时，OUT 端就由高变低；再继续减 1 计数，计到 0 时，OUT 端由低变高，从而完成一个周期的工作；然后又自动开始重复计数。OUT 端由此产生占空比为 1:1 或近似 1:1 的连续方波或矩形波。

当计数初值 n 为偶数时，OUT 端输出对称方波；当 n 为奇数时，OUT 端输出矩形波，正半周（高电平）为（n+1)/2，负半周（低电平）为（n-1)/2。

3）其他功能时序与方式 2 相同。方式 3 的时序波形如图 9-7 所示。

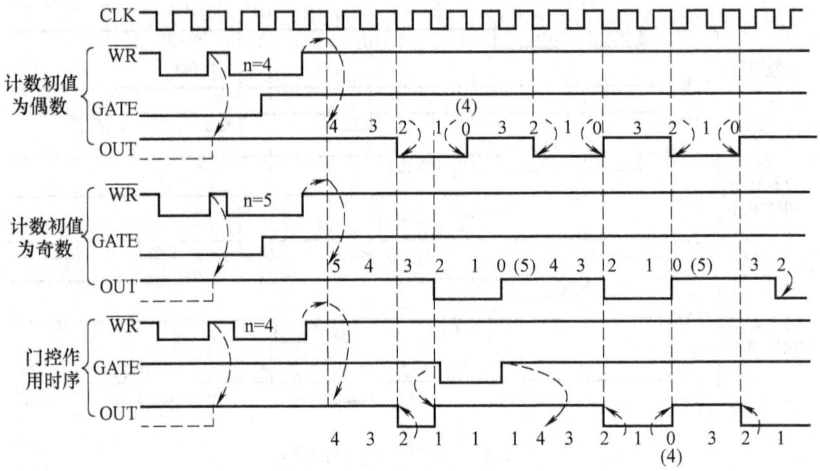

图 9-7 方式 3 的时序波形

例 9-4 编程使计数器 1 的 OUT 端产生方波信号。

```
MOV   DX,307H         ;控制字口地址
MOV   AL,01010110B    ;控制字
OUT   DX,AL           ;写控制字
MOV   DX,305H         ;计数器 1 口地址
MOV   AL,BYTEL        ;计数初值的低 8 位
OUT   DX,AL           ;计数初值送计数器 1
```

程序中把计数器 1 设定成仅读/写计数初值低 8 位，而高 8 位自动补 0。

五、方式 4——可编程软件触发的选通信号发生器

本方式与方式 1 的工作原理相似，但 OUT 端的输出波形为单脉冲选通信号。方式 4 的时序波形如图 9-8 所示。

1）写控制字，OUT 端输出高电平作为初始状态。

2）写计数初值 n，该 $\overline{WR}$ 信号上升沿将这个计数初值先送到 CR 中，在 $\overline{WR}$ 信号上升沿之后的第一个 CLK 脉冲的下降沿时才送入 CE 中。此时，若 GATE =1，则 CE 启动减 1 计数；若 GATE =0，则不计数，等待 GATE 条件。

当启动计数后，直到计数值减到 0 时，OUT 端才由高变低，并且仅保持一个时钟周期的低电平，就自动变为高电平，即在 OUT 端产生一个负单脉冲信号波形。

3）在计数过程中，若 CPU 又写入新的计数初值，则 $\overline{WR}$ 信号下降沿使计数器停止计数，然后在 $\overline{WR}$ 信号上升沿后的第一个 CLK 脉冲的下降沿开始按新计数初值启动减 1 计数。

注意：若该初值为双字节数，则写第一个字节时，不影响原计数，写第二个字节时 $\overline{WR}$ 信号才起作用。

4）在计数过程中，若 GATE 由高变低，计数器立即停止计数，但 OUT 端输出仍保持高

电平，直到 GATE 恢复到高电平条件时，计数器将从初值开始重新减 1 计数。

5）由程序置入的计数初值只一次有效，减 1 计数到 0 输出一个负单脉冲信号后，计数结束，不再计数。若要继续进行计数，必须重新写计数初值，在 GATE = 1 条件下，启动计数。

方式 4 时，计数器主要靠写入新的计数初值来触发计数器工作，所以常称它为软件触发。OUT 端输出的负单脉冲信号常作为选通信号使用；另外还可用作定时功能，定时时间为 n 个 CLK 周期；也可完成计数功能，将计数脉冲以 CLK 输入，使计数器减到 0，由 OUT 端输出负脉冲表示计数次数。

例 9-5　编程使计数器 1 的 OUT 端输出一个选通信号（由软件触发的）。

```
MOV   DX,307H
MOV   AL,01011000B
OUT   DX,AL          ;写控制字
MOV  DX,305H
MO   VAL,04H
OUT   DX,AL          ;写计数初值的低 8 位
```

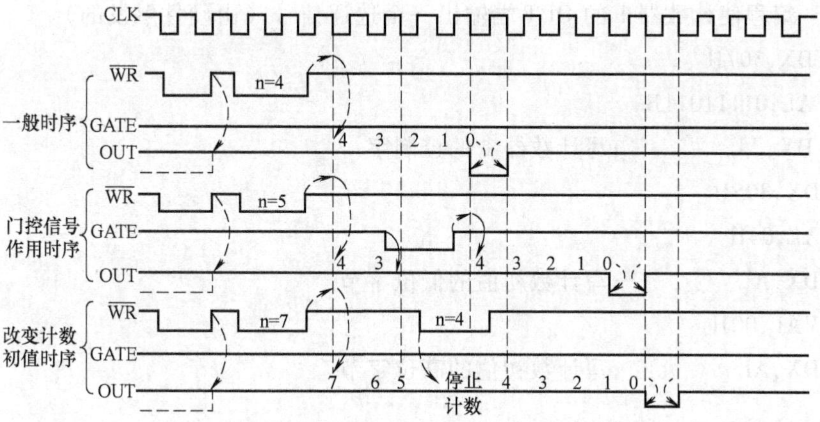

图 9-8　方式 4 的时序波形

六、方式 5——可编程硬件触发的选通信号发生器

本方式与方式 1 的工作原理相似，由外门控信号的上升沿触发计数器计数，但 OUT 端输出波形为单脉冲选通信号，同方式 4。方式 5 的时序波形如图 9-9 所示。

1）写控制字，OUT 端输出高电平作为初始状态。

2）写计数初值 n，在 $\overline{WR}$ 信号上升沿将这个计数初值先送到 CR 中，然后等待门控信号的出现，在 GATE 信号出现上升沿后的第一个 CLK 脉冲的下降沿时将初值送入 CE，并启动减 1 计数。直到减到 0 时，OUT 端由高变低，并仅保持一个 CLK 脉冲周期的低电平后就自动变为高电平，即在 OUT 端产生一个负单脉冲信号波形。

3）在计数过程中或计数结束后，若 GATE 信号再次出现上升沿，则计数器将自动重装初值并开始新的计数周期。

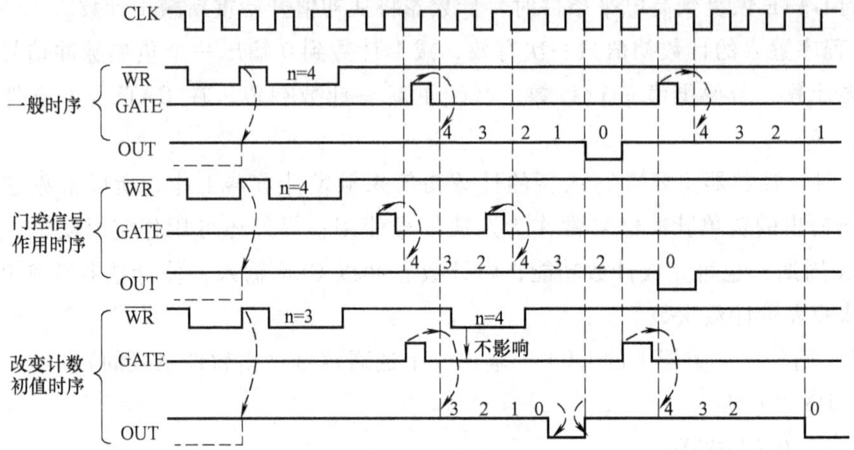

图 9-9 方式 5 的时序波形

4）在计数过程中，若 CPU 又写入新的计数初值，则只要 GATE 不出现上升沿，就不影响当前计数。如果在这以后，GATE 出现上升沿，则在其后的第一个 CLK 脉冲下降沿启动计数器，并按新初值开始计数。

例 9-6 编程使计数器 1 的 OUT 端输出一个选通信号（由硬件触发的）。

```
MOV   DX,307H
MOV   AL;01111011B
OUT   DX,AL          ;写计数器1的控制字
MOV   DX,305H
MOV   AL,04H
OUT   DX,AL          ;写计数初值的低位字节
MO    VAL,00H
OUT   DX,AL          ;写计数初值的高位字节
```

七、6 种工作方式的比较与小结

前面较详细地说明了 8253 的 6 种工作方式的工作原理及时序。各种工作方式可以输出不同波形，以适应不同的应用场合。下面进一步比较和小结。

1）8253 没有复位 RESET 输入，开机加电后，其工作方式和 OUT 端输出都是不确定的，必须对其进行初始化编程。初始化编程包括写控制字和写计数初值。先写控制字，使 OUT 端输出初始状态电平，其中只有方式 0 的初始状态为 OUT 端输出低电平，其他方式的初始状态都是 OUT 端输出高电平。

2）OUT 端输出波形都是在 CLK 脉冲下降沿时产生电平的变化。

3）门控信号的触发方式有两种：电平触发和边沿触发。方式 0、4 中的 GATE 为电平触发；方式 1、5 中的 GATE 为上升沿触发；方式 2、3 中的 GATE 既用到电平触发，也用到上升沿触发。

边沿触发时，门控信号可以是窄正脉冲或窄负脉冲；电平触发时，门控信号的高电平必

须至少保持一段时间，即至少必须在下一个时钟上升沿前保持高电平，否则将视为无效。

4）计数器计数的启动或停止，各工作方式都有几种方法，参见各时序图。它们都受写控制字指令、写初值指令、GATE 信号、CLK 脉冲下降沿等控制。

5）方式 0 与方式 1 的 OUT 端输出波形类似，在计数过程中都保持低电平，计数结束立即变为高电平，这种正阶跃信号输出常可用来作中断请求信号。

但它们的 OUT 端初始状态不一样，方式 0 的 OUT 端输出正阶跃信号，方式 1 的 OUT 端输出负单稳态脉冲波形。

6）方式 2 与方式 3 有一共同的特点，都具有减到 0 后计数初值自动再重装功能，所以 OUT 端都能输出连续的波形。它们主要的区别在于占空比不同，方式 2 输出连续的负脉冲波，其中脉冲宽仅为一个 CLK 脉冲，而周期为 n 个 CLK 脉冲；方式 3 输出连续方波或矩形波，占空比为 1:1 或近似 1:1。

7）方式 4 与方式 5 的输出波形相同，它们的主要区别是计数启动的触发信号不同，方式 4 由写计数初值指令的 $\overline{WR}$ 上升沿启动计数，方式 5 由 GATE 上升沿启动计数。

8）6 种工作方式都受 GATE 门控信号的控制，具体控制情况见表 9-2。

9）在使用计数器前，必须先写入计数初值 n，某些工作方式下，计数初值只能用一次，如下次要用，必须重新写入计数初值 n；而在另外一些方式下，能自动重新装入初值 n 实现循环计数。

计数初值 n 的使用规范如下：

方式 0：写入的计数初值 n 一次有效。

方式 1：写入的计数初值 n 一次有效。

方式 2：写入的计数初值 n 能自动重装。

方式 3：写入的计数初值 n 能自动重装。

方式 4：写入的计数初值 n 一次有效。

方式 5：写入的计数初值 n 能自动重装。

表 9-2　各方式中 GATE 信号的控制和 OUT 端输出波形

工作方式	从 GATE 脚输入的门控信号所起的作用				OUT 端输出波形
	低电平	下降沿	上升沿	高电平	
0	禁止计数	暂停计数	让 CE 从暂停处继续开始计数	允许计数	正阶跃信号波（计数过程中为低电平，计数到 0 则输出高电平）
1	不影响计数	不影响计数	①启动计数 ②重新开始计数	不影响计数	单稳态负脉冲波（脉冲宽度为 n 个 CLK 脉冲周期）
2	禁止计数	停止计数	重新以初值开始计数	允许计数	连续的负脉冲波形（周期为 n 个 CLK，脉冲宽为一个 CLK）
3	禁止计数	停止计数	重新以初值开始计数	允许计数	连续的方波或矩形波（周期为 n 个 CLK）
4	禁止计数	停止计数	重新以初值开始计数	允许计数	负单脉冲波形（脉冲宽度为 1 个 CLK）
5	不影响计数	不影响计数	重新以（最新）初值开始计数	不影响计数	负单脉冲波形（脉冲宽度为 1 个 CLK）

10）6种工作方式在计数过程中都可写入新计数初值，但是在不同方式时对当前计数及OUT输出的影响各不相同。

各方式在计数过程中改变计数初值的作用见表9-3。

表9-3 各方式在计数过程中改变计数初值的作用

工作方式	($\overline{WR}$)写新n值的作用		
	下降沿	低电平	上升沿后
0	停上下当前计数	停止计数	按新n值开始计数
1	不影响当前计数	不影响计数	当前计数结束后，待到再来门控信号则计数将按新n值计数
2	不影响当前计数	不影响计数	当前计数结束后，下次计数将按新n值计数
3	不影响当前计数	不影响计数	当前计数结束后，下次计数将按新n值计数
4	停止当前计数	停止计数	按新n值开始计数
5	不影响当前计数	不影响计数	当前计数结束后，待到再来门控信号则计数将按新n值计数

第三节 8253应用举例

8253的3个计数器是完全独立的，可以分别使用，在使用时主要做如下两项工作：一是先根据实际应用要求，设计0~2计数器的外硬件电路接口，二是分别对该0~2计数器进行初始化编程，只有初始化后8253才可以按要求正常工作。下面举例说明8253作为定时器和计数器的应用。

一、8253初始化编程

例9-7 若要使计数器2工作在方式0，仅用8位二进制计数，初值为128；要使计数器1工作在方式4，按BCD码计数，初值为1234，对其进行初始化编程。

```
MOV  AL,10010000B
MOV  DX,307H
OUT  DX,AL              ;向计数器2写控制字
MOV  AL,80H
MOV  DX,306H
OUT  DX,AL              ;向计数器2写计数初值
MOV  AL,01111001B
MOV  DX,307H
OUT  DX,AL              ;向计数器1写控制字
MOV  AL,34H
MOV  DX,305H
OUT  DX,AL              ;向计数器1写BCD码初值低8位
MOV  AL,12H
```

```
OUT   DX,AL               ;向计数器 1 写 BCD 码初值高 8 位
      ⋮
```

例 9-8 在上题的基础上，若要求在计数过程中每间隔一段时间就读一次计数器 1 的当前计数值，并检测是否减到 0。

```
       MOV   AL,01111001B
       MOV   DX,307H
       OUT   DX,AL
       MOV   AL,34H
       MOV   DX,305H
       OUT   DX,AL
       MOV   AL,12H
       OUT   DX,AL
WAT1:  MOV   BL,30H
WAT2:  DEC   BL
       CMP   BL,0
       JNZ   WAT2                 ;延时一段时间
       MOV   AL,01001001B
       MOV   DX,307H
       OUT   DX,AL                ;向计数器 1 写锁存命令字
       IN    AL,DX                ;读当前计数值低 8 位
       XCHG  AL,AH
       IN    AL,DX                ;读当前计数值高 8 位
       XCHG  AL,AH
       CMP   AX,0000H
       JNE   WAT1
       HLT                        ;计数结束,暂停
```

例 9-9 将 8253 的计数器 0 作为 10ms 定时器，设 CLK 时钟脉冲频率为 200kHz，编写 8253 的初始化程序。

1）先计算初值 n，已知 CLK 频率为 200kHz，即时钟周期为 5μs，所以 n = 10ms/5μs = 2000。

2）初始化程序如下。

```
MOV   AL,00110001B
MOV   DX,307H
OUT   DX,AL               ;向计数器 0 写控制字
MOV   AL,0
MOV   DX,304H
OUT   DX,AL               ;向计数器 0 写 BCD 码初值低 8 位
```

```
MOV   AL,20H
OUT   DX,AL            ;向计数器0写BCD码初值高8位
```

二、8253级联定时应用

8253的通道1接有一发光二极管，要使发光二极管以“点亮1s、熄灭1s”的间隔工作；通道2也接有一发光二极管，要使发光二极管以“点亮2s、熄灭2s”的间隔工作，8253各通道端口地址分别为FFE9H～FFEFH。电路硬件图如图9-10所示，试编程完成以上工作。

根据要求8253通道1应输出一个占空比为1:1，周期为2s的方波。通道2应输出一个占空比为1:1，周期为4s的方波。从图9-10可知，通道0的CLK输入时钟周期为1μs，若通道0工作为定时，其输出最大定时时间为1μs×65536=65.5ms，可见使用一个通道达不到定时时间2s或4s的要求。因此，采用通道级联的办法，将通道0的输出OUT_0作为通道1和通道2的输入脉冲，就能方便地实现本题要求的工作。

让8253的通道0工作于分频器方式，其输出端OUT_0的输出脉冲是相对于1MHz频率的分频脉冲，若选定OUT_0输出脉冲周期为2ms，则通道0的计数初值为2000。周期为2ms的脉冲作为通道1的输入，要求输出端OUT_1的波形为方波且周期为2s，所以通道1的计数初值选定1000。同理，周期为2ms的脉冲作为通道2的输入，要求输出端OUT_2的波形为方波且周期为4s，则通道2的计数初值选定为2000。

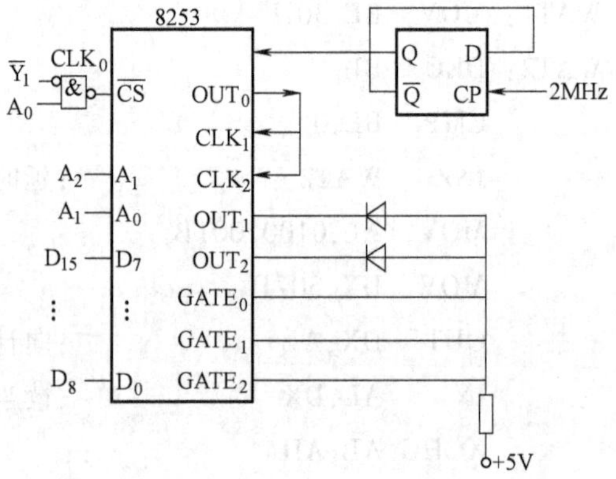

图9-10　8253级连定时应用

由图9-10可看到，8253具有奇数端口地址，因此它的数据线与8086CPU的高8位数据线连接。

各通道的控制字分别为：

通道0的控制字为	00110101B
通道1的控制字为	01110111B
通道2的控制字为	10110111B

各端口地址分别为：

通道0端口地址	0FFE9H
通道1端口地址	0FFEBH
通道2端口地址	0FFEDH
控制字端口地址	0FFEFH

各通道计数初值分别为：

通道0计数初值(BCD码)	2000
通道1计数初值(BCD码)	1000

通道 2 计数初值(BCD 码)　　2000

下面是完成级连定时应用的程序：

```
MOV   DX,0FFEFH
MOV   AL,00110101B
OUT   DX,AL            ;写通道 0 的控制字
MOV   AL,01110111B
OUT   DX,AL            ;写通道 1 的控制字
MOV   AL,10110111B
OUT   DX,AL            ;写通道 2 的控制字
MOV   DX,0FFE9H
MOV   AL,00
OUT   DX,AL            ;写通道 0 计数初值的低 8 位
MOV   AL,20H
OUT   DX,AL            ;写通道 0 计数初值的高 8 位
MOV   DX,0FFEBH
MOV   AL,00
OUT   DX,AL            ;写通道 1 计数初值的低 8 位
MOV   AL,10H
OUT   DX,AL            ;写通道 1 计数初值的高 8 位
MOV   DX,0FFEDH
MOV   AL,00
OUT   DX,AL            ;写通道 2 计数初值的低 8 位
MOV   AL,20H
OUT   DX,AL            ;写通道 2 计数初值的高 8 位
⋮
```

8253 定时/计数功能的应用

例 9-10　某 8086 系统中包含一片 8253 芯片，要求完成如下功能：

1）利用计数器 0 完成对外部事件计数功能，计满 350 次向 CPU 发出中断请求。

2）利用计数器 1 产生频率为 1kHz 的正弦波。

3）利用计数器 2 产生宽度为 0.5ms 的单稳态脉冲。

8253 定时/计数应用的系统电路框图如图 9-11 所示。

由图 8-11 可得，8253 端口地址为 18H ~ 1EH；外部事件由 CLK_0 端输入，计数器 0 定义在方式 0 工作，当计满 350 次时由 OUT_1 端输出正跃变信号作为向 CPU 的中断申请，由 8259 中断控制芯片管理其中断；CLK_1 端输入时钟频率为 2MHz，计数器 1 定义在方式 3 产生 1kHz 频率的方波，方波周期为 1ms，所以计数器 1 的计算初值为 $1ms \div 0.5\mu s = 2000$，该 1kHz 方波信号经由源滤波器或其他电路转变为 1kHz 标准正弦波；计数器 2 定义在方式 1 工作，计数初值为 $500\mu s \div 0.5\mu s = 1000$；3 个计数器都用 BCD 码计数制。

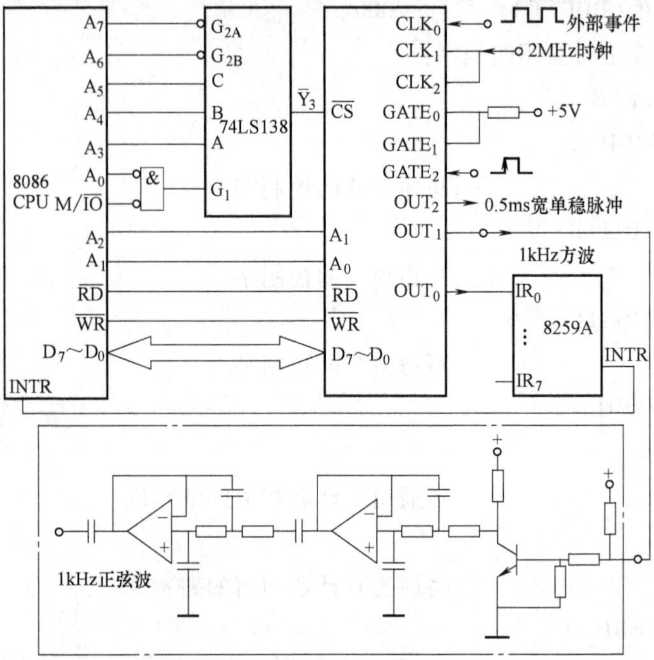

图 9-11 8253 定时/计数应用的系统电路框图

计数器 0 控制字为	00110001B
计数器 1 控制字为	01110111B
计数器 2 控制字为	10110011B
计数器 0 的计数初值为	350
计数器 1 的计数初值为	2000
计数器 2 的计数初值为	1000
计数器 0 口地址为	18H
计数器 1 口地址为	1AH
计数器 2 口地址为	1CH
控制字端口地址为	1EH

完成上述功能的初始化程序如下：

```
MOV   AL,31H
OUT   1EH,AL          ;写计数器 0 的控制字
MOV   AL,50H
OUT   18H,AL          ;写计数器 0 计数初值的低 8 位
MOV   AL,03H
OUT   18H,AL          ;写计数器 0 计数初值的高 8 位
MOV   AL,77H
OUT   1EH,AL          ;写计数器 1 的控制字
MOV   AL,00H
```

```
OUT   1AH,AL              ;写计数器 1 计数初值的低 8 位
MOV   AL,20H
OUT   1AH,AL              ;写计数器 1 计数初值的高 8 位
MOV   AL,A3H
OUT   1EH,AL              ;写计数器 2 的控制字
MOV   AL,10H
OUT   1CH,AL              ;写计数器 2 计数初值的高 8 位
⋮
```

三、8253 在 PC/XT 机中的应用

IBM PC/XT 系统板上使用了一片 8253-5，其电路连接图如图 9-12 所示。8253 的数据线与 8088 的 8 位外部数据总线直接相连；$\overline{CS}$端来自译码电路的输出端 T/$\overline{C}$、$\overline{CS}$，BIOS 中 8253 地址约定为 40H ~ 43H；3 个计数器使用同一时钟脉冲，频率为 1.19318MHz，由 8284 的 PCLK 输出的 2.38636MHz 二分频而得。3 个计数器被分配有专门的用途。

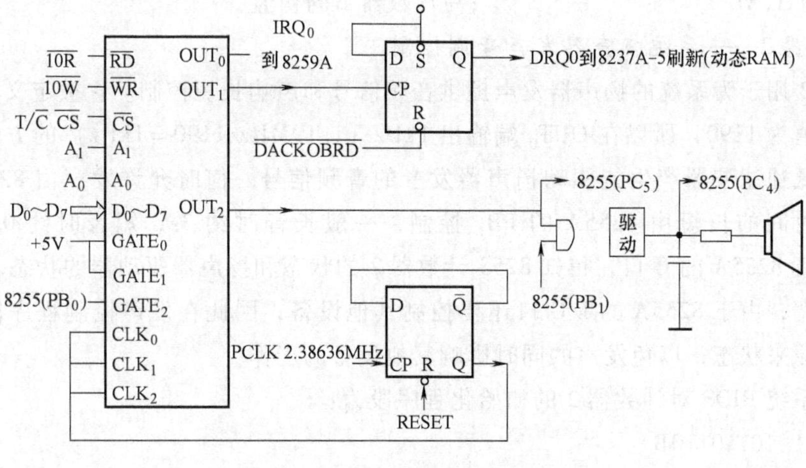

图 9-12　PC/XT 中 8253 电路连接图

1. 计数器 0——日时钟

计数器 0 是系统的时钟节拍计时器，为系统提供时间基准。它被定义为定时器方式 3 工作，计数初值为 0（相当于 65 536），所以在 OUT_0 端输出 18.2Hz（1.19318MHz/65 536 ≈ 18.2Hz）脉冲信号，该信号经 PC 总线插槽上 IRQ_0 连到系统主板上 8259A 的 IR_0 端，使计算机每秒产生 18.2 次中断（即每隔约 55ms 产生一次 0 级中断）。在中断服务程序中，有一个 16 位计数单元，初值为 0，每中断一次计数单元内容加 1，所以，当计满产生进位时，表示已产生了 65 536 次中断，也就是说，经过的时间约为 1h（65 536/18.2 ≈ 3600s，与实际时钟有一点误差，由软件修正）。这定时中断用于报时和软磁盘驱动器马达的开启运行时间进行管理（当开启一定时间后，再令其关闭）。

上电后 BIOS 对 8253 计数器 0 的初始化程序段为：

```
MOV   AL,00110110B
```

```
OUT  43H,AL                ;写计数器 0 的控制字
MOV  AL,0
OUT  40H,AL
OUT  40H,AL                ;写计数器 0 的初值 65 536
```

2. 计数器 1——动态 RAM 刷新

计数器 1 用于定时控制动态 RAM 刷新。它被定义为方式 2 工作，计数初值为 18，所以 OUT_1 端输出连续负脉冲信号，周期为：18/1.19318MHz = 15.08μs，该信号经 D 触发器的 CP，使 Q 端每隔 15.08μs 产生一个正脉冲，送到系统板上的 DMA 控制器 8237A，8237A 的 0 通道作为 DMA 请求信号，使 DMA 控制器定时地对系统中的动态 RAM 进行一次刷新操作，频率为 1.19318MHz/18 = 66.288kHz。

上电后系统 BIOS 对计数器 1 的初始化程序段为：

```
MOV  AL,01010100B
OUT  43H,AL                ;写计数器 1 的控制字
MOV  AL,12H
OUT  41H,AL                ;写计数器 1 的初值
```

3. 计数器 2——系统扬声器发声音调控制

计数器 2 用于为系统的扬声器发声提供音频信号和声响长短控制。它被定义为方式 3 工作，计数初值为 1190，所以在 OUT_0 端输出 1kHz（1.19MHz/1190 = 1kHz）的方波信号，经功率放大和低通滤波器产生能驱动扬声器发音的音频信号。何时允许发声由 8255A 的 PB_0 控制，发音时间的长短由 8255A 的 PB_1 控制，一般长音时约 3s，短音时约 0.5s。另外，CPU 可通过读 8255A 的 C 口，得知 8253 计数器 2 的状态和扬声器驱动器的状态。

还要注意，由于 8255A 的 I/O 口还要控制其他设备，因此在发声控制程序段中要注意保持它们的原来状态，以免发声的同时影响其他设备的工作。

上电后系统 BIOS 对计数器 2 的初始化程序段为：

```
MOV  AL,10110110B
OUT  43H,AL                ;写计数器 2 的控制字
MOV  AX,1190
OUT  42H,AL                ;写计数器 2 计数初值低 8 位
MOV  AL,AH
OUT  42H,AL                ;写计数器 2 计数初值高 8 位
⋮
```

发长音或长短音程序段为：

```
IN   AL,61H                ;读 8255A 的 B 口当前值(B 口地址为 61H)
OR   AL,00000011B          ;仅使 PB1,PB0 置 1,其余不变(不影响其他控制)
OUT  61H,AL                ;打开 GATE2 和允许发音
SUB  CX,CX                 ;设置延时初值(最大延时 65536 = 10000H)
LP1: LOOP LP1              ;延时
```

```
DEC   BL                    ;(BL)=1 或 6 初值已事先设计好
JNZ   LP1                   ;(BL)=1 发短音,(BL)=6 发长音
IN    AL,61H                ;读 8255A 的 B 口当前值
AND   AL,11111100B          ;仅清 PB1,PB0 其余不变(不影响其他控制)
OUT   61H,AL                ;停止发音
RET
```

四、8253 在数据采集系统中的应用

8253 用于数据采集系统，作为采样频率发生器，如图 9-13 所示。8253 为 A-D 转换电路提供采样信号，用户既可以设置采样频率，也可以决定采样信号的持续宽度。

设置计数器 0 工作在方式 2，计数器 1 工作在方式 1，计数器 2 工作在方式 3，3 个计数器的初值分别为 a，b，c，设时钟频率为 f。由图 9-13 可知，计数器 2 的 OUT_2 输出作为计数器 1 的 CLK_1 时钟输入，所以计数器 1 的时钟 CLK_1 的频率为 f/c，由于计数器 1 设置在方式 1 工作即可编程（可重复触发的）单稳态输出方式，因此 OUT_0 端输出的脉冲周期为 bc/f；计数器 0 工作在方式 2 分频器方式，因此 OUT_0 端输出的脉冲频率为 f/a，计数器 0 的门控输入受到 OUT_1 的控制，而 OUT_0 和 A-D 转换器的 START 端相连。

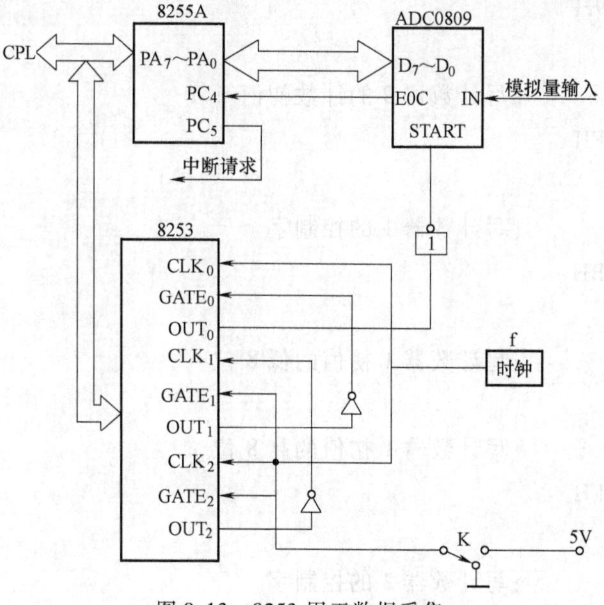

图 9-13　8253 用于数据采集

当用户程序对 3 个计数器初始化，设置好计数初值后，只要触点 K 合上，计数器就开始工作，OUT_0 端输出送 A-D 转换电路，A-D 转换器便按 f/a 的采样频率工作，并且每次采样的持续时间为 bc/f。采样信号经过 A-D 转换后送到 8255A。

8255A 的 PC_5 作为中断请求信号，由此可以申请中断，从而进入中断处理子程序，CPU 在执行中断处理子程序过程中将接口 8255A 的 PA 口数据输入到累加器或内存进行处理。

若设 8253 的地址为 0FFE9H ~ 0FFEFH，则各端口地址为：

计数器0口地址 0FFE9H
计数器1口地址 0FFEBH
计数器2口地址 0FFEDH
控制字端口地址 0FFEFH
各计数器的控制字分别为：
计数器0的控制字为 00010100B
计数器1的控制字为 01110010B
计数器2的控制字为 10010110B
各计数器的计数初值（均为二进制码）分别为：
计数器0的计数初值 a（小于256）
计数器1的计数初值 b（16位）
计数器2的计数初值 c（小于256）
下面是初始化程序段：

```
MOV  DX,0FFEFH
MOV  AL,14H
OUT  DX,AL          ;写计数器0的控制字
MOV  DX,0FFE9H
MOV  AL,a
OUT  DX,AL          ;写计数器0的计数初值
MOV  DX,0FFEFH
MOV  AL,72H
OUT  DX,AL          ;写计数器1的控制字
MOV  DX,0FFEBH
MOV  AX,b
OUT  DX,AL          ;写计数器1初值的低8位
MOV  AL,AH
OUT  DX,AL          ;写计数器1初值的高8位
MOV  DX,0FFEFH
MOV  AL,96H
OUT  DX,AL          ;写计数器2的控制字
MOV  DX,0FFEDH
MOV  AL,c
OUT  DX,AL          ;写计数器2的计数初值
⋮
```

第四节　综合应用实例

某模拟行人过街智能交能信号灯实验系统部分接口电路如图 9-14 所示。

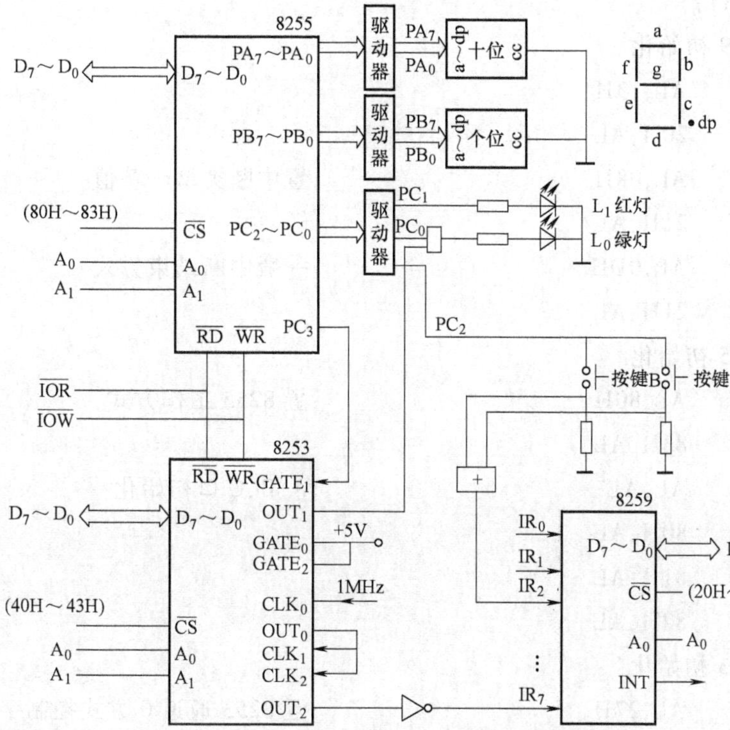

图 9-14　综合应用实例的部分接口电路

图 9-14 中，平时 8 段共阴极 LED 显示器不显示，而发光二极管红灯（L_1）亮、绿灯（L_0）灭。若有行人过街，按下按键 A 或 B 后，8 段 LED 显示器立即显示倒计时并保持红灯亮、绿灯灭。一旦倒计时时间到，则变为红灯灭，绿灯亮，8 段 LED 显示器此时显示 30s 倒计时，让行人通过，最后 5s 绿灯闪烁表示信号即将改变。若倒计时时间到，则系统恢复到平时状态。行人等待（红灯）时间由系统确定。

图 9-14 中的驱动器均为同相驱动器，按键均已经过防抖动处理。按键 A 和按键 B 经"或门"接 8259 的 IR2，产生中断请求。8253 的通道 0、通道 1 工作于方式 3，通道 2 工作于方式 2，均按 BCD 码计数，只读/写高 8 位。8253 的 OUT_1 和 8255 的 PC_0 经"与门"控制绿灯的闪烁，OUT_2 经反相器接 8259 的 IR_7，产生 1s 定时中断。

程序如下：部分初始化及主程序为 START，显示子程序为 DISP，按键中断服务子程序为 KEYINT，定时中断服务子程序为 TIMEINT。

```
DATA   SEGMENT
TAB    DB 3FH,06H,…,6FH                ;0 ~ 9 的段码
BUF    DB 00H                          ;红灯显示时间缓冲区
```

```
BZ      DB 00H                  ;按键中断标志
DATA    ENDS
CODE    SEGMENT
        ASSUME CS:CODE,DS:DATA
START:
;8259 初始化
MOV     AL,13H
OUT     20H,AL
MOV     AL,08H                  ;置中断类型码基值
OUT     21H,AL
MOV     AL,0DH                  ;一般中断结束方式
OUT     21H,AL
;8255 初始化
MOV     AL,80H                  ;置 8255 工作方式
OUT     83H,AL
XOR     AL,AL                   ;A、B、C 口初始化
OUT     80H,AL
OUT     81H,AL
OUT     82H,AL
;8253 初始化
MOV     AL,27H                  ;置 8253 通道 0 方式控制字
OUT     43H,AL
MOV     AL,10H                  ;置 8253 通道 0 计数初值
OUT     40H,AL
MOV     AL,67H                  ;通道 1
OUT     43H,AL
MOV     AL,05H
OUT     41H,AL
MOV     AL,0A5H                 ;通道 2
OUT     43H,AL
MOV     AL,10H
OUT     42H,AL
;中断设置
MOV     AH,25H                  ;设中断向量
MOV     AL,0AH                  ;中断类型号为入口参数
MOV     BX,SEG KEYINT           ;DS:DX 指向 4 字节地址
MOV     DS,BX
```

```
        MOV   DX,OFFSET KEYINT
        INT   21H
        MOV   AH,25H
        MOV   AL,0FH
        MOV   BX,SEG TIMEINT
        MOV   DS,BX
        MOV   DX,OFFSET TIMINT
        INT   21H
        STI
        ;主循环
LOPM:   MOV   BUF,91
        MOV   AL,06H              ;禁止 8253 通道 1 计数
        OUT   82H,AL              ;允许按键请求中断,红灯亮,绿灯灭
WAIT0:  HLT                       ;等待按键中断或 1s 定时中断
        CMP   BUF,20
        JNA   KKK0
        DEC   BUF
KKK0:   TEST  BZ,0FFH             ;是否按键中断
        JZ    WAIT0               ;否,等待
        MOV   BZ,00H              ;是,请按键中断标志
        MOV   CH,0                ;显示红灯倒计时时间
        MOV   CL,BUF
LOP1:   CALL  DISP
        HLT                       ;等待 1s 定时中断
        LOOP  LOP1
        MOV   AL,02H              ;红灯灭
        OUT   83H,AL
        MOV   AL,01H              ;绿灯亮
        OUT   83H,AL
        MOV   CX,30               ;显示 30s 倒计时,让行人通过
LOP2:   CALL DISP
        HLT                       ;等待 1s 定时中断
        CMP   CX,5                ;是否到最后 5s
        JNZ   KKK1
        MOV   AL,07H              ;是,启动 8253 通道 1 计数,绿灯闪烁
        OUT   83H,AL
KKK1:   LOP   LOP2
```

```
        MOV     AL,00H                        ;8 段 LED 显示器关闭
        OUT     80H,AL
        OUT     81H,AL
        JMP     LOPM
        ;显示子程序
DISP    PROC    FAR
           ⋮
           ⋮
           ⋮
DISP    ENDP
        ;中断服务
KEYINT  PROC    FAR                           ;按键中断服务子程序
        PUSH    AX
        MOV     BZ,0FFH                       ;置按键中断标志
        MOV     AL,04H                        ;禁止按键申请中断
        OUT     83H,AL
        MOV     AL,20H                        ;向 8259 发中断结束命令
        OUT     20H,AL
        POP     AX
        IRET
KEYINT  ENDP
TIMEINT PROC    FAR                           ;定时中断服务子程序
        PUSH    AX
        MOV     AL,20H                        ;向 8259 发中断结束命令
        OUT     20H,AL
        POP     AX
        IRET
TIMEINT ENDP
CODE    ENDS
        END     START
```

第十章　数模转换(D-A)和模数转换(A-D)接口

在许多工业生产过程中，参与控制和测量的物理量往往是连续变化的模拟量，例如电压、电流、温度、压力、位移、流量等。一方面，为了利用计算机实现对工业生产过程的监测和自动调节、控制，必须将连续变化的模拟量转换成计算机所能接收的数字信号。另一方面，为了实现对生产过程的控制，有时需要输出模拟信号，去驱动执行机构工作，这就需要将计算机的输出信号转换成模拟量来完成。

模拟量的输入、输出通道是微机与控制对象之间的一种重要接口，也是实现工业过程控制的重要组成部分。

第一节　D-A 接口芯片

随着集成电路技术的发展，已可将精密电阻、模拟开关、数据锁存器甚至包括基准电源和运算放大器集成在同一芯片上，可以和 8 位或 16 位微处理机兼容。这些集成电路芯片是由大规模集成电路技术（LSI）实现的，有 TTL、CMOS 等不同的逻辑和工艺制造的产品。集成 D-A 芯片类型很多。按其转换方式有并行和串行两大类；按生产工艺分有双极型、MOS 型等，它们的精度和速度各不相同；按字长分有 8 位、10 位、12 位等；按输出形式分有电压型和电流型两类，如图 10-1a 和图 10-1b 所示。

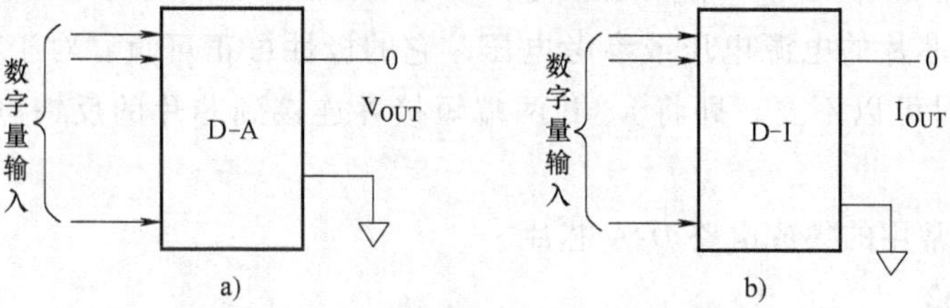

图 10-1　D-A 转换器输出的两种形式

a）电压型输出　b）电流型输出

电压输出型的 D-A 转换器相当于一个电压源，内电阻较小，选用这种芯片时，与它匹配的负载电阻应较大，输出一般为 0～5V 或 0～10V。对于某种非标准的输出电压，可以在输出端再加运算放大器来调整。

有些场合需要输出电流信号，以便与标准仪表相配接或满足远距离传送的要求。此时，在电压输出端应加上 V/I 转换电路。电流输出的 D-A 转换器相当于电流源，内电阻较大，选用这种芯片时，负载电阻不应太大。

在实际应用中，常选用电流输出型的芯片来实现电压输出。现介绍两种常用的电压输出的线路（采用电流型芯片实现电压输出），如图 10-2 所示。

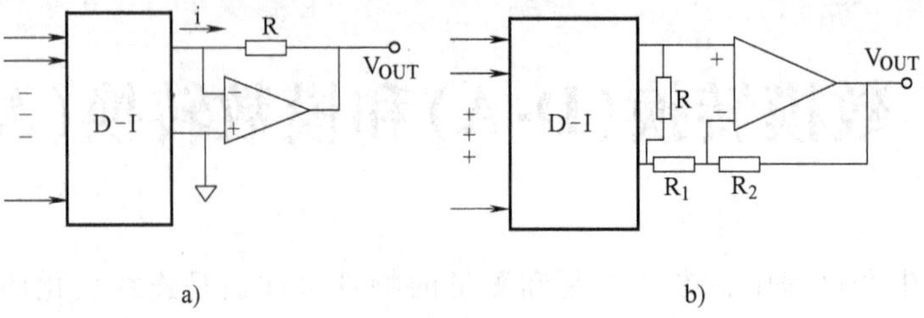

图 10-2 电流型芯片实现电压输出

a）反相电压输出 b）同相电压输出

图 10-2a 是反相电压输出，其输出电压 $V_{OUT}=iR$；图 10-2b 是同相电压输出，其输出电压 $V_{OUT}=iR(1+R_2/R_1)$。

在许多应用场合，不仅要求单极性输出（电压通常为 0 ~ +5V 或 0 ~ +10V），有时还需要双极性输出，如 ±5V、±10V。图 10-3 给出将 D-A 芯片连接成双极性的输出电路，供读者参考。

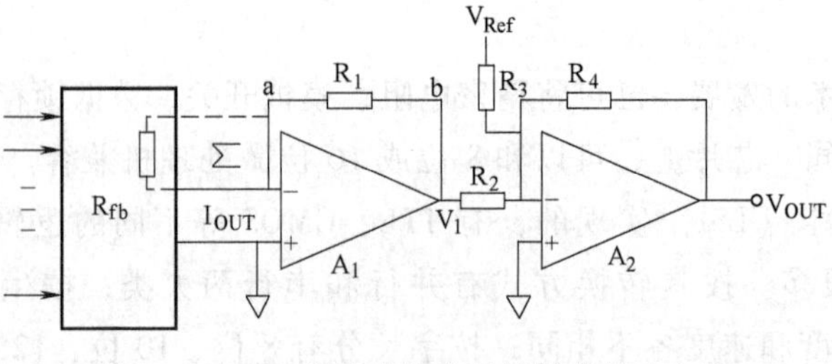

图 10-3 D-A 芯片连接成双极性的输出电路

图 10-3 中，$R_4=R_3=2R_2$，输出电压与参考电压及第一运放输出 V_1 的关系是：$V_{OUT}=2V_1+V_{Ref}$，V_{Ref}是芯片的电源电压或参考电压，它的极性可正可负。对于有内部反馈电阻 R_{fb}的芯片，R_1 有时可以不要，即将 a、b 两端短接并连接到芯片的反馈电阻的引出脚 R_{fb} 即可。

下面介绍几种常用的集成电路 D-A 芯片。

（一）DAC0832

DAC0832 是美国国家半导体公司生产的 8 位集成电路芯片，其逻辑结构框图如图 10-4 所示。由图可见，该芯片内部有两个数据缓冲寄存器、8 位 D-A 寄存器、8 位输入寄存器和 8 位 DAC 寄存器。其转换结果以一组差动电流 I_{OUT1} 和 I_{OUT2} 输出。DAC0832 的 8 位输入寄存器 $DI_7 \sim DI_0$ 输入端可直接与 CPU 的数据线相连。两个数据缓冲寄存器的工作状态分别受 LE_1 和 LE_2 控制。当 $LE_1=0$ 时，8 位输入数据寄存器的输出跟随输入而变化。当 LE_1 由低电平变为高电平时，即 $LE_1=1$，输入数据立即被锁存。同理，8 位 DAC 寄存器的工作状态受 LE_2 的控制。

1. DAC0832 的引脚

DAC0832 共有 20 个引脚，如图 10-4 所示。各引脚的定义如下：

（1）$DI_7 \sim DI_0$　D-A 转换器的数字量输入信号。其中，DI_0 为最低位，DI_7 为最高位。

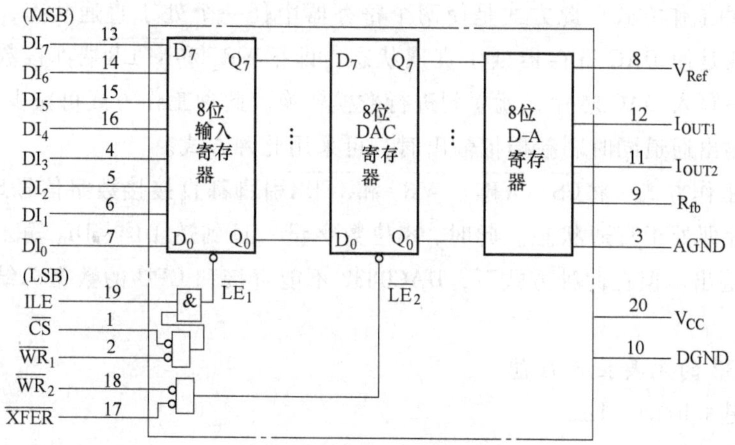

图 10-4　DAC0832 逻辑结构框图

（2）$\overline{CS}$　片选输入信号，低电平有效。

（3）$\overline{WR}$　D-A 转换器的数字写入信号，低电平有效。

（4）ILE　输入寄存器的允许信号，高电平有效。ILE 信号和$\overline{CS}$、$\overline{WR_1}$ 共同控制选通输入寄存器。当$\overline{CS}$、$\overline{WR_1}$ 均为低电平，而 ILE 为高电平时，$LE_1=0$，输入数据立即被送至 8 位输入寄存器的输出端。当上述 3 个控制信号任一个无效时，LE_1 变高，输入寄存器将数据锁存，输出呈保持状态。当 ILE =0 时，LE_1 也无效，输出端便不随 D 端而变化。

（5）$\overline{XFER}$　从输入寄存器向 8 位 DAC 寄存器传送转换数据的控制信号，低电平有效。

（6）$\overline{WR_2}$　DAC 寄存器的选通信号，低电平有效。当$\overline{XFER}$和$\overline{WR_2}$ 同时有效时，输入寄存器的数据被装入 DAC 寄存器，并同时启动一次 D-A 转换。

（7）V_{CC}　芯片电源，其值可在 +5 ~ +15V，典型值为 +15V。

（8）AGND　模拟信号地。

（9）DGND　数字信号地。

（10）R_{fb}　内部反馈电阻引脚，用来外接 D-A 转换器输出增益调整电位器。

（11）V_{Ref}　D-A 转换器的基准电压，可在 −10 ~ +10V 选定。

（12）I_{OUT1}　D-A 转换器的输出电流 1，当输入数字全为“1”时，其值最大，约为 (255/256)；全“0”时，其值最小，即为 0。

（13）I_{OUT2}　D-A 转换器的输出电流 2，它与 I_{OUT1} 的关系如下：

$$I_{OUT1}+I_{OUT2}=常数$$

2. DAC0832 的 3 种工作方式

（1）双缓冲工作方式　DAC0832 芯片内有两个数据寄存器，在双缓冲工作方式下，CPU 要对 DAC 芯片进行两步写操作：①将数据写入输入寄存器；②CPU 发出控制信号实现转换输出。

双缓冲工作方式的优点是 DAC0832 的数据接收和启动转换可同步进行。可以在 D-A 转换的同时，进行下一步数据的接收，以提高输出通道的转换速率，可实现多个输出通道同时进行 D-A 转换。

(2) 单缓冲工作方式　此方式是使两个寄存器中任一个处于直通状态，另一个工作于锁存状态。一般是使DAC寄存器处于直通状态，即把$\overline{WR}_2$和$\overline{XFER}$端都接数字信号地。此时，数据只要一写入DAC芯片，就立刻进行数模转换。此种工作方式可减少一条输出指令，在不要求多个输出通道同时刷新模拟输出时，可采用此种方式。

(3) 直通工作方式　将$\overline{CS}$、$\overline{WR}_1$、$\overline{WR}_2$和$\overline{XFER}$引脚都直接接数字信号地，ILE引脚为高电平时，芯片即处于直通状态。此时，8位数字量一旦到达$DI_7 \sim DI_0$输入端，就立即进行D-A转换而输出。但在此种方式下，DAC0832不能直接和CPU的数据总结相连接，故很少采用。

3. DAC0832的主要技术性能

(1) 电流建立时间　1μs。

(2) 分辨率　8位。

(3) 线性误差　0.2% FSR（Full Scale Range），即该芯片的线性误差为满量程的0.2%。

(4) 非线性误差　0.4% FSR。

(5) 3种输入方式　双缓冲、单缓冲和直接输入。

(6) 数字输入　与TTL兼容。

(7) 增益温度系统　0.002% FSR/℃。

(8) 低功耗　20mW。

(9) 单电源　+5～+15V。

(10) 参考电压　−10～+10V。

(二) DAC1210

DAC1210是美国国家半导体公司生产的12位D-A转换器芯片，是智能化仪表中常用的一种高性能的D-A转换器。

DAC1210是24引脚的双列直插式芯片，其内部逻辑结构如图10-5所示。

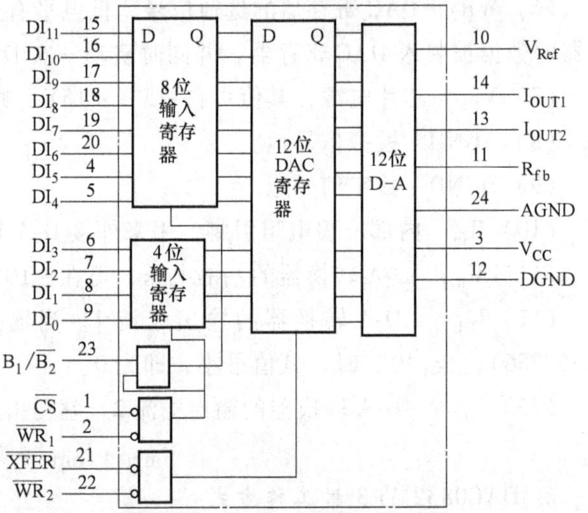

图10-5　DAC1210内部逻辑结构

由图10-5可见，其逻辑结构与DAC0832类似，所不同的是DAC1210具有12位的数据输入端，且其12位数据输入寄存器由一个8位的输入寄存器和4位的输入寄存器组成。两个输入寄存器的输入允许控制都要求$\overline{CS}$和$\overline{WR}_1$为低电平，但8位输入寄存器的数据输入还要求$B_1/\overline{B}_2$端为高电平。

1. DAC1210的引脚功能

DAC1210的引脚已标注在图10-5点画线框附近。其各引脚的功能如下：

(1) $\overline{CS}$　片选输入信号，低电平有效。

（2）$\overline{WR_1}$　写控制信号 1，低电平有效。此信号为高电平时，两个输入寄存器都不接收新数据。当此信号有效时，与 B_1/B_2 配合起控制作用。

（3）AGND　模拟地。

（4）$DI_{11} \sim DI_0$　12 位数字量输入。

（5）V_{Ref}　参考电压。

（6）R_{fb}　外部放大器的反馈电阻接线端。

（7）DGND　数字信号地。

（8）I_{OUT1}　D-A 转换器的输出端 1。

（9）I_{OUT2}　D-A 转换器的输出端 2。

（10）$\overline{XFER}$　数据转换控制信号，低电平有效，与 $\overline{WR_2}$ 配合使用。

（11）$\overline{WR_2}$　写控制信号 2，低电平有效。此信号有效时，$\overline{XFER}$ 信号才起作用。

（12）$B_1/\overline{B_2}$　字节控制。此端为高电平时，12 位数字同时送入输入锁存器。此端为低电平时，只将 12 位数字量的低 4 位送到 4 位输入寄存器中。

2. DAC1210 的主要技术性能

（1）输入　12 位数字量。

（2）输出　模拟量电流 I_{OUT1} 和 I_{OUT2}。

（3）电流稳定时间　1μs。

（4）功耗　20mW。

（5）工作电压　单一 +5 ~ +15V 电源。

（6）参考电压　可工作在 -10 ~ +10V 内。

（7）输入逻辑电平　与 TTL 兼容。

（8）芯片内有锁存器，可直接连接到 CPU 的数据总线上。

（9）工作环境温度范围　-40 ~ +85C。

（10）3 种输入方式　双缓冲、单缓冲和直接输入。

第二节　A-D 接口芯片

模-数（A-D）转换器是模拟信号源与计算机或其他数字系统之间联系的桥梁，它的任务是将连续变化的模拟信号转换为离散的数字信号，以便计算机或数字系统进行处理、存储、控制和显示。在工业控制和数据采集及许多其他领域中，A-D 转换器是不可缺少的重要组成部分。

在选用 A-D 转换器时，主要应根据使用场合的具体要求，按照转换速度、精度、价格、功能以及接口条件等因素来决定选择何种类型。

由于应用特点和要求的不同，需要采用不同工作原理的 A-D 转换器。A-D 转换器主要有以下各种类型：逐位比较（逐位逼近）型、积分型以及计数型、并行比较型、电压频率型（即 V/F 型）等。

集成芯片的 A-D 转换器类型很多，生产厂家也很多。下面以两种芯片为例进行介绍。

(一) ADC0809

ADC0809是逐次逼近型8位单片A-D转换芯片。片内有8路模拟开关，可输入8个模拟量。单极性，量程为0～5V。典型的转换速度为100μs。片内带有三态输出锁存缓冲器，可直接与CPU总线连接。其性能价格比有较明显的优势，可应用于对精度和采样速度要求不高的场合或一般的工业控制领域。

1. ADC0809的逻辑结构框图

ADC0809的逻辑结构框图如图10-6所示。其引脚图如图10-7所示。其结构分为4部分。

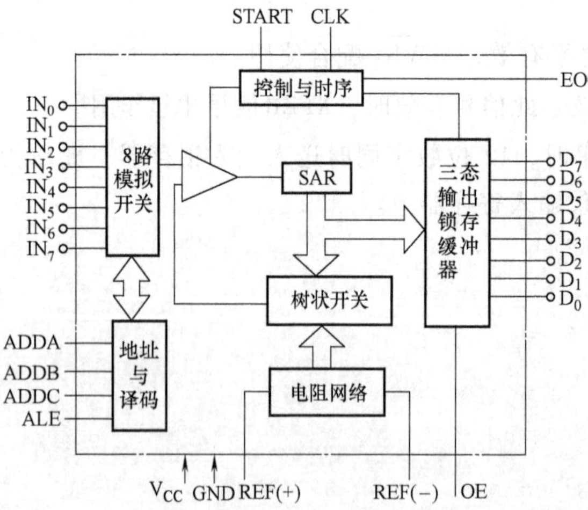

图10-6　ADC0809逻辑结构框图

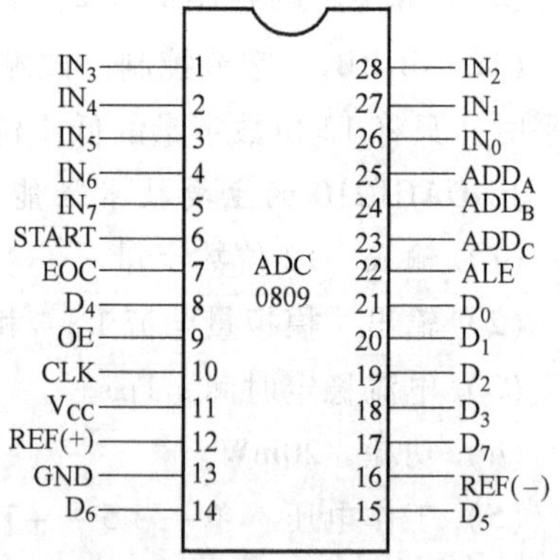

图10-7　ADC0809引脚图

(1) 模拟输入部分　有8路单端输入的多路开关和地址锁存与译码逻辑组成，可由3位地址输入ADDA、ADDB、ADDC编码在任意时刻选择其中一路输入（这3个地址输入信号可锁存）。其地址译码与输入选通的关系见表10-1。

表10-1　地址译码与输入选通的关系

选中模拟通道	C B A	选中模拟通道	C B A
IN_0	000	IN_4	100
IN_1	001	IN_5	101
IN_2	010	IN_6	110
IN_3	011	IN_7	111

(2) 变换器部分　主要由4部分组成：

1) 控制逻辑提供转换器的时钟CLK和启动信号START。转换完成时，发出转换结束信号。

2) EOC信号，高电平有效。ADC0809的时序图如10-8所示。

3) 逐位逼近寄存器SAR（8位）。

4) 比较器。

5）电阻网络。

（3）三态输出缓冲器（8 位）

（4）基准电压输入端 REF（+）和 REF（-）

它们决定了输入模拟电压的最大值和最小值。通常把 REF（+）、REF（-）分别接到 V_{CC} 和 GND 上，但加在此两个输入端的电压 $V_{REF(+)}$ 和 $V_{REF(-)}$ 必须满足下列条件：

$$0 \leqslant V_{REF(-)} < V_{REF(+)} \leqslant V_{CC}$$

且 $1/2\ (V_{REF(+)} + V_{REF(-)}) = 1/2V_{CC}$

2. ADC0809 的时序

ADC0809 的时序图如图 10-8 所示。

从此时序图可看出，ADC0809 的启动信号 START 是脉冲信号，也即此芯片是靠脉冲启动的。当模拟量送至某一输入通道后，由 3 位地址信号译码选择，地址信号由地址锁存信号 ALE 锁存，高电平有效。当转换器结束信号 EOC 由低电平变为高电平，且输出允许 OE 高电平有效时，打开输出三态缓冲器，把转换结果送到数据总路线上，使用时可利用 EOC 信号短接到 OE 端，也可利用 EOC 信号向 CPU 申请中断。

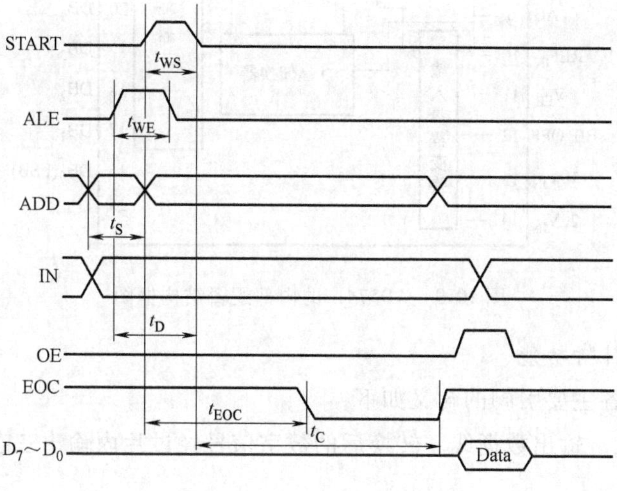

图 10-8　ADC0809 的时序图

（二）AD574A

AD574A 是常用的综合性能比较高的 A-D 芯片。AD574A 是 12 位逐次逼近型的 ADC。转换时间为 25 ~ 35μs。片内有数据输出寄存器，并有三态输出的控制逻辑。其运行方式灵活，可进行 12 位转换，也可进行 8 位转换；转换结果可直接 12 位输出，也可先输出高 8 位，后输出低 4 位。可直接与 8 位、12 位、16 位的 CPU 接口。输入可设置成单极性，也可设置成双极性。片内有时钟电路，无需加外部时钟。

AD574A 适用于对精度和采样速度要求较高的数据采集系统和实时控制系统。它有 6 种不同等级的芯片可供选用，详见表 10-2。

AD574A 的内部逻辑结构框图如图 10-9 所示。

表 10-2 6 种类型的 AD574A 的性能

型号	温度范围/℃	线性偏差/LSB	没有丢失码/位	模拟输入阻抗/kΩ
AD574AJD	0 ~ 70	±1	11	3 ~ 7
AD574AKD	0 ~ 70	±1/2	12	3 ~ 7
AD574ALD	0 ~ 70	±1/2	12	3 ~ 7
AD574ASD	55 ~ +125	±1	11	3 ~ 7
AD574ATD	55 ~ +125	±1	12	3 ~ 7
AD574AUD	55 ~ +125	±1	12	3 ~ 7

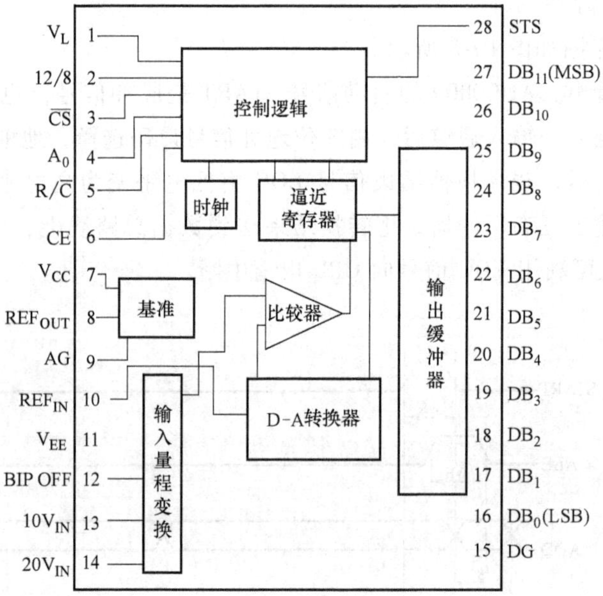

图 10-9 AD574A 的内部逻辑结构框图

1. AD574A 的引脚功能

在图 10-9 中，各主要引脚的含义如下：

(1) $DB_{11} \sim DB_0$ 输出数据线。转换后的数字信号经过片内输出三态缓冲器后，由这些数据线输出。

(2) $\overline{CS}$片选信号 低电平有效。

(3) CE 片使能信号 高电平有效。

(4) R/C 读/启动转换信号 该引脚为低电平时，表示启动转换；高电平时，表示可输出数据。

(5) A_0（4 脚）和 12/8（2 脚） 配合用于控制转换数据长度是 12 位或 8 位，以及数据输出的格式（是 12 位一次输出还是先输出高 8 位，后输出低 4 位）。$A_0=0$，表示启动一次 12 位转换；$A_0=1$，表示启动一次 8 位转换。12/8 = 1，表示 12 位数据并行输出。

(6) STS（28 脚） 转换状态输出端，转换过程中呈现高电平，转换一结束立即变为低电平。

(7) $10V_{IN}$（13 脚） 此引脚的模拟量输入范围是 0 ~ +10V；如果接成双极性工作方

式，可以是 -5～+5V。

（8）$20V_{IN}$（14 脚）　此引脚的模拟量输入范围是 0～+20V；如果接成双极性工作方式，可以是 10～+10V。

（9）BIP OFF（12 脚）　此引脚的连接方式与模拟量是单极性还是双极性有关，如图 10-11a 和图 10-11b 所示。

（10）REF_{IN}（10 脚）　参考电压输入端。

（11）REF_{OUT}（8 脚）　参考电压输出端。

2. AD574A 的控制逻辑和时序

AD574A 片内有逻辑电路，能根据 CPU 给出的控制信号进行转换或读出等操作。只有在 CE=1 且 $\overline{CS}$=0 时才能进行一次有效的操作；当 CE、$\overline{CS}$同时有效，而 R/$\overline{C}$为低电平时是启动转换，R/$\overline{C}$为高电平时是读出数据。至于是 12 位数据转换还是 8 位转换，则由 A_0 来选择。若 12/8 端接 +5V，则并行输出 12 位数字；若 12/8 端接地，则由 A_0 控制是读出高 8 位还是低 4 位。AD574A 控制信号的逻辑功能见表 10-3。

表 10-3　AD574A 控制信号逻辑功能

CE	$\overline{CS}$	R/$\overline{C}$	12/8	A_0	功　能
1	0	0	×	0	启动 12 位转换
1	0	0	×	1	启动 8 位转换
1	0	1	接 +5V	×	输出数据格式为并行 12 位
1	0	1	接地	0	输出数据是 8 位最高有效位（由 20～27 引脚输出）
1	0	1	接地	1	输出数据是 4 位最低有效位（由 16～19 引脚输出）

AD574A 的启动转换时序和读时序如图 10-10a 和图 10-10b 所示。由时序图可看出，只有在 CE 为高电平、$\overline{CS}$ 为低电平时，才能启动转换。在启动信号有效前 R/$\overline{C}$ 必须为低电平。状态线 STS 在 R/$\overline{C}$ 的下降沿后 500ns 变高，一直到转换结束，当输出数据有效后 300ns 返回低电平。可以用查询方式检测 STS 电平的变化，来判断转换是否结束，或利用它的负跳变作为发给 CPU 的中断申请信号。

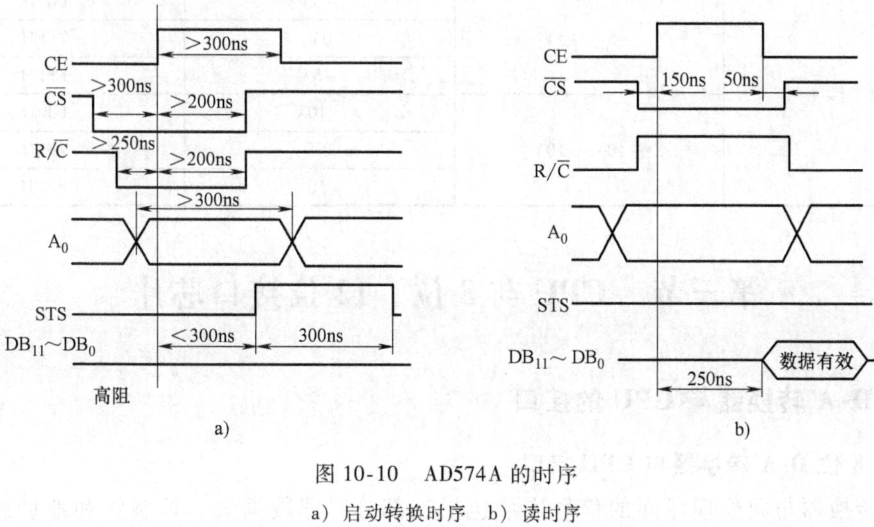

图 10-10　AD574A 的时序

a）启动转换时序　b）读时序

3. 单级性与双极性输入方式

输入 AD574A 的模拟量可为单极性和双极性，单极性的输入电压范围为 0～10V 或 0～20V；双极性的输入电压范围为 -5～+5V 或 -10～+10V。这些灵活的运行方式都必须按规定采用与之对应的接线方式才能实现。单极性和双极性输入时的接线方式如图 10-11a 和图 10-11b 所示。其允许输入模拟电压的范围由输入引脚 $10V_{IN}$ 和 $20V_{IN}$ 决定。

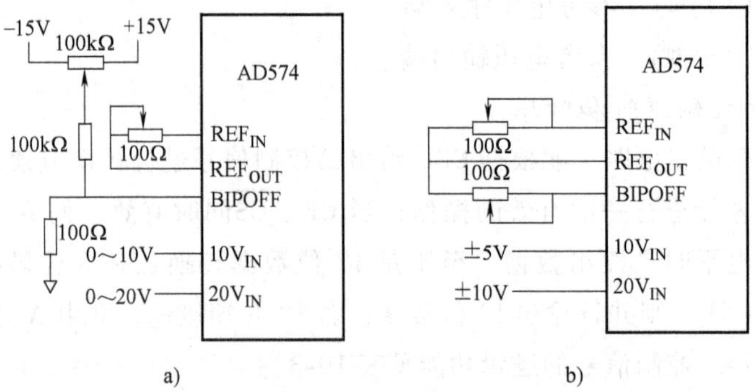

图 10-11　AD574A 接线方式图

a）单极性输入接线方式图　b）双极性输入接线方式图

A-D 转换器转换的结果二进制偏移码。在两种不同极性的输入方式下，AD574A 的输入模拟量与输出数字量的对应关系见表 10-4。

表 10-4　AD574A 的 A-D 输入模拟量与输出数字量的对应关系

输入方式	量　程	输 入 量	输出数字量
单极性	0～10V	0V	000H
		5V	7FFH
		10V	FFFH
	0～20V	0V	000H
		10V	7FFH
		20V	FFFH
双极性	-5～+5V	-5V	000H
		0V	7FFH
		+5V	FFFH
	-10～+10V	-10V	000H
		0V	7FFH
		+10V	FFFH

第三节　CPU 与 8 位、12 位接口芯片

一、D-A 转换器与 CPU 的接口

（一）8 位 D-A 转换器与 CPU 接口

D-A 转换器与微处理器间的信号连接包括三部分，即数据线、控制线和地址线。微处

理器的输出数据要传送给 D-A 转换器，首先要把数据总线的输出信号连接到数-模转换器的数据输入端。微处理器因要进行各种信息的处理，其数据总线上的数据总是不断地变化，输出给 D-A 转换器的数据，只是在执行输出指令的几微秒中出现在数据总线上。而 D-A 转换器要求数字量并行输入，且其输入数据要在一定时间内保持稳定，以满足精度要求。因此微处理器数据总线上输出的数据必须用一个锁存装置锁存起来，这个锁存装置就是 D-A 转换器与 CPU 的数据接口。

对于 8 位的 D-A 转换器，简单的连接方法是通过 8 位数据锁存器（如 8D 锁存器 74LS273）与 8 位微处理器的总线相连，如图 10-12 所示。锁存器的写入/锁存由地址译码器的输出 $\overline{IORQ}$ 与 CPU 的 $\overline{WR}$ 信号共同控制。只要 CPU 对 DR 端口进行一次写操作，即执行 OUT DX，AL 指令，则 CPU 的输出数据便锁存至 8D 锁存器，作为 D-A 的输入数据。

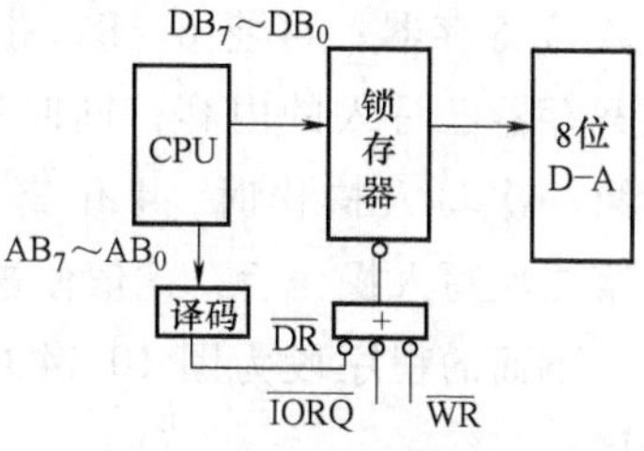

图 10-12　8 位 D-A 转换器与 CPU 接口

（二）12 位 D-A 转换器与 CPU 接口

当 D-A 转换器分辨率大于 8 位时，与 8 位微处理器的接口就需要采取适当措施。例如，对一个 12 位的 D-A 转换器，可以分成低 8 位和高 4 位。先把低 8 位送低 8 位锁存器，然后再把高 4 位送另一锁存器。分两次传送 12 位数字量，D-A 转换器的输出就有一个中间值，这是不允许的。为了消除这个中间值，必须使 D-A 转换器的所有输入位同时接收信息。图 10-13 是 12 位 D-A 转换器与 8 位微处理器的典型接口。

图中对低 8 位数字量有两个 8D 锁存器，就是为了消除转换过程中输出出现中间值而设置的。具体工作过程为：先把低 8 位数字量送入 8 位暂存的锁存器 1。由于锁存器 2 和 3 的端口地址相同，因此第二次送高 4 位数字量时，同时选通低 8 位的锁存器 2，从而达到将 12 位数同时送给 12 位 D-A 转换器目的。

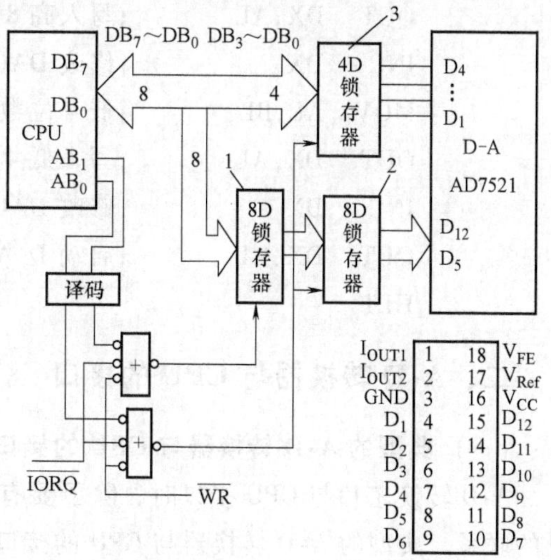

图 10-13　12 位 D-A 与 CPU 接口

值得提出的是，有些 D-A 转换器芯片内部具有数据锁存器，例如 AD558、DAC0832、DAC1210 等。选用这类芯片与 CPU 接口，可以不需要外加数据锁存器，这样可使接口电路简单化，但仍要有相应的控制逻辑。

现以 DAC1210 与 8088CPU 的接口为例，说明若 D-A 转换芯片内部具有数据锁存器时，如何简化与 CPU 的接口问题。图 10-14 给出了 DAC1210 与 IBMPC 标准总线的连接图。

DAC1210 的 12 位数据线与 8 位数据总线相连接时，可将 DAC1210 输入数据线的高 8 位 $DI_{11}\sim DI_4$ 与 IBM PC 数据总线的 $DB_7\sim DB_0$ 相连，12 位的数据输入应由两次写入操作完成。图 10-14 中，设 DAC1210 占用了 0250H～0252H 这 3 个端口地址，为使两次数据输入端口地址是先偶（0250H）后奇（0251H），与编程习惯一致，将地址线 AB_0 经反相驱动器接至 $B_1/\overline{B_2}$ 端。

由于 DAC1210 中的 4 位寄存器的 LE_1 端只受 $\overline{CS}$ 和 $\overline{WR_1}$ 控制，而其 8 位输入寄存器也受 $\overline{CS}$ 和 $\overline{WR_1}$ 控制，因此两次写入操作均使 4 位寄存器的内容更新。正确的操作步骤是：先使 $B_1/\overline{B_2}$ 端为高电平，先写入高 8 位寄存器；再使 $B_1/\overline{B_2}$ 端为低电平，以保护高 8 位寄存器已写入的内容，同时进行第二次写操作。虽然第一次写入操作时，4 位寄存器中也写入某个值，但第二次写入操作后，此值便被更改为所需值。

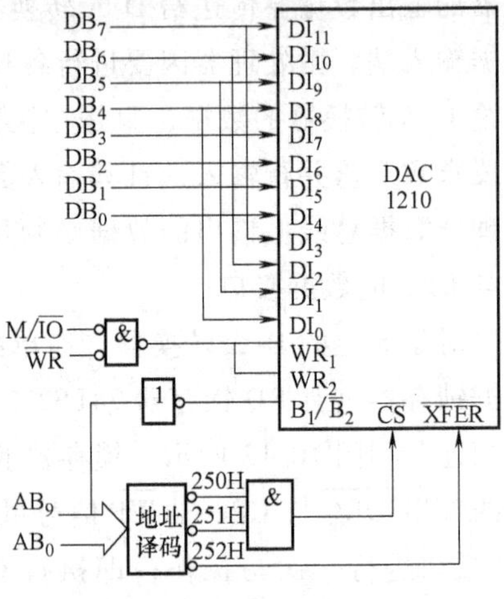

图 10-14 DAC1210 与 IBMPC 标准总线的连接图

下面的程序段为图 10-14 中完成一次转换输出的程序。

设 BX 寄存器中低 12 位为待转换的数字量。

```
START:MOV   DX,0250H      ;DAC1210 的基地址
      MOV   CL,04
      SHL   BX,CL         ;BX 寄存器中的 12 位数左移 4 位
      MOV   AL,BH
      OUT   DX,AL         ;写入高 8 位
      INC   DX            ;修改 DAC1210 端口地址
      MOV   AL,BL         ;低 4 位数→AL
      OUT   DX,AL         ;写入低 4 位
      INC   DX            ;修改 DAC1210 端口地址
      OUT   DX,AL         ;启动 D-A 转换
      HLT
```

二、A-D 转换器与 CPU 的接口

（一）典型的 A-D 转换器与 CPU 的接口

A-D 转换芯片与 CPU 接口时，除了要有数据信息的传送外，还应有控制信息和状态信息的联系。典型的 A-D 转换器与 CPU 的接口示意图如图 10-15 所示。

一般模拟输入量来自采样保持器，而转换后的数据经数据缓冲器由数据总线输入至 CPU。A-D 转换器的选通和启动转换则由 CPU 的控制端口送出控制信号至 A-D 转换器的启动端 START，使 A-D 转换器开始转换。A-D 转换需要一定的转换时间。是否转换完成，由 A-D 转换器的状态信号 STATE 决定。此状态信息可由 CPU 通过状态端口读入测试。当 CPU 通过查询 STATE 信息，判断出 A-D 芯片已完成转换时，则 CPU 输出允许输入信号 ENABLE，然后通过数据端口将 A-D 转换结果读入。

（二）8 位 A-D 转换芯片与 CPU 接口举例

图 10-16 为 ADC0809 芯片与通用接口芯片 INTEL8255 的连接。ADC0809 的输出数据通

过 8255 的 PA 口输入给 CPU，而地址译码输入信号 ADD_A、ADD_B 和 ADD_C 以及地址锁存信号 ALE 由 8255 的 PB 口的 $PB_3 \sim PB_0$ 提供。A-D 转换的状态信息 EOC 则由 PC_4 输入。

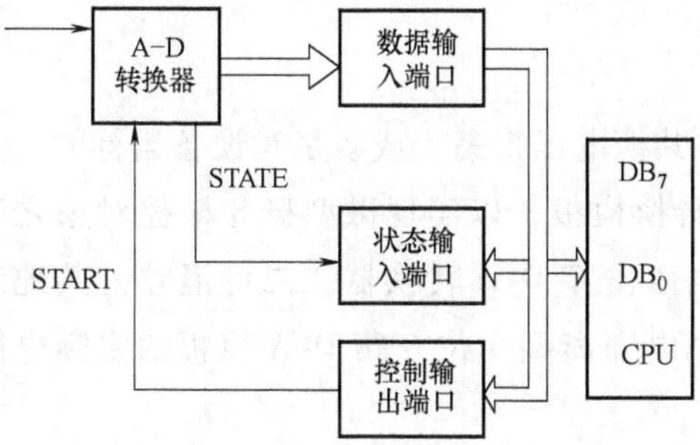

图 10-15　典型的 A-D 转换器与 CPU 的接口示意图

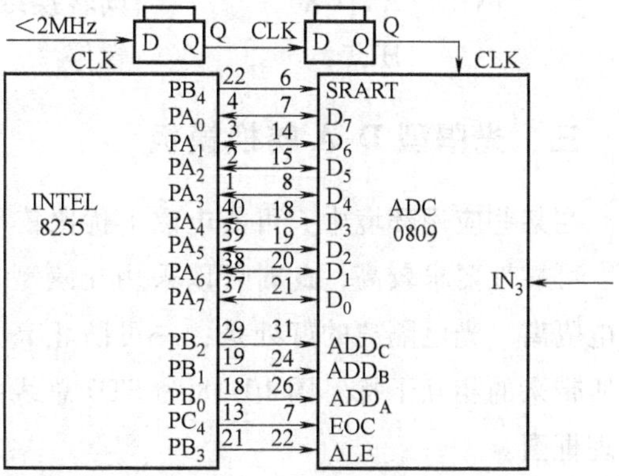

图 10-16　ADC0809 与 8255 连接

在对以上电路进行 A-D 转换的编程前，需先确定数据的输入方式，以便选择 8255A 的工作方式。例如，在本例中，假定以查询方式读取 A-D 转换后的结果，则 8255A 可设定 A 口为输入，B 口为输出，均为方式 0，PC_4 为输入，其 A-D 转换的流程图如图 10-17 所示。

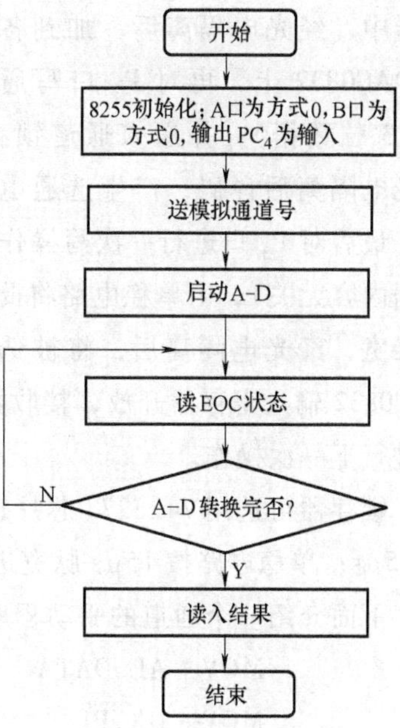

图 10-17　ADC0809 转换流程图

A-D 转换的程序如下：

```
        ORG   1000H
START:  MOV   AL,98H      ;方式0,A口输入;方式0,B口输出
        MOV   DX,0FFFFH   ;8255A控制字端口地址
        OUT   DX,AL       ;送8255A方式字
        MOV   AL,0BH      ;送IN3输入端和地址锁存信号
        MOV   DL,0FDH     ;8255A的B口地址
        OUT   DX,AL       ;送IN3通道地址
        MOV   AL,1BH      ;START←PB4=1
        OUT   DX,AL       ;启动A-D转换
        MOV   AL,0BH
        OUT   DX,AL       ;START←PB4=0
        MOV   DL,0FEH     ;8255A的C口地址
TEST:   IN    AL,DX       ;读C口状态
        AND   AL,10H      ;检测EOC状态
```

```
JZ    TSET             ;如未转换完,再测试;如转换完,则继续
MOV   DL,0FCH          ;8255A 的 A 口地址
IN    AL,DX            ;读转换结果
      HLT              ;暂停
```

三、光隔型 D-A 转换模板

在某些应用环境中，可能电磁干扰比较严重，共模电压很高，或者是对设备运行的安全性、可靠性要求较高，此时可以采用光隔型 D-A 转换模板，以实现微型机与被控对象之间的电隔离。光电隔离的好处是：一可防止高共模电压击穿 D-A 转换器，二可消除公共地线上所带来的相互干扰。图 10-18 为 STD 总线系列光电隔离型 8 位 6 路 D-A 模板的实际电路原理框图。

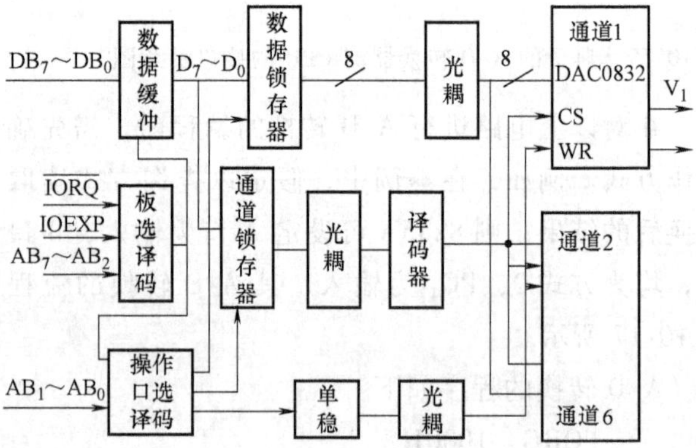

图 10-18　STD 总线系列光电隔离型 8 位 6 路 D-A 模板

在 STD 工业控制总线上，通过 3 个口地址写操作实现对 6 个通道光电隔离型 D-A 输出的控制，对 P_1 口写入转换的 8 位数据，并锁存在数据锁存器中，经光电隔离后，加到各通道的 DAC0832 上，再对 P_2 口写通道号（低 3 位数据），并送入通道锁存器，经光电隔离后译码，产生选通电平信号；最后对 P_3 口进行一次写操作（与数据内容无关），由单稳电路将此写脉冲展宽，经光电隔离后，将被选中的 DAC0832 输入寄存器开放，接收数据进行转换，当单稳脉冲恢复为高时，输入寄存器关闭，可进行下一次操作。

锁存器可选用 74LS273 芯片；光耦隔离器共需 12 个，可选用 TLP5214，其转换延时约为 15μs；单稳电路按 15μs 脉宽进行设计，在编写驱动程序时，要考虑这个延时。

下面介绍一个通道的驱动程序（主频为 4.77MHz）：

```
MOV   AL,DATA          ;DATA 为要转换的数字量
MOV   DX,P1            ;P1 为要转换数据口地址
OUT   DX,AL
CALL  DELAY            ;延时
MOV   DX,CHi           ;CHi 为第 i 通道号
MOV   DX,P2            ;P2 是通道选择控制口地址
OUT   DX,AL
CALL  DELAY
MOV   DX,P3            ;P3 是传送控制口地址
```

```
        OUT   DX,AL
        INT   3
DELAY:  MOV   BX,40          ;延时子程序
DLA:    DEC   BX
        JNE   DLA
        RET
```

在控制系统中，选用隔离 D-A 模板时，应注意由外电源供电，系统中将出现两地线，即外地和内地，光电隔离的两侧应各自遵循一点接地原则。

上述 STD 总线标准 D-A 模板，可以应用于 8 位、16 位甚至 32 位微处理器的主机系统，但这些微机系统的总线必须符合 STD 工业控制总线标准。目前，在我国 STD 总线的 8088CPU、V_{40}、V_{20}CPU（均与 8088CPU 兼容）模块已大量应用于工业控制领域。STD80286、STD80386 的主机模块也已研究成功，因此凡符合 STD 总线标准的 A-D、D-A 或 I/O 模块都可与之配合工作。

第四节　数据采集系统实例

一、概述

（一）模拟量输入通道的技术要求

在实际的生产过程控制系统中，数据采集系统是 A-D 转换的典型应用。往往有多个模拟量需要输入计算机，有的模拟量多达几十个甚至几百个。对模拟量输入通道的要求如下：

1）要能容纳尽量多路的模拟量输入，对于要求采集的模拟量较多的场合，可以采用多块 A-D 模块同时工作，因此要求模拟量输入模块必须具有板选译码信号，以便控制。

2）由于模拟量输入往往处于现场恶劣环境，因此要求所设计的模拟量输入模板抗干扰能力强、可靠性高。

3）采样速度要快，要能满足实时控制的要求。

4）转换精度要高。

5）通用性好。要求模拟量输入模块的电气性能和力学性能标准化符合总线规范。

（二）PC-ADC 模拟量输入模块简介

根据以上要求，可以设计或选购一块合适的 A-D 模块。现以 PC-ADC 模块为例进行介绍。该模块是 IBM PC/XT 系列微机的通用 I/O 模块之一。它与国内外市场上 PC 总线标准的模块在电气性能与力学性能上完全兼容，只要插入标准 PC/XT 总线插槽即可投入使用。

PC-ADC 模块的模拟量输入信号由板上 40 芯扁平电缆插头输入，允许 32 路单端输入或 16 路双端输入，也可以输入 32 路外差分信号。外差分是指所有被测信号有一个公共端，这个公共端不接地。

PC-ADC 模块采用分辨率为 12 位的 A-D 转换芯片 AD574A，转换时间为 25μs，系统采样速率可达 2 万次/s。

PC-ADC模块采用光电隔离，使模拟信号及A-D转换部分与PC总线完全电隔离，从而避免了公共地线所引起的各种干扰及共地环流问题，提高了抗干扰能力和可靠性。

1. PC-ADC模块的主要技术性能

（1）输入通道　单端32路，双端16路。

（2）输入阻抗　10MΩ。

（3）最大允许输入电压　±15V。

（4）最大允许共模输入电压　±10V。

（5）共模抑制比　最大允许共模电压输入时，输出端变化不大于1LSB。

2. A-D转换技术性能

（1）分辨率　12位。

（2）量程　单级性：0~10V，0~20V。

　　　　　双极性：-5~+5V，-10~+10V。

（3）转换非线性误差　±1LSB。

（4）A-D转换时间　25~35μs

3. 接口特性

1）符合IBMPC和PC/XT总线的电气和机械特性，占一个总线插槽。

2）输入为40芯扁平电缆输入。

3）全部接口线为标准LSI输入或输出，支持中断方式。

4）板选地址000H~0FFH I/O地址中任意一个偶数地址及这个地址码加1的地址。

4. 电源功耗

1）机内电源　(+5±5%)V，最大工作电流不大于300mA。

2）外电源　(+5±5%)V，不大于200mA。

　　　　　(+15±5%)V，不大于80mA。

　　　　　(+15±5%)V，不大于50mA。

二、电路组成

PC-ADC模块的原理框图如图10-19所示。图中电位器、跨接器、电阻等从略，详情可见该模板的技术说明书。

该模板由以下几部分组成。

（一）模拟多路开关

模拟多路开关由4片AD7501（U_{22}~U_{25}）完成。可以选择32通道的单端或16路双端输入，将选中的信号送入差分放大器。

（二）通道译码

通道译码由一片8位可寻址锁存的3-8译码器74LS259完成，它通过总线缓冲器及光耦将2位数据总线译成多路开关的片选信号，每片多路开关将3位数据总线信号译成通道选择信号，对于单端输入，通道号为00H~1FH；对于双端输入，通道号为00H~0FH。

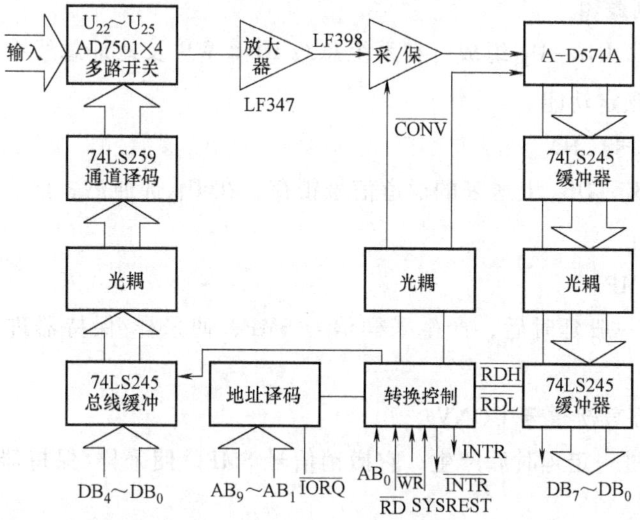

图 10-19　PC-ADC 模块的原理框图

（三）差分放大器

这部分由四运放 LF347、跨接器 W_2、W_3 及一些电阻、电位器组成。由于 LF347 输入阻抗高，因此对输入信号不会造成明显衰减。通过改变跨接器的连接，可以选择不同的放大倍数，因此允许有多种量程选择，并允许选择 3 种输入方式：单端对地输入、双端差分输入以及外差分输入。

（四）采样/保持器

由 LF398（U_{20}）和保持电容 C_H 组成。C_H 选用低介质吸收的聚苯乙烯电容器，保证采样精度和速率。

（五）A-D 转换器

采用 12 位逐次逼近式的 A-D574A 芯片，其内部自带精密基准电源，转换时间为 25μs，保证了 PC-ADC 模块的精度指标。A-D 转换后的输出代码形式可分为二进制、偏移二进制和补码 3 种形式，可通过跨接器 W_1 选择。电位器 WR_2 用来调节 A-D 转换器的线性，WR_3 用来调节双极性输入方式下的失调。

（六）数据总线缓冲器

数据总线缓冲器由 U_2、U_9、U_{10} 组成。其中 U_{10} 是将数据总线 DB_4 ~ DB_0 送入通道译码器和多路开关，用于完成通道选择的功能。U_2 和 U_9 采用 74LS245 芯片，将 12 位的 A-D 转换结果通过 8 位数据总线分两次送入 CPU 系统。其低位字节为 A-D 转换结果的低 8 位，高位字节中的 DB_3 ~ DB_0 为结果的高 4 位，DB_3 为最高位。DB_7 表示 A-D 转换器的工作状态，若 $DB_7=1$，表示 A-D 正在转换；若 $DB_7=0$，表示 A-D 转换结束，可以读取数据。这样可以通过查询 DB_7 状态来判断 A-D 转换器的工作状态。

（七）地址译码

由 U_3、U_4 及跳线组成。当地址总线 AB_9 ~ AB_1 上的数值与跳线 S_X 的设定值相同时，PC-ADC 板就被选中。

（八）转换控制逻辑

转换控制逻辑由 U_{11} ~ U_{14}组成，在系统总线 RD、WR 及地址总线中 AB_0 的作用下，产生以下信号并完成预定功能。

1. 通道锁存信号 CHN

将数据总线 DB_4 ~ DB_0 上送来的通道信号锁存，在 U_{10}选通后，经译码去控制指定的模拟开关导通。

2. 采样信号 SMP

CHN 信号经过一般延时后，产生采样信号 SMP，使采样/保持器进入采样状态或保持状态。

3. A-D 转换的启动信号 CONV

由采样信号经过一定延时后产生，它撤销信号 SMP，使采样/保持器进入保持状态，同时启动 A-D 转换器。

4. 读信号 RDH

RDH 读取 A-D 转换结果中的高 4 位及状态。

5. 读信号 RDL

RDL 读取 A-D 转换结果中的低 8 位。

6. 中断请求信号 INTR 和 INTR

这是一对输出的互补信号，选用其中之一用来作为 CPU 的中断请求信号。每当一次转换结束时，该信号立即产生。每当系统清零，系统接受中断申请后输入 INTR 信号时，或者重新送入通道号时，该信号便撤销。同时 IN-TR 信号经过数据总线驱动器进入系统数据总线 DB_7，可以供查询工作方式下判断 A-D 转换器的状态用。

7. 转换控制逻辑时序

转换控制逻辑时序如图 10-20 所示。首先由 WR 和选中的口地址信号产生通道选通信号，经过一段延时产生采样/保持信号 SMP，几乎同时产生启动转换信号 CONV，STS 是 A-D 转换状态，高电平为正在转换，低电平为转换结束，可以读取数据。

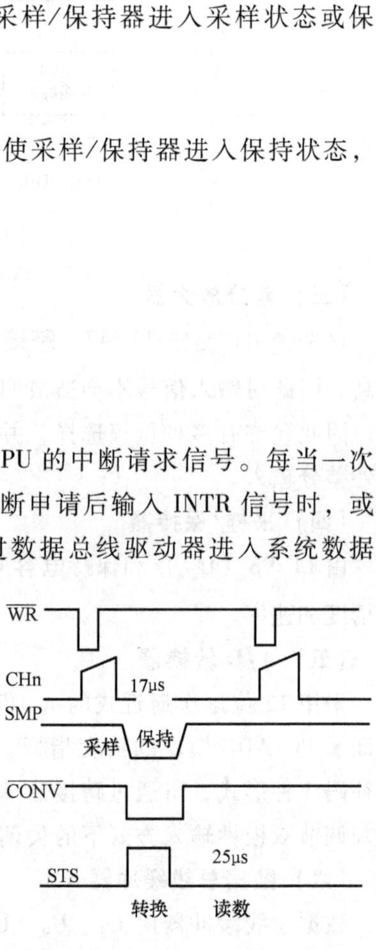

图 10-20　转换控制逻辑时序

8. 光电隔离

该板采用 6 片 TLP5214 光耦对系统总线和模拟信号间进行光电隔离，以提高抗干扰能力。

三、采样程序

以 00H 通道为例，PC-ADC 模板用 8088 汇编语言的采样程序如下：

```
SAMPLE  PROC   FAR
        MOV    AX,0100H
        MOV    DS,AX
```

```
        CALL   SUB3            ;调用显示
        MOV    AL,00          ┐
        MOV    DX,0250H       ├;送通道号,启动转换
        OUT    DX,AL          ┘
        CALL   DELAY           ;延时
        INC    DX             ┐
CHECK:  IN     AL,DX          ├;判定状态,如未转换完,则等待
        TEST   AL,80H         ┘
        JNZ    CHECK
        CALL   DELAY           ;延时
        IN     AL,DX          ┐
        AND    AL,0FH         ├;读高 4 位数据,并显示
        CALL   SUB1           ┘
        DEC    DX
        IN     AL,DX
        CALL   SUB1
        INT3                   ;设置断点
SAMPLE  ENDP

DELAY   PROC   NEAR           ┐
        MOV    CX,0020H       │
A:      DEC    CX             ├;延时子程序
        JNZ    A              ┘
        RET
DELAY   ENDP

SUB1    PROC   NEAR
        PUSH   CX             ┐
        MOV    CH,0FH         │
        AND    CL,AL          │
        MOV    CL,04          │
        SHR    AL,CL          │
        CALL   SUB2           ├;显示 2 位十六进制数的子程序
        MOV    AL,CH          │
        CALL   SUB2           │
        POP CH                │
        RET                   ┘
```

```
SUB1    ENDP
SUB2    PROC    NEAR
        CMP     AL,0AH
        JB      B
        ADD     AL,07
                                ;显示 1 位十六进制数的子程序
B:      ADD AL,30H
        MOV     AH,0EH
        MOV     BL,01
        INT     10H
        RET
SUB2    ENDP

SUB3    PROC    NEAR
        MOV     AX,0E0D
        INT     10H
                                ;显示 2 位十六进制数的子程序
        MOV     AL,0AH
        INT     10H
        RET
SUB3    ENDP
```

第十一章 总线技术

微机系统大都采用总线技术。这种结构的特点是采用一组公用的信号线作为微机多个部件之间的通信线。这种公用信号线就称为总线。这里着重强调的是“多个部件”和“公用”的概念。也就是说，如果只是两个部件之间的专用连线就不能叫总线。

微机系统中，利用各部件之间互连的总线，可以实现系统所需的各种通信要求。比如，CPU 读存储器数据的操作，利用地址总线将地址信号传送到存储器，控制总线也将 CPU 发出的读控制信号传到存储器，而存储器在操作后，将数据送入数据总线传送到 CPU。在每一次通信中，发送信号的部件称为信息源，接收信号的部件称为信息接收器，在一个总线连接的许多部件中，可以有多个信息源和接收器，它们在不同的时刻扮演不同的角色。但是总线上不允许出现两个信息源同时工作的现象，因为这必将引起公用连线上信号电平的混乱。但是，总线上允许多个信息接收器同时工作，共同接收某个信息源发出的同一个信息。

第一节 概 述

一、总线分类

计算机中各部件的功能不同，它们对于总线的要求也不同。下面根据其特点进行分类介绍。

（一）按总线所在位置分类

1. 片内总线

它位于微处理器芯片的内部，用于算术逻辑单元（ALU）与各种寄存器或其他功能单元之间的连接。

2. 片总线

它是用于各芯片之间连接的总线，又称元件级总线或局部总线，是微机系统内的重要总线。接口芯片与 CPU 芯片连接时就涉及这样的总线。它一般是 CPU 芯片引脚的延伸，往往需要增加锁存、驱动等电路，以提高 CPU 引脚的驱动能力。

3. 内总线

它用于微机系统各插件板之间的连接，又称为微机总线或板总线，一般称为系统总线，是微机系统的最重要的一种总线，通常所说的微机总线指的就是这种总线。

目前的微机系统主板上，总是留有插槽，用于插件板（如显卡、多功能卡、网络适配器等）与微机系统相连。插件板与主板的连接就是由内总线来完成的。

4. 外总线

它用于系统之间的连接，又称通信总线，如微机系统之间、微机系统与仪器、仪表或其他设备之间的连接，常用的外总线有 RS-232C、IEEE-488、VXI 等。

（二）按信息传送形式分类

1. 并行总线

在微机系统中，所传送的信息一般都是由多位二进制码表示的，传送这些信息时，可以让它的每一位固定占用一条线，即用多条线同时传送多位二进制码。

此类总线利用空间实现全部信息的一次传送，从而导致系统的结构比较复杂，但换来了信息的快速传送。这个优点在处理器速度不断提高的今天具有十分重要的意义。由于结构比较复杂，因此并行总线适用于各部件分布距离较近的计算机内部各部件连接中。

2. 串行总线

它以多位二进制信息共用一条线进行传输的方式工作。既然是共用，就只能让信息位按一定的次序排列，按时间先后依次通过总线。

这种总线形式具有结构简单的特点，因此，适用于所需连接的部件距离比较远的计算机系统中。

（三）按传送信息的内容分类

1. 地址总线

它们是微机用于传送地址的信号线，地址线的数目决定了寻址的范围。如8086CPU有20根地址总线，可寻址1MB地址空间。80386以上的CPU芯片有32根地址线，可寻址4G字节。而64位CPU芯片，则可寻址2^{64}字节，这是一个极其巨大的寻址空间。

地址总线均为单向、三态总线，即信号只有一个传输方向，三态指可输出高电平、低电平外还可处于断开（高阻）状态。

2. 数据总线

它们是传送数据和代码的总线，一般是双向、三态总线。数据总线由8条、16条发展至32条、64条。它们是一组并行总线，即同时可传送8位、16位、32位或64位数据或代码。

3. 控制总线

它们是用于传送控制信号的总线，用来实现命令、状态传送、中断、直接存储器传送的请求和控制，以及提供系统使用的时钟和复位信号等。

根据不同的使用条件，控制总经有的为单向，有的为双向，有的为两态，有的为三态。控制总线是一组很重要的总线，它决定了总线功能的强弱和适应性的好坏。好的总线控制功能强，时序简单且使用方便。

4. 电源和地线

它们决定了总线使用的电源种类和地线分布及用法。

5. 备用线

备用线留作功能扩充和用户的特殊要求使用。

为了工业化生产和能实现兼容，总线是标准化的。总线接口引脚的定义、传输速率的设定、驱动能力的限制、信号电平的规定、时序的安排以及信息格式的约定等，都有统一的标准。外总线则使用标准的接口插头，其结构和通信约定也都是标准的。

二、总线特性

总线设计的水平直接影响到系统的整体性能。高性能的总线必然比较复杂；对其他部件要求也高；低性能的总线又难以满足高性能系统的要求。正确的总线设计应该是与各部件性能的和谐统一。因此，对于总线特性必须在以下几方面做出规定。

（一）物理特性

物理特性指的是总线物理连接的方式，包括总线的根数、总线的插头、插座形状、引脚的排列及引脚的信号定义（包括信号名称和逻辑特性）。

信号名称常用信号名的英文缩写表示，如 A_5 表示第五条地址线，D_5 表示第五条数据线，AD_5 表示第五条地址/数据分时复用线。逻辑特性则常用信号名称上是否加一横杠表示，如 INT 表示正逻辑的中断响应信号，即高电平有效，低电平无效。而 $\overline{\text{INTA}}$ 是负逻辑的中断信号，即低电平有效，高电平无效。

根据上述特性，开发者应注意：首先，应保证挂接到总线上的部件各信号符合规定的逻辑要求，其次，由于每一种总线都规定了自己特定的接插件，所以用户必须使用制式接插件或准确地制作印制电路接触引脚，以保证良好的电气接触。

（二）电气特性

电气特性定义每一根线上的传送方向、有效电平范围，一般规定送入 CPU 的信号叫输入信号，从 CPU 送出的信号叫输出信号。

电气特性包括电平、负载电流、容性负载、特性阻抗等技术指标。

1. 电平

总线上传输的都是逻辑信号，但在不同的总线上代表逻辑信号的电平可能不同。对于距离不长的总线一般采用 TTL 兼容的电平。而对于距离较长的总线，为了信号传输时的衰减，并提高抗干扰的能力，常采用正负电平表示不同的逻辑信号，且可以用较高的电压。如 ±15V就可以在上百米距离上正确传输。

2. 负载电流

负载电流是衡量一个总线对负载驱动能力的指标。因此，用户在扩展系统时，应考虑总线总的负载能力，以及现有的实际负载，然后确定是否允许扩展，以及可以扩展多少电流。

3. 容性负载

总线负载的电容性由两个因素造成：一是所接负载本身就是电容性的阻抗，一般每增加一个负载，其电容就要增加十几个 pF；另一个是信号线对地线间的分布电容，线越长，分布电容也就越大。

容性负载的存在将可能使总线上的信号在传送时产生畸变。线间的电容可能造成各线间信号的互相窜扰，严重时会使信号传输出错。

4. 特性阻抗

当总线上传输很高频率的信号时，传输线可以等效成一个阻抗——特性阻抗。特性阻抗的产生是由于导线上存在电感，导线间存在电容所引起的，图 11-1 是导线的等效电路。这种电感、电容分别称为分布电感、分布电容。随着传输信号频率的增加，这些分布参数的影响也愈加明显。

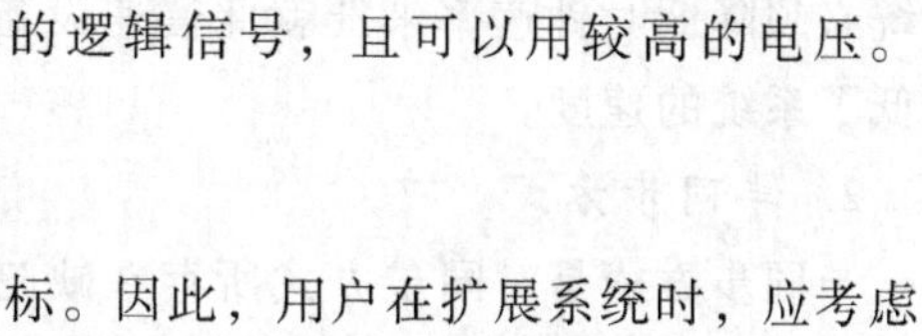

图 11-1 导线的等效电路

要想解决分布参数的影响，根本的方法是使传输线路终端负载 $Z_L = Z_0$，即所谓的阻抗匹配。但实际中难以做到这一点，所以只能在总线连接负载时采取一定的措施，以减小分布参数的影响。

三、总线的数据传输方式

在利用总线实现数据传送通信时，需要有一种控制一次通信起止的办法，以保证信息传输的正确与可靠，这就是总线通信协议应解决的问题。

为了保证可靠的通信，在进行通信的一对部件之间至少应满足这样的时间关系：发送方在开始发送数据时，接收部件应做好接收的准备。在接收部件没有确实接收到数据前，发送方不应撤除发送信号。为了满足这种基本时间需要，人们对于总线的时间关系设计了3种不同的控制方案。

1. 同步方式

此方式用“系统时钟”作为控制数据传送的时间标准。在这种方式下，各部件的动作时间被严格限定，即一次数据传送的每一步骤的起止时刻都是以系统时钟来统一步伐的，如图11-2所示。规定在T时间内完成一次对存储器的读操作，那么不管是送出数据的存储器还是接收数据的CPU，都必须在T时间内完成操作。

同步方式动作简单，可以获得较高的系统速度，但要解决各种速度的模块的时间匹配。如将一个慢速设备连接到快速的同步系统上，则整个系统必须降低时钟速率来迁就此慢速设备，反而降低了系统的速度。

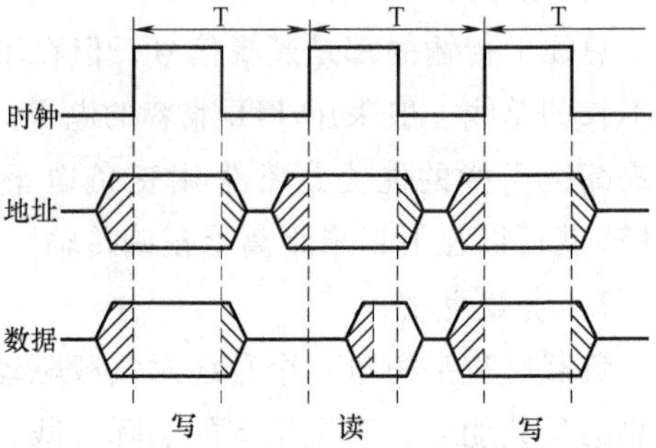

图11-2 同步方式时序

2. 半同步方式

半同步方式是对同步方式所存在缺陷的一种改进。总体而言，它仍然是一种同步系统，即对能按预定时刻一步步完成地址、命令、数据传输的部件，完全按同步方式传输；而对不能按预定时刻传输地址、命令、数据的慢速设备，则可以请求延长操作时间，以协调主、从部件的数据传输。8086/8088CPU总线读、写周期就是这种半同步的典型例子。它规定基本读写操作是在一个总线周期内（4个机器周期）完成的，但又允许慢速部件控制就绪（READY）信号线，插入 T_w 周期，使总线周期得以延长。

3. 异步方式

异步方式是采用“应答式”传输技术。用“请求”（REQ）和“应答”（ACK）两条信号线来协调传输过程，而不依赖于公共时钟信号。它可以根据各部件的工作速度自动调整响应时间，因此，可与任何工作速度的设备接口，而无需考虑与主、从部件的速度匹配问题。

异步方式工作过程可概述如下：主控部件（通信发起方）在准备好地址、数据后，通知从控部件（接收方）做好接收数据的准备，然后主控部件开始发送地址、数据，从控部件在有关信号控制下将数据写入后，通知主控部件已完成本次写入，主控部件在接到完成写入的信号后，结束本次动作，并通知从控部件停止工作。从控部件结束了全部动作后再通知主控部件，表示允许开始下一次操作。

这种以一个操作完全完成后才开始下一个动作的方式，表明其应答关系完全互锁，因此保证了数据传输的可靠进行。同时数据传输的速度不是固定不变的，它可以根据设备的实际情况，自由地调节总线上的工作速度，因而同一个系统中可以容纳不同存取速度的设备，每个设备都能从其最佳可能的速度来配合数据的传输。

异步方式的缺点是比较复杂，每次操作都必须经过4个步骤：请求、响应、撤销请求和撤销响应，影响工作效率。

第二节 ISA总线

早先的IBM PC/XT上的扩展槽只有8位数据总线，称之为PC总线，所使用的CPU为Intel公司的准16位8088CPU。在使用80286CPU设计PC/AT时在原来的扩展槽后面加了一截，将数据线扩展到16位，成为一个事实上的工业标准，并定义为ISA（Industrial Standard Architecture）标准。采用这种标准的总线称为ISA总线。PC/XT上使用的总线亦称为XT总线，PC/AT上使用的总线亦称为AT总线。

ISA总线是在PC总线的基础上扩展一个36位插槽形成的。同一槽线的插槽分成2线和36线两段，共计98线。在62条基本信号线中，数据线8条，地址线20条，控制信号线22条，电源、地及其他信号线12条。在扩展的36条信号线中，数据/地址线8条，高位地址线7条，控制信号线19条，电源和地线2条。各信号线分布如图11-3所示。

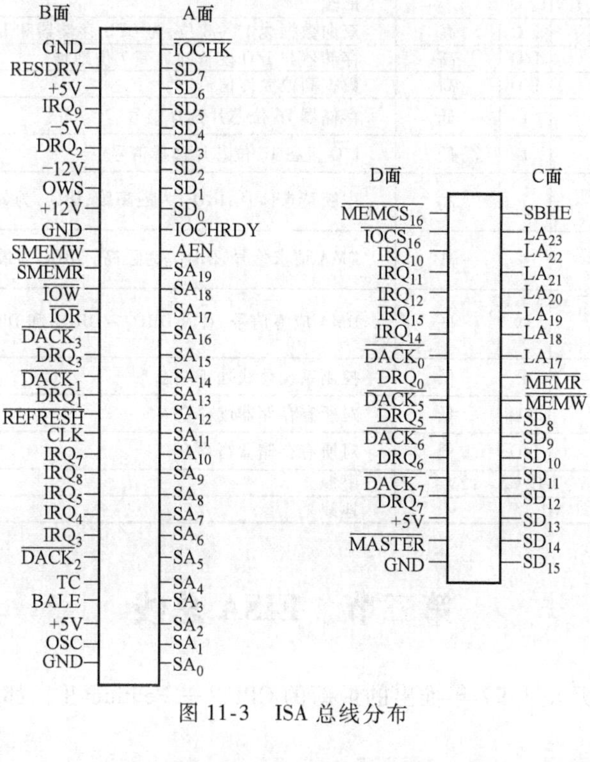

图11-3 ISA总线分布

ISA 总线各引脚的功能见表 11-1。

表 11-1　ISA 总线各引脚的功能

ISA 总线前 62 条信号线分配				
类　型	信号名称	I/O	有效电平	功能说明
时钟与定位	OSC	O		周期为 70ns 的振荡信号，占空比 2:1
	CLK	O		周期为 167ns 的系统时钟，占空比 2:1
	RESDRV	O	高	上电位或初始化系统逻辑
	OWS	I	高	零等待状态信号
数据总线	$SD_7 \sim SD_0$	I/O	高	双向数据线 0～7 位，为 CPU、存储器、I/O 设备提供数据。SD_0 为最低有效位
地址总线	$SA_0 \sim SA_{19}$	O	高	地址线 19～0 位，提供对存储器和 I/O 设备寻址，SA_0 为最低有效位
	BALE	O	高	由 82288 总线控制器提供，此信号允许锁存来自 CPU 的有效地址
	AEN	O	高	允许 DMA 控制器控制地址总线、数据总线及读/写命令线，进行 DMA 传输
	IRQ_9、$IRQ_7 \sim IRQ_3$	I	高	I/O 设备的中断请求线。IRQ_3 优先级最高
	$DRQ_3 \sim DRQ_1$	I	高	I/O 设备的 DMA 请求线。DRQ_1 优先级最高
	$\overline{DACK_3} \sim \overline{DACK_1}$	O	低	DMA 应答信号线，分别对应 DMA 请求 1～3 级
	TC	O	高	当 DMA 通道计数结束时，由 DMA 控制器送出
	$\overline{IOR}$	I/O	低	对指定 I/O 设备读命令
	$\overline{IOW}$	I/O	低	对指定 I/O 设备写命令
	$\overline{SMEMR}$	O	低	对存储器读命令（小于 1MB 空间）
	$\overline{SMEMW}$	O	低	对存储器写命令（小于 1MB 空间）
	$\overline{IOCHK}$	I	低	向 CPU 提供 I/O 设备或扩充存储器奇偶错
	IOCHRDY	I	低	I/O 通道就绪，若是低速的存储器或 I/O 设备，则在检测到一个有效地址和一个读或写命令时，使该信号变低，总线周期用整数倍的时钟周期延长，但该信号低电平维持时间不得超过 10 时钟周期（$15 \times 167ns = 2.5\mu s$）
	$\overline{REFRESH}$	I/O	低	该信号用来指示刷新周期
电源	+5V，-5V，+12V，-12V			电源
地线	GND			地线
	$SD_{15} \sim SD_8$	I/O	高	双向数据线 15～8 位，为 CPU 存储器和 I/O 设备提供高 8 位地址
	$LA_{23} \sim LA_{17}$	I/O	高	存储器与 I/O 设备的最高 7 位地址
	SBHE	I/O	高	数据高位允许信号
	$\overline{MEMCS_{16}}$	I	低	存储器 16 位芯片选择信号
	$\overline{IOCS_{16}}$	I	低	I/O 设备 16 位芯片选择信号
	$IRQ_{12} \sim IRQ_{10}$ $IRQ_{15} \sim IRQ_{14}$	I	高	中断请求信号，IRQ_{10} 为最高级，IRQ_{15} 为最低
	$IRQ_7 \sim IRQ_5$ DRQ_0	I	高	DMA 请求信号，DRQ_{10} 为最高，DRQ_0 为最高，DRQ_7 为最低
	$\overline{DACK_7} \sim \overline{DACK_5}$ $\overline{DACK_0}$	O	低	DMA 应答信号，对应 $DRQ_7 \sim DRQ_5$ 和 DRQ_0
	$\overline{MASTER}$	I	低	控制系统总线处于三态
	$\overline{MEMR}$	I/O	低	对所有存储器读命令
	$\overline{MEMW}$	I/O	低	对所有存储器写命令
电源	+5V，-5V，+12V，-12V			电源
地线	GND			地线

第三节　EISA 总线

80386 以上 CPU 乃至 1997 年推出的最新的 CPU——PentiumⅡ，都是 Intel 公司生产的具

有32位数据总线的CPU，这样的ISA总线显然难以满足要求。为解决这一问题，IBM公司为它的PS/Z型微机，采用了一种微通道结构（Micro Channel Architecture，MCA）。这种总线结构支持多CPU，多数据控制，支持16位、32位数据，支持24位、32位地址，可使32位数据在微通道总线中高速传输，其传输速率是ISA总线的4倍，是一种高性能总线。但它与原PC总线和ISA完全不兼容，因而得不到推广。

1988年，Compaq、AST、HP、EPSON等9家著名生产厂商联合推出了EISA总线标准。EISA总线包括了MCA总线的全部功能，且与ISA完全兼容。它能直接使用PC/AT的插件板，保护了原有投资，又能使用户充分享用EISA总线资源。它支持8位、16位、32位数据传输，地址线也达32位，且具有快速传输数据的能力。

EISA总线是在ISA总线的基础上，通过增加地址线、数据线和控制线来实现的。它是在ISA总线的基础上使用双层插座，在原来ISA总线的98条信号线上又增加了98条信号线，也就是在两条ISA信号线之间添加一条EISA信号线，如图11-4所示。

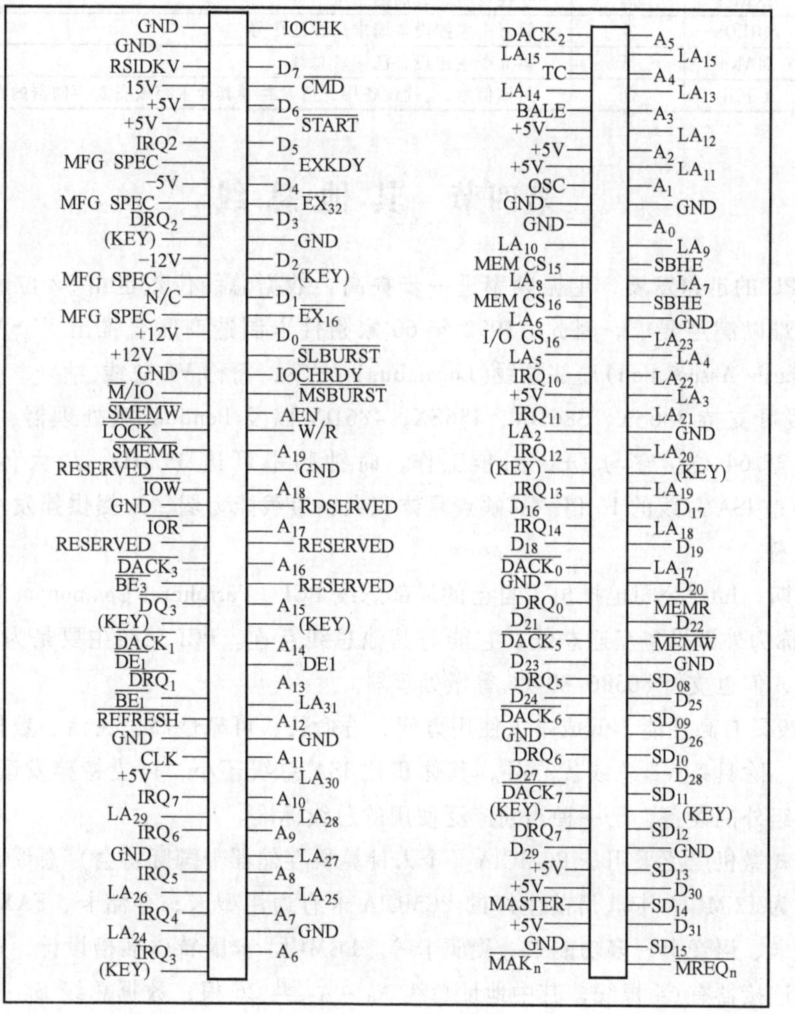

图11-4　EISA总线

图中的ISA信号线的排列与定义与前面介绍的完全相同。EISA总线新增主要信号线和功能见表11-2。

表11-2 EISA总线新增主要信号线和功能

类　型	信号名称	有效电平	功能说明
数据总线	D_{16} ~ D_{31}		新增高16位数据总线，它们与ISA的数据总线一起，构成32位数据总线
地址总线	LA_2 ~ LA_{31}		ISA中的 LA_{23} ~ LA_{17} 扩展为 LA_2 ~ LA_{31}，无锁存
控制总线	BE_0 ~ BE_3	低	用于字节选择，本信号指出当前总线周期存取哪个字节，BE_0 对应 D_0 ~ D_7，依次到 BE_3 对应 D_{24} ~ D_{31}
	$\overline{M}$/IO	高/低	用于区分EISA内存周期或I/O周期
	$\overline{START}$	低	EISA总线周期起始信号
	$\overline{CMD}$	低	定时控制信号
	$\overline{MSBURST}$	低	主控设备猝发传送信号
	$\overline{SLBURST}$	低	受控设备猝发传送信号
	$\overline{EX_{32}}$，$\overline{EX_{16}}$	低	指示系统板是按32位或16位操作，两个信号均为高电平时，则总线按ISA规范工作
	EXRDY	高	受控设备总线周期结束信号
	MREQn	低	第n个主控设备请求总线的信号
	MAKn	低	第n个主控设备已接管总线
	LOCK	低	封锁信号，主控设备用此信号封锁其他主控设备对存储器的存取

第四节　其他总线

随着CPU的迅速发展，主振频率进一步提高，数据总线位数也由32位上升到64位，原有总线就难以满足要求。因此，1992年60家附件卡制造商联合推出VESA(Video Electronics Standards Association)局部总线(Local Bus)方案，简称VL总线。

VL总线可支持386SX、386DX、486SX、486DX以及Pentium微处理器，数据线为32位，可扩展至64位。它与CPU同步工作，时钟频率可达33MHz，最大传输速率可达132Mbit/s，是ISA总线的16倍。其缺点是体积大、负载能力弱，未提供猝发写入及自动配置资源等技术。

同一时期，Intel公司也推出了自己的局部总线PCI（Peripheral Component Interconnect）。PCI总线亦称为外部设备互连总线，它能与其他总线互连。PCI总线主要是为Pentium微处理器设计的，但也支持80386/80486等微处理器。

PCI总线具有高性能、低成本、使用方便、寿命长、可靠性高、灵活、数据完整、软件兼容等特点，除具备VL总线优点外，其体积比ISA总线还小，可支持猝发读/写操作，也同时支持多组外围设备，是一种当前广泛使用的总线标准。

笔记本式微机广泛采用是PCMCIA（个人计算机存储器卡国际协会）总线，按此标准制造的板卡称为PCMCIA卡。目前生产的PCMCIA卡有通用型卡、存储卡、FAX/MODEM卡、网络适配器卡、语音卡、多功能卡、硬驱卡等。PCMCIA卡的特殊插槽设计，可以带电插拔卡。该总线连接器有64根线，其中地址总线 A_0 ~ A_{25} 共26根，数据总线 D_0 ~ D_{15} 共16根，其余为控制总线和电源、地线。

第十二章　计算机发展简介

20 世纪 80 年代初，IBM-PC 问世，这大大促进了 PC（个人计算机）的发展，也使得 Intel 80×86 系列成为微型计算机的主流芯片。

1985 年 10 月，Intel 公司宣布了它的第一片 32 位微处理器 80386 的诞生，使得 80×86 芯片的功能和性能提高到了一个新的阶段。这是 8086 一个质的飞跃。

80386 是一种功能很强的 32 位微处理器，其内部采用流水线结构。支持 4 千兆的内存物理空间，64 兆兆的虚拟存储空间，使用段式和页式二级存储器管理方式，支持四级特权，支持多任务/多用户操作系统的运行，对任务与任务之间、任务与操作系统之间进行了严密的保护隔离；具有 9 种寻址方式和丰富的指令系统，可处理无符号/带符号的 8 位、16 位、32 位、64 位数据、BCD 码、ASCII 码数据及 1～32 位的位操作，支持 80387 数字协处理器，可进行浮点及函数运算。

1990 年，Intel 公司推出的 80486 芯片相当于在一片 80386 上加一片 80387 和一片 8KB 的高速缓冲存储器（Cache）和浮点运算部件（或称数字处理单元）。

从 80486 直至后来推出的奔腾机系列，从功能上看仍然是 80386 与数字协处理器（80387）和片内 Cache 的结合，并没有产生新的飞跃。但由于片内实现技术有了极大的改变——广泛采用了多流水线结构等技术，使得奔腾机的速度有了极大的提高。

本章仅以 32 位微处理器 80386 为介绍重点。

第一节　80386 微处理器

一、80386 微处理器的组成

80386 微处理器的内部组成如图 12-1 所示，可分为执行部件（EU）、存储器管理部件（MMU）和总线接口部件（BIU）三大部分，采用流水线工作方式。

执行部件 EU 包括数据部件、控制部件、指令译码器、指令预取部件和保护检测部件。其工作流程是：执行部件由总线接口部件获取指令，并将指令送预取指令队列排队等待执行。执行时，指令被逐条取出送指令译码器，译码结果送已译码指令队列，由控制 ROM 控制指令执行。ALU 用于进行算术、逻辑运算。乘/除硬件和桶形移位器主要进行快速乘/除运算。保护检测部件用于在程序执行过程中检测静态且与段有关的错误，即检测是否段越界。

总线接口部件的作用是与外部联系、访问存储器、预取指令、读/写数据、访问输入/输出设备等，总线接口部件获取指令后送预取指令队列排队。总线请求判优器用以控制与其他主设备连接，构成多机系统。

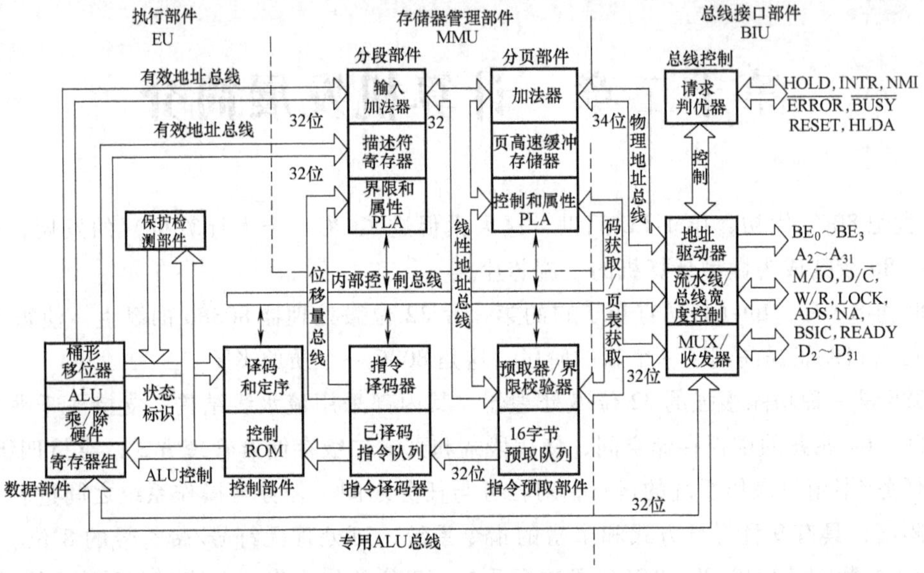

图 12-1 80386 微处理器的内部结构图

存储器管理部件包括分段部件和分页部件，用以实现对存储器的段式管理和页式管理，从而实现虚拟存储系统。存储器的每页为 4KB 单元，每段最多为 1024 × 1024 页，因此最大段存储空间为 4096MB。若采用虚拟存储器技术，最大存储空间可达 64TB。可配置高速缓冲存储器，以提高存储器的访问速度。

硬件支持的调试功能增加了数据断点和 ROM 断点。

80386 支持 4 级特权级：0、1、2 和 3 级。0 级级别最高，3 级级别最低。0 ~ 2 级用于操作系统，3 级用于用户程序。

每条指令在执行时，CPU 要进行特权级、类型和内存越界等保护性检查，且具备很强的抑制病毒感染的能力。

二、寄存器

80386 微处理器中设有 34 个寄存器，按功能可分为通用寄存器、段寄存器、指令指针寄存器、状态标志寄存器、控制寄存器、系统地址寄存器、调试寄存器和测试寄存器。

通用寄存器共有 8 个，即 EAX、EBX、ECX、EDX、ESI、EDI、EBP 和 ESP。其中 EAX、EBX、ECX、EDX 可作为 8 位、16 位、32 位寄存器使用。作为 8 位、16 位使用时，表示符号同 8086；ESI、EDI、EBP、ESP 可作为 16 位或 32 位使用，作为 16 位使用时，表示符号与 8086 相同。通用寄存器作为 32 位使用时，前面应加字符 E。

段寄存器有 6 个，除 CS、DS、SS、ES 与 8086 相同外，80386 增加了 2 个附加段寄存器 FS、GS。80386 微处理器有 3 种存储器管理方式：一种是实地址方式；一种是保护方式；另一种是虚拟 8086 方式。在不同的存储器管理方式中，段寄存器有着不同的作用。

指令指针寄存器 EIP 作为 16 位使用时，用其低 16 位，表示为 IP，作为 32 位使用时，存放 32 位指令偏移地址，表示为 EIP。

状态标志寄存器如图 12-2 所示，共 32 位，使用了 13 位，其中与 8086 相同的位不再赘述，增加的 4 个标志位作用如下：

31　18	17	16	15	14	13	12	11	10	9	8	7	6	5	4	3	2	1	0
	VM	RF	0	NT	IO	PL	OF	DF	IF	TF	SF	ZF	0	AF		PF		CF

图 12-2　状态标志寄存器

IO　PL：输入/输出特权标志位，占 2 位，通过编码表示当前任务的特权级别，即 00、01、10 和 11 分别表示 0 级、1 级、2 级和 3 级。

NT：嵌套标志位。若该位为 0，则表示无嵌套；若该位为 1，则表示当前任务嵌套于另一任务中。

RF：恢复标志位。这是一个与单步断点调试一起使用的标志。若该位置 1，则即使遇到断点或调试故障，也不产生中断。在成功执行完每条指令时，该位自动清零。但在执行堆栈操作、任务切换、中断指令时有例外。

VM：虚拟 8086 方式标志位。在保护方式下，若该位为 1，则 80386 切换成虚拟 8086 方式；若返回保护方式，该位清 0。

控制寄存器有 4 个，各 32 位，用来存放全局特性的机器状态。系统程序员对控制寄存器的访问只能通过用 MOV 指令装入与存放来实现。其格式如图 12-3 所示。

CR_0 中含有控制或指示应用于整个系统（不是单个任务）的条件的标志。其低 16 位与 80286 完全相同，作为机器状态字，80386 中使用了 6 位，用作预定义标志，各位的作用如下：

31	15	4	3	2	1	0	
PG	机器状态字	ET	TS	EM	MP	PE	CR_0
保留							CR_1
页故障线性地址寄存器							CR_2
页目录基址寄存器	0 0 0 0 0 0 0 0 0 0 0 0						CR_3

图 12-3　控制寄存器

PE：保护模式位。若该位置 1，则系统工作于保护模式；若该位清 0，则系统工作于实地址方式。

MP：监视协处理器位。若该位为 1，则表示有协处理器；若该位为 0，则表示无协处理器。

EM：模拟协处理器位。若系统中不存在协处理器，则应将 EM 置 1，MP 清 0，此时若使用协处理器指令，将产生协处理器无效异常中断；若系统中存在协处理器，则将 EM 清 0，MP 置 1。

TS：任务转换位。每次任务转换操作完成后，该位自动置 1，此时若 MP 为 1，则当 CPU 遇到 ESC 或 WAIT 指令时将发生异常 7（协处理器无效中断）。异常 7 服务程序对协处理器的现场进行转换，且将 TS 位清 0。这样当异常 7 返回后在新任务中再遇到 ESC 或 WAIT

指令时就可以正常工作了。

ET：协处理器类型位。若该位为1，则表示配置80387；若该位为0，则表示无80387。

PG：分页控制位。若该位为1，则表示分页；若该位为0，则表示不分页。

CR_1：未用，为将来的Intd处理器保留。

CR_2：页故障线性地址寄存器。只有当CR_0中的PG位被置1时，CR_2才有效。该位用来保存最后出现页故障的32位线性地址。

CR_3：页目录基地址寄存器，用于保存当前任务的页目录表的物理地址。由于80386的页目录表按页排列，因此低12位不起作用。该寄存器是在CR_0中的PG位置1时才有效。

系统地址寄存器只在保护方式中使用，故又称保护方式寄存器，共有4个。其作用是将保护方式中常用的数据结构基地址、限制和其他属性保存起来，以确保其快速性。这4个寄存器如图12-4所示。

GDTR：全局描述符表寄存器。全局描述符表（GDT）中包含了操作系统使用的以及所有任务公用的描述符。GDTR中含有GDT的32位线性基地址（即描述符表的起始地址）和16位界限值。

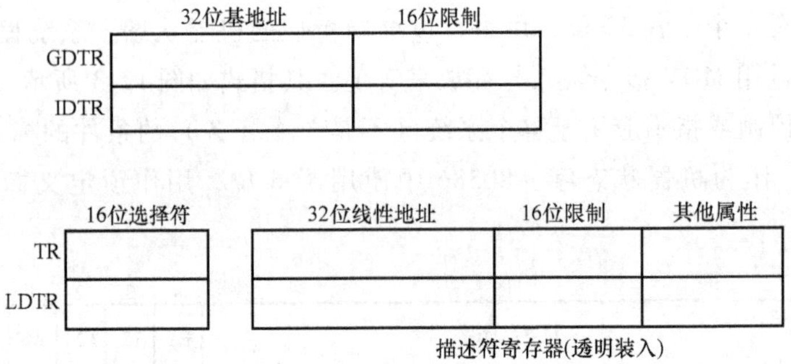

图12-4　系统地址寄存器

IDTR：中断描述符表寄存器。该寄存器用于说明中断或异常服务程序的首地址等属性。80386为每个中断或异常定义了一个中断描述符。因为80386最多只处理256个中断类型，所以中断描述符最多为256个。IDTR中含有IDT的32位线性基地址（即中断描述符表的起始地址）和16位界限值。

LDTR：局部描述符表寄存器。局部描述符表（LDT）用于说明某一任务的首地址和界限等属性，并且用选择符来检索它。LDTR中含有当前任务的16位选择符、32位线性基地址和16位界限值。

TR：任务寄存器。每一个任务都具有一个任务状态段TSS，用以描述该任务的运行状态，也用选择符来检索它。TR中含有当前任务的16位选择符、32位线性基地址和16位界限值。

调试寄存器：80386提供了8个32位的可编程寄存器（DR_0 ~ DR_7）来支持调试功能。其中DR_0 ~ DR_3是线性断点地址寄存器，各存放一个断点的线性地址。DR_4、DR_5为Intel公司所保留。DR_6是断点状态寄存器，其中设置了若干个状态标志位，用于说明是哪一种性质的断点以及断点异常是否发生。DR_7是断点控制寄存器，其中设置有若干个控制标志位，用于控制断点的设置、设置条件、断点地址的有效范围以及是否进入异常中断等。

测试寄存器：共有 2 个，各 32 位，名称为 TR_6、TR_7，用于转换旁视缓冲器（TLB）的测试。其中 TR_6 是测试命令寄存器，用于存放测试控制命令。TR_7 是数据寄存器，暂存转换旁视缓冲器测试的数据。

三、存储器

80386 的存储器分为物理存储器和虚拟存储器两类。

物理存储器是指微处理器实际所能配置的内存储器。由于 80386 微处理器有 32 根地址线，因此最大寻址空间为 2^{32} =4GB，也就是说，可配置 4GB 的内存储器。

80386 中存储器是采用分段方式管理。一个任务可运行 16K 个段，每个段最大可为 4GB，故一个任务最大可达 64TB 的虚拟地址。但实际内存中只有 4GB，因此，这样庞大的存储器空间纯粹是一种构想出来的存储器——虚拟存储器。虚拟存储器由操作系统管理使用，用户编写的程序是存放在外存储器中，执行时需由操作系统调入内存执行。80386 中配置了相应的段寄存器、段描述符表及相关寄存器等硬件，以支持对虚拟存储器的管理和使用。

80386 微处理器对存储器的管理有 3 种工作方式，即实地址方式、保护虚地址方式（简称保护方式）和虚拟 8086 方式。

（一）实地址方式

80386 微处理器在系统复位后，控制寄存器中 CR_0 的最低位 PE = 0，即工作于实地址方式。在实地址方式下，存储器寻址与 8086 是相同的。80386 中的 32 位地址线中的 A_{31} ~ A_{20} 不起作用。由 16 位段基址（CS，SS，ES，DS 的内容）左移 4 位，加上 16 位的段内偏移量，形成 20 位的物理地址，寻址 1MB 地址空间。每段最大容量相同，都是 64KB，所有的段都是可读、写和执行的。在实地址方式下，存储器是不能分页的，故线性地址和物理地址是统一的。在实地址方式下，运行的程序不分特权等级，相当于工作在保护方式下的特权级 0，不能实现多任务工作。它有两个内存保留区：系统初始化区和中断向量表区。由于 80386 在复位以后，系统强迫地址总线的高 12 位为 1，因此初始化保留区的地址为 FFFFFFF0H ~ FFFFFFFFH，通常在初始化入口地址 FFFFFFF0 处存放一条段间跳转指令，转至系统的入口处。中断向量表区与 8086 相同，位于 00000000H ~ 000003FFH 的 1K 字节区域内，存放一个具有 256 个向量的中断向量表。

（二）保护方式

在实地址方式下，修改控制寄存器 CP_0 的最低位 PE，使之置 1，即可进入保护方式。在保护方式下，对存储器是采用分段、分页管理的。而存储单元的地址是由段基址和段内偏移量两部分构成的。段内 32 位偏移量形成与实地址方式相同，而 32 位段基址显然不可能由 16 位段寄存器的内容来直接形成，而要经过变换。于是 80386 在内存中安排了一个表。表中的每一项对应内存中的一个段，此项中除包含 32 位段基址外，还包含了段的大小（界限）和段的一些读/写权限、段的类型等信息。

段基址和段内偏移量所形成的地址成为线性地址，若不启用分页机制，线性地址就是物理地址。若启用分页机制（CR_0 的最高位 PG = 1），则经过分页机制可以将线性地址转换为物理地址。

存放段基址等信息的内存中的表共有 4 种：全局描述符表（GDT）、中断描述符表（IDT）、局部描述符表（LDT）及任务状态段（TSS）。其中 GDT、IDT 都只有一个，而 LDT 由于是基本任务的，因此可以有若干个，即每一个任务对应一个 LDT。

每个描述符表本身形成一个段，其段基址（即描述符表的起始地址）和界限值存放在系统地址寄存器中。系统地址寄存器提供 32 位基地址和 16 位界限值，使每个描述符表最大可为 64KB。由于每个描述符由 8 个字节构成，因此一个描述符表可提供 8192 个描述符（实际中由于第 0 号描述符不能使用，因此只有 8191 个描述符）。此外，80386 只能处理 256 个中断向量，因此中断描述符表只有 256 个中断描述符。任务状态段用来存放该任务状态。

全局描述符表中包含操作系统以及各任务公共的描述符，如数据段和代码段描述符、各任务的 TSS 描述符、LDT 描述符、调用门和任务门。局部描述符表中包含有本任务所使用的代码段和数据段、堆栈段描述符、进入更高特权级或操作系统的调用门以及进入本任务的子任务的任务门。中断描述符表中包含整个系统的中断描述以及任务门、中断门和陷阱门。使用局部描述符表这样的数据结构，就可以使指定任务的码段、数据段等与别的任务相隔离以达到保护。由此可知，使用全局描述符表和局部描述符表这两种数据结构就可以达到既保护又可共享数据的目的。

1. 描述符

描述符从大的方面可分为 3 类，即存储器的段描述符、系统的段描述符和门描述符，其中存储器的段描述符一般简称为段描述符，包括数据段描述符和代码段描述符。系统的段描述符又称为特殊段描述符，包括局部描述符表（LDT）和任务状态描述符（TSS）。门描述符包括任务门、调用门、中断门和陷阱门描述符。

门（GATE）是一种关卡，用来控制从一段程序到另一段程序或从一个任务到另一个任务的转换，在转换过程中自动进行保护检查，并控制转换到目的程序的入口。

在保护方式下的每一个段，都有一个相应的描述符。描述符由 8 个字节组成，包含了此段的段基址（32 位）、段的大小（20 位）、段的类型等一些主要特性。

（1）代码段和数据段描述符　代码段和数据段描述符的格式如图 12-5 所示。它由 8 个字节组成，其中第 2、3、4、7 共 4 个字节 32 位提供段基址，第 0、1 两个字节及第 6 字节的低 4 位共 20 位提供段界限值。第 5 字节表示访问权，第 6 字节高 4 位表示属性。即 G = 0 表示段的长度以字节为单位，20 位段界限可定义段的大小为 1MB。G = 1 表示段的长度以页为单位，每页为 4KB，段的界限为 1M 页，段的大小则为 1M × 4KB = 4GB。D = 0 表示 80286，偏移量为 16 位，D = 1

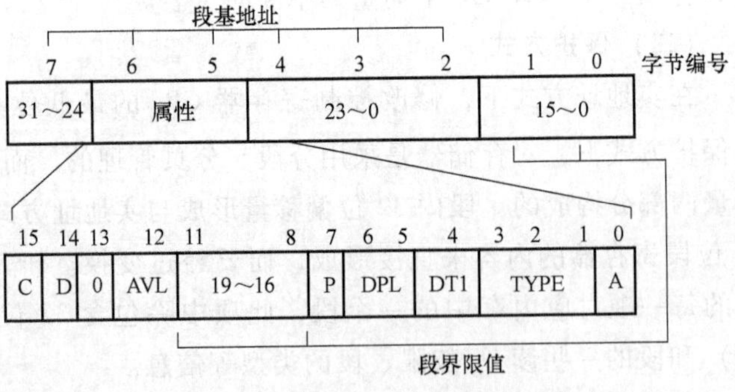

图 12-5　代码段和数据段描述符

表示 80386，偏移量为 32 位。AVL 是系统固件备用位。

在第 5 字节中，P＝1 表示描述符有效，段在物理存储器上；P＝0 表示描述符无效，段不在物理存储器上。DPL 表示特权级，规定了此段的特权级，用于特权检查，以决定对此段能否进行访问。DT＝1 表示是代码段或数据段描述符，DT＝0 表示是特殊段描述符或门描述符。A＝1 是被访问位，由命令看来是通过描述符访问的有效段；A＝0 由命令看来是未通过描述符访问的段。存储器段描述符 TYPE 表示段的类型，其定义见表 12-1。

表 12-1　存储器段描述符 TYPE 的定义

TYPE 数据/堆栈段			说　明	TYPE 代码段			说　明
E	ED	W		E	C	R	
0	0	0	只读	1	0	0	只执行
0	0	1	读/写	1	0	1	执行/读
0	1	0	只读，向下扩展	1	1	0	只执行符合的代码段
0	1	1	读/写，向下扩展	1	1	1	执行/读符合的代码段

从表 12-1 不难看出，对于数据/堆栈段和代码段，TYPE 有着不同的含义，且分别表示为 E、ED、W 和 E、C、R。其中，E＝0 表示数据/堆栈段；E＝1 表示代码段；ED＝0 表示数据段；ED＝1 表示数据类型中的堆栈段；R＝0 表示禁止读取；R＝1 表示可以读取；W＝0，表示禁止写入；W＝1 表示可以写入；C＝0 表示非符合的代码段；C＝1 表示符合的代码段。一般来说，若要调用更高特权级的代码段，则必须通过门。但是，如果这个特权级更高的代码段是符合代码段，即 C＝1，不使用门也可以调用。所谓符合代码段不是在 DPL 的特权级上，而是在调用程序的特权级上执行，因此可以从应用程序进行访问。

（2）特殊段描述符　特殊段描述符如图 12-6 所示。

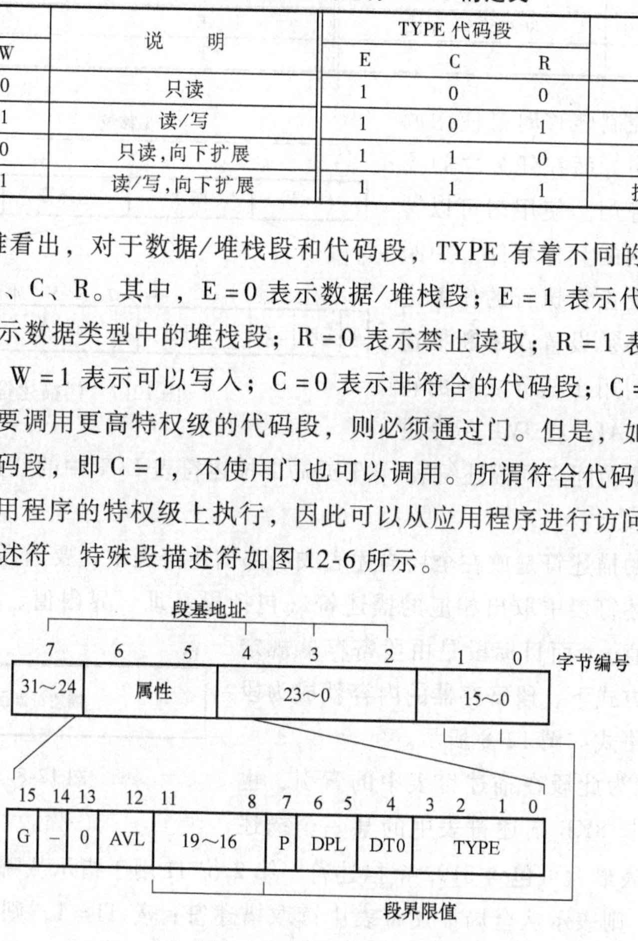

图 12-6　特殊段描述符

由图可知，它也是由 8 个字节构成，其中第 5、6 字节表示属性，各位情况与数据段和代码段描述符基本相同。但它的 TYPE 占 4 位，表示描述符的类型。0～7 主要用于 80286，2、5、8～F 表示 80386 描述符的类型，见表 12-2。

（3）门描述符　程序在运行中会发生转移，系统会进行任务切换，外部事件会引起中断，指令的执行会引起异常，总之会发生控制转移。转移至何处？转移可能在一段内进行，但更一般的是段间转移（任务切换、中断、异常都是段间转移；程序的跳转与调用也可能是段间的）。如何确定目标段和相应的入口呢？控制转移通常会涉及特权级的变换，所以 80386 中设置了调用门、任务门、中断门和陷阱门。调用门用于在程序中调用子程序、过程及函数；任务门用于任务切换；中断门用于外部事件引起的中断；陷阱门用于异常处理。门描述符如图12-7所示。

其中TYPE的位置虽然与特殊段描述符中的TYPE不同，但含义完全一样，见表12-2。

表12-2 系统的段描述符/门描述符类型

TYPE	说　明	TYPE	说　明
2	LDT	B	80386TSS，忙
5	任务门	C	80386调用门
8	未定义	D	未定义
9	80386TSS，非忙	E	80386中断门
A	未定义	F	80386陷阱门

在同一任务内控制转移时是使用调用门/中断门/陷阱门，而在任务之间控制转移时可使用任务门。使用门可以转去执行一般不能访问的其他程序。中断门和陷阱门主要用于正在执行的任务进行中断处理，所以必须设置在中断描述符表IDT中。任务门用于任务之间的转换控制，例如使用CALL或JMP指令进行任务转换时，需要访问全局描述符表GDT或局部描述符表LDT中的任务门。

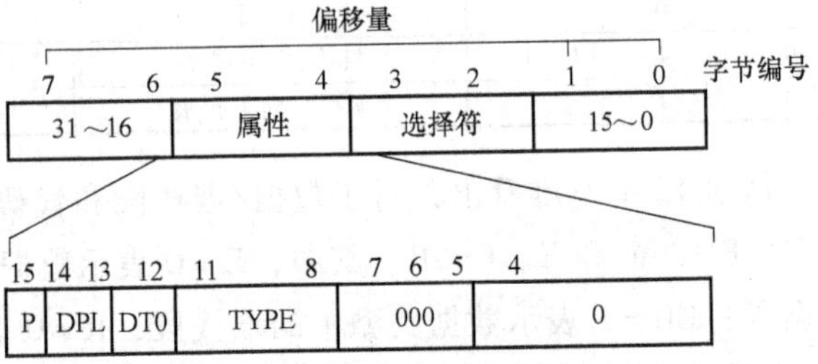

图12-7 门描述符

2. 选择符

每一个段相应的描述符是放在全局描述表或局部描述符表中，要选择目标段，就是要根据段选择符从段描述符表中取出相应的描述符（包括段基址、界限值、段特权级以及所允许访问的类型等信息），而目标段是由段寄存器规定的，所以，在保护方式下，段寄存器的内容就成为段选择符。选择符的格式如图12-8所示。

图12-8 选择符

图中，高13位为此段在描述符表中的索引，也称为选择码，可选择8KB描述符表中的某一个描述符，即一个描述符表最大可包含8192个描述符。第2位TI用于指示从哪个描述表中去读取描述符。若TI=0，则表示从全局描述符表中读取描述符；若TI=1，则表示从局部描述符表中读取描述符。最低两位RPL表示特权级别，即0~3级。

若索引字段为0且TI也为0，而RPL为任意值，则成为空选择符，当用空选择符去访问存储器时会引起异常，即它不对应全局描述符表中的第0个描述符。若索引字段为0，而TI=1，则不是空选择符，而是选择局部描述符表中的第0个描述符。

3. 地址访问

在保护方式下，要访问一个存储单元，需要进行两次访问存储器操作。首先以相应的段寄存器作为选择符，从相应的描述符表中取出描述符（一次存储器访问），找到此段的32位段基址，与段内32位偏移量相加得到存储器单元的线性地址（不考虑分页则为物理地址），再访问一次存储器才能取出所需的指令和数据。

显然，这种方式会降低运行速度。为此，80×86 在硬件上增加了一个不可见的段描述符——高速缓冲寄存器。每一个段寄存器都有一个对应的高速缓冲寄存器。每当用一个选择符加载一个段寄存器时，80×86 的硬件自动从描述符表中取出相应的描述符，加载至相应的高速缓冲寄存器中。一旦装入，此后对该段的访问都使用此高速缓冲寄存器中的描述符信息，而不用再去取描述符，直至对段寄存器重新装载此高速缓冲器。

80×86 在保护方式下的段高速缓冲寄存器如图 12-9 所示。

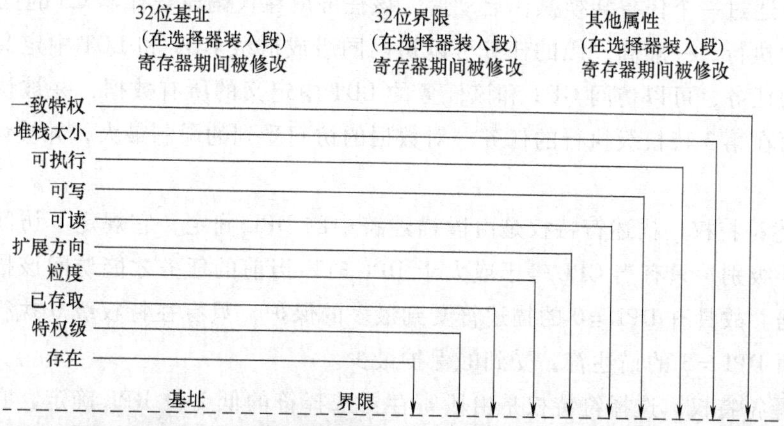

	基址	界限	存在	特权级	已存取	粒度	扩展方向	可读	可写	可执行	堆栈大小	一致特权
CS	每个段描述符基址	每个段描述符界限	p	d	d	d	d	d	d	N	–	d
SS	每个段描述符基址	每个段描述符界限	p	d	d	d	d	r	w	N	d	–
DS	每个段描述符基址	每个段描述符界限	p	d	d	d	d	d	d	N	–	–
FS	每个段描述符基址	每个段描述符界限	p	d	d	d	d	d	d	N	–	–
FS	每个段描述符基址	每个段描述符界限	p	d	d	d	d	d	d	N	–	–
CS	每个段描述符基址	每个段描述符界限	p	d	d	d	d	d	d	N	–	–

关键字：N —— 否
d —— 每段描述符
p —— 每段描述符，但描述符必须表示“存在”以避免异常11(在SS情况下为异常12)
r —— 每段描述符，但描述符必须表示“可读”以避免异常13(SS的特殊情况)
w —— 每段描述符，但描述符必须表示“可读”以避免异常13(SS的特殊情况)
– —— 不用于该段高速缓存器

图 12-9　80×86 在保护方式下的段高速缓冲寄存器

4. 特权级与特权保护

为支持多用户、多任务操作系统，使操作系统程序和用户的任务程序分离、任务和任务分离且互不干扰，就需要采取保护措施。为此，80386 微处理器提供了一个 4 级特权管理系统，即 4 级保护系统。利用这个特权系统，可控制特权指令和 I/O 指令的使用，并控制对段和段描述符的访问，从而有效地防止不同程序执行时的相互干扰或非法访问、非法改写 GDT 和 LDT。

特权级用 PL 表示，分为 0、1、2、3 级，0 级特权级最高，一般是操作系统的核心，它可以访问工作在任何特权级的段；1 级是来自操作系统的服务；2 级是操作系统的扩展；3 级是用户程序，级别最低，只能访问自己所在的段，也就是说，某一特权级的段中的数据只能由同级或高特权级中运行的程序使用，某一特权级的代码或过程只能由同级或低特权级中运行的程序调用。这样就可以做到操作系统的核心的保护，也可以做到操作系统的其余部分不会受到应用程序的侵犯。

特权级在使用中采用了3种形式的特权管理：当前任务特权（CPL）、选择符特权（RPL）和描述符特权（DPL）。

（1）当前任务特权 每一项任务执行时都是在其代码段描述符所确定的特权级中运行。任务执行时所处的特权称为当前任务特权，用CPL表示。当前任务特权级是由CS寄存器的最低两位来规定的。任务执行时当前特权级一般不能改变，如必须改变，只能通过具有不同特权级别的码段门描述符的控制转换才能改变。

当前任务通过一个任务转换操作启动后，该任务就在代码段寄存器CS的低2位RPL指定的特权级中执行。一般高一级的任务可以访问同级或低级GDT和LDT中定义的数据。如在0级执行的任务，可以访问GDT和该任务的LDT中定义的所有数据，并被认为处于最高的特权级；而在第3特权级执行的任务，对数据的访问受到的限制最大，并被认为处于最低的特权级。

（2）描述符特权 描述符特权是由段描述符中的DPL确定，它规定了访问该描述符表的任务的最低级别。只有当CPL等于或大于DPL时，当前的任务才能访问该描述符所确定的段中的数据。故具有DPL=0的描述符受到最多的保护，只有在特权级0执行的任务才能访问它们；而DPL=3的描述符，受到的保护最少。

（3）选择符特权 选择符特权是由段寄存器选择符的低2位RPL确定，它规定了访问该描述符表的任务的最低级别。只有当前任务的CPL等于或高于RPL时，才能访问该描述符表，同时等于或高于所选择描述符中的DPL时才能访问其中的数据。

（三）虚拟8086方式

在保护方式下，若使CPU状态标志寄存器的虚拟方式标志VM置1，则此任务就工作在虚拟8086方式。此方式的工作情况在许多方面与8086类似，表现在：所寻址的物理内存都是1MB，段寄存器的内容不再是描述符表的选择符，而是段基址，将它的内容左移4位后与段内偏移量相加，就形成了20位的线性地址；段的界限也都是64K字节等。其工作特点与8086完全一样。

在虚拟8086方式下，支持特权机制，也支持分页式的内存管理机制，能实现任务切换，同时又与8086兼容，1M字节的地址空间，与8086一样的段机制，完全能运行DOS支持下的软件，做到多用户多任务操作系统与DOS的统一。

与实地址方式比较，实地址方式工作在特权级0而虚拟8086方式是工作在特权级3的。由于其工作在特权级3，因此也有一些其他特点，请读者参阅有关参考书。

第二节 80486微处理器

Intel 80486是Intel公司于1989年推出的新一代32位微处理器，是80386的升级产品。80486相当于以80386为核心；除包含在片内的8KB高速缓存（Cache）和相当于80387的数值协处理器之外，还采用了易于构成多处理端系统结构的机制。这是80486结构上的重大变革，从而使它的整体性能有了很大提高。在相同的工作频率下，其处理速度比80386提高了2~4倍，实现了高速度化和支持多处理器系统设计目标。

一、80486 的内部结构

80486 基本上沿用了 80386 的体系结构，以保持与 80×86 微处理器系列在机器码级上的兼容性。如图 12-10 所示，80486 由 8 个基本部件组成：总线接口部件（总线接口）、指令预取部件（含预取机构及一个 32 字节的指令预取队列）、指令译码部件（译码器）、执行部件（含桶形移位器、寄存器堆、ALU）、控制部件（含控制部件、微码 ROM）、存储管理部件（含分页部件、TLB、分段部件、描述符寄存器、极限属性用 PLA）、高速缓存部件 Cache（含高速缓存部件、8KB 高速缓冲）和高性能浮点处理部件 FPU（含浮点部件、浮点寄存器堆），其中后两个部件是在 80386 的基础上新增的。80486 的内部总线有 32 位、64 位和 128 位 3 种。

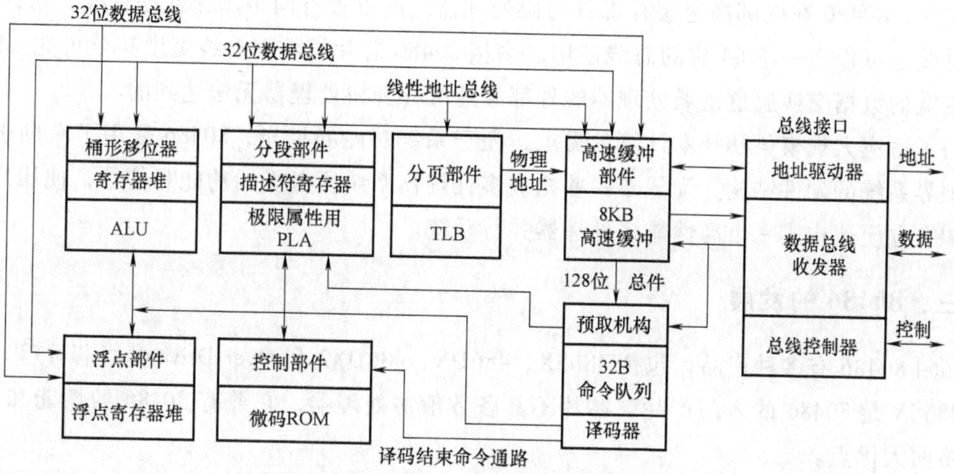

图 12-10　80486 内部结构

80486 寄存器组包含 80386 的全部寄存器组以及 80387 的全部 FPU 寄存器。只是 80486 对标志寄存器和控制寄存器进行了扩充定义。

二、80486 的技术特点

80486 在 Intel 微处理器的历史上首次采用了 RISC 技术，有效地优化了微处理器的性能。80486 采用 RISC 技术并不意味着与 80386 等 CPU 不兼容。实际上指令也并没有精简，强调的只是 RISC 技术，目的是使 80486 能在 1 个时钟周期执行 1 条指令。目前 80486 已超过这一设计目标，平均 1 个时钟周期执行 12 条指令。

80486 采用突发总线同外部 RAM 进行高速数据交换。通常 CPU 与 RAM 进行数据交换时，取得一个地址，交换一个数据，再取得一个地址，又交换一个数据。而采用突发总线后，每取得一个地址，便将这个地址及其后地址中的数据一起参与交换，从而大大加快了 CPU 与 RAM 之间的数据传输率。这种技术尤其适用于图形显示和网络应用。因为在这两种情况下，所涉及的地址空间一般都是连续的。

80486 配置了 8KB 的高速缓冲存储器 Cache。该高速缓存采用 4 路相连的实现方案，具有较高的命中率（约为 92%）。高速缓存由指令和数据共用，当执行某些不伴有数据访问的指令时，整个缓存都为指令所用；反之，当用简单的循环来处理大量的数据时，则将高速缓存的大部分空间用来存放数据，这样既充分利用了缓存的空间，同时提高了缓存的命中率。若在高速缓存中未找到所需数据，可访问外部存储器，外部存储器与高速缓存间采用成组传送方式，平均每个时钟周期可传送4B。80486高速缓存采用的替换策略是“近期最少使用”策略LRU。

80486片内设置了一个数值协处理器，这就使得80486不再需要片外数值协处理器80387的支持；而直接具有浮点数据处理能力，从而缩短了CPU与协CPU之间的通信时间，提高了浮点处理能力。该片内数值协处理器以极高的速度进行单精度或双精度的浮点运算，保持了与80387的二进制兼容性，且浮点处理命令也完全一致。在相同的时钟频率下，80486的指令执行速度比80386系统高出2~3倍。

此外，80486在内部高速缓存部件与协处理器之间设置有两条高速数据总线，这两条32位的总线也可作为一条64位的总线使用。高档80486芯片的数据总线宽度甚至可达128位。如此带宽的数据交换通道是微处理器的外部高速缓存和协处理器无法达到的。

为了适应大规模科学技术计算的需求，便于系统功能的扩充，80486采用了有助于构成多处理界系统的硬件结构，配置了一些构成多处理器系统所必需的功能和信号，使用户能利用80486方便地构成一个高性能多处理器并行系统。

三、80486的发展

Intel 80486有多种产品，包括486SX、486DX、486DX2和Over Drive升级芯片等。

486SX是80486的入门产品，芯片不具备数值协处理器，它兼有80486的性能和80386的价格两大优点。

486DX是80486的中档产品，芯片中增设了数值协处理器，是80486标准结构。

486DX2是80486中的高档产品，它是在486DX的基础上采用了倍速技术，使CPU的执行速度双倍于系统总线的速度，有效地提高了系统的性能。

Over Drive是一种升级芯片，用于对微型机系统升级的处理。厂家通常采用加插件板的办法，对80486进行廉价单片升级，即在原有80486的旁边增加一块Over Drive芯片，从而可使原微处理器的速度提高近一倍。从原理上说Over Drive也是一个微处理器，但只能用于对80486系列升级，对80386系列无效。

第三节 Pentium微处理器

Pentium是Intel公司继80386和80486后推出的新一代32位高档微处理器。Pentium是采用RISC技术的CISC处理器。因此，它属于CISC-RISC型32位处理器，也许可以把它视为CRISP体系结构处理器的一种“雏形”。按照Intel为其产品的命名惯例，Pentium本应称为80586。它采用了亚微米级的CMOS，实现了0.8μm技术，一方面使器件的尺寸进一步减小，另一方面又使芯片上集成的晶体管增加。它还采用了特殊CAD方法设计的多级金属夹层技术。其总体性能大大超越了80486，但又依然保持了与80×86系列微处理器的兼容。

一、Pentium 的结构特点

Pentium 的芯片结构对 80486 做了重大改进。其结构特点可以归纳如下：

1. 采用了 RISC 型 CPU 全新的结构

在 Pentium 中装有 3 种指令处理部件：RISC 型 CPU、80386 处理部件和浮点处理部件。RISC 型 CPU 运用超标量流水线设计，在微处理器中有两条流水线并行工作。一个时钟周期能并行执行 2 条整数指令；80386 处理部件使用微码处理指令，负责处理不能用一个时钟周期完成执行的指令，浮点运算协处理部件采用超级流水线技术和部分固化指令，极大地提高了浮点运算速度。

2. 增设了动态转移预测机构

此机构可以预测分支程序的指令流向，节省了微处理器用于判别程序路径的时间。

3. 采用两级 16~24KB 的高速缓存 Cache

片内 Cache 改用回写方式，大大节省了微处理器时间。

4. 采用了边界扫描和探针方式等多种测试机构

此机构增强了错误检测和报告功能。

图 12-11 给出了 Pentium 处理器的内部结构。

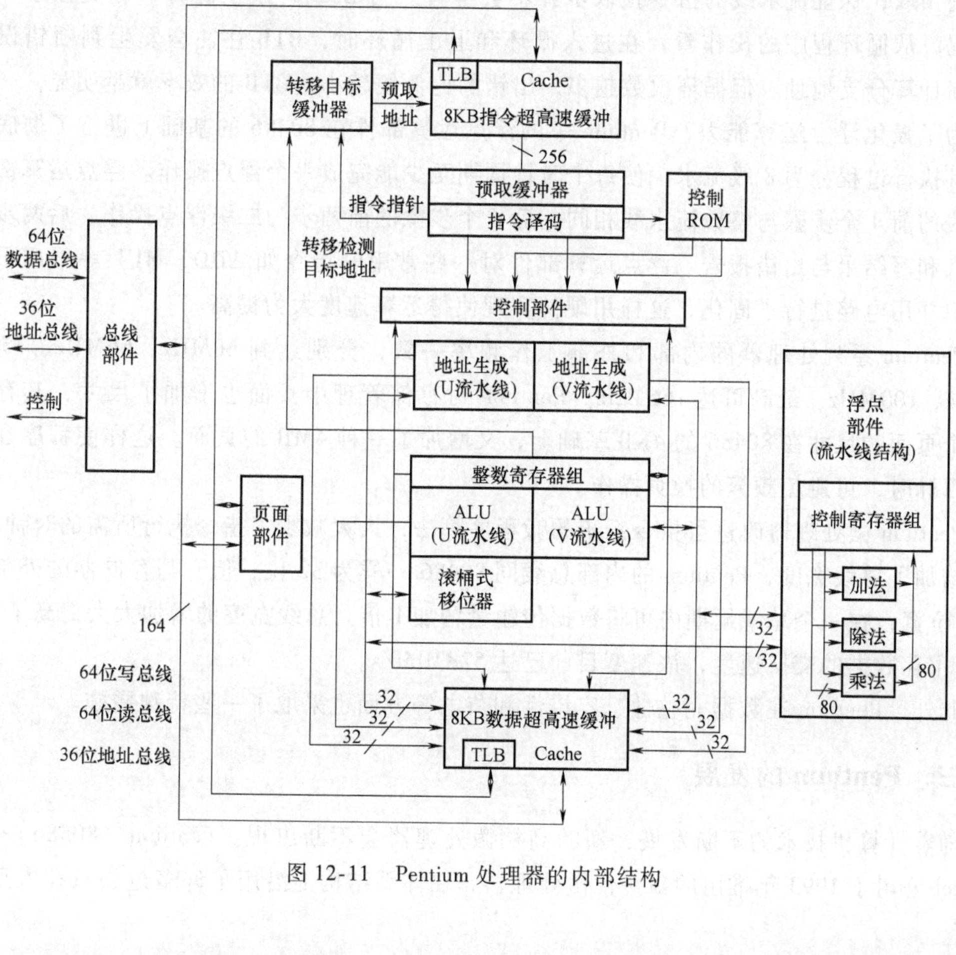

图 12-11　Pentium 处理器的内部结构

二、Pentium 的技术特点

超标量流水线设计是 Pentium 处理器技术的核心。它由 U 和 V 两条指令流水线构成，每条流水线都拥有自己的 ALU、地址生成电路和与数据 Cache 的接口。这种流水线结构允许 Pentium 实现指令并行，且 V 流水线总是接受 U 流水线的下一条指令。当然，在此情况下，要求所执行的指令序列尽量不发生冲突。

Pentium 采用双 Cache 结构，每个 Cache 为 8KB（可扩充到 12KB），数据宽度为 32 位。两个 Cache 中，一个作为指令 Cache，一次可以提供达 32 字节的原始操作码；另一个作为数据 Cache，每个时钟周期内可以提供两次数据访问的数据。数据 Cache 有两个接口，分别通向 U 和 V 两条流水线，以便能在同一时刻向两个独立工作的流水线进行数据交换。当向已被占满的数据 Cache 写数据时，将取走一部分当前使用频率最低的数据，将其写回主存。这个技术称为 Cache 回写技术。由于处理器向 Cache 写数据和将 Cache 释放的数据写回主存是同时进行的，因此采用 Cache 回写技术大大节省了处理时间。

Pentium 微处理器还设置有分支目标缓冲器（Branch Target Buffer，BTB）。BTB 实际上是一个较小的高速缓存器，用于动态地预测程序分支。当一条指令导致程序分支时，BTB 记住这条指令和分支目标的地址，并用这些信息预测这条指令再次产生分支时的路径，预先从该处预取，保证流水线的指令预取步骤不会空置。当 BTB 判断正确时，分支程序即刻得到解码。从循环程序的操作看，在进入循环和退出循环时，BTB 往往会发生判断错误，需要重新计算分支地址。但循环次数越多，出错的比例便越小，BTB 的效率就越明显。

为了强化浮点运算能力，Pentium 中的浮点运算部件在 80486 的基础上进行了彻底的改进，其执行过程分为 8 级流水，使每个时钟周期至少能完成一个浮点操作。浮点运算部件中流水线的前 4 个步骤与整数流水线相同，后 4 个步骤的前两步为二级浮点操作，后两步为四舍五入和写结果与出错报告。浮点运算部件对一些常用的指令如 ADD、MUL 等采用了新的算法，并用电路进行了固化，这样用硬件实现使得运算速度大为提高。

Pentium 系列处理器的内部和外部工作频率一致，分别达到 60MHz、66MHz、75MHz、90MHz、100MHz，最高可达 166MHz。Pentium 对存储管理中页面也增加了尺寸，其存储器的每个页面的尺寸在 80486 的 4KB 基础上，又增加了一种 4MB 的页面。这样使程序在搬动大的目标时，可避免频繁的换页操作。

Pentium 微处理器改进了指令系统的微程序算法，大大减少了指令执行所需的时钟周期。同时增加了总线宽度，Pentium 的内部总线同 80486 一样为 32 位，但它与存储器的外部总线为 64 位宽，在一个总线周期内可将数据传输量增加 1 倍。总线宽度的增加大大提高了 Pentium 与主存数据的交换速度，该速度目前已达 528Mbit/s。

此外，Pentium 在数据完整性、容错性和节电等方面也采取了一些特殊措施。

三、Pentium 的发展

随着计算机技术的不断发展，新的高档微处理器会不断出现。Pentium（80586）——P5 是 Intel 公司于 1993 年推出的新一代微处理器，在体系结构上沿用了许多过去只在大型机中才采用的技术。它既满足了计算机用户在图形图像处理、实时视频处理、家用多媒体技术、CAD及动画技术等方面对高性能微型机系统的需求，也将对微型计算机的发展产生了深远的影响。

1995年，Intel公司又推出了集成550万只晶体管、采用0.6μm的BiCMOS制造工艺、继P5之后的P6微处理器。P6为32位体系结构，与Intel历代80×86全兼容，采用了动态执行等创新技术，是多路转移预测、数据流分析和推测执行等多项技术的组合，是继Pentium实现超标量技术后的又一次技术飞跃。其性能指标几乎为一般Pentium的2倍。Intel公司把P6称为Pen tium Pro微处理器，中文名为“高能奔腾处理器”。

1997年，Intel公司相继推出了Pentium MMX（P55C）和Pentium Ⅱ微处理器芯片。Pentium MMX是Intel公司为改善PC图形、音响、加速多媒体视听和通信应用软件而开发的带有多媒体扩展结构（MMX、Multi Media exten sion）的Pentium芯片，比P5芯片略大。其特点为：内部集成了450万只晶体管，增加了57条多媒体指令，一级Cache达32KB，采用Socket 7体系结构。面市产品有Pentium MMX 166/200/233MHz等。

PentiumⅡ是基于P6且带MMX技术的微处理器，主要产品有PentiumⅡ233/266/300MHz等。Intel公司在推出PentiumⅡ的同时推出了一些新技术，包括动态执行、P6总线技术、100MHz前端总线、21KBL1缓存、512KBL2缓存、MMX技术等。

1998年，Intel公司又相继推出了面向普通用户的低端微处理器芯片PⅡ Celeron（赛扬）和面向服务器的高端微处理芯片——PⅡ Xeon（至强）。

1999年2月，Intel公司正式宣布推出PentiumⅢ，这是第一款为提高用户互联网体验而设计的微处理器。它带来丰富的音频、视频、动画和三维效果，使网上信息栩栩如生，把用户带入更精彩的互联网世界。PentiumⅢ处理器结合了P6微处理器技术——动态执行技术、双重独立总线技术和Intel MMX多媒体增强技术。此外，PentiumⅢ增加了70条称为互联网数据流单指令多数据扩展（Streaming SIMD Extensions，SSE）指令集，显著提高了数字图片处理、三维图形处理、实时视频/音频处理、数字影像和语音识别等应用的处理速度和质量。新的互联网SSE指令带来丰富的视觉和声音效果，使互联网用户即使在低带宽连接的情况下，也能享受更好的互联网体验。

PentiumⅢ处理器的另一个特点是处理器序列号。它可以对使用这台处理器的PC进行标识。随着互联网的应用，尤其是电子商务的应用，安全性是一个突出的问题。如果有了用户名和口令就可以访问有关信息，那么一旦他人知道了用户名和口令，就可以在任何一台机器上访问用户要保密的信息，这样很不安全。而用处理器序列号与现有的安全措施相配合会提供更好的安全性。序列号还能进行资产标识、远程管理等。

从1965年起，Intel公司的创办人之一戈登·摩尔提出的摩尔定律（即CPU以18个月为一个更新换代周期），已经一次又一次地被证实。自从第一个处理器问世以来，Intel公司已经连续发明制造了11代规模化生产的微处理器芯片，这一系列的产品由8080芯片开始，经过8086，80286，80386，80486，Pentium（奔腾），Pentium MMX（多能奔腾），Pentium Pro（高能奔腾），PⅡ（奔腾Ⅱ），PⅢ（奔腾Ⅲ）和PⅣ（奔腾Ⅳ）处理器。每一代产品都标志着个人计算机计算能力的又一次飞跃及技术上的重大突破。

2015 年 4 月 19 日，摩尔定律正好走过了 50 年的历程，人们不无惊奇地看到半导体芯片制造工艺水平以一种令人目眩的速度提高。2011 年已推出了含有 10 亿个晶体管、每秒可执行 1 千亿条指令的芯片。这种发展速度是否会无止境地持续下去呢。

从技术的角度看，随着硅片上线路密度的增加，其复杂性和差错率也将呈指数增长，同时也使全面而彻底的芯片测试几乎成为不可能。一旦芯片上线条的宽度达到纳米（10^{-9}m）数量级时，相当于只有几个分子的大小，这种情况下材料的物理、化学性能将发生质的变化，致使采用现行工艺的半导体器件不能正常工作。这意味着摩尔定律正日渐走向崩溃。

于是业界提出了“More-Than-Moore”（简称 MTM，即“超越摩尔定律”），试图从更多的途径来维护摩尔定律的发展趋势，并且从摩尔定律的“更多更快”，发展到 MTM 的“更好更全面”。摩尔定律在 Logic 类和 Memory 类的集成电路的发展中提出和得到验证，而 MTM 则适用于更多类型的集成电路，如 Analog、RF、Image Sensor、Embedded DRAM、Embedded FLASH、MEMS、High Voltage 等，通过改变基础的晶体管结构（SOI、FIN-FET），各类型电路兼容工艺，先进封装（晶圆级封装、SiP、3D 多芯片封装）等技术，使一个系统级芯片能支持越来越多的功能，同样可以降低芯片的成本、提高电路的等效集成度。

可以相信，未来的每一天都可能出现新的创意，推出新的结构。可以说，微处理器发展至今，并不是极致，而只不过是新的开端而已，更新的处理器将会以前所未有的功能展现在用户面前。

第四节　多媒体计算机

媒体（Media）即是信息传播的载体，如图像（Image）、声音（Audio）、文字（Text）等。利用计算机来处理信息媒体已有了很长的历史，并已形成了成熟的理论方法，如图像处理技术现已有较成熟的图像采集、压缩存储及多种处理理论。但是把多种媒体，如视频（Video）、声音、图像、动画（Animarion）、文字结合在一起，进行同时处理却是近几年的事，这便是多媒体（Multimedia）新技术。通常所说的多媒体是指多媒体计算技术（Multimedia Computing，简称多媒体技术），其涵义是利用计算机来综合、集成地处理文字、图形、图像、声音、视频、动画等媒体，而形成的一种全新的信息传播和处理技术。它把计算机技术、通信技术和广播、电视技术融为一体、综合利用，扩展了计算机应用的领域，受到了人们的极大关注和重视。

一、多媒体计算机

1. 人机接口

人类接收和传播信息的两种主要方式是用“眼睛看”和用“耳朵听”，所以可看见的媒体（如文字、图形、图像、动画等）和可听见的媒体（如声音等）的完美结合才能完整、自然地表达并让人类最大程度地接收信息。具有多媒体功能的计算机就称为多媒体计算机，其中最广泛、最基本的是多媒体个人计算机（Multimedia Personal Computer，MPC）。一般普通的计算机只能处理可看见的媒体，多媒体技术的重点是要使计算机能很好地处理可听见的信息，如声音，所以，声音是多媒体最基本、最重要的要素。而同时具有视（动态）、听特性的媒体如视频、全活动影像（Full-motion Movie）等，也是多媒体技术的重要方向。

2. 多媒体计算机的主要功能

具有多媒体功能的计算机就是多媒体计算机，它要处理的主要信息如图 12-12 所示。

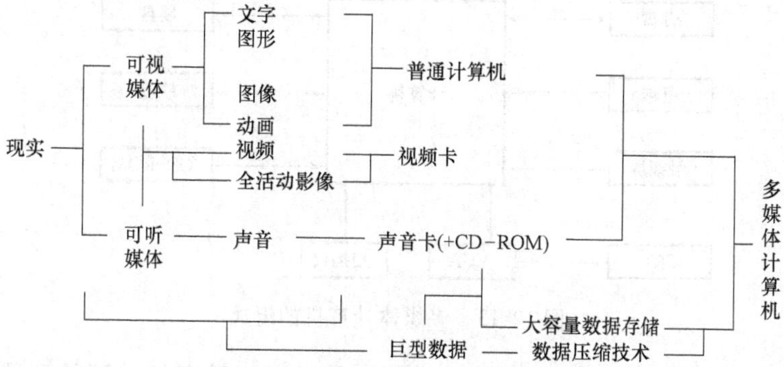

图 12-12 多媒体计算机技术示意图

多媒体信息的处理都涉及巨量的数据，所以大容量数据存储和数据压缩和解压缩技术也是多媒体技术的重要方向。

多媒体系统应具有如下特性：

1）具备高度集成性，即能高度综合集成各种媒体信息，使处理各种媒体的设备相互协调地工作。

2）具有良好的交互性，即用户能随意地通过软件调度媒体数据和指挥媒体设备。

3）具备完善的多媒体硬件和多媒体工作平台。

多媒体硬件是多媒体技术的基础，而多媒体软件是多媒体技术的灵魂。前者为多媒体的实现提供了可能，而后者综合地利用计算机处理各种媒体的最新技术，如数据压缩，数据采样，二维、三维动画等，能灵活地调度使用多媒体数据，使各种媒体硬件和谐地工作。由于多媒体技术涉及的各种媒体都要求巨大的数据，因此多媒体的主要任务是使用户方便、有效地组织和运转多媒体数据。

3. 多媒体计算机的组成

多媒体计算机（MPC）是多媒体技术走向实用化的范例。它是在 PC 的基础上融合高质量的图形、立体声、动画等媒体组合而成的系统。其组成如图 12-13 所示。

总之，多媒体计算机是在通用 PC 的基础上，增加了多媒体设备和多媒体软件构成的。本章不涉及软件，所以，在前述各章的基础上增加了多媒体设备就构成了多媒体计算机的硬件系统。

多媒体设备，主要包括声频卡、视频卡和 CD-ROM。

二、多媒体设备

1. 声频卡

声频卡的主要功能是对语言、音乐等音频信息进行数字化处理。MPC 都有语言变成数

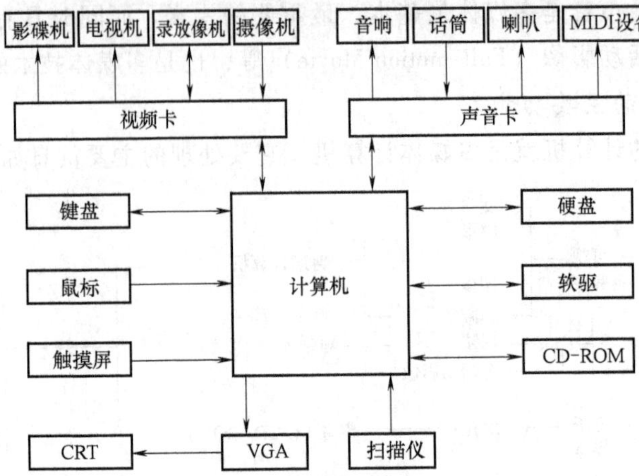

图 12-13 多媒体计算机的组成

字信号和数字信号变成语言的 A-D 和 D-A 功能，并可以把数字信号记录到硬盘上和从硬盘上重放。声音的数字化手段是采样，影响声音质量（同时也就影响数字化声音文件的大小）的主要因素是采样频率。采样频率越高，音质越好。3 个标准的采样频率是 44.1kHz、22.05kHz 和 11.025kHz。

每次采样的信息量：8 位的采样把每个样本分为 256 等分；16 位采样把每个样本分为 65536 等分；显然，后者的音质比前者的好。

通道数：通常分单通道和立体声通道。MPC 还有音乐合成器和乐器接口 MIDI。合成器用来增加播放复合音乐的能力，而 MIDI 可以外接电子乐器，这样就使多媒体 PC 不但播放来自光盘的音乐，而且还有编辑乐曲的能力。

这里以 Creative Labs 公司的 SoundBlaster（俗称声霸卡）为例，介绍这类卡的基本原理。

（1）硬件结构　声霸卡由主机接口逻辑、输入/输出接口逻辑以及主控逻辑三部分组成。

主机接口逻辑与 IBM-PC/AT 以上微机兼容，设有 12 个接口寄存器与主机通信。这些寄存器采用 PC 未用的地址 22XH 或 24XH 为基地址。X 从 0→E，出厂设定基地址为 220H，用户可通过板上的跳线改变基地址。地址译码电路对 $A_9 \sim A_4$ 基地址译码，低位地址 $A_0 \sim A_3$ 选择片内的寄存器。寄存器中 7 个存放声音、音乐有关的数据和状态信息，5 个处理与内部数字信息处理器 DSP 有关的命令、状态和数据信息。

主机接口逻辑还包括 DMA 和中断逻辑。使用 DMA_1 和 IRQ_3 作 DMA 传输和中断控制，也可由选线选择 IRQ_2、IRQ_3 或 IRQ_5。

输入/输出接口逻辑的功能是完成输入/输出设备与控制卡的连接。输入/输出接口备有 3 个输入插座。其中二芯输入插座两个：一个用来连接盒式磁带机或 CD 唱机（从 Line In 输入）；另一个用来连接话筒（从 Microphone In 输入），输入信号经过自动增益控制电路以自动调整不同记录条件下的声音信号输入电平，以满足后级 A-D 转换的要求。另有一个 15 芯插座（Jogstick/MI DI），用来连接操纵杆或 MIDI 设备，Jogstick 接口与 PC 的标准游戏接口完全兼容。要连接 MIDI 设备，还需外接一个适配器。MIDI 接口用于驱动外部电子乐器或其他 MIDI 设备。

一个输出端口用来外接扬声器或耳机，板内有立体声功率放大器，可得到每通道最大输出功率为 4W 的功率输出，驱动外接 4Ω 扬声器（左右通道），板上还有音量调节电位器供人工调节音量用。

主控逻辑包括 8 位 A-D 转移器、8 位 D-A 转换器、数字信号处理器 DSP、缓冲存储器及其他器件。

主控逻辑是整个卡的控制核心。A-D 转换器将输入的语言、音乐等模拟音频信号进行采样，经缓冲存储器送到 DSP 进行处理。采样频率可编程，从 4kHz 到 44.1kHz，DSP 对采样数据进行处理，按 ADPCM 编码并对数据进行压缩和解压缩（压缩比为 2:1、3:1 或 4:1）。声音信息既可以数字数据形式表示和处理，也可用图形数据表示和处理，还可以对计算机送来的数据进行处理。D-A 转换器用来将处理后的数字信息转换为模拟信号，经功率放大器放大后从立体声通道输出。

（2）驱动软件　声音编辑程序：可对声音文件进行编辑，如创建文件、录音、编辑、压缩、音量控制；修改采样率和演播等。非压缩的声音可以图形形式在显示器上显示出来，以便进行剪裁、连接等编辑操作，并可对 CD-ROM 进行操作。声音应用程序：对声音文件进行操作。文件记录格式可以是直接存储声音波形数据的 WAV 格式或按采样数据编程的 VOC 格式。标准接口模块：可通过一组命令将声音和音乐加到多媒体设备上。多媒体图像软件：可生成图像，并将视频图像、图形、声音、音乐等进行组合、显示和播放。

波形演播程序：可以 8 位或 16 位的格式在窗口环境下对波形数据进行记录、重放和编辑（打开文件、插入、修改、记录、存盘），可同时运行几个波形文件。

2. 视频卡

视频卡的主要功能是将图形、图像、动画等视频信号转换成数字视频信息，对这些信息进行压缩、存储、解压、编辑、传输和播放等各种处理。通常还和声音相结合，进行播放，并在监视器的窗口中显示出来。

多媒体对图像的处理有图像获取、编辑、变换等。计算机中的图形是数字化的，可分为向量图（Vector Graphic）和位图（Bitmap）。向量图可分别处理图上的各物体，可以在屏幕上移动、旋转、放大、缩小、扭曲而不失真，不同的物体还可以在屏幕上重叠并保持各自的特点，必要时仍可分开。

位图由点组成。画位图的软件称为 Paint。位图可以由相片或图画通过扫描仪扫描而得到，也可以用摄像机或数字照相机经数字化后得到。对位图处理时需改变的因素有 3 个：分辨率（屏幕分辨率和图像分辨率）、图像深度（即指每个图像的最大颜色数）以及图像文件大小。

对图像可以进行如下处理：改变图像大小，对图像进行编辑修改，调节调色板，必要时用 Dithering 分法减少图像深度。

下面介绍银河 JMC-Video 视频卡的基本工作原理：

该卡的主机接口与 PC-AT 的 ISA 总线兼容，除接口电路外，由视频初始化电路窗口控制器、帧缓冲存储器、彩色查找表和 D-A 转换器等部分组成。ISA 接口电路负责主机与视频卡之间的信息传输，接收主机发送的命令和数据，向主机传送状态信息。数字化部分由 A-D

转换器、多制式解码电路和彩色空间变换等部分组成，外接摄像机、录像机或激光视盘，由它们送来的视频信号在A-D转换器中转换为8位的数字信号，经解码进一步变换为亮、色度比为YUY4:2:2的信号，最后通过彩色空间变换，转换为16位的R、G、B数字信息。

窗口控制器是整个控制的核心，它对YUV信号进行裁剪、缩放和图像定义，然后送入帧缓冲存储器。它支持PAL和NTSC视频输入格式，实现窗口位置大小的控制，以便在计算机图形监视器上播放图像。

彩色查找表的作用是将VGA板送来的像素数据转换成数字RGB信号，这个信号与帧缓冲存储器中的视频R、G、B信号叠加后在显示器上显示出来。叠加由窗口控制器控制，有两种方式：一种是色键方式，它在需显示视频的位置上定义一种颜色，跟来自VGA的颜色相比较，相同则输出相应的视频信号；不相同则输出VGA信号。另一种为窗口方式，按坐标设定一个窗口，显示时在矩形内就显示视频信号，否则显示VGA信号。

视频卡还配置相应的软件，这些软件可在DOS和Windows环境下运行。

3. 乐器数字接口MIDI

MIDI（Musical Instrument Digital Interface）是用于数字合成器、音序发生器、节拍机等数字音频制作设备与计算机互连的国际标准接口，在数字音频制作领域中被广泛应用。MIDI采用标准的5脚连接器和屏蔽双绞电缆进行设备间的互联，任何类型的低电容、低损耗电缆都可使用。只使用3根连接线：MIDI IN（输入）、MIDI OUT（输出）和MIDI THRU（通过）。

MIDI使用电流回路在设备之间传送逻辑低电平和高电平。逻辑低电平由直流5mA电流代表，无电流代表逻辑高电平，输入电路把TTL/CMOS的高、低电平转换成电流的断和通。数据传输率规定为（31.25±1)%kbit/s，采用异步通信，每一字节包含10位，其中起始位和停止位各1位，数据8位。

第五节　计算机网络概述

在20世纪，人类正进入信息时代，社会的进步和生产力的发展，在很大程度上依赖于对信息的传输和处理能力，取决于信息技术的进步。所谓信息技术，是指信息的收集、处理、存储、传送和分配以及表述信息的手段。计算机网络的诞生和发展，是信息技术进步的象征，它将对信息社会产生不可估量的影响。

所谓计算机网络，是指通过数据通信系统把地理上分散的自主计算机系统连接起来，以达到数据通信和资源共享的目的的一种计算机系统。所谓自主计算机，是指具有独立处理能力的计算机。对于计算机网络的一种更为简洁的定义是指一些互连的自主计算机系统的集合。可见，计算机网络是在计算机技术和通信技术高度发展的基础上，两者相互结合的产物。一方面，通信系统为计算机之间的数据传送提供最重要的支持；另一方面，由于计算机技术渗透到通信领域中，又极大地提高通信网络的性能。

一、计算机网络的发展

随着计算机技术和通信技术的高度发展，计算机网络技术的发展也是日新月异，呈现出蓬勃发展的态势，先后出现了多种类型的计算机网络。

1. 专用计算机网络

从20世纪70年代中期以来，国外某些主要计算机公司都纷纷宣布了自己的计算机网络体系结构，并试图将本公司生产的计算机和通信设备，按照网络体系结构所规定的模式联接成网，以方便用户建立自己的计算机网络。美国IBM公司在1974年率先宣布了“系统网络体系结构（System Network Architecture，SNA)”。它是世界上使用最广泛的一种网络体系结构。按照SNA要求建立的网络已达数千个以上。随后美国DEC公司又宣布数字网络结构(Digital Network Architecture，DNA)、Honey-Well公司宣布了DSA等。按照这些体系结构所实现的计算机网络，称为专用计算机网络。

2. 公用数据网

公用数据网（Public Data Network，PDN）是指由电信部门组建和管理，并向用户提供公用数据通信服务的计算机网络。许多国家都已组建了本国的公用数据网，其中被世界公认方案比较完善的公用数据网是法国的Transpac，它于1977年投入运行，至1986年已拥有24个节点、31500个用户。Telenet是美国的第一个公用数据网，于1975年投入运行，其节点已遍布美国的81个城市，连通了世界上18个国家。Datapac是加拿大邮电部门组建的，也是最早按照X. 25协议标准设计的公用数据网之一，于1977年投入运行，其节点遍布加拿大的57个城市，并与美国的Telenet等网连通。PSS是英国电信公司的公用数据网，于1981年投入运行，至1986年PSS已拥有近100个节点机，网络用户近10000个。

公用数据网的特点是：

1）地理范围通常为几十千米到几万米，网络可以覆盖若干个城市、一个国家乃至跨越几大洲，故公用数据网又称为广域网（Wide Area Network，WAN)。

2）网络内的通信设施和传输介质由电信部门提供，可供任何核准的单位和个人使用。

3）通信信道可以是有线信道、微波信道或卫星通信信道等。其传输速率从每秒几百位到几百千位。

4）连接的计算机可以小至微机，大至巨型机。

3. 局域网

（1）局域网的引入 自20世纪70年代以来，由于大规模集成电路的迅速发展，使计算机硬件成本急剧下降，从而促使在一个单位甚至在一栋楼中，便拥有多台微型机。为实现微机之间的通信和资源共享，可将它们连接起来而形成局域网（Local Area Network，LAN)。引入局域网的优点如下：

1）用户之间可直接进行文件传输和交换电子邮件。

2）能方便地共享网络中各种硬件和软件资源，如硬盘共享、打印机共享、文件和数据共享。

3）提高了整个系统的处理能力，可用LAN来实现原来需要中、小型机才能实现的功能。

4）增加了系统的可靠性和可服务性。

事实上，LAN已成为“电子办公室”的重要支撑环境。

(2) LAN的特点 LAN的主要特点如下：

1) 地理范围仅限于0.1～10km，因此称之为局域网。

2) 整个网络为某个单位或部门所拥有，仅供该单位内部使用。

3) 通信信道主要是有线信道，如双绞线、同轴电缆和光纤，其传输速率通常为1～100Mbit/s。

4) 传输误码率低，可达10^{-8}～10^{-11}。

5) 网上所连接的主要是微机，故往往又称之为微机网络。

如果说广域网的发展使得计算机通信的覆盖范围不断扩大，那么局域网的发展则使得计算机通信的覆盖密度不断增加。

4. 综合业务数字网

在当今的信息社会，出现了各种类型的通信系统。例如，公用电话网是为电话通信而建造的，分组交换网是为计算机通信而建造的。在一个办公室中通常可具有多种通信工具，例如，用于对话的电话机、用于传输文字和图像的传真机以及实现数据通信的计算机。随着新型业务的不断出现，必然要求建造适合新型业务的新型的网络和通信工具，这不仅困难而且也极不经济。

通过长期的实践，人们终于认识到，如果不分何种业务而一律采用数字化技术，亦即将文字信息、语音信息、图形和图像等信息都首先转换成数字代码后再进行传送，这不仅仅能显著地提高通信的质量而且还可以使所有的业务都共用一个数字网。此即早期所谓的综合业务数字网ISDN（Integrated Service Digital Network，ISDN）概念——用一个网来实现多种业务。当时国际电报电话咨询委员会（CCITT，现国际电信联盟）对ISDN的定义是“为了传输数字信号，由数字交换机及数字信道构成的综合数字网，利用该网提供电话、数据等各种业务服务”。

人们在ISDN十多年的实践中又发现，若不改变原有业务内容而用一个网来实现各种业务是有困难的，因此现在对ISDN的设计思想是：强调业务的综合和用户接口的综合，亦即用少数综合业务来取代原有的各种业务。相应地，ISDN可通过有限类型的标准用户接口来提供所有业务。1984年10月，CCITT推荐的ISDN标准中给出了“ISDN是由综合数字电话网发展起来的一种网络，它提供了端到端的数字连接，以支持广泛的服务，包括声音的和非声音的。用户的访问是通过有限的、多用途的标准网络接口实现的”的定义。从1984年起，在日本、法国、原德意志联邦共和国、英国和美国，都先后建立了ISDN实验网，并从1988年起部分实现商用化。有人称1988年是ISDN的元年。

ISDN具有下述特点：

(1) 通信业务的综合化 利用一条用户线，便能提供电话、传真、数据通信、可视图文等多种业务。

(2) 实现高质量和高可靠性的通信 由于采用了数字化传输技术，因此提高了通信质量，而且也比较安全可靠。

(3) 使用方便 在一条通信线上可以连接多个终端。

(4) 通信费用低 较之过去不同业务采用不同的通信网络时的情况，其通信费用明显下降。

（5）网络易于实现智能化。

正因为 ISDN 具有如此多的优点，为通信展示了美好的前景，因此可以说，21 世纪的通信网络将是 ISDN。

5. 无线计算机网络

随着微机的小型化，出现了便携式计算机，人们便可以携带它外出活动。但由于孤立的便携式计算机所能存储的数据量有限，而且也无法与其他计算机进行通信和及时地获得新数据，为解决此问题只能将它们接入计算机网络中。然而接入通常的计算机网络是不适宜的，于是无线计算机网络便应运而生。由于便携式计算机的数量迅速增加，在发达国家中都纷纷建立起各种类型的无线计算机网络，并提供了多种类型的服务。

（1）无线局域网　把便携式计算机通过其无线接口（无线收发器）连接到传统的局域网上便形成了无线局域网，它可以与其他局域网、广域网互连起来。目前无线局域网主要采用两种无线传输方式：

1）广谱无线电。其传输速率不大于 2Mbit/s，室内距离不大于 2133.6cm，室外距离不大于几千米。

2）红外线技术。其传输速率与有线局网兼容，可为 10Mbit/s 和 16Mbit/s，室内传输距离约为 3048mm。

无线 LAN 的关键部件是无线通信接口卡，它能将移动单元与固定网络联通，其数据传输速率通常是 19.2kbit/s ~ 2Mbit/s。目前正在运行的无线局域网有 NCR 的 Wavelan、MOTOROLA 的 Altair 等；无线局域网的缺点是地理范围有限，其访问目标通常只限于某建筑物内部，不能支持便携式计算机做广域移动。

（2）无线广域网　该网提供了广域的甚至是国家范围内的移动数据传输和信息服务，如 RAM 网络提供了全国的无线电子邮件服务、ARDIS 网络允许便携式计算机访问在固定主机上运行的应用程序，其数据传输速率通常为 19.2kbit/s。但目前这些网络所能支持的用户数还很有限。

（3）卫星通信网　利用多颗卫星组成的卫星通信系统，可提供全球性的语音、文件以及 FAX 传输服务，例如，由 MOTOROLA 公司的 60 颗低轨道卫星组成了 Lridium 卫星通信系统，由 Qualcomm 公司的 48 颗卫星组成的卫星通信系统。

二、计算机网络的类型

由于计算机网络的广泛使用，目前在世界上已出现了多种形式的计算机网络，可以从不同的角度对它们进行分类，如根据其地理覆盖范围的大小，可将计算机网络分成广域网和局域网；根据网络拓扑结构的不同，又可将网络分成星形网、树形网、总线型网、环形网和网状形网等，还可从交换方式或控制方式等方面进行分类。

1. 按交换方式分类

计算机网络的设计者们常按交换方式的不同而将网络分成以下 3 种：

（1）线路交换（Circuit Switching）网络　线路交换是最早出现在电话系统中的一种交

换方式，目前仍广泛地应用于自动电话系统中。源用户通过拨号接通某些开关来建立所要求的通信路径，使源和目标用户之间能直接进行通信。在通信期间始终使用该路径，不允许其他用户使用它。通信结束后便断开所建立的通信路径。早期的计算机网络，如面向终端的计算机网络，都广泛利用这种交换方式的电话网络来传输数据。但在将计算机连接到线路交换网上时，应通过调制解调器，以便将数字信号变换为适合于在线路交换网中传输的模拟信号，以及接收时的反变换。

（2）报文交换（Message Switching）网络　它是一种数字式网络，每当源主机要和目标主机通信时，网络中的中继结点——交换器总是先将源主机发来的一份完整报文存储在交换器的缓冲区中，并对该报文做适当处理，然后再根据报头中的目标地址，选择一条相应的输出链路，若该链路空闲，便将报文转发至下一个中继节点或目标主机；若输出链路忙，则将装有输出信息的缓冲区排在输出队列的末尾等候。这种先存储后转发的传输方式被称为存储-转发方式。由于这种网络以报文为基本传输单位，因此也称为报文交换网。

（3）分组交换（Packet Swtching）网络　在分组交换网中虽然同样是采取存储-转发方式，但它不是以不定长的报文作为传输的基本单位，而是先将一份长报文划分为若干个定长的报文分组，以分组作为传输的基本单位。因此，当源主机要发送一份报文时，需首先进行报文分解，然后再逐个分组地发送。网络的中继节点则先将分组接收下来存储在定长的缓冲区中，然后再选择一条适当的传输路径将分组转发出去。以分组为单位进行的传输，不但大大简化了对计算机存储器的管理，而且还加速了信息在网络中的传输；由于分组交换网较之报文交换网和线路交换网，具有一系列的优点，因此已成为计算机网络的主流。

2. 按网络拓扑结构分类

根据计算机系统之间的几何连接形式或网络的拓扑结构，可把计算机网络分成以下5类。

（1）星形网络

1）星形网络拓扑结构。这是指每一个远程节点都通过一条单独的通信线路，直接与中心节点连接，即中心节点与每一个远程节点之间都采用点-点连接方式，中心节点是其他节点的唯一中继节点，如图12-14a所示。前述的联机系统便属于星形网络。

2）星形网络的特点

① 功能高度集中。整个网络的处理和控制功能高度地集中在中心节点，这样的系统易于构造，但潜在着不可靠性。

② 响应时间与终端数目有关。当终端数目较少时，终端的请求能获得及时响应，但随着终端数目的增多，响应时间也随之加长。

③ 单信息流通路径。每个终端通常只有一条信息流通路径到达中心节点，反之亦然，因此不存在路径选择问题，这无疑又是影响网络可靠性的一个因素。

④ 线路利用率低。每条通信线路只连接一个终端，使该线路利用不充分。

⑤ 可扩充性差。星形网络受到硬件接口和软件功能的限制，使其可扩充性较差。

（2）树形网络　在实际建造一个较大型网络时，往往采用多级星形网络，将多级星形网络按层次方式排列即形成树形网络。网络的最高层是中央处理机，最低层是终端，而其他各层可以是多路转换器、集中器或部门用计算机。采用树形结构的原因可归结为：①使为数众多的终端能共享一条通信线路，以提高线路利用率；②增强网络的分布处理能力，以改善星形网络的可靠性和可扩充性。例如，可将若干个终端连接到一个多路转换器上，再将若干个多路转换器连接到部门计算机上，最后再把各个部门计算机连接到企业（单位）的中央处理机上（见图 12-14b）。

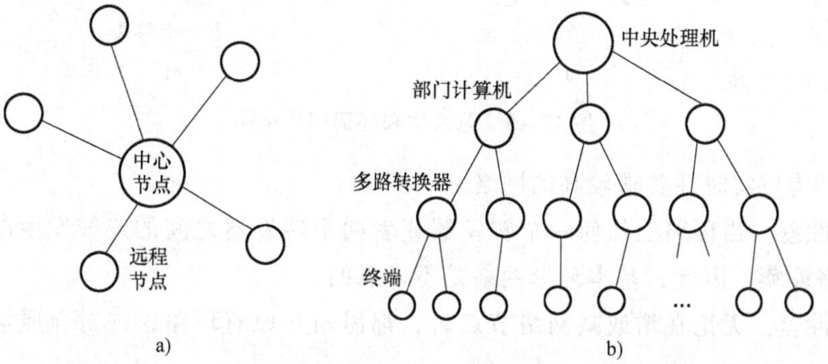

图 12-14 星形和树形网络拓扑

（3）总线型网络

1）总线型网络拓扑结构。由一条高速公用总线连接若干个节点所形成的网络，如图 12-15a 所示。其中一个节点是网络服务器，由它提供网络通信及资源共享服务，其他节点是网络工作站（即用户计算机）。总线型网络采用广播通信方式，即由一个节点发出的信息可被网络上的多个节点所接收。由于多个节点连接到一条公用总线上，因此必须采取某种介质访问控制规程来分配信道，以保证在一段时间内，只允许一个节点传送信息。目前最常用的且已列入国际标准的规程有：①CSMA/CD 访问控制规程；②令牌传送访问控制规程。

2）总线型网络的特点。

① 信道利用率高。由于多个节点共用一条传输信道，因此信道的利用率较高。

② 地理覆盖范围小。公用总线的长度受到一定的限制，通常小于几千米，节点至总线的连接线也较短，故总线的地理范围一般局限于某个单位。

③ 传输速率高。可利用高速信道来连接多个节点，其传输速率可达 1 ~ 100Mbit/s。

④ 网络建造容易。由于网络的物理结构简单，将节点连接到总线上也容易，相应地，传输控制机构也简单，故这是一种较易实现的计算机网络。

（4）环形网络

1）环形网络拓扑结构。在环形网络中，每台入网的计算机都先连接到一个转发器上，再将所有的转发器通过高速点-点信道，连成一环形，如图 12-15b 所示，网络中的信息是单向流动的，从任一源转发器所发出的信息，经环路传送一周后又返回到源转发器。为了控制各个联网计算机对环路的访问，在环形网络中也同样可有多种介质访问控制规程。现已列入国际标准的规程有令牌传送访问控制规程等。

2）环形网络的特点

① 传输时延的确定性。从某源点发出的信息，能在确定的时间内到达目标节点。基于

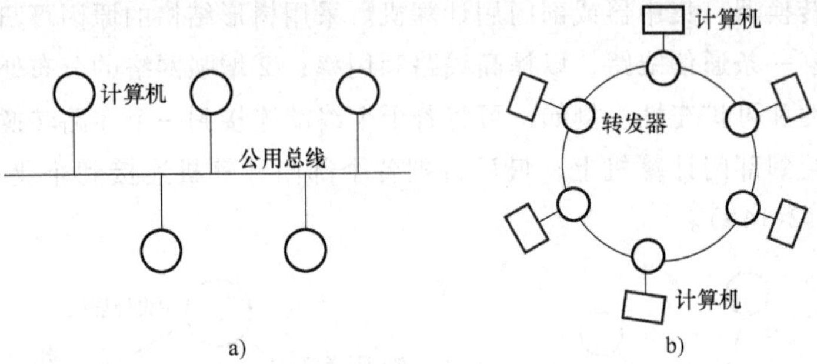

图 12-15 总线型和环形网络结构

这一特点，可构成实时性要求较高的网络。

② 可靠性差。当环路上任何一个转发器或者两个转发器之间的连线发生故障时，都将导致整个网络瘫痪，因此，基本环形网络是不可靠的。

③ 灵活性差。无论在增或减网络节点时，都需断开原有环路，并对介质访问控制进行调整。

④ 网络建造容易。由于网络中的每个转发器都只与相邻的两个转发器相连接，这使网络结构简单，且介质访问控制也不复杂，故使网络的建造比较容易。

(5) 网状形网络

1) 网状形网络拓扑结构。如图 12-16 所示，其中的接口信息处理机（Interface Message Processor，IMP）专门用于实现数据通信，将多个 IMP 通过点-点式信道连接成的不规则网状网称为数据通信网，或简称通信子网。凡需入网的计算机（HOST）都应连接到 IMP 上，而各 HOST 之间又必须通过通信子网方能进行通信。通常把通信子网以外的计算机和终端设备等一起称为数据处理子网，或通称为资源子网。网状形网络是广域网中最常采用的一种网络形式。

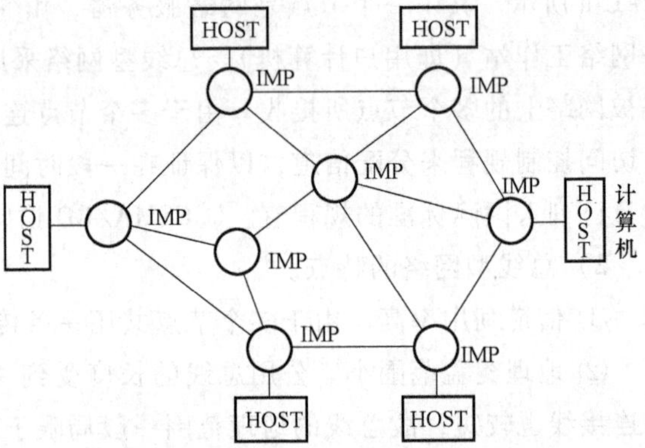

图 12-16 网状形网络拓扑结构

2) 网状形网络的特点

① 两级网络形式。网状形网络在逻辑上可分为通信子网和资源子网两部分，前者专门用于实现网络通信；后者主要用作数据处理。这种两级网络形式的最大好处是便于将各种类型的计算机连接成异构型计算机网络。

② 网络可靠性高。通常，通信子网中的任意两个 IMP 之间都存在着两条或两条以上的通信路径，这样，当一条通信路径发生故障时，还可以通过另一条路径把信息传送到目标 IMP。

③ 可扩充性好。该网络无论是要增加新的功能，还是要将另一新的计算机入网，以形

成更大或更新的网络时，都比较方便。

④ 灵活性好。网络可组建成各种形状、采用多种通信信道、多种传输方式及传输速率。

3. 按网络控制方式分类

按网络所采用的控制方式，可把计算机网络分为集中式和分布式两种网络。

（1）集中式计算机网络　这种网络的处理和控制功能都高度集中在一个或少数几个节点上，所有的信息流都必须经过这些节点之一，因此，这些节点是网络的处理和控制中心，而其余的大多数节点则只有较少的处理和控制功能。前面所介绍的星形网络和树形网络都是典型的集中式网络。

集中式网络的主要优点是实现简单，其网络操作系统很容易从传统的分时操作系统经适当地扩充和改造而成。故早期的计算机网络都属于集中式网络，目前仍被广泛采用。但它们都存在着一系列缺点，如实时性差、可靠性低、缺乏较好的可扩充性和灵活性。应当指出，在 20 世纪 80 年代所推出的大量商品化的 LAN 中，用于提供网络服务和网络控制功能的软件主要都驻留在网络服务器上，因而也把它们归于集中式计算机网络，但它们具有分布处理功能。

（2）分布式计算机网络　在这种网络中，不存在一个处理和控制中心，网络中的任一节点都至少和另外两个节点相连接，信息从一个节点到达另一节点时，可能有多条路径。同时，网络中的各个节点均以平等地位相互协调工作和交换信息，并可共同完成一个大型任务。前述的分组交换网、网状型网络都属于分布式网络，这种网络具有信息处理的分布性、可靠性高、可扩充性及灵活性好等一系列优点，因此，它是网络的发展方向。目前的大多数广域网中的主干网，便是做成分布式的控制方式，并采用较高的通信速率，以提高网络性能；而对大量非主干网，为了降低建网成本，则仍采取集中控制方式及较低的通信速率。

4. 按网络环境分类

根据网络环境的不同，可把计算机网络分成部门网络、企业网络和校园网络 3 种。

（1）部门网络（Departmental Network）　部门网络是局限于一个部门的 LAN，一般供一个分厂、处（科）或课题组使用，该网络通常由几个至 20 个工作站、1～2 个服务器以及可共享的一般打印机或激光打印机等所组成。在大型企业和校园中，通常都包括多个部门网络，它们通过网桥/路由器或其他方式互连起来。然而部门网络中的信息流主要仍限于部门内部流动，约占 80%，只有少量（约占 20%）的信息流是越出了部门网到其他网络中进行远程资源访问。

部门网络规模小且技术成熟，目前最流行的是总线型以太网，传输速率为 10Mbit/s，网络管理也相对地比较简单，且由于已经积累了较多的经验，因此不需要专职的管理人员，可由本部门的业务人员兼任网络管理员。

（2）企业网络（Enterprise-wide Network）　这是在一个企业中配置的、能覆盖整个企业的计算机网络，如一个公司、工厂或大商场等规模适中的企业；通常占用一栋或几栋楼。而一个大型企业则可以包括若干个地理上分散的（可能分布在不同的城市）子公司和分厂。规模适中的企业网络通常由两级网络构成。其低层是分布在各个部门（分公司、处、科）的部门网络，而高层则是用于互连这些部门网络的主干网。主干网通常都具有较高的传输速率，如100Mbit/s，并挂有中、小型机作为整个企业的数据库服务器，存储整个企业的重要数据，在规模较大且地理上分散的企业中，往往还需要通过广域网将各地的主干网和部门网互联起来。

企业网络不仅规模大，还可能拥有多种类型的网络以及配置大量的、品种繁多的硬件和软件，而且是作为现代企业活动的神经中枢。任何关键部分的故障都有可能影响整个企业网的工作，因此在企业网中对关键部件都采用了容错技术，同时由于对网络的管理和维护要求较高，因此必须配备经验丰富的网络管理专门人员。

（3）校园网（Campus Network） 指在学校中配置的、覆盖整个学校的计算机网络，通常在一所大学的计算中心和一些系里都配置了部门LAN，它们分散在各个大楼中，可利用网桥或网关将这些网络互连起来形成一个统一的校园网。但当前更流行也更有效的方法是利用一个高速网络，将分散的部门LAN连接起来而形成一个两级网络形式的校园网。发达国家的名牌大学普遍已经建立了校园网；我国也有不少大学，如深圳大学、清华大学、北京大学等，都建立了校园网。

三、计算机网络的组成、功能和服务

1. 计算机网络的组成

以资源共享为主要目标的计算机网络从逻辑上可分成两大部分：①通信子网；②资源子网。

（1）通信子网 图12-17所示为一个典型的计算机网络。通信子网的组成如下：

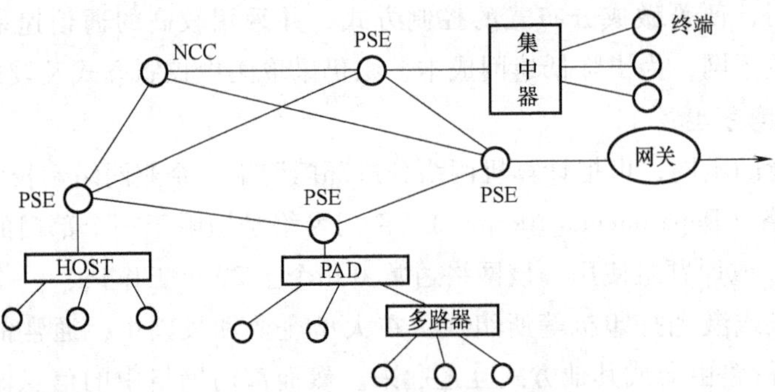

图12-17 一个典型的计算机网络

1）分组交换器。它用于实现分组交换，即接收从一条物理链路上送来的分组，经过适当处理后，再根据分组中的目标地址选择一条最佳传输路径，将分组发往下一个节点。

2）集中器或多路转换器。这两种设备的主要功能都是用于实现从多路到一路或从一路到多路的转换，以便使多个终端共享一条通信信道，提高信道的利用率。两者的主要区别是前者以动态方式分配信道，而后者则以静态方式分配信道。

3）分组组装/拆卸设备PAD。它用于连接大量的同步和异步终端。其功能主要如下：

① 组装PAD接收从终端发来的字符流，将它们组装成适于在网络中传输的信息分组后送入网络中。

② 拆卸PAD接收从网络传来的分组，再根据分组中的目标地址，将分组拆卸成字符流

后，送至相应的终端。

4）网络控制中心。其主要任务是管理整个网络的运行，为网络中的用户进行注册、登记和记账，对网络中产生的故障进行检测。

5）网关。网关用于实现各网络之间的互联，其作用是作为各网络之间的硬件和软件接口，实现各计算机网络之间信息的格式变换和规程变换。

（2）资源子网 资源子网负责全网的面向应用的数据处理，可实现网络资源的共享。它由各种硬件（主机和外设）和软件（网络操作系统和网络数据库等）所组成。

1）主机（HOST）。它是资源子网中的主体，在主机中除了装有本地操作系统外，还应配有网络操作系统。主机中还装有各种用户软件、配置网络数据库和各种工具软件。联网主机的规模可以小至微机，大至巨型机。

2）终端设备。它是用户与网络之间的接口，用户可以通过终端取得网络服务。终端和主机一样，是网络的信源和信宿。应当指出，通常的终端输出是字符流，因此终端不能直接入网，而必须通过主机或 PAD。

3）网络操作系统。网络操作系统是建立在各主机操作系统之上的一个操作系统，用于实现在不同主机系统之间的用户通信，全网硬件和软件资源都共享，并向用户提供统一的、方便的网络接口，以方便用户使用网络。

4）网络数据库系统。网络数据库系统是建立在网络操作系统之上的一种数据库系统。它可以集中地驻留在一台主机上（集中式网络数据库系统），也可分布在多台主机上（分布式网络数据库系统），它向网络用户提供存、取、修改网络数据库中数据的服务，以实现网络数据库的共享。

2. 计算机网络的功能

以资源共享为主要目标的计算机网络，应具有下述几方面功能：

（1）数据通信 该功能用于实现计算机与终端计算机和计算机之间的数据传输，这是计算机网络的最基本的功能，也是实现其他几个功能的基础。为实现数据传输，数据通信功能应包含下述几项具体内容：

1）连接的建立和拆除。在计算机网络中，为使源主机与目标主机进行通信，通常在它们之间先建立连接，即建立一条由源主机到目标主机的逻辑链路；在通信结束时拆除已建立的连接。

2）数据传输控制。在通信双方已建立起连接之后，便可利用该链接来传输用户数据，为使用户数据能在网络中正确传输，必须为数据配上报头，其中含有用于控制数据传输的信息，如目标主机地址、源主机地址、报文序号等。我们把用户数据称为报文体。网络根据报头中的信息控制报文的传输。此外，传输控制还应包括对传输过程中出现的各种异常情况进行及时处理的功能。

3）差错检测。数据在网络中传输时，难免会出现差错，通常用误码率来度量信道的出错程度。一般信道的误码率为 $10^{-4} \sim 10^{-9}$。为了减少错误，网络中必须具有差错控制设施，以实现下述具体任务。检测差错：用于发现数据在传输过程中所出现的错误；纠正错误：对已发现的错误进行纠正。

4）流量控制。在进行数据传输时，应控制源主机发送数据流的速度，使之与目标主机接收数据流的速度相匹配，以保证目标主机能及时接收和处理所接收的数据流；否则，可能使接收方缓冲区中的数据溢出而丢失，严重时还可能导致发生网络拥挤和网络死锁的情况。

5）路由选择。在公用数据网中，由源站到目标站通常都有多条路径。路由选择的作用是按一定策略（如传输路径最短、传输时延最小或传输费用最低等）为被传输的报文选择一条最佳传输路径，路由选择功能则可用来平滑网络中各条路径上的信息流量。

6）多路复用。为提高传输线路的利用率，在现代计算机网络中都采用了多路复用技术，即将一条物理链路虚拟为多条虚电路，使一条物理链路能为多个“用户对”同时提供信息传输功能。

（2）资源共享　计算机网络中的资源可分为3大类，即软件资源、硬件资源和数据资源；相应地，资源共享也分为以下3类：

1）数据共享。随着信息时代的到来，数据资源的重要性也愈来愈大。在发达国家的大型计算机网络中，普遍设置了一些专门的数据库，如有关情报资料数据库、机械制造技术和产品数据库等，可供全国乃至全世界的网络用户使用。事实上，现代计算机网络已把在网络中是否设置了大型数据库、设置了什么样的数据库作为衡量计算机网络水平的重要标志之一。

计算机网络中有两种方式实现数据共享：①当计算机系统A需要系统B中的数据d时，可将所需控制信息C和处理数据d的软件S送至计算机系统B，由B处理后将结果返回A；②计算机系统A请求对方把数据d送至本方，由A自己处理。

2）软件共享。计算机网络可供共享的软件包括各种语言处理程序和各式各样的应用程序。实现软件共享的方法也有两种：①计算机A需要计算机B中的软件S1时，A将数据d送至B，由B利用S1对d进行处理后，再将结果送回给A；②A请求B把软件S1送至A、由A自己处理。在选择数据及软件的共享方式时，应以能尽量减少通信线路上的信息流量为目标。

3）硬件共享。为发挥巨型机和特殊外围设备的作用，并满足用户要求，计算机网络也应具有硬件资源共享的功能。例如，当某计算机系统A因无某特殊外围设备而无法处理某些较复杂的问题时，它可将处理该问题的有关数据连同有关软件，一起送至拥有这种特殊外围设备的系统B，由B利用该硬件对数据进行处理，处理完后再把有关软件及结果返回给A。

（3）负荷均衡和分布处理

1）负荷均衡。这是指网络中的工作负荷被均匀地分配给网络中的各计算机系统。当某系统的负荷过重时，网络能自动该系统中的一部分负荷转移至负荷较轻的系统中去处理。为此，网络必须具有把本地作业传送至其他计算机系统中的批处理系统，排队等待处理，处理完后又把结果返回源系统的功能。

2）分布处理。对一个作业的处理可分成3个步骤：①提供“作业输入文件”；②对作业进行加工处理；③把处理结果输出。在单机环境下，上述3步都在本地计算机系统中进行，在计算机网络环境下，根据分布处理的需要，可形成下述4种情况：①将本地计算机A

的“作业输入文件”传送到计算机B系统中的批处理系统，B处理后再把结果送A；②把A的“作业输入文件”送B，由B进行加工后再把结果传送到系统C；③由A命令B到D中去检索“作业输入文件”，再由B加工后送A；④由A命令B到D中检索“作业输入文件”，由B加工后把结果送到C。

3. 计算机网络提供的服务

为了方便用户，计算机网络在其基本功能的基础上，又提供了许多非常有效的服务。不论是广域网还是局域网，通常都提供下述几种网络服务：

（1）电子邮件服务

1）电子邮件（E-mail）的引入。所谓电子邮件是指利用通信系统传送的邮件。电子邮件服务最早出现在电话系统中，后来又被引入到计算机网络中。引入电子邮件服务可带来以下好处：

① 加快了邮件的传送速度。通常的邮件，即便是航空信件一般也要几天时间；而电子邮件，快则几分钟，慢则也只需几小时便可被传送到千里之外的指定目标。

② 提供了非实时业务。打电话虽快，但电话是一种实时业务。它要求通话双方必须同时在电话机旁。据国外统计，大约有70%的业务电话，其第一次呼叫是失败的。然而电子邮件是一种非实时业务，当A要把电子邮件传送给B时，无论B是否在目标终端，邮件都能自动和安全地保存在B的信箱中。

③ 提高了通信系统的利用率。由于电子邮件属于“非实时”业务，因此，电子邮件可以利用信道的空闲时间传送。

2）电子邮件的类型 随着电子邮件服务应用领域的日益拓宽，多种类型的电子邮件便应运而生，目前已有以下3种：

① 文字型电子邮件。这是最常见的一种电子邮件形式。文字型电子邮件与通常的邮件一样也由两部分组成：

a）信头。这相当于信封，上面记录有电子邮件系统传送邮件时所需要的信息。

b）信体。这是用户要传送给对方的信息。

② 图像型电子邮件。对于诸如照片、工程制图和手写书信等这类信息，显然不能用文字型电子邮件服务来进行传送，必须利用传输速率更高的图像型电子邮件服务。以前常用传真机传送图像，在高速网络出现后，便可利用高速网络来传送图像型电子邮件。

③ 语音型电子邮件。这是将录有声音的邮件通过网络传送到目标站。这类服务与电话的主要区别是具有“非实时”性且可以存档。

（2）文件传送服务FTP 文件传送服务FTP可用于将文件从一台计算机传送到另一台远程计算机上，允许用于进行与文件检索和文件传送有关的操作，比如列文件目录、传送指定文件、设置文件传送参数、改变当前工作目录等。所传送的文件可以是多种形式的，如正文文件、二进制可执行文件等，在有的网络中还可以传送语音文件和图像文件。FTP实际上是一个软件流通渠道，用户可利用它获得多种类型的软件。

由于文件传输和电子邮件同属于用户通信，因此两者有些相似之处，但也有着明显的区别，主要表现在：①电子邮件服务是一种非实时业务；而文件传送服务是实时联机服务。在进行工作时，用户要先到目标站的计算机上登录，然后再进行文件传送；②电子邮件在传送时，仅涉及对方的电子信箱，而文件传送则往往要涉及对方的文件系统；③电子邮件服务有自身的一套特有功能，比如，将一份电子邮件同时传送给多个目标站的多目标传送功能及转发功能（转发是指一用户收到电子邮件后，再将该邮件转发给另一用户）；而文件传送也有其特有的功能，如列文件目录、实现文件共享等。

（3）其他类型的服务

1）远程登录服务。远程登录服务指某台用户计算机通过该网络服务，暂时成为另一台远程主机的仿真终端。用户要使用远程登录服务时，应先在指定的远程主机上进行登录，以成为该主机的合法用户。登录成功后，用户便可在自己的仿真终端上实时地使用远程主机上对外开放的全部资源，比如访问该主机数据库中的数据。

2）共享硬盘服务。在LAN中广泛提供共享硬盘服务。该服务允许连接在LAN上的多个工作站共享服务器上的硬盘，即将指定文件或数据部分或全部地存储在服务器的硬盘上，这样，工作站上便可不配置硬盘和软盘而形成无盘工作站，或者将另一部分可供全网用户使用的文件和数据存储在服务器的硬盘上，以便实现文件和数据共享。

3）共享打印机服务。在LAN中，通常以共享硬盘为基础，又提供了共享打印机服务。该服务允许网上各工作站共享连接在服务器上的打印机，即当工作站需要打印数据时，可将要打印的数据送服务器，由服务器上的共享打印机进行（排队）打印。LAN提供了该服务后，便不需再在所有的工作站上配置打印机。

四、计算机网络协议

1. 网络协议

在计算机网络中，为使各计算机之间或计算机与终端之间能正确地传送信息，必须在有关信息传输顺序、信息格式和信息内容等方面有一组约定或规则，这组约定或规则即所谓的网络协议。实际上，网络协议含有三要素：

（1）语义　协议的语义是指对构成协议的协议元素含义的解释，不同类型的协议元素规定了通信双方所要表达的不同内容（含义），例如，在基本型数据链路控制协议中，规定协议元素SOH的语义表示所传输报文的报头开始；而协议元素ETX的语义表示正文结束。

（2）语法　语法是用于规定将若干个协议元素和数据组合在一起来表达一个更完整的内容时所应遵循的格式，亦即对所表达的内容的数据结构形式的一种规定。例如，在传输一份数据报文时，可用适当的协议元素和数据。按下述的格式来表达，其中BCC是校验码。

SOH	HEAD	STX	TEXT	ETX	BCC

（3）规则　它规定了事件的执行顺序。例如在双方通信时，首先由源站发送一份数据报文，如果目标站收到的是正确的报文，就应遵循协议规则，利用协议元素ACK来回答对方，以使源站知道其所发出的报文已被正确接收；如果目标站收到的是一份错误的报文，便应按规则用NAK元素做出回答，以要求源站重发刚刚发过的报文。综上所述，网络协议实质上是实体间通信时所使用的一种语言。

国际标准化组织（ISO）和美国电气和电子工程师协会（IEEE）多年来进行了网络协议标准的制订工作。著名的 ISO-OSI 参考模型和 IEEE802 局网标准已被人们普遍接受。

ISO-OSI 是 ISO 于 1981 年制订的开放系统互连参考模型，如图 12-18 所示。它从逻辑上把网络的功能分为 7 层。最低层为物理层，依次为数据链路层、网络层、传输层、会话层、表示层，最高层为应用层。图中还给出了与各层对应的网络产品。物理层的功能是提供并维护物理电路、处理冲突检测。数据链路层则规定帧的格式，因此这两层的产品主要是作为通信介质的电缆、导线、插头以及网络卡。网络层解决多节点传送时的路径选择是各种通信软件。表示层解决数据格式的转换。应用层提供与用户有关的功能，因此这两层的产品是各种应用软件。

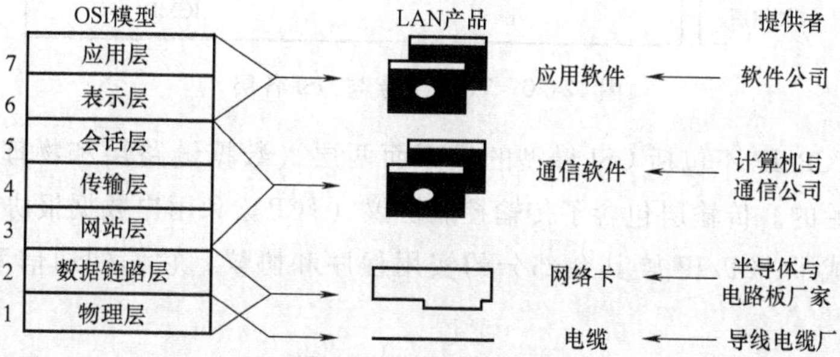

图 12-18　OSI 参考模型

这种分层模型有两个优点：一是各层功能划分清楚，使分层设计简化，称为明晰性。二是各层相对独立，使分层实施方便，称为灵活性。例如物理层和链路层可以采用不同网络卡以及不同的传输介质，但这些却不影响高层软件的工作。

IEEE 为适应局域网标准化工作，成立了专门的机构 IEEE802 委员会。自 1983 年开始，陆续公布了以下标准文件：

① IEEE802.1　包括两部分。A 部分为综述和体系结构；B 部分为寻址、网际互联和网络管理。

② IEEE802.2　为逻辑链路控制（LLC）部分。

③ IEEE802.3　为 CSMA/CD 方法和物理层规范。

④ IEEE802.4　为令牌传送总线（Token Bus）方法和物理层规范。

⑤ IEEE802.5　为令牌环（Token Ring）方法和物理层规范。

⑥ IEEE802.6　城市区域网（MAN）。

⑦ IEEE802.7　宽频网络。

⑧ IEEE802.8　光纤网络。

以上标准文件的相互关系如图 12-19 所示。

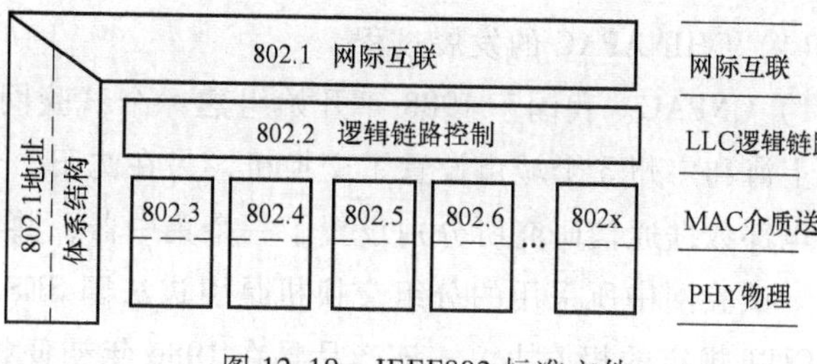

图 12-19　IEEE802 标准文件

2. TCP/IP

从名字上看 TCP 即为传输控制

协议，IP即为网际协议，这是两个协议标准。但现在提到TCP/IP就不只是指这两个协议标准而是一大批软件程序，它们提供诸如远程登录、远程文件传输和电子邮件等网络服务。TCP/IP提供了一种在计算机之间传输信息的方法。通信协议应处理传输中的故障、管理路由和数据传输，并通过预定状态信号的使用控制实际传输，TCP/IP完全满足了上述要求。

TCP/IP也是按层来设计的，但它们与OSI的分层并不一一对应。

TCP/IP族与OSI各层的基本内容如图12-20所示。

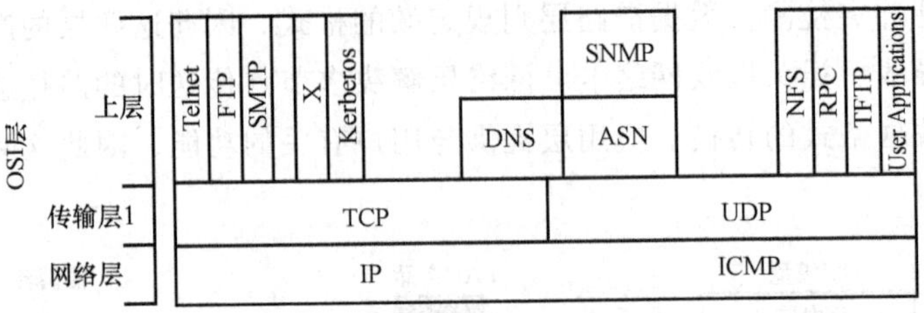

图12-20 TCP/IP族与OSI各层

可以看出，TCP/IP不包括OSI模型的最下面两层（数据链路层和物理层），而是由IP驻留的网络层开始的。传输层包含了传输控制协议（TCP）和用户数据报协议（UDP）。

在此之上组成了TCP/IP族其余部分的实用程序和协议，它们的通信系统使用TCP或UDP和IP层。

Telnet：远程登录
FTP：文件传输协议
SMTP：简单邮件传输协议
X：X Windows系统
Kerberos：安全性
DNS：域名系统
ASN：抽象语法概念
SNMP：简单网络管理协议
NFS：网络文件服务器
RPC：远程过程调用
TFTP：普通文件传输协议：传输协议
TCP：传输控制协议
UDP：用户数据报协议
IP：网际协议
ICMP：网际控制报文协议

五、CHINAPAC和INTERNET

从20世纪70年代开始，分组交换网首先在美洲和欧洲得以应用，后在世界各地迅速普及。现在，亚洲的新加坡、韩国、中国都已有了公用分组交换网在运行。本节将介绍我国国家级的公用分组交换网——CHINAPAC和世界上最大的国际互联网——美国的Internet。

1. CHINAPAC

（1）CHINAPAC的发展过程

1）CNPAC。我国于1988年开始组建一个试验网，并将其命名为CNPAC，当时只在北京、上海和广州3个城市设置了交换机，另在沈阳、天津、武汉、西安、成都、南京、深圳和邮电部数据通信研究所分别设置了一个集中器，共有580个端口，能覆盖全国所有各省会城市。试验网中所采用的分组交换机是引进法国SESA公司研制和生产的DPS25，它完全符合CCITT规定的相关协议。该产品早在1986年初便投入运行，并在法国、澳大利亚、新西兰和巴西等十多个国家的公用数据网上使用。

2）CHINAPAC CNPAC 作为 CHINAPAC 的前身，我国在 1991 年对它进行了大规模的扩建，在全国 28 个省会城市都建立了交换机，它是引进加拿大北方电信公司 DPN-100 分组交换系统，全国共有 32 个交换机（北京和四川各两个），把北京、上海、南京、武汉、西安、成都、广州和沈阳 8 个城市作为汇接中心。各汇接中心采用完全网状结构，而其他中心则按不完全网状进行连接，形成了 CHINAPAC 的骨干网。而各省也都先后建成了省内网，由这两大部分构成了最终的 CHINAPAC，其中，北京作为国际出入口局，广州作为港澳出入口局，采用集中式网管，网管中心设在北京。CHINAPAC 是在 1993 年 9 月正式开通并被命名的。此时该网能处理 6000 分组/秒，传输速率可达 64kbit/s。为进一步适应我国邮电事业蓬勃发展的需要，1994 年又对 CHINAPAC 做了进一步扩大，端口数扩充了约 10 倍，中继线的传输速率也从 64kbit/s 提高到 256kbit/s，甚至达到 2Mbit/s。

（2）CHINAPAC 的功能 它除了具有一般的分组交换功能，以及支持 X. 25、X. 32、X. 28、X. 29 及 X. 75 等协议和所有业务外，还增加了下述功能：

1）运行 SNA 的网络环境。由于我国不少行业和部门都采用了 IBM 公司的大、中、小型机器，如 IBM43 系列、AS/400 系列等，这些机器都是采用的 SNA 网络体系结构、IBM 的通信协议。CHINAPAC 的这些功能可支持这些机器通过接入 CHINAPAC 来实现远程连网，这样不仅可节省租用大量专线的费用，且可提供灵活的入网方式。

2）支持 TCP/IP。由于目前较多的系统和 LAN，如 UNIX 系统、VMS 系统、SUN 工作站以及 LAN 都采用 TCP/IP，为了方便这些系统和 LAN 的入网，CHINAPAC 于 1994 年提供了支持 TCP/IP 的功能，这样可方便地将这些系统和 LAN 通过 CHINAPAC 实现互联。

3）提供虚拟专用网（VPN）功能。过去有不少行业都是由自己建立专用网来实现通信，这样不仅要花费大量的初期投资及日常的管理和维护费用，且由于近年来科学技术发展迅猛，以及通信设备更新的周期愈来愈短，使专用网已难以适应，于是虚拟专用网（Virtual Private Network，VPN）技术便应运而生。VPN 便是利用公用数据网的资源和部分专用设备构成的，它在应用及管理方式上完全等同于专门网，从而为许多行业和部门节省了投资费用并减少了管理和维护人员。建设银行是我国第一个虚拟专用网用户。

4）广播功能。CHINAPAC 能自动将一份报文传送给网络中预先规定好的用户，这在股票、证券以及办公自动化领域，均会得到广泛的应用。

5）帧中继功能。为了提高通信速率，目前在国外已广泛采用了帧中继技术，它可将通信速率从原来的 64kbit/s 提高到 1 ~ 2Mbit/s。

（3）公用数据网的进一步发展 目前，CHINAPAC 已覆盖全国所有县、地以上城市以及绝大部分乡镇，包括香港特别行政区、澳门特别行政区、台湾等，还连接了欧洲、美洲等的大部分地区，并且与世界上近三十个国家和地区的近五十个网络互通，可以方便地进行国际通信。CHINAPAC 已开发了电子信箱（E-mail）、电子数据互换（EDI）、传真存储转发（FAXS&F）、可视图文（VIDEOTEX）、信息查询检索、多媒体、可视会议及远程医疗诊断等多种新业务，并与 Internet 互联，与公用电话网（PSTN）互连，与用户电报网（TELEX）互联，成为我国国民经济信息化重要的网络应用平台。

2. INTERNET

互联网（Internet）是一组全球信息资源的总汇。有一种粗略的说法——认为 Internet 是由许多小的网络（子网）互联而成的一个逻辑网，每个子网中连接着若干台计算机（主机）。Internet 以相互交流信息资源为目的，基于一些共同的协议，并通过许多路由器和公共互联网而成，它是一个信息资源和资源共享的集合。计算机网络只是传播信息的载体，而 Internet 的优越性和实用性则在于本身。互联网最高层域名分为机构性域名和地理性域名两大类，目前主要有 14 种机构性域名。

1995 年 10 月 24 日，联合网络委员会通过了一项有关决议：将互联网定义为全球性的信息系统。Internet 为世界经济和社会发展的全球化、信息化、网络化提供了技术基础，它实现了在任何地点、任何时间进行全球个人通信，使社会的运作方式、人类的学习、生活工作方式发生了巨大的变化。据不完全统计，截至 2014 年 11 月，全世界互联网用户超过 30 亿。在我国，每三个人里就有两个人在使用智能手机等设备访问移动互联网，中国目前的移动互联网用户已达 8.75 亿人。

Internet 主干网技术先后经历了 155MB、2.5GB、10GB 等不同发展阶段，目前各国互联网主干网主要是 10GB 网络。2013 年一些发达国家开始着手规划建设 100GB 主干网，教育科研学术网络成为领头羊。

2011 年 9 月，“中国教育和科研计算机网主干网和重点学科信息服务体系升级扩容工程”获得发改委、教育部等部门批复启动，CERNET 100G 主干网项目正式开始建设。历时两年，38 所高校协同作战，终于建成了我国第一个 100GB 主干网。扩展扩容的中国教育和科研计算机网高速光传输网全部采用国产设备，覆盖 29 个省、自治区、直辖市的 34 座城市，全长 21732.4 千米，形成了为 2000 多所高校提供千兆以上高速接入的能力，其中 500 所高校的接入能力达到万兆以上。

世界先进的 100GB 高速传输网建成，为下一代互联网及未来网络技术创新提供了必要的传输基础。随着互联网的发展以及大数据时代到来，无论是教育科研，还是经济生活，对互联网的带宽要求越来越高，对高速网络的需求越来越紧迫。

（1）Internet 的发展过程　Internet 的前身是 ARPA 网络，这是美国国防部高级研究计划管理局建造的。在 1969 年初建时，网上只连接了 4 台主机；到 1972 年第一次公开展示时，已经连接了 50 所大学和研究机构的主机；1982 年 ARPA 网又实现了与其他多个网络的互连，从而形成了以 ARPANET 为主干网的 Internet。

1985 年，美国的国家科学基金会（National Science Foundation，NSF）提供巨资，建造了全美五大超级计算中心。为使全国的科学家、工程师能共享超级计算机设施，又建立了基于 IP 的计算机通信网络 NSFNET。最初 NSF 使用传输速率为 56kbit/s 的电话线进行通信，但根本不能满足需要，于是 NFS 便在全国建立按地区划分的计算机广域网，并将它们与超级计算中心相连接，最后又将各超级计算中心互连起来，通过连接各区域网的高速数据专线，进而连接成 NSFNET 的主干网。1986 年，NSFNET 建成后取代了 ARPA 网而成为Internet 的主干网。

早期以 ARPANET 为主干网的 Internet，只对少数的专家及政府要员开放，而以 NFSNET

为主干网的 Internet 则向全社会开放。显然这又使网上信息流量剧增，于是到 1989 年又建成了连接 13 个地区的 T1 级主干网并投入运行，使用的传输速率为 1.544Mbit/s。这一高速网的出现又进一步吸引了大量的科研机构入网，从而又使网上的信息流量每月增加 15% 以上。这促使 NSF 又着手建立全美范围的 T3 级主干网，并以 44.746Mbit/s 的传输速率运行。至 1991 年底，NSFNET 的全部主干网点已同 T3 级主干网连接。

(2) Internet 的连接方式 每当用户的个人计算机或单位的 LAN 要连接到 Internet 上时，都应先向当地的 Internet 服务机构提出申请，以从该机构获得一个账号，然后按照下述两种方式之一连入 Internet。

1) 拨号连接方式。这种方式适用于把个人计算机或使用不太频繁的单位的计算机接入该网。为此，只需在个人计算机上配置一台调制解调器和相应的数据通信软件，便可将个人计算机通过电话系统接入 Internet。

2) 专线连接方式。这种方式适用于频繁使用 Internet 的较大单位，如大学和科研机构。对于这种方式，用户单位可以月租的方式向电话局租用一条专线，将本单位的 LAN 通过一个路由器与当地一个已接入 Internet 的区域网相连接，便可为在本 LAN 上的所有个人计算机和工作站提供完全的 Internet 连接。专线可支持多种传输速率，传输速率高，月租费也高。

(3) Internet 提供的服务。Internet 提供一系列网络工具，如通信工具、远程登录工具、检索工具等，以实现下述各种服务：

1) 电子邮件服务。为了实现 E-mail 功能，在 Internet 中的某些特定通信节点上设置了一些“邮局”，用户可以在某个“邮局”中租用一个“电子信箱”。当用户需要发送电子邮件时便同该邮局所在的主机进行连接，将电子邮件送入自己租用的“电子信箱”中，电子邮件系统将会自动地将该邮件按照收信人地址，送到目标站中。用户还可以将一份邮件发送给多个目标。通过 Internet 发送一份电子邮件所需费用比国际航空信的邮费多不到一倍，然而却极为省时——只需几分钟至多几十分钟，即可将一份邮件发送到世界上任何一个与 Internet 相连接的用户。在 Internet 上流动的信息量中，电子邮件一直居其首位。

2) 远程登录服务 Telnet。在 Internet 中的远程登录服务是在通信协议软件 Telnet 的支持下实现的。现在全世界有许多大学的图书馆都已接入 Internet，并对外提供联机检索服务；一部分政府部门和研究机构在 Internet 上的数据库也对外开放。用户可通过 Internet 进行查询及进行远程登录而不需事先获得账号和口令。

3) 文件传送服务。用户可利用这一服务将一台计算机上的文件传送到另一台计算机上，所传送的文件可以是任何类型的，如传送正文文件、二进制可执行文件、声音文件、图像文件及数据压缩文件等。

4) 信息查询服务。Internet 中含有极丰富的软件资源，它们以文件形式分散地驻留在大量的服务器上，这些服务器上的文件和目录可以随时更新。Internet 上同时还分散地设置了多个相同的由加拿大 McGill 大学开发的 Archie 服务器，该服务器专门存放一个总目录，其中汇集了 Internet 上所有服务器上的文件目录及加拿大 McGill 大学开发的 Archie 工具。它每月运行一次，自动地巡视和扫描 Internet 网上所有服务器的目录，并进行索引，编制成一个汇总的新目录，用于更新 Internet 上的所有 Archie 服务器上的总目录。用户要查询某文件时，可以就近选择一个 Archie 服务器，给出要查找的文件名及文件类型，Archie 服务器便可指出所找的文件在哪个服务器上。

（4）Internet 与 internet

互联网（internet）、因特网（Internet）、万维网（WWW）是三个容易混淆的概念，很多书籍里行文不按以上标准行事，使读者容易产生困惑。

互联网、因特网、万维网三者的关系是：互联网包含因特网，因特网包含万维网。互联网范围最大，万维网范围最小。

凡是能彼此通信的设备组成的网络就叫互联网。所以，即使仅有两台机器，不论用何种技术使其彼此通信，也叫互联网。国际标准的互联网写法是 internet，字母 i 一定要小写！跨国性的超大互联网不仅有因特网，还有惠多网。

因特网是互联网的一种。因特网可不是仅有两台机器组成的互联网，它是由上千万台设备组成的互联网。因特网使用 TCP/IP 协议让不同的设备可以彼此通信。但使用 TCP/IP 协议的网络并不一定是因特网，一个局域网也可以使用 TCP/IP 协议。判断自己是否接入的是因特网，首先是看自己电脑是否安装了 TCP/IP 协议，其次看是否拥有一个公网地址（所谓公网地址，就是所有私网地址以外的地址）。国际标准的因特网写法是 Internet，字母 I 一定要大写！

万维网是基于 TCP/IP 协议实现的，TCP/IP 协议由很多协议组成，不同类型的协议又被放在不同的层，其中，位于应用层的协议就有很多，比如 FTP、SMTP、HTTP。只要应用层使用的是 HTTP 协议，就称为万维网（World Wide Web）。之所以在浏览器里输入网址时，能看见某网站提供的网页，就是因为您的个人浏览器和某网站的服务器之间使用的是 HTTP 协议在交流。

附　　录

ASCII（美国信息交换标准码）字符表（7位码）

LSD ＼ MSD		0 000	1 001	2 010	3 011	4 100	5 101	6 110	7 111
0	0000	NUL	DLE	SP	0	@	P	`	p
1	0001	SOH	DC1	!	1	A	Q	a	q
2	0010	STX	DC2	″	2	B	R	b	r
3	0011	ETX	DC3	#	3	C	S	c	s
4	0100	EOT	DC4	$	4	D	T	d	t
5	0101	ENG	NAK	%	5	E	U	e	u
6	0110	ACK	SYN	&	6	F	V	f	v
7	0111	BEL	ETB	’	7	G	W	g	w
8	1000	BS	CAN	(	8	H	X	h	x
9	1001	HT	EM	)	9	I	Y	i	y
A	1010	LF	SUB	*	:	J	Z	j	z
B	1011	VT	ESC	+	;	K	[	k	{
C	1100	FF	FS	,	<	L	\	l	|
D	1101	CR	GS	–	=	M	]	m	}
E	1110	SO	RS	.	>	N	↑	n	~
F	1111	SI	VS	/	?	O	←	o	DEL

NUL　空
SOH　标题　开始
STX　正文结束
ETX　本文结束
EOT　传输结束
ENQ　询问
ACK　承认
BEL　报警符（可听见的信号）
BS　退一格
HT　横向列表（穿孔卡片指令）
LF　换行
SYN　空转同步
ETB　信息组传送结束
CAN　作废
EM　纸尽
SUB　减
ESC　换码
VT　垂直制表
FF　走纸控制
CR　回车
SO　移位输出
SI　移位输入
SP　空间（空格）
DLE　数据链换码
DC1　设备控制1
DC2　设备控制2
DC3　设备控制3
DC4　设备控制4
NAK　否定
FS　文字分隔符
GS　组分隔符
RS　记录分隔符
US　单元分隔符
SEL　作废

参考文献

[1] 周明德. 微型计算机系统原理及应用 [M]. 北京：清华大学出版社，1998.

[2] 郑学坚，周斌. 微型计算机原理及应用 [M]. 北京：清华大学出版社，1995.

[3] 周明德，陶龙芳. 微机原理与应用 [M]. 北京：中央广播电视大学出版社，1998.

[4] 陈建铎，宋彩利，冯萍. 32 位微型计算机原理与接口技术 [M]. 北京：高等教育出版社，1998.

[5] 傅麒麟. 微型计算机接口技术 [M]. 北京：中央广播电视大学出版社，1994.

[6] 曾家智，王蓉，刘乃琦，等. 80486/80386 系统设计和应用 [M]. 西安：西安电子科技大学出版社，1992.

[7] 于海生，等. 微型计算机控制技术 [M]. 北京：清华大学出版社，1998.

[8] 吴成宾. Visual Basic 5.0 实用编程指南 [M]. 西安：西安电子科技大学出版社，1998.

[9] 李芷，蒋贻濂，王宜怀，等. 微机原理与接口技术 [M]. 北京：电子工业出版社，2001.

[10] 汤子瀛，哲凤屏，汤小丹，等. 计算机网络技术及应用 [M]. 成都：电子科技大学出版社，1996.

[11] 戴梅萼，史嘉权. 微型计算机技术及应用 [M]. 3 版. 北京：清华大学出版社，2003.

[12] 江苏省教育厅. 计算机基础知识和应用能力等级考试大纲和样题 [M]. 苏州：苏州大学出版社，2003.

[13] 刘冉. 浅谈我国的分组交换数据网 [J]. 科技信息，2012，8：271.